U0174572

食品色彩化学

主编　马海乐

中国轻工业出版社

图书在版编目（CIP）数据

食品色彩化学 / 马海乐主编 . — 北京：中国轻工业
出版社，2020.3

ISBN 978-7-5184-2559-4

Ⅰ . ①食… Ⅱ . ①马… Ⅲ . ①食品化学 Ⅳ . ①TS201.2

中国版本图书馆 CIP 数据核字（2019）第 137946 号

责任编辑：伊双双　罗晓航　　责任终审：张乃东　　整体设计：锋尚设计
策划编辑：伊双双　　　　　　　责任校对：吴大鹏　　责任监印：张　可

出版发行：中国轻工业出版社（北京东长安街6号，邮编：100740）

印　　刷：北京博海升彩色印刷有限公司

经　　销：各地新华书店

版　　次：2020年3月第1版第1次印刷

开　　本：720×1000　1/16　印张：17

字　　数：350千字

书　　号：ISBN 978-7-5184-2559-4　定价：98.00元

邮购电话：010-65241695

发行电话：010-85119835　传真：85113293

网　　址：http://www.chlip.com.cn

Email：club@chlip.com.cn

如发现图书残缺请与我社邮购联系调换

170960K1X101ZBW

本书编写人员

主　编

马海乐（江苏大学）

参　编

马海乐（第一章，江苏大学）

孙　玲（第二章，江苏大学）

段玉清（第三章，江苏大学）

何荣海（第四章，江苏大学）

王　蓓（第五章第一、二、三节，江苏大学）

张　迪（第五章第一、四节，第六章，江苏大学）

郭志明（第七章，江苏大学）

FOREWORD
序

　　色、香、味、形是人们通过感官评价食品的四大要素，是指导和评判食品厨房烹饪和工业生产的重要依据。以研究风味为主的"食品风味化学"作为食品科学的一个重要分支，已经形成了完整的理论体系。大量的科学研究探明了食品呈味物质的合成机制、揭示了人体味觉的感知机制，挖掘出呈味物质的生物活性。我国绝大部分食品专业开设"食品风味化学"课程，国内外有为数甚多的"食品风味化学"的教材和专著出版。

　　在"色、香、味、形"感官评价的四要素中，色彩排在首位，主要源于视觉是人们最为快速的感知食物信息的器官，色泽更为直接地影响着人们对食品品质优劣和新鲜与否的判断。和风味一样，食品的色彩也与呈色物质的化学组成及其化学特性有密切的关系，近些年相关研究工作也越来越多，但是不足之处在于研究的基础性和系统性较差。该书作者尝试性地提出进行"食品色彩化学"基本研究框架的构建，对食品色彩的相关基础研究，以及借助基础研究成果促进呈色食品的开发有重要的价值。

　　围绕食品色彩的"视觉享受"和"健康促进"两个目标，作者在该书中综述了食品加工中色彩的保护与形成、食品中天然色素的提取与修饰改性、人工食用色素的化学合成，以及食品色彩的分子特征与营养功能等内容的研究进展。作为支持上述研究内容深入开展的一个重要基础，作者在第二章总结了五彩斑斓的色彩在自然界的植物、动物、微生物生长过程中形成的基本过程。为了能够量化评价食品色彩的色值和化学组成，该书的最后一章介绍了食品色彩的检测与评价方法。

　　近些年，关于食品色彩的研究得到国内外学界和产业界的高度关注。作为国内第一部从化学的角度系统论述食品色彩问题的著作，对更多的学者更为系统地开展食品色彩化学的研究有重要的启发意义。该书提出的诸多问题或展望可能会成为今后同行学者的研究选题，众多学者未来的研究成果会促进"食品色彩化学"理论体系的完善，推动"食品色彩化学"的学科建设，使其真正成为一个开展呈色食品开发研究的重要工具。

中国工程院院士
北京工商大学校长

PREFACE
前言

  化学作为一门基础学科，在食品科学研究中占有重要的地位，例如食品化学、食品生物化学、食品分析化学、食品风味化学等。在传统的食品消费中，人们一直对食品的色泽有很高的要求。近些年越来越多的研究成果表明，食品的颜色不仅仅可以满足人们对食品的感官需要，还与其营养价值、活性功能有密切的关联。在食品的加工与存储过程中，色泽会发生一系列变化，或者逐渐褪去，或者合成新的色素，这一切都与食品中呈色物质或者其前体物质的化学结构及其在加工中发生的化学反应有关。进入21世纪后，国内外有关食品色彩的研究论文大幅度增长，越来越多的科学家从化学、营养学、食品科学的角度研究食品的色彩问题，技术人员不断探索食品产品色彩的调控问题，但是食品色彩化学作为一门独立学科尚未形成。编著本书的创意就是在这样一个背景下萌生的。

  "食品色彩化学"作为一门研究食品呈色物质的自然形成、加工中的调控与评价及其营养特性的科学，主要研究内容包括食品原料色彩的自然形成、食品色彩的分子特征与营养功能、食品加工中色彩的保护与形成、天然食用色素的提取与修饰改性、人工食用色素的化学合成、食品色彩的分析检测与快速识别等六个部分。可食用的植物、动物和微生物在生长中色彩的形成是研究食品色彩的基础，对于后续章节起到理论支撑作用。食品加工中色彩的保护与形成主要是为了满足人们视觉感官对食品品相的需求，一直以来是食品加工技术关注的重点。食品色彩分子的营养功能可被应用于健康食品的开发，代表着食品色彩化学研究的前沿性。食品中天然色素的提取与修饰改性和人工食用色素的化学合成两部分内容是为了满足色素添加剂生产的需要，有些被用于食品的着色，有些被用于功能食品的生产。食品色彩的分析检测与快速识别主要是为了满足生产过程中的品质调控和成品的品质评价。其实，食品色彩对消费心理学的影响也是食品色彩研究关注的重点内容之一，但与化学相关的研究不多，所以忍痛割爱，没有纳入本书中。当然，食品色素的安全性也非常重要，考虑到这些内容被放入各相关的章节更能浑然一体，因此没有单独设章。

本书由江苏大学马海乐主编，并修改统稿，江苏大学段玉清、何荣海、孙玲、王蓓、张迪、郭志明等六位教师分别执笔编写了食品色彩的分子特征与营养功能、食品加工中色彩的保护与形成、食品原料色彩的自然形成、食品中天然色素的提取与修饰改性、人工食用色素的化学合成、食品色彩的分析检测与快速识别等部分。

由于国内外没有类似的著作，希望本书能够起到抛砖引玉的作用，许多地方只是提出了问题，解决问题的方法尚需国内外更多的学者参与研究。由于水平有限，本书在内容选择和文字表达上均可能存在错误和缺点，敬请读者批评指正。

马海乐

2019年11月于江苏大学

CONTENTS
目录

第一章

绪论

一、食品色彩化学建立的意义

色、香、味、形是人们通过感官评价食品的四大要素，一个色彩鲜艳、香气迷人、味道浓郁、造型巧妙的食品一定会诱发胃液分泌，增加人的食欲，提高饮食的愉悦感，因此在厨房食品的烹饪和工业食品的制造中，改善食品的色、香、味、形，成为了食品设计的一个非常重要的目标。其实不仅如此，食品的色、香、味、形还与食品的营养价值、保健活性有密切的关系[1]，相关研究对于高品质食品的开发有重要的意义，近年来正在成为国际上研究的热点。

多年来，食品风味化学作为食品科学的一个重要分支，已经形成了完整的学科体系[2]。我国绝大部分食品专业开设了食品风味化学课程，北京工商大学还专门建设了"北京市食品风味化学重点实验室"。大量的科学研究从呈味物质的化学结构认知食品味道的合成机制，从味蕾的细胞构成揭示人体味觉的感知机制，深入挖掘呈味物质对人体健康的影响，这些研究成果对食品的风味设计发挥了重要的作用。在"色、香、味、形"感官品质四要素中，色彩排在首位，因为视觉是人们最为快速和直接感知食物信息的器官，影响着人们对食品品质优劣、新鲜与否的判断。尽管目前食品色彩化学还没有作为一门独立的学科被系统研究，但是近些年来相关的零散研究越来越多（图1-1和图1-2），内容涉及农业科学、食品科学、营养学、医学、分析化学等学科。科技界与产业界越来越认为，深入探讨食品色彩形成的原因，建立相应的控制方法，挖掘食品色彩与其营养和生物活性之间的关系，开发色彩的

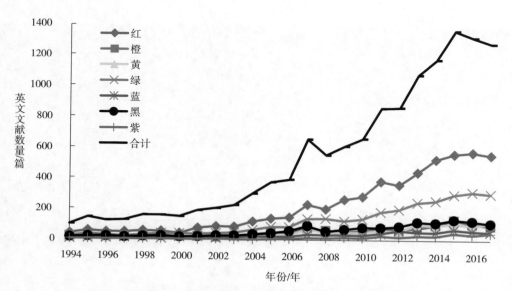

图1-1　1994—2017年发表的涉及食品色彩研究的英文文献数量

注：检索自www.sciencedirect.com。

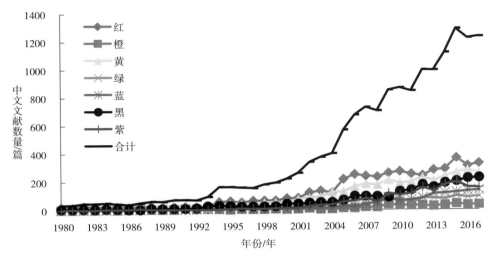

图1-2　1980-2017年发表的涉及食品色彩研究的中文文献数量

注：检索自epub.cnki.net。

快速感知技术等工作，对于食品的色彩科学设计与开发利用必不可少。因此，建立食品色彩化学学科，系统而深入地研究食品的色彩问题非常迫切。早在2002年，英国雷丁大学D. MacDougall就主编了一本 *Colour in Food* [3]，从颜色的感知与测量和食品中色彩的控制两个大的方面论述了食品中的色彩问题，说明国际上已经有学者关注与之相关的研究体系的探讨。

　　从图1-1和图1-2可以看出，2003年之后关于食品色彩研究的英文文献数量呈现出迅速增长趋势，1997年之后中文文献数量呈现出迅速增长趋势，说明我国对食品色彩的研究在国际上起步较早。从图1-3可以看出，国际上研究最多的食品色彩是红色、绿色，其次是黑色、橙色、黄色；从图1-4可以看出，我国研究最多的食品色彩是红色、黄色、黑色，其次是紫色、绿色、蓝色。对颜色的关注度除了营养科学之外，与一个国家的饮食文化有着不可分割的关系。

图1-3　食品色彩研究中涉及不同色彩的英文文献数量的排序（1994—2017年）

图1-4　食品色彩研究中涉及不同色彩的中文文献数量的排序（1980—2017年）

二、食品色彩化学学科框架的构建

食品色彩化学可被定义为研究食品呈色物质的化学结构、自然合成机制、人工调控技术、营养功能特性、检测评价方法的一门科学，主要研究内容包括食品原料色彩的自然形成、食品色彩的分子特征与营养功能、食品加工中色彩的保护与形成、天然食用色素的提取与修饰改性、人工食用色素的化学合成、食品色彩的检测评价等六个部分（图1-5）。

植物、动物、微生物在生长过程中会自然地合成出丰富的色彩，与其物种、基因、生长环境、气候条件等有密切的关系，因此色彩的自然形成是研究食品色彩的基础。食品加工中色彩的保护与形成主要是为了满足食品开发中人们对视觉感官的需求，一直是技术人员开发产品关注的重点。食品中天然色素的提取与修饰改性、人工食用色素的化学合成两部分是食品添加剂的主要研究内容。近年来，随着人们健康意识的加强，食品色彩的分子特征与营养功能的研究越来越多，其研究成果能够从分子层面揭示色素物质的营养价值，因此食品色彩化学研究的另一价值就是在理论上支撑色素功能食品的开发研究。食品色彩的分析检测与快速识别主要用于食品生产过程中食品品质的调控，以及成品的品质评价，分为化学分析和色度检测。当然，食品色素的安全性也非常重要[4]，国际上也出现过多起类似于苏丹红的重大食品安全事件。

食品色彩化学的基础课程包括有机化学、无机化学、生物化学、分析化学、结构化学等；在食品科学与工程专业经典的专业课程中，与其相关的主要包括食品工艺学、食品营养学、食品添加剂、仪器分析等。

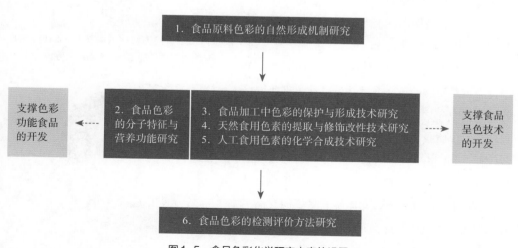

图1-5　食品色彩化学研究内容的设置

三、食品色彩化学研究内容的设置

近年来，科技界与产业界越来越多的研究表明，创建食品色彩的调控方法，构建食品色彩与其营养和生物活性之间的关系，开发食品色彩的快速感知技术等，都涉及食品色彩与呈色过程的化学问题，对于食品的色彩设计有着重要的影响。因此，食品色彩化学的主要研究内容应当包括如下内容。

1. 食品原料色彩的自然形成

食品色彩按照颜色分为黑、红、黄、蓝、绿、白等，按照合成方式分为天然色素和合成色素两类，天然色素的来源包括植物、动物和微生物，按照化学结构又分为吡咯色素、多烯色素、酚类色素、醌类色素等。天然色素是在植物、动物、微生物的生长过程中，通过光合作用、生物代谢等途径合成而成（图1-6），因其生长的物种不同、化学结构不同，其合成途径有着显著的差异[5-10]。从食品色彩化学的角度重新研究不同呈色物质在自然生长中合成途径，对于后续进行食品加工中色彩的控制、评价与检测有重要的作用。

2. 食品色彩的分子特征与营养功能

近年大量的研究发现，食品因为颜色的不同表现出不同的营养和活性功能[11]，例如黄色、橙色、红色的蔬菜和水果大多含有多烯结构，具有抗氧化、延缓衰老、解毒、抗癌、预防心血管疾病和保护肝脏等营养功能[12]；紫色（图1-7）、黑色、红色的浆果、谷物和坚果类食品都含有花色素/花色苷结构，具有显著的抗氧化性、延缓衰老、改善记忆、抗炎性、抗肿瘤等营养功能[13, 14]；一些姜黄色的食品拥有酮类结构物质，具有抗氧化、抗肿瘤、抗HIV病毒等功效[15]；白色食品可以补充人体的膳食纤维的不足[16]。不同色彩食品的营养功能依赖于其分子结构的不同[17]。因此，探讨食品色彩的分子特征与营养功能之间的关系，对于发挥食品色彩分子的保健作用有重要的价值。

3. 食品加工中色彩的保护与形成

天然色素在POP等酶的作用下非常容易分解，其稳定性成为了食品保持原有色彩的难题，因此在食品加工工艺方法设计时，根据不同色素的化学分子结构及其所在食品体系的特

图1-6 番茄由生变熟、由青变红的过程

图1-7   富含高抗氧化活性组分原花青素的紫色食品

图1-8   食品加工中面包的上色与大蒜黑色素的形成

征,通过灭酶、色素分子结构改造、分子包埋等方法进行色素保护,是食品加工的一个重要内容[18-21]。另外,有些食品通过加工工艺的巧妙设计,形成丰富色彩(图1-8),例如食品焙烤通过美拉德反应形成橙黄色、大米炒制通过焦糖化反应形成黑红色、大蒜自然发酵通过生物转化形成黑色素[22-25]。因此,创建食品加工中色彩分子的化学保护和物理保护技术,探讨食品加工中色彩形成方法,对于制造一个色彩丰富的食品有重要的价值。

4. 食用天然色素的提取与修饰改性

对天然产物中具有食用安全性的色素进行提取并作为食品添加剂,一方面利用其色彩可以增加不同颜色食品的开发,另一方面利用其保健功能可以进行健康食品的开发,因此对于新型食品的开发具有重要的意义[26]。按照色素分子的极性不同,建立不同的提取方法。对于大分子极性色素,传统的方法是采取不同极性的溶剂进行提取。为了减少溶剂的使用量或者取代溶剂的使用、提高提取效率、增加提取得率、保护色素原有的分子结构,目前成功的方法就是采取超声波等物理场强化提取[27]。对于非极性色素，常规的方法是采取非极性或弱极性的溶剂进行提取。为了减少溶剂引起的食用安全性，降低高温对色素分子结构的影响，成功的方法就是超临界流体萃取技术的引入[28]，目前不少研究将重点放在如何通过溶剂优化、装备结构设备、提高提取效率，降低超临界流体萃取的生产成本，让其可以更为广泛地应用于非极性或弱极性色素的提取[29-31]。

解决天然色素稳定性差的重要途径之一就是对其分子结构进行修饰改性，如糖基化修饰、酰化修饰、去糖基化改性、苯环取代基修饰、活泼亚甲基取代、单羰基衍生化、发酵法改性、酶解法改性、胺化合成改性等[32-35]。

5. 天然色素的修饰改性与食用色素的人工合成

由于天然色素受稳定性的限制，进行天然分子呈色部位的人工合成，成为食品色素工业发展的一个重要内容，提高合成色素的食用安全性是目前国内外色素合成研究的重点[36, 37]。因此，在食用安全性保障的前提下，进行天然色素修饰改性与食用色素人工合成是目前色素工业中难以取代的组成部分。

6. 食品色彩的检测评价

食品色彩的定量检测评价，分为化学分析和色度检测[38-40]。化学分析主要根据色彩分子结构及其化学特征的差异，利用分析化学的方法，借助常规的分光光度计、液相色谱仪、气相色谱仪、电位滴定仪等化学分析仪器完成。色度学是一门研究彩色计量的科学，根据色度学原理，研制的色度检测仪器分为两大类[41]：一类是光谱光度仪，另一类是光电积分测色

图1-9　天然色素提取物——姜黄素和番茄红素

图1-10　食品添加剂——合成色素及其应用产品

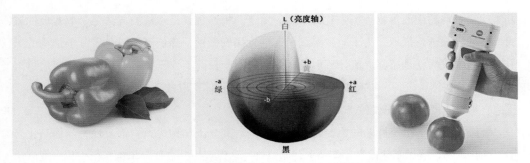

图1-11   食品色彩检测评价——食品色彩数字化测量

仪器。化学分析法适宜于色素化学性质研究、分子结构改造等情况下使用，其主要不足在于检测的时间长；色度检测仪可以快速地获得食品色彩的定量信息，适宜色素提取、合成研究，产品色彩质量的快速评价[42-44]，尤其是随着食品智能制造技术的发展，这种快速评价技术更加展现出广阔的应用前景。

进行食品色彩化学的学科体系建设，系统研究食品色彩相关共性基础问题，对于充分发挥食品色彩研究在高品质食品开发中的作用有重要的价值。为此，需要积极推进食品呈色物质的化学结构、自然合成机制、人工调控技术、营养功能特性、检测评价方法等方面的基础理论研究工作，支撑食品呈色技术和色彩功能的开发研究。

参考文献

[1] Voltaire Sant' Anna, Poliana Deyse Gurak, Ligia Damasceno Ferreira Marczak, et al. Tracking bioactive compounds with colour changes in foods – A review [J] . Dyes and Pigments, 2013, 98(3): 601-608.

[2] 夏延斌. 食品风味化学[M]. 北京: 化学工业出版社, 2008.

[3] D. MacDougall. Colour in food [M]. Sawston, Cambridge: Woodhead Publishing, 2002: 145-178.

[4] Maria Bastaki. Comment on Amchova et al., 2015 review of food color safety[J]. Regulatory Toxicology and Pharmacology, 2016, 81: 532-533.

[5] Nagata N, Tanaka R, Tanaka A. The Major route for chlorophyll synthesis includes [3,8-divinyl] chlorophyllide a reduction in *Arabidopsis thaliana* [J]. Plant Cell Physiol, 2007, 48(12): 1803-1808.

[6] Bollivar DW. Recent advances in chlorophyll biosynthesis [J]. Photosynth Res, 2006, 90(2): 173-194.

[7] Hederstedt L. Heme A biosynthesis [J]. Biochim Biophys Acta, 2012,1817, (6): 920-927.

[8] Gandia-Herrero F. Garcia-Carmona F. Biosynthesis of betalains: yellow and violet plant pigments [J]. Trends in

Plant Science, 2013,18 (6): 334-343.

[9] Shi MZ, Xie DY, Biosynthesis and metabolic engineering of anthocyanins in arabidopsis thaliana [J]. Recent Pat Biotechnol. 2014, 8(1): 47-60.

[10] Feng YL, Shao YC, Chen F S. Monascus pigments [J]. Applied Microbiology and Biotechnology, 2012, 96(6): 1421-1440.

[11] M Scotter. Colour additives for Foods and beverages[M]. Sawston, Cambridge: Woodhead Publishing, 2015.

[12] Fernandez-Garcia Elisabet, Carvajal-Lerida Irene, Jaren-Galan Manuel. Carotenoids bioavailability from foods: From plant pigments to efficient biological activities [J]. Food Research Nternational, 2012,46(2) SI: 438-450.

[13] Li DT, Wang PP, Luo YH. Health benefits of anthocyanins and molecular mechanisms: Update from recent decade [J]. Critical Reviws in Food Science and Nutrition, 2017, 57(8) : 1729-1741.

[14] Shivraj Hariram Nile. Edible berries: Bioactive components and their effect on human health[J]. Nutrition, 2014, 30(2): 134-144.

[15] Awasthi Manika, Singh Swati, Pandey Veda P. Curcumin: Structure-activity relationship towards its role as a versatile multi-targeted therapeutics [J]. Mini-Reviews in Organic Chemistry, 2017, 14(4): 311-332.

[16] Delia B Rodriguez-Amaya. Natural food pigments and colorants [J]. Current Opinion in Food Science, 2016, 7: 20-26.

[17] Gandia-Herrero Fernando, Escribano Josefa, Garcia-Carmona Francisco. Biological activities of plant pigments betalains [J]. Ritical Reviews in Food Science and Nutrition. 2016, 56(6): 937-945.

[18] Dorota Konopacka. The effect of enzymatic treatment on dried vegetable color [J]. Drying Technology, 2006, 24(9): 1173-1178.

[19] Purcell AE, Jr WMW, Thompkins W T. Relation of vegetable color to physical state of the carotenes [J]. Marine Chemistry, 2010, 119(1-4): 44-51.

[20] Andrés-Bello A, Barreto-Palacios V, García-Segovia P, et al. Effect of pH on color and texture of food products [J]. Food Engineering Reviews, 2013, 5(3): 158-170.

[21] Oey I, Lille M, Loey AV, et al. Effect of high-pressure processing on colour, texture and flavour of fruit-and vegetable-based food products: a review [J]. Trends in Food Science & Technology, 2008, 19(6): 320-328.

[22] Martins SIFS, Jongen WMF, Boekel MAJSV. A review of Maillard reaction in food and implications to kinetic modelling [J]. Trends in Food Science & Technology, 2000, 11(9-10): 364-373.

[23] Ramírez-Jiménez A, Guerra-Hernández E, García-Villanova B. Browning indicators in bread [J]. Journal of Agricultural & Food Chemistry, 2000, 48(9): 4176-4181.

[24] Purlis E, Salvadori VO. Modelling the browning of bread during baking[J]. Food Research International, 2009, 42(7): 865-870.

[25] Kim JS, Kang OJ, Gweon OC. Comparison of phenolic acids and flavonoids in black garlic at different thermal processing step [J]. Journal of Functional Foods, 2013, 5(1): 80-86.

[26] Vendruscolo F, Müller B L, Moritz DE, et al. Thermal stability of natural pigments produced by *Monascus ruber*, in submerged fermentation [J]. Biocatalysis & Agricultural Biotechnology, 2013, 2(3): 278-284.

[27] Oliveira VS, Rodrigues S, Fernandes FA. Effect of high power low frequency ultrasound processing on the stability of lycopene [J]. Ultrasonics Sonochemistry, 2015, 27: 586-591.

[28] Markh Z, Nik Norulaini NA, Mohd Omar AK. Supercritical carbon dioxide extraction of lycopene: A review [J]. Journal of Food Engineering, 2012, 112(4): 253-262.

[29] Chatterjee D, Jadhav NT, Bhattacharjee P. Solvent and supercritical carbon dioxide extraction of color from

eggplants: Characterization and food applications [J]. LWT-Food Science and Technology, 2013, 51(1): 319-324.

[30]   Dong X, Li X, Ding L, et al. Stage extraction of capsaicinoids and red pigments from fresh red pepper (*Capsicum*) fruits with ethanol as solvent [J]. LWT - Food Science and Technology, 2014, 59(1): 396-402.

[31]   Amiri-Rigi A, Abbasi S, Scanlon MG. Enhanced lycopene extraction from tomato industrial waste using microemulsion technique: Optimization of enzymatic and ultrasound pre-treatments[J]. Innovative Food Science & Emerging Technologies, 2016, 35: 160-167.

[32]   Du Y, Chu H, Chu IK, et al. CYP93G2 is a flavanone 2-hydroxylase required for C-glycosylflavone biosynthesis in rice [J]. Plant Physiology, 2010, 154(1): 324-333.

[33]   Turner C, Turner P, Jacobson G, et al. Subcritical water extraction and β -glucosidase-catalyzed hydrolysis of quercetin glycosides in onion waste [J]. Green Chemistry, 2006, 8(11): 949-959.

[34]   韩刚, 崔静静, 毕瑞, 等. 姜黄素、去甲氧基姜黄素和双去甲氧基姜黄素稳定性研究[J]. 中国中药杂志, 2008, 33: 2611-2633.

[35]   Sonia C, Angel R, Juan F, et al. Charac terization of an hyper - pigmenting mutant of Monascus purpureus IB1: identification of two novel pigment chemical structures [J]. Applied Microbiology and Biotechnology, 2006,70: 488- 496.

[36]   Tsuda S, Murakami M, Matsusaka N, et al. DNA damage induced by red food dyes orally administered to pregnant and male mice [J]. Toxicological Sciences, 2001, 61(1): 92-99.

[37]   Sasaki YF, Kawaguchi S, Kamaya A, et al. The comet assay with 8 mouse organs: results with 39 currently used food additives [J]. Mutation Research, 2002, 519(1-2): 103-119.

[38]   Macdougall DB. Colour measurement of food: principles and practice, in colour measurement [M]. 2010: 312-342.

[39]   M Scotter. Colour Additives for Foods and Beverages[M]. Sawston, Cambridge: Woodhead Publishing, 2015

[40]   Guo Z, Huang W, Peng Y, et al. Color compensation and comparison of shortwave near infrared and long wave near infrared spectroscopy for determination of soluble solids content of 'Fuji' apple [J]. Postharvest Biology and Technology, 2016, 115: 81-90.

[41]   Barrett DM, Beaulieu JC, Shewfelt R. Color, flavor, texture, and nutritional quality of fresh-cut fruits and vegetables: desirable levels, instrumental and sensory measurement, and the effects of processing [J]. Critical reviews in food science and nutrition, 2010, 50(5): 369-389.

[42]   García-Marino M, Escudero-Gilete ML, Heredia F J, et al. Color-copigmentation study by tristimulus colorimetry (CIELAB) in red wines obtained from Tempranillo and Graciano varieties [J]. Food research international, 2013, 51(1): 123-131.

[43]   Wu D, Sun DW. Colour measurements by computer vision for food quality control–A review [J]. Trends in Food Science & Technology, 2013, 29(1): 5-20.

[44]   Betina PF, Charles S. Multisensory flavor perception from fundamental neuroscience through to the marketplace [M]. Sawston, Cambridge: Woodhead Publishing, 2016: 107-132.

第二章

食品原料色彩的
自然形成

　　食品的色彩是由食品中的色素所呈现的，食品中能够吸收和反射可见光波进而使食品呈现各种颜色的物质统称为食品的色素，色素分子在紫外或可见光区（200~800nm）具有吸收峰的发色基团（chromophore），这些发色团均具有双键，如—N ＝ N—、—N ＝ O、C ＝ S、C ＝ C 和 C ＝ O 等；或者有些基团的吸收波段在紫外区不能发色，但当它们与发色团相连时可使整个分子对光的吸收向长波方向移动，这类基团被称为助色团（auxochrome），如—OH、—OR（波长红移17~50nm）、—NH$_2$、—NHR、—NR$_2$（波长红移40~95nm）、—SR（波长红移23~85nm）和—X（Cl、Br 和 I，波长红移2~30nm）等。

　　充分认识食品原料的色彩在自然界的形成规律是研究食品色彩变化规律、建立其调控方法、挖掘和开发其活性功能的重要基础。本章主要包括食品原料色彩的分类和生物合成过程及其影响因素。根据最新研究进展，首先按原料颜色、色素来源、色素的溶解性、色素的化学结构等对食品原料色素进行分类，便于人们对构成食品原料的色素有一个整体认识。其次选择吡咯类色素、多烯类色素、酚类色素、酮类色素以及其他色素中几种典型色素的合成途径进行详细介绍，并分析影响色素合成过程的内在因素和外在因素，有利于充分认识不同食品原料中色素的形成过程，为天然色素的研究与应用提供重要的理论支持。

第一节　食品原料色彩的分类

　　食品的色彩，除了能给人们带来美好的视觉享受、增强食欲外，还含有大量对人身体有益的营养成分，本节按食品原料颜色、色素来源、色素溶解性、色素化学结构对其进行分类。

一、按原料颜色分类

　　各种食品原料都具有各自天然的色彩，按照食品本身呈现出的颜色可分为如下几类。

（一）绿色食品

　　绿色是多数蔬菜新鲜的标志，也是令人愉快和有吸引力的色泽，给人以清新的感觉（图2-1）。蔬菜原料大部分为绿色（特别是叶类蔬菜），如菠菜、青菜、青瓜、青豆、芹菜、生菜、芥菜、韭菜等。绿色蔬菜中含有丰富的叶绿素，是绿色蔬菜呈现绿色的主要原因。这种色素极不稳定，存在一定的可变性，易被氧化或被酸破坏而改变原来的色泽，加热时间越长，变黄程度越大。此外，绿色食品中含有丰富的叶酸，具有防止胎儿畸形的特殊作用；绿色蔬菜还是钙的最佳来源，所以吃绿颜色的食品也是补钙的有效途径之一；绿色蔬果还富含维生素C，是人体补充维生素C的重要来源。

（1）菠菜

（2）猕猴桃

（3）黄瓜

图2-1　绿色食品

（二）黑色食品

黑色食品指呈现黑色的各类食品（图2-2），含有一些特殊的营养物质和抗疾病物质。黑色食物来源极为丰富，主要有黑米、黑荞麦、黑燕麦、黑绿豆、黑花生、黑芝麻、黑枣、黑刺李、黑桑葚、黑胡桃、黑胡椒、黑木耳、黑灵芝、黑海参、乌骨鸡、黑蚂蚁等。其中很多资源一直被民间用来滋补身体、治疗疾患，具有极好的食疗效果和极高的药用价值。通过现代营养素和有效成分分析，也证明了黑色食品比同类浅色食品有较高的营养价值和药用价值。

（1）黑木耳

（2）黑米

（3）乌鸡

图2-2　黑色食品

（三）红色食品

红色食品色泽鲜艳，人见人爱，主要包括红色果蔬和红色肉类（图2-3）。

红色果蔬，如红苹果、草莓、红枣、红辣椒、红柿椒、番茄、红心白薯、山楂、红米、红柿子等这些常见的食品，其天然的红色中含有能促进人体形成巨噬细胞的活性物质，能杀灭感冒病毒和一些致病微生物。而那些红色较浅的红辣椒，在人体内能发挥护卫人体上皮组织、黏膜的作用。如果常与富含维生素C、维生素E的食品同食，则可以增强人体抗御病毒的免疫力。

红色肉类，主要指牛肉、羊肉和猪肉等瘦肉，与其他的肉类相比，红色肉类有着独特之处，易于消化，蛋白质含量在20%左右，脂肪含量为10%，无机盐含量为1%。另外，红色肉类含有着丰富的铁、磷、钾、钠等物质，也是人体补充维生素B_1、维生素B_2、维生素B_{12}等的有效途径，但维生素C和维生素A含量却很少，甚至有些肉类中并不含有。

（1）猪肉

（2）樱桃　　　　　　（3）番茄

图2-3　红色食品

（四）黄色食品

黄色食品包括一系列由橙色到黄色的食品，如胡萝卜、蛋黄、小米、玉米、黄豆、南瓜等（图2-4）。黄色食品的色彩主要源于胡萝卜素、核黄素（维生素B_2）等。核黄素是人体内必需营养元素之一，需要经常补充含核黄素的黄色食品，缺乏该元素容易引起局部瘙痒、脱发、年轻人面部的粉刺等脂溢性皮和口腔溃疡等疾病。胡萝卜素是一种强效抗氧化物质，能够清除人体内的氧自由基和有毒物质，增强免疫力，在预防疾病、防辐射和防止老化方面功效卓著，是维护人体健康不可缺少的营养素。

（1）玉米

（2）黄色彩椒　　　　　（3）南瓜

图2-4　黄色食品

（五）紫色食品

紫色食品是指花青素含量高、呈现紫色或紫红且具备保健功效的蔬菜、水果、薯类及豆类等，如紫甘蓝、紫葡萄、紫紫芋（紫甘薯）、樱桃、李子、桑葚、紫茄子等（图2-5）。紫色蔬菜中含有一种特殊物质——花青素，花青素是一类广泛存在于植物中的水溶性色素，属于类黄酮化合物，是紫色食品的主要呈色物质，具有很强的抗氧化作用，经常食用可以清除体内的自由基，降低氧化酶的活性，改善高甘油酯脂蛋白的分解代谢，从而抑制胆固醇的吸收，降低低密度脂蛋白胆固醇含量。

（1）车厘子

（2）桑葚

（3）紫甘蓝

图2-5　紫色食品

（六）白色食品

白色食品通常指没有鲜艳颜色、以白色为主色调的一类食品，主要包括白色蔬菜、白色水果、白色肉类。白色蔬菜，如竹笋、马铃薯、白菜、冬瓜、茭白、菜花、白萝卜、猴头菇、平菇、银耳等（图2-6）；白色水果如荔枝、梨、雪莲果、白心火龙果、山竹等；白色肉类是指鱼肉、鸡肉、鸭肉、贝类等。白色肉类中含有优质蛋白质，饱和脂肪酸含量较少，不饱和脂肪酸含量较高，不容易造成"三高"。白色食品中还富含纤维素、抗氧化物质等，具有提高免疫功能、预防溃疡病和胃癌，起到保护心脏的作用。膳食纤维能够平衡人体营养，调节机体功能，可与传统的"六大营养素"（即蛋白质、脂肪、水、矿物质、维生素、碳水化合物）并列为"第七营养素"。

（1）白萝卜

（2）银耳

（3）平菇

图2-6　白色食品

二、按色素来源分类

（一）植物色素

这些色素是从天然植物中提取的色素，在天然色素中占大部分，这些色素一般对人体健康无害，有的对人体具有一定的营养价值，所以自古以来就有被用作食品的着色剂，如胡萝卜素、叶绿素类、姜黄色素、花青素等。

（二）动物色素

这类色素是从动物体内各部组织或动物分泌物中提取的色素，如血红素、紫胶红色素、虾红素、胭脂虫色素等。

（三）微生物色素

是指从微生物发酵产物中提取的色素，如从红曲霉中得到的红曲色素等。

（四）无机色素

无机色素主要指一些矿物质颜料，一般含有有害性金属，各国均禁止使用无机色素用于食品，因此用于食品的无机色素种类很少，主要有三氧化二铁（又称氧化铁红）、四氧化三铁（又称氧化铁黑）、二氧化钛。

（五）合成色素

即人工合成的色素，具有色泽鲜艳、着色力强、色调多样等优点，目前我国允许使用的合成色素有苋菜红、胭脂红、柠檬黄、日落黄和靛蓝，它们分别用于果味水、果味粉、果子露、汽水、配制酒、红绿丝、罐头以及糕点表面上彩等。但合成色素类可能含有一些具有毒性、致泻性和致癌性等副产物，应适当控制合成色素的使用量。

三、按色素溶解性分类

（一）脂溶性色素

指不溶于水而溶于脂肪及有机溶剂的色素，主要有叶绿素、叶黄素与胡萝卜素，三者常共存；此外还有藏红花素、辣椒红素等。除叶绿素外，多为四萜衍生物。这类色素不溶于水，难溶于甲醇，易溶于高浓度乙醇、乙醚、氯仿、苯等有机溶剂。胡萝卜素在乙醇中也不溶。

（二）水溶性色素

指能溶于水或极性溶剂的色素，主要为花色苷类，又称花青素，普遍存在于花中。溶于水及乙醇，不溶于乙醚、氯仿等有机溶剂，遇醋酸铅试剂会沉淀，并能被活性炭吸附，其颜色随pH的不同而改变。

四、按色素化学结构分类

（一）吡咯类色素

指以四个吡咯构成的大环（卟吩）为结构基础的天然色素，如动物中的血红素和植物中的叶绿素。血红素是血液中的血红蛋白和肌肉中的肌红蛋白中呈现红色的物质，叶绿素是绿色植物绿色的来源。

（二）多烯类色素

多烯类色素是以异戊二烯为单元组成的共轭双键长链为基础的一类色素，最早发现的是存在于胡萝卜中的胡萝卜素，因此这种色素又总称为类胡萝卜素，已知的类胡萝卜素已达300种以上，颜色包括黄、橙、红、紫等，按其结构与溶解性又可分为类胡萝卜素和叶黄素。

1. 类胡萝卜素
类胡萝卜素结构上含有大量的共轭双键，大多数天然类胡萝卜素都可看作是番茄红素的衍生物，溶于石油醚，但仅微溶于甲醇、乙醇。番茄红素的一端或两端环构化，形成了它的同分异构物 α-胡萝卜素、β-胡萝卜素、γ-胡萝卜素。

2. 叶黄素
是共轭多烯的含氧衍生物，有的是番茄红素和胡萝卜素的加氧衍生物，有的是较番茄红素和胡萝卜素链短的多烯烃加氧衍生物，溶于甲醇、乙醇及石油醚。在食品中常见的叶黄素类色素包括叶黄素、玉米黄素、隐黄素、番茄黄素、藏花素等。

（三）酚类色素

酚类色素是植物中水溶性色素的主要成分，可分为花青素、花黄素和鞣质。

1. 花青素
花青素的基本结构母核是 α-苯基苯并吡喃。由于其上的取代基及取代基的位置不同，就形成了形形色色的花青素，从而使水果、花卉呈现五彩缤纷的色彩。花青素在自然状态下以糖苷形式存在，它在氧及氧化剂存在下极不稳定，颜色会随pH而改变，还易受到K^+、Na^+和其他金属离子的影响。

2. 花黄素

花黄素的颜色一般并不显著，常为浅黄色至无色，偶尔是鲜明橙黄色。花黄素的结构母核是黄酮，在此基础作出变形或在不同碳位上发生羟基或甲氧基取代，即成为各种黄酮色素，如杨梅素、槲皮素、橙皮素等。

3. 植物鞣质

植物鞣质又称为单宁质，是高分子多元酚的衍生物，易氧化，易与金属离子反应生成褐黑色物质，由于鞣质有涩味，是植物中可食用部分涩味的主要来源。

（四）醌类色素

醌类色素是醌类化合物中的一类色素，有苯醌、萘醌、蒽醌、菲醌等类型。醌类色素在植物中的分布非常广泛，如在蓼科的大黄、何首乌、虎杖，茜草科的茜草、栀子，豆科的决明子、番泻叶，百合科的芦荟，唇形科的丹参，紫草科的紫草等植物中广泛存在。

（五）其他色素

1. 红曲色素

红曲色素是一种由红曲霉属的丝状真菌经发酵而成的优质的天然食用色素，是红曲霉的次级代谢产物。红曲色素，商品名为红曲红，是以大米、大豆为主要原料，经红曲霉菌液体发酵培养、提取、浓缩、精制而成，也可以红曲米为原料，经萃取、浓缩、精制而成的天然红色色素。红曲色素是多种色素的混合物，主要有红色系和黄色系两大类，这些色素都是聚酮类化合物。

2. 姜黄色素

姜黄色素（curcuminoid）是以姜黄素为主的一种黄色略带酸性的二苯基庚烃物质的统称，是自然界中极为稀少的二酮类有色物质，主要包括姜黄素（curcumin）、脱甲氧基姜黄素（demethoxycurcumin）和双脱甲氧基姜黄素（bisdemethoxycurcumin）及四氢姜黄素、脱甲氧基四氢姜黄素、双脱甲氧基四氢姜黄素。

姜黄色素是一种天然黄色素，具有着色力强、色泽鲜艳、热稳定性强、安全无毒等特性，可作为着色剂广泛用于糕点、糖果、饮料、冰淇淋、有色酒等食品，被认为是最有开发价值的食用天然色素之一，同时也是联合国粮农组织（FAO）和世界卫生组织（WHO）所规定的使用安全性很高的天然色素之一。此外，姜黄色素还具有防腐和保健功能，被广泛用于医药、纺染、饲料等工业。

3. 焦糖色素

又名酱色、焦糖色，是糖类物质在高温下脱水、分解和聚合而成的复杂红褐色或黑褐色混合物，其中某些为胶体聚集体形式存在，焦糖色素通常为棕黑色至黑色的液体或固体，有一种烧焦的糖的气味，并有某种苦味。焦糖的制造是一种褐变反应，类似于我们日常生活与食品加工及烹调中经常碰到的现象，可至今为止，科学技术尚不能确切地解释焦糖反应的机制，焦糖的结构组成也尚未被认识。

第二节　吡咯类色素的生物合成及其影响因素

吡咯类色素是以四个吡咯构成的大环（卟吩）为结构基础的天然色素（图2-7），此类色素的生物合成过程研究比较清楚的是动物和人体中的血红素以及绿色植物细胞中的叶绿素。

叶绿素是绿色植物呈现绿色的主要来源，主要是存在于绿色植物叶肉细胞中的一种细胞器——叶绿体中，是由四个吡咯组成的卟吩化合物，结构式如图2-7，是植物叶绿体内参与光合作用的重要色素，具有捕获光能并驱动电子转移到反应中心的功能，对植物生长及农作

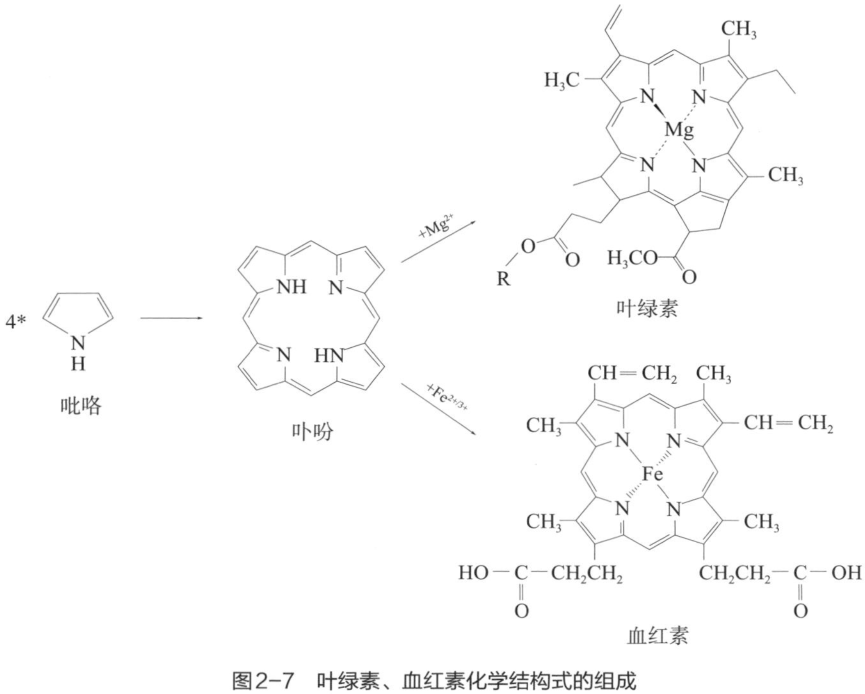

图2-7　叶绿素、血红素化学结构式的组成

物产量的形成具有极其重要的作用。叶绿素在活细胞中与蛋白质相结合，当细胞死亡后叶绿素被释放。游离叶绿素很不稳定，它被细胞中的有机酸分解为脱镁叶绿素，裂解为无色物质。

血红素是血红蛋白、肌红蛋白和红细胞的辅基，在体内担负着运输氧气、传递电荷的生理功能，同时作为一种重要的信号分子，它参与了众多的分子以及细胞过程，对哺乳动物红细胞、肝脏、神经细胞的分化以及抑制人类中性白细胞、PC12神经元、HeLa细胞凋亡至关重要。血红素的基本结构成分是由吡咯组成的卟啉，由原卟啉 IX 与 Fe^{2+} 组成，是一种以多种氧化态或还原态存在的分子，分子式为：$C_{34}H_{32}N_4FeO_4$。其结构如下：铁原子可以是亚铁（Fe^{2+}）或高铁（Fe^{3+}）氧化态，相应的血红素分别为亚铁血红素（ferroheme，heme）和高铁血红素（ferriheme，hematin）。氯高铁血红素（hemin）则是由氯离子取代铁卟啉中的氢氧根离子形成的，可以用作铁强化剂以及抗贫血药的有机化合物，是一种吸收率较高的生物态铁剂。血液中的血红蛋白和肌肉中的肌红蛋白都是由亚铁血红素及球状蛋白质组成，动物肌肉的红色主要是由这两种物质形成的。肌红蛋白为暗红色，易被氧化为灰色或绿色。在腌肉中加入硝酸盐和亚硝酸盐，易反应生成鲜红色的一氧化氮肌红蛋白，由于亚硝酸和二级胺易于结合，形成致癌的亚硝酸，我国严格控制亚硝酸的加入量在 70mg/kg 以下。

一、叶绿素与血红素相似的前体生物合成过程

叶绿素与血红素虽然具有不同的生物功能，但它们都是含有四吡咯的化合物，其合成具有共同的合成过程，该合成途径共有7步，合成的起始物是L-谷氨酰-tRNA，合成原卟啉IX（protoporphyrin IX），原卟啉是合成叶绿素和血红素的关键分支点。在原卟啉以后分为两条途径。其中一条形成叶绿素，另一条形成血红素[1]。

从L-谷氨酰-tRNA到原卟啉 IX（protoporphyrin IX）的生物合成途径（图2-8），中间涉及很多酶，具体如下。

L-谷氨酰-tRNA经谷氨酰-tRNA还原酶还原为谷氨酸酯-1-半醛并释放完整的tRNA；谷氨酸酯-1-半醛再经谷氨酸酯-1-半醛2，1氨基变位酶的

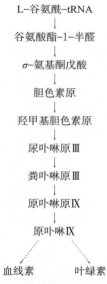

L-谷氨酰-tRNA
↓
谷氨酸酯-1-半醛
↓
σ-氨基酮戊酸
↓
胆色素原
↓
羟甲基胆色素原
↓
尿卟啉原Ⅲ
↓
粪卟啉原Ⅲ
↓
原卟啉原IX
↓
原卟啉IX
↙　　↘
血线素　　叶绿素

图2-8　从氨基酮戊酸到原卟啉IX的合成过程[1]

催化，形成 σ–氨基酮戊酸（ALA），这2个酶的编码基因分别是 *HEMA* 和 *HEML*（*GSA*）。ALA经5–氨基酮戊酸脱水酶催化，形成胆色素原（porphobilinogen，PBG），此步的编码基因是 *HEMB*。随后PBG再经5步生化反应生成原卟啉IX（protoporphyrin IX）：PBG→羟甲基胆色素原（hydroxymethyl bilinogen）→尿卟啉原III（Urogen III）→粪卟啉原III（coprogen III）→原卟啉原IX（protoporphyrinogen IX）→原卟啉IX（protoporphyrin IX），其间参与反应的酶分别是胆色素原脱氨酶、尿卟啉原III合成酶、尿卟啉原III脱羧酶、粪卟啉原III氧化酶和原卟啉原氧化酶，对应的编码基因分别是 *HEMC*、*HEMD*、*HEME*、*HEMF* 和 *HEMG*。以上基因目前已从拟南芥、大豆、豌豆、烟草、大麦等植物中分离。

二、叶绿素的合成及其影响因素

（一）从原卟啉合成叶绿素a和叶绿素b

从原卟啉IX到叶绿素a（chlorophylla）的生物合成途径[2]是：原卟啉IX（protoporphyrin IX）→Mg–原卟啉IX（Mg-protoporphyrin IX）→Mg–原卟啉IX甲酯（protoporphyrin IX ME）→联乙烯原叶绿素酸酯（divinyl Pchl）→原叶绿素酸酯（Pchl）→叶绿素酸酯（Chl）→叶绿素a，依次需要Mg–螯合酶、Mg–原卟啉IX甲基转移酶、Mg–原卟啉IX单甲基酯环化酶、3，8–联乙烯叶绿素酸酯a、8–乙烯基还原酶、原叶绿素酸酯氧化还原酶和叶绿素合酶等6种酶催化反应，编码这些酶的基因分别是 *CHLH*、*CHL1*、*CHLD*、*CHLM*、*CRD1*（*ACSF*）、*DVR*、*PORA/B/C* 和 *CHLG*，其中 *CHLH*、*CHL1*、*CHLD* 等3个基因分别编码Mg–螯合酶的ChlH、ChlI、ChlD亚基，目前已从拟南芥、水稻、烟草、玉米等植物中分离到这些基因。

最后，叶绿素a的C7侧链的甲基（—CH₃）经叶绿素酸酯a加氧酶（编码基因CAO）氧化成甲酰基（—CHO）即形成叶绿素b（chlorophyll b）。

高等植物中叶绿素包括叶绿素a和叶绿素b两种，整个生物合成过程需要15步反应（图2-9），涉及15种酶，在拟南芥中已分离了27个编码这些酶的基因（表2-1）[3, 4]。在叶绿素生物合成途径的调节过程中，ALA的合成四吡咯物质合成途径的限速步骤，Mg离子插入原卟啉IX决定原卟啉IX合成叶绿素的重要分支，这两步是控制叶绿素合成的控制点。

叶绿素存在于植物细胞的叶绿体中，叶绿素的形成离不开叶绿体的正常发育，叶绿体发育过程中需要叶绿体蛋白，是由叶绿体和细胞核基因共同编码，其中由叶绿体基因组编码的蛋白质只有100种左右，大部分蛋白质是由细胞核基因编码，在细胞质中合成后借助叶绿体被膜上的异位子转入叶绿体。该过程中如果核基因转录、蛋白质加工和运输、叶绿体基因转录翻译、蛋白质的折叠及降解、类囊体形成及色素合成受阻，均可引起叶绿体发育不良，叶绿素合成受到不同程度的影响，从而产生不同程度的叶色变异[2]。

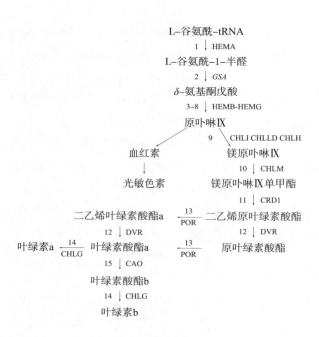

图2-9　被子植物叶绿素的合成途径[2]

表2-1　拟南芥中参与叶绿素合成的酶及编码基因[3,4]

反应步骤	酶的名称	基因名称	拟南芥基因注释
1	谷氨酰-tRNA还原酶（glutamyl-tRNA reductase）	*HEMA1*	AT1G58290
		HEMA2	AT1G09940
		HEMA3	AT2G31250
2	谷氨酸酯-1-半醛2，1氨基变位酶（glutamate-1-semialdehyde 2，1-aminomutase）	*GSA1（HEML1）*	AT5G63570
		GSA2（HEML2）	AT3G48730
3	5-氨基酮戊酸脱水酶（5-aminolevulinate dehydratase）	*HEMB1*	AT1G69740
4	胆色素原脱氨酶［hydroxymethylbilane synthase（porphobilinogen deaminase）］	*HEMB2*	AT1G44318
5	尿卟啉原Ⅲ合成酶（uroporphyrinogen Ⅲ synthase）	*HEMD*	AT2G26540
6	尿卟啉原Ⅲ脱羧酶（uroporphyrinogen Ⅲ decarboxylase）	*HEME1*	AT3G14930
		HEME2	AT2G40490

续表

反应步骤	酶的名称	基因名称	拟南芥基因注释
7	粪卟啉原Ⅲ氧化酶（coproporphyrinogen Ⅲ oxidase）	*HEMF1*	AT1G03475
		HEMF2	AT4G03205
8	原卟啉原氧化酶（protoporphyrinogen oxidase）	*HEMG1*	AT4G01690
		HEMG2	AT5G14220
9	Mg-螯合酶H亚基（magnesium chelatase H subunit）	*CHLH*	AT5G13630
	Mg-螯合酶I亚基（magnesium chelatase I subunit）	*CHL11*	AT4G18480
		CHL12	AT5G45930
	Mg-螯合酶D亚基（magnesium chelatase D subunit）	*CHLD*	AT1G08520
10	Mg-原卟啉Ⅸ甲基转移酶（magnesium proto Ⅸ methyltransferase）	*CHLM*	AT4G25080
11	Mg-原卟啉Ⅸ单甲基酯环化酶（mg-protoporphyrin Ⅸ monomethylester cyclase）	*CRD1（ACSF）*	AT3G56940
12	3，8-联乙烯叶绿素酸酯a 8-乙烯基还原酶（3，8-divinyl protochlorophyllide a 8-vinyl reductase）	*DVR*	AT5G18660
13	原叶绿素酸酯氧化还原酶（protochlorophyllide oxidoreductase）	*PORA*	AT5G54190
		PORB	AT4G27440
		PORC	AT1G03630
14	叶绿素合酶（chlorophyll synthase）	*CHLG*	AT3G51820
15	叶绿素酸酯a加氧酶（chlorophyllide a oxygenase）	*CAO（CHL）*	AT1G44446

（二）影响叶绿素合成和降解的因素

日常生活中我们经常发现绿色果蔬放置一段时间后变成黄色或红色，这主要是因为绿色植物细胞叶绿体内含有叶绿素 a、叶绿素 b、类胡萝卜素等多种色素，主要呈现绿色的叶绿素容易受外界环境等因素发生降解，使绿色果蔬转变为其他颜色。

高等植物叶绿素降解过程开始之前，叶绿素b首先转化为叶绿素a。叶绿素的降解存在 A 和 B 两个可能的途径。A 途径（PAO 途径）中叶绿素酶催化叶绿素a形成脱植基叶绿素a，然后由脱镁螯合酶催化形成脱镁叶绿酸a，而在B途径中，叶绿素a直接被脱镁叶绿素酶催化形成脱镁叶绿素酸a。接下来脱镁叶绿酸a经过脱镁叶绿酸a加氧酶和红色叶绿素代谢产物还原酶催化的两步反应转化成呈蓝色荧光的中间产物（primary fluorescent chlorophyll catabolite，pFCC），中间过程形成一种不稳定的中间产物红色叶绿素代谢产物（red chlorophyll catabolite，RCC），pFCC经过几次修饰之后运输至液泡中，最终形成非荧光叶绿素代谢产物（non-fluorescent chlorophyll catabolite，NCC）（图2-10）。叶绿素分解代谢途径发生突变，常导致植物生长后期的滞绿表型。根据功能表型可分为两个类型，一种是功能性的滞绿，能够保持光合作用，因而有可能提高作物产量；另一种类型是非功能性的滞绿，叶绿体的光合作用能力丧失。水稻中已经被克隆的叶绿素降解相关基因有*Sgr*、*NYC1*、*NOL*、*NYC3*等（表2-2）。

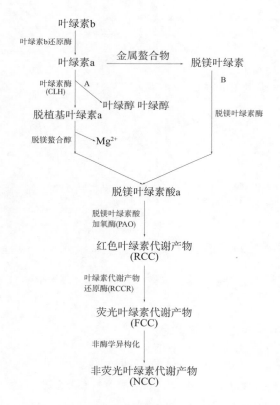

图2-10 植物叶绿素降解途径[2,5]

表2-2　已克隆的水稻叶色相关基因[2]

基因名称	染色体	亚细胞定位	已知同源蛋白	预测功能
OsGluRs	2	细胞核	叶绿素合成拟南芥谷氨酰-tRNA还原酶AtHEMA	催化5-氨基乙酰丙酸形成的关键酶
OsCHLH	3	叶绿体	拟南芥镁离子螯合酶亚基AtCHLH	催化原卟啉IX形成Mg-原卟啉IX
Chl1（Chlorina-1）	3	叶绿体	拟南芥镁离子螯合酶亚基AtCHLD	催化原卟啉IX形成Mg-原卟啉IX
Chl9（Chlorina-9）	3	叶绿体	拟南芥镁离子螯合酶亚基AtCHLI	催化原卟啉IX形成Mg-原卟啉IX
OsDVR	3	叶绿体	拟南芥联乙烯原叶绿素酸酯还原酶AtDVR	催化联乙烯叶绿素a合成单乙烯叶绿素a
YGL1（yellow-green leaf 1）	5	叶绿体	拟南芥叶绿素合成酶AtCHLG	催化叶绿素酸酯合成叶绿素
OsCAO	10	叶绿体	拟南芥叶绿素a氧化酶AtCAO	催化叶绿素a合成叶绿素b
Sgr（stay green）	9	叶绿体	叶绿素降解暂无	与LHCPII相互作用激活叶绿素降解
NYC1（non-yellow coloring 1）	1	叶绿体	水稻短链脱氢酶/还原酶OsNOL	与OsNOL共同形成叶绿素b还原酶复合体
NYC3	6	叶绿体	炭疽杆菌α/β折叠水解酶家族蛋白BAS2502	未知
V1（virescent 1）	3	叶绿体	拟南芥RNA结合蛋白AtNUS1	参与叶片发育早期叶绿体RNA的代谢途径
V2（virescent 2）	3	叶绿体、线粒体	拟南芥鸟苷酸激酶ATGK3	催化（d）GMP磷酸化为（d）GDP
V3（virescent 3）Stripe1	6	叶绿体	拟南芥核苷酸还原酶大亚基RNR1、小亚基RNR2	作用于DNA复制、DNA损失修复以及维持基因稳定性
SPP	6	叶绿体	豌豆基质加工肽酶PsSPP	对核编码的叶绿体前体蛋白进行加工
OsHAP3A OsHAP3B OsHAP3C	1 5 5	细胞核	拟南芥HAP复合体亚基AtHAP3	结合启动子区CCAAT盒子，调节目标基因表达量
OsPPR1	9	叶绿体	拟南芥三角状五肽重复蛋白AtPPRs	影响细胞器mRNA的翻译和稳定性

注：OsHAP3A、OsHAP3B、OsHAP3C为三个HAP同源基因。

叶绿素的合成和降解还受以下因素[3]影响。

1. 光

光是影响叶绿素形成的一个主要条件，叶绿素生物合成过程中许多酶的活性受光的影响。例如，原叶绿素酸酯还原为叶绿素酸酯，需要依赖原叶绿素酸酯氧化还原酶的催化，这一步需要光。现已从拟南芥中分离了3种原叶绿素酸酯氧化还原酶：PORA、PORB和PORC。但是3种酶基因的转录和酶活性受光的调节又有所不同，当植物从黑暗转到光下时，其中PorA mRNA在最初的4h内就逐渐消失，其酶的浓度和活性迅速降低，而PorB mRNA在光照16h后仍能检测到，PorC的转录和活性在光下迅速增加，且它在植物生长的整个时期表达。黑暗中，幼苗的原叶绿素酸酯和血红素积累的量大致相同，但在转入光下后，Mg离子螯合酶的活性增强，有利于叶绿素的合成，而在黑暗中，Mg离子螯合酶的活性降低。ALA的形成是叶绿素生物合成的主要控制点，它的合成需要GluTR和GSA两种酶的催化，这2个酶基因在植物的根、茎、叶、花组织中表达，在光照下它们的转录迅速增加。

2. 温度

叶绿素的生物合成需要通过一系列的酶促反应，温度过高和过低都会抑制酶反应，甚至会破坏原有的叶绿素。一般植物叶绿素合成的最适温度是30℃，Nagata等[6]对DVR酶在10~50℃的活性进行了研究，结果30℃时该酶的活性最大，而在50℃时该酶已无活性。

3. 营养元素

氮和镁是叶绿素分子的组成成分，其缺乏时会影响叶绿素的形成。同时，Mg^{2+}的浓度影响Mg离子螯合酶的活性，在夜晚和白天的交替中菠菜叶绿体基质内Mg^{2+}浓度也从0.5mmol/L增加到2.0mmol/L，Mg离子螯合酶的活性也逐渐增大；Mg^{2+}浓度还可能影响Mg离子螯合酶亚基在叶绿体内的定位，大豆叶绿体中Mg^{2+}浓度为5.0mmol/L时，叶绿体发育紊乱，Mg离子螯合酶ChlH亚基位于被膜上，而当Mg^{2+}浓度为1.0mmol/L时，ChlH亚基位于基质中。另外，铁、铜、锰、氧等也影响叶绿素生物合成。例如，铁是形成原叶绿素酸酯所必需，无铁时Mg-原卟啉Ⅸ及Mg-原卟啉Ⅸ甲酯积累，不能形成原叶绿素酸酯，即不能形成叶绿素。

此外，叶绿体内的pH以及酶反应所需要烟酰胺腺嘌呤二核苷酸磷酸（NADP）、还原型烟酰胺腺嘌呤二核苷酸磷酸（NADPH）和腺嘌呤核苷三磷酸（ATP）、腺嘌呤核苷二磷酸（ADP）等的种类和浓度等也都将影响叶绿素的合成。

三、血红素的合成

血红素是血红蛋白、肌红蛋白和红细胞的辅基，在体内担负着运输氧气、传递电荷的生理功能，同时作为一种重要的信号分子它参与了众多的分子以及细胞过程，对哺乳动物红细胞、肝脏、神经细胞的分化以及抑制人类中性白细胞、PC12神经元、HeLa细胞凋亡至关重要。

血红素生物合成途径共有8步[7]（图2-11），由8种不同的酶参与形成。第1个酶和最后3个酶存在于线粒体中，而中间步骤的酶存在于细胞液中。血红素生物合成的场所是处于在有核红细胞以及网织红细胞阶段的线粒体和细胞质中，合成血红素的原料是琥珀酰CoA、甘氨酸和亚铁离子。前7步合成原卟啉IX（protoporphyrin IX）的生物合成途径与叶绿素的合成途径相似，最后一步是原卟啉IX在亚铁螯合酶（ferrochelatase，FECH）催化下和Fe^{2+}结合生成血红素。

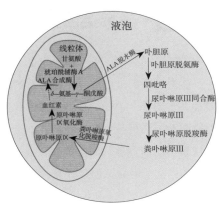

图2-11 血红素合成通路[7]

血红素的生物合成过程分为四个阶段。

（1）δ-氨基-γ-酮戊酸（5-aminolevulinic acid，ALA）的生成 在线粒体中，以甘氨酸和琥珀酰辅酶A为前体，在ALA合成酶（ALA synthetase，ALAS）的催化下脱羟缩合生成ALA。ALA合成酶为血红素合成的限速酶，同时又受反应的终产物血红素的抑制（反馈抑制）。

（2）卟胆原的生成 线粒体生成的ALA进入胞液中，在ALA脱水酶（aminolevulinic acid dehydratase，ALAD）的催化下，2分子ALA脱水缩合成1分子卟胆原（prophobilinogen，PBG）。

（3）尿卟啉原III和粪卟啉原III的生成 在细胞液中，4分子PBG在卟胆原脱氨酶（PBG deaminase，PBGD）催化下脱氨缩合生成线状四吡咯（hyroxymethylbilane，HMB）。HMB在尿卟啉原III同合酶（uroporphyrinogen III cosynthase，URODIIIS）催化下环化生成尿卟啉原III（uroporphyrinogen III，UPG-III），尿卟啉原III经过尿卟啉原脱羧酶（uroporphyrinogen decarboxylase，UROD）催化，其4个乙酸基脱羧成为甲基生成粪卟啉原III（coproporphyrinogen III，CPG-III）。无尿卟啉原III同合酶时，线状四吡咯可自发环化成尿卟啉原I（uroporphyrinogen I，UPG-I），随后在尿卟啉原脱羧酶的催化下形成粪卟啉原I（coproporphyrinogen I，CPG-I）。两种尿卟啉原的区别在于：UPG-I第7位结合的是乙酸基，第8位为丙酸基；而UPG-III则与之相反，第7位是丙酸基，第8位是乙酸基。正常情况下UPG-III与UPG-I在体内比例约为10000∶1。

（4）血红素的生成 细胞液中生成的粪卟啉原III进入线粒体中，在粪卟啉原氧化脱羧酶（coproporphyrinogen oxidase，CPO）作用下，使其2、4位的丙酸基脱羧脱氢生成乙烯基，生成原卟啉原IX（protoporphyrinogen IX）。再经原卟啉原IX氧化酶（protoporphyrinogen oxidase，PPOX）催化脱氢，使连接4个吡咯环的甲烯基氧化成甲炔基，生成血红素。

第三节 多烯类色素的生物合成及其影响因素

多烯类色素是以由异戊二烯为单元组成的共轭双键长链为基础的一类色素，最早发现的是存在于胡萝卜中的胡萝卜素，因此这类色素又总称为类胡萝卜素，目前已发现近800种天然类胡萝卜，可分为四个亚族：胡萝卜素，如 α-胡萝卜素、β-胡萝卜素、γ-胡萝卜素、番茄红素；胡萝卜醇，如叶黄素、玉米黄素、虾青素；胡萝卜醇的酯类，如 β-阿朴-8'-胡萝卜酸酯；胡萝卜酸，如藏红素，胭脂树橙。

类胡萝卜素（carotenoids）是一类重要脂溶性色素的总称，是由异戊二烯骨架构成的C40或C30萜类化合物（图2-12）。在自然界，类胡萝卜素广泛存在于动物、植物和微生物中。在植物中，类胡萝卜素存在于叶绿体和有色体膜上。绝大多数类胡萝卜素呈绚丽的黄色、橙色或红色；类胡萝卜素都具有共同的化学结构特征，它们是由8个异戊二烯基本单位组合成的多烯链，通过共轭双键构成的一类化合物或其氧化衍生物，类胡萝卜素分子中最重要的部分是决定生物功能和颜色的共轭双键系统。

类胡萝卜素的颜色范围较广，是形成黄色、橙色至红色花的主要色素物质。类胡萝卜素具有重要生物学功能，是光合系统中光吸收的辅助色素，还能够清除光合作用中产生的叶绿素三线态和单线态及超氧阴离子等自由基，保护光合器官不受活性氧（reactive oxygen species，ROS）的伤害，参与光形态建成和光保护等生理功能，并使高等植物的花和果实等器官呈现出各种绚丽色彩，从而吸引鸟类和昆虫参与植物授粉和种子传播。类胡萝卜素作为一种被人体吸收之后可以转化为维生素A的物质，不仅能够有效维护眼睛和皮肤的健康，同

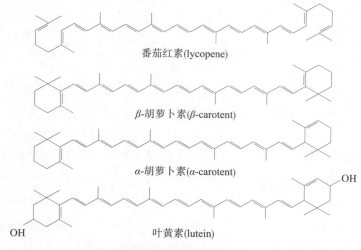

番茄红素(lycopene)

β-胡萝卜素(β-carotent)

α-胡萝卜素(α-carotent)

叶黄素(lutein)

图2-12　几种类胡萝卜素的化学结构式

时还对改善夜盲症、皮肤粗糙等问题有着良好的改善效果。

一、类胡萝卜素的生物合成途径

高等植物类胡萝卜素主要是在细胞的质体中合成的。在叶绿体中类胡萝卜素主要分布于镶嵌天线色素和光合反应中心复合体的光合膜上，而在成熟果实和花瓣的有色体中则主要积累在膜、油体或基质内的其他结构上。目前，通过生化分析、经典遗传学和近年来分子遗传学的研究，已逐步阐明了类胡萝卜素代谢的主要途径（图2-13）[8]。

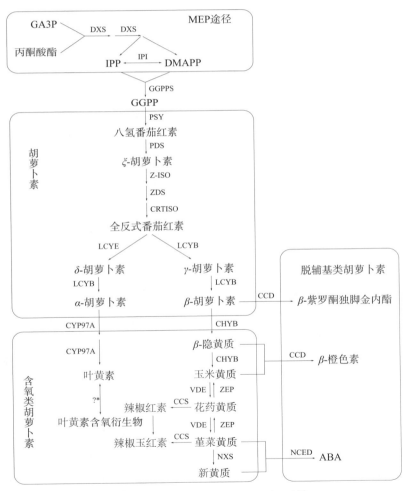

图2-13　高等植物类胡萝卜素代谢通路[8]

*目前尚不清楚该过程参与的酶，但在一些特殊的植物中，叶黄素可以继续被环氧化形成叶黄素的环氧衍生物，然而至今为止科学家们并没有明确参与该反应的酶及其作用机制。

1. MEP途径[9]

类胡萝卜素最初来源于2个异戊二烯异构体，包括异戊二烯焦磷酸（IPP）和它的异构体二甲基丙烯基二磷酸（DMAPP）。在植物细胞中，类胡萝卜素前体物质IPP和DMAPP主要通过MEP途径合成。而其中DXS和DXR是MEP途径中最为关键的2个代谢酶。

2. 胡萝卜素的合成[8]

在IPP异构酶（IPI）和牻牛儿基牻牛儿基焦磷酸合酶（GGPPS）的作用下，二甲基丙烯焦磷酸与3分子IPP缩合成C20的牻牛儿基牻牛儿基焦磷酸（GGPP）。GGPP是胡萝卜素（carotenes）生物合成的直接前体，在八氢番茄红素合成酶（PSY）的作用下，2分子的GGPP缩合产生无色的八氢番茄红素。因而PSY成为了类胡萝卜素合成途径的首要限速酶，其也是至今为止研究最多的、最为深入的类胡萝卜素代谢酶。无色的八氢番茄红素经历了由八氢番茄红素脱氢酶（PDS）和ζ–胡萝卜素脱氢酶（ZDS）所催化的脱氢反应以及由ζ–胡萝卜素异构酶（Z–ISO）和胡萝卜素异构酶（CRTISO）所催化的异构反应之后，形成了红色的全反式番茄红素，而该色素正是番茄、西瓜等常见果蔬的主要呈色物质[10]。

番茄红素的环化是类胡萝卜素代谢过程中的一个重要分支点。根据直链态番茄红素两端环化基团的差异，类胡萝卜素生物合成通路在番茄红素之后可分为2个分支：β,β–类胡萝卜素分支以及β,ε–类胡萝卜素分支。β,β–类胡萝卜素分支指在番茄红素的两端各生成1个β环，在该分支通路上主要催化合成β–胡萝卜素及其衍生物；而β,ε–类胡萝卜素分支指在番茄红素的两端分别生成1个β环和1个ε环，在该分支通路上主要催化合成α–胡萝卜素及其衍生物。与环化基团相对应的，在高等植物中存在2种不同形式的番茄红素环化酶（LCYb和LCYe）。在大多数情况下，番茄红素ε–环化酶（LCe）只能催化番茄红素的一端形成ε环，生成δ–胡萝卜素；而番茄红素β–环化酶（LCYb）可使对称的番茄红素的2个末端均形成β环，生成β–胡萝卜素。而若分子的2个末端分别被LCYB和LCYE催化，形成β环和ε环，即为α–胡萝卜素。

3. 含氧类胡萝卜素的合成

环化后的胡萝卜素在羟化酶和环氧化酶的催化下加氧形成含氧类胡萝卜素（xanthophylls）。在高等植物体内，存在2种不同类型的羟化酶，一种羟化酶为CHYB（BCH）类型，其可以羟基化胡萝卜素上的β环；而另一种羟化酶为细胞色素P450类型，主要包括CYP97A和CYP97C，二者分别羟基化胡萝卜素上的β环和ε环。在β,ε分支中α–胡萝卜素被细胞色素P450类型的羟化酶CYP97A、CYP97C羟基化后形成叶黄素（lutein）。在大多数情况下，叶黄素是β,ε分支的最终产物。但在一些特殊的植物中，叶黄素可以继续被环氧化形成叶黄素的环氧衍生物，然而至今为止科学家们并没有明确参与该反应的酶及其作用机制。而在β,β分支中，β–胡萝卜素在β–胡萝卜素羟化酶（CHYB）的作用下转变为

β-隐黄质（β-cryptoxanthin），进而生成黄色的玉米黄质（zeaxanthin）。玉米黄质在玉米黄质环氧化酶（ZEP）作用下生成花药黄质（antheraxanthin），进而生成堇菜黄质（violaxanthin）[11]。在强光下，堇菜黄质可在堇菜黄质脱环氧酶（VDE）作用下重新生成玉米黄质，这种可逆反应在植物体适应不同的光照条件过程中起着重要的作用，该反应被称为堇菜黄质循环（violaxanthin cycle）。

此外，堇菜黄质在新黄质合成酶（NXS）的催化作用下生成新黄质，其为脱落酸（ABA）的合成前体，也是β，β分支上的最后一个产物。此外，在辣椒果实及卷丹花瓣中，存在一种辣椒红素合成酶（CCS），其可以催化花药黄质和紫黄质生成辣椒红素（capsanthin）和辣椒玉红素（capsorubin）。而正是这两种色素的存在使得辣椒果实和卷丹花瓣呈现出红色[12-13]。

植物细胞中合成的类胡萝卜素在类胡萝卜素裂解双加氧酶（CCDs，又名CCOs）的催化下，可以氧化裂解形成许多脱辅基类胡萝卜素（apocarotenoids），包括植物激素（ABA和独脚金内酯）、花和果实中的色素物质以及芳香类物质等。类胡萝卜素裂解双加氧酶是一个小的基因家族，在拟南芥中共发现了9种不同的亚家族，包括5个NCEDs（NCED2、NCED3、NCED5、NCED6和NCED9）以及4个CCDs（CCD2、CCD4、CCD7和CCD8）[14]，不同的基因家族成员所识别的底物、切割的位点以及生成的产物不尽相同[15]。

二、类胡萝卜素的代谢调控

在植物细胞中，类胡萝卜素的合成、降解及存储机制共同决定着类胡萝卜素的积累。因此，对这3种机制进行调控可以有效地调节植物体内类胡萝卜素的总体含量。而在植物体中，调控往往是多层次并存的，主要从转录水平、转录后水平、存储水平以及表观遗传4个层面调控高等植物类胡萝卜素的代谢。

（一）转录水平

在高等植物花和果实发育过程中，转录水平的调控是决定类胡萝卜素代谢相关基因表达的最关键的机制。研究发现，随着番茄果实的成熟，合成番茄红素的上游相关基因表达量显著上升，而下游基因的表达量明显下降[16]。与之相似的，随着辣椒的成熟，与辣椒红素合成相关基因CCS的表达量明显上升[17]。

1. 转录因子调控

在模式植物（拟南芥、番茄）中有很多转录因子通过调控植物果实的发育间接影响类胡萝卜素的积累，主要包括MADS-box转录因子家族的TAGL1、TDR4、SQUAMOSA启动子结合蛋白CNR，AP2/ERF转录因子家族的AP2a、SIERF6以及具有NAC结构域的NOR和

SINAC4。而只有少数转录因子可以直接作用于结构基因，通过调控结构基因的表达，从而影响类胡萝卜素的积累，主要包括 PIF1、RAP2.2、RIN、SGR1、RCP1。

2. 反馈调控

类胡萝卜素代谢中间产物的反馈机制同样影响着类胡萝卜素合成过程中转录水平的调控。Campisi 等[18]研究发现向日葵中八氢番茄红素的积累会导致 PSY 基因表达量的降低。Kachanovsky 等[19]对双突变体 tr 的遗传背景进行分析后发现 PSY1 的转录得到部分恢复，使其可以继续合成八氢番茄红素和下游类胡萝卜素，故推测可能是顺式类胡萝卜素的一些代谢产物参与了 PSY1 的反馈调控。

3. 转录后水平的调控

在类胡萝卜素的代谢过程中，除转录调控外，转录后水平的调控同样非常重要。酶是植物中许多生化反应的直接参与者，因而酶的活性往往决定着代谢产物的总含量。在植物细胞中类胡萝卜素合成酶主要是以多酶复合体形式定位于质体膜，从而催化类胡萝卜素的生物合成和相互转化，因而其生理活性与膜结合程度密切相关。在水仙有色体中游离型的 PSY 和 PDS 均没有生理活性，而与膜结合后，其生理活性便迅速被激活[20]。

（二）储存水平调控

质体是植物类胡萝卜素合成及储存的主要场所，因而通过影响植物细胞中质体的大小、数量及分化同样可以调控类胡萝卜素的积累。在番茄高色素突变体 hp1 和 hp2 中，光信号蛋白通过调控早期果实中质体的发育，增加质体的数量以及增大质体的大小从而促进类胡萝卜素的生成及积累[21]。

植物细胞中类胡萝卜素的积累受合成、降解及储存 3 条途径共同作用，任何一条途径上的基因发生突变都会影响类胡萝卜素的总体种类和含量，从而影响植物的呈色。

第四节　酚类色素的生物合成及其影响因素

酚类色素是植物中水溶性色素的主要成分，可分为花青素、花黄素和鞣质。

花青素是构成植物颜色的主要水溶性色素之一，是植物体内一大类次生代谢产物，统称为类黄酮化合物，主要以糖苷的形式存在于植物液泡中，花青素的颜色会随 pH 而改变，还易受到 K^+、Na^+ 和其他金属离子的影响。花青素因具有抗氧化作用，可预防心血管疾病、保护肝脏、抗癌。并且，花青素还有抗炎、抗衰老、保护视力等生理作用，有望成为抗肿瘤、抗炎、抗氧化等的药物。此外，花青素作为一类水溶性的天然色素，还具有天然无毒、安全、环保、资源特别丰富等特性。在食品、医药、化妆品、能源、景观环境等方面有着巨大的应用潜力。

花青素的基本结构母核是α-苯基苯并吡喃。由于其上的取代基及取代基的位置不同，就形成了形形色色的花青素。现在已知有20种花青素，广泛分布于植物的叶、花瓣、果实中。其中，在开花植物中主要有6种，即天竺葵色素、矢车菊素、飞燕草色素、芍药色素、矮牵牛色素及锦葵色素。花青素因所带羟基数（C—OH）、甲基化、糖基化数目、种类和连接位置等因素而呈现不同颜色。其基本的结构为C6—C3—C6（图2-14），因其糖基化和酰基化的数目和位置的不同而有很多种类。即使同一种花青素在不同pH条件下也呈现不同的颜色（图2-15）。

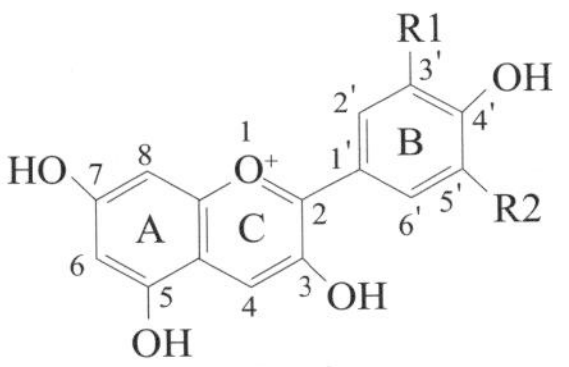

R1	R2	花青素anthocyanin
H	H	天竺葵色素pelargonidin（Pg）
OH	OH	飞燕草色素delphinidin（Dp）
OH	H	矢车菊色素cyanidin（Cy）
OCH₃	OH	牵牛花色素petunidin（Pt）
OCH₃	H	芍药色素peonidin（Pn）
OCH₃	OCH₃	锦葵色素malvidin（Mv）

图2-14　花青素骨架结构及常见的6种花青素[22]

花黄素，又名植物单宁（vegetable tannin），为植物体内的复杂酚类次生代谢物，具有多元酚结构，主要存在于植物的皮、根、叶、果中，在植物中的含量仅次于纤维素、半纤维素和木质素。

图2-15　紫甘薯花青素在不同pH下的颜色变化

鞣质既可视为呈味（涩）物质，也可列为呈色物质，它们都是多元酚的衍生物。

一、花青素的生物合成途径

花青素属于类黄酮，具有类黄酮特有的C₆—C₃—C₆碳骨架结构，由花色素和糖经糖苷键缩合而成。至今已知的花青素种类很多，但绝大多数由矢车菊色素、飞燕草色素、天竺葵色素、锦葵色素、芍药色素、牵牛花色素6种常见的花青素衍生而来的。花青素极少以游离态在植物体内出现，常与一个或多个葡萄糖、乳糖、鼠李糖、阿拉伯糖等结合形成3-糖苷、3，5-二糖苷等。糖苷结构的稳定性取决于糖数量、取代的位置和酰化作用等。

从苯丙氨酸到花青素的生物合成主要分为三个阶段（图2-16）[23]。

（1）由苯丙氨酸到4-香豆酰CoA　这是许多次生代谢共有的，该步骤受苯丙氨酸裂解酶（PAL）、肉桂酸羟化酶（C4H）和4-香豆酰CoA连接酶（4CL）活性的调控。PAL通过消去苯丙氨酸上的氨基将L-苯丙氨酸转化为反式-肉桂酸，是苯基丙酸类物质合成的第一步，被认为是初级代谢和次级代谢的一个重要的调控位点。通常植物中的PAL基因以小的基因家族形式存在，如在豆类、欧芹、水稻、马铃薯、番茄及拟南芥中。C4H催化反式肉桂酸对位羟基化，生成反式-4-香豆酸，C4H是细胞色素P450氧化酶家族的一员，它在苯基丙酸类代谢中起着非常重要的作用。4CL催化CoA酯的形成，多以基因家族的形式出现，是AAE（AMP-producing adenylating superfamily of enzymes）家族的一员[24]。

（2）由4-香豆酰CoA和3个丙二酰CoA到二羟黄酮醇　这是类黄酮代谢的关键反应，受查尔酮合酶（CHS）、查尔酮异构酶（CHI）和黄烷酮-3-羟化酶（F3H）的活性调控。CHS通过将3个丙二酰CoA的乙酸基加到香豆酰CoA上生成花青素途径中的第一个中间产物——查尔酮。CHS是花青素途径中研究最为深入的一个酶，首先从欧芹（*Petroselinum hortense* Hoffm.）中克隆得到。不同植物之间，CHS基因拷贝数差异很大，如拟南芥和金鱼

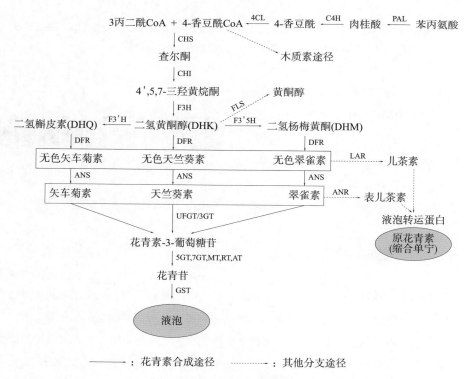

图2-16　花青素的生物合成途径[23]

草基因组中都只含有单个CHS基因拷贝；矮牵牛基因组中有12个CHS基因，但只有四个表达（chsA，chsB，chsG，chsJ），其中chsA和chsJ只在花组织中表达[25]。植物中的查尔酮很少积累，很快被CHI催化转变为4′，5，7- 三羟基黄烷酮。从矮牵牛中克隆到的两个CHI基因：chiA和chiB，显示不同的表达模式。chiA在所有花组织及紫外线照射的幼苗中表达，而chiB只在未成熟的花药中表达[26]。在植物中，CHI蛋白通常以单体形式存在，相对分子质量为28000～29000，含有一个独特的裸露的β- 三明治结构（open-faced β-sandwichfold）[24]。F3H催化4′，5，7- 三羟基黄烷酮C3位加上一个羟基，生成二氢黄酮醇。目前已从玉米、苜蓿、拟南芥、金鱼草等植物中分离出来。研究表明，F3H在多数植物中以单拷贝形式存在[27]。部分二氢黄酮醇在F3′H、F3′5′H的作用下B环3′或3′，5′位置羟基化，分别生成红色的矢车菊素和蓝紫色的翠雀素的前体物质。F3′H和F3′5′H都是属于细胞色素P450超级家族，酶活需要NADPH及细胞色素b5作为辅助因子。

（3）各种花青素的合成，受两个酶调控。二羟黄酮醇还原酶（DFR）和花青素合成酶（ANS/LDOX）将无色黄酮醇转化为无色花青素再经氧化、脱水形成未修饰的花青素。DFR以NADPH为辅因子，催化二氢黄酮醇在C4位发生立体特异的还原反应，生成无色花色素，是花青素合成过程中的关键酶。DFR基因已从玉米、金鱼草、大麦、矮牵牛、拟南芥、苜蓿、百脉根等多种植物中分离到。不同物种DFR对底物的特异性不同[28]。ANS负责催化无色花青素经氧化脱水形成有颜色的花青素。

合成的花青素在不同的物种中经历不同的修饰，常见的有糖基化、酰基化和甲基化。花青素糖基转移酶（GT）决定糖基化的位置，对植物花青素的稳定性及可溶性起着重要作用。第3位的糖基化是花青素共有的步骤，此外，在一些植物中也存在第5位或第7位鼠李糖及其他糖类的修饰，这些修饰是通过尿苷二磷酸–葡萄糖–类黄酮–3–葡糖基转移（UFGT/3GT）、5GT及7GT实现的。通常3–糖基化先于5–糖基化[28]。许多3GT和5GT基因已经被分离到，它们在糖基转移酶家族中形成两个不同的集群，玉米中编码3GT的Bz1基因首先被克隆出后利用ZmBz1作为探针从金鱼草中克隆出3GT基因；矮牵牛3GT基因也已克隆到。蝶豆（Clitoria ternatea L.）中含有一种花青素–3′5′糖基转移酶（3′5′–GT），它的氨基酸序列和3GT非常相似[28]。酰基化花青素具有较强的护色能力，能有效阻止花青素水解为无色的查尔酮，增强花青素的稳定性，保持颜色。编码酰基转移酶的基因首先从龙胆（Gentiana triflora Pall.）中分离出来：花青素5–葡糖苷桂皮基CoA转移酶（5AT），实验证明，龙胆5AT能同时催化C5和C3′位置的酰基化[29]。催化花青素C3位置酰基化的酶3AT也已从紫苏（Perilla frutescens L.）中分离得到。甲基化修饰使得花青素的结构、颜色具有多样性。依赖于S-腺苷蛋氨酸的花青素甲基转移酶cDNA已从矮牵牛[30]及葡萄[31]中获得，它们一般属于依赖于阳离子的Ⅱ型MT（methylation transferase），而黄酮类MT属于I型MT[28]。

二、影响花青素合成的因素

影响花青素合成的因素很多，主要包括内在遗传因素和外在环境因素[22, 32]。

（一）遗传因素

影响花青素合成代谢的基因分为结构基因和调节基因，结构基因编码合成代谢相关酶类，直接参与花青素的合成；而调节基因通过其表达的蛋白调控结构基因的表达及其强度。

1. 结构基因

（1）查尔酮合成酶（chaleone synthase，CHS）　是类黄酮和花青素代谢过程中的第一个关键酶，催化丙二酰–CoA和β–香豆酰–CoA生成查尔酮，形成类黄酮物质的基本碳架结构。目前，已经从蕨类、苔藓、裸子植物和被子植物中克隆了约650个CHS基因及其相关序列。紫花苜蓿CHS2的蛋白质晶体结构已经被解析，该酶是一个同源二聚体蛋白质，有两个功能互相独立的亚基，分子质量为40～45ku，这对研究该酶的功能及作用机制有重要意义[33]。CHS基因是一个多基因家族，基因的编码区和结构都十分保守，且在不同科植物间具有较高的保守性。在红肉猕猴桃中，CHS家族存在3个明显的差异片段，且在果实组织中都有表达，但是*CHS2*的表达量明显比*CHS1*和*CHS3*高[34]。

（2）查尔酮异构酶（chaleone isomerase，CHI）　查尔酮虽然能自发地异构形成（2RS）–黄烷酮，但是在CHI的催化下能快速完成这一过程，速率是前者的10^7倍[35]。1987年，研究者利用抗体技术首次从法国豌豆中分离出CHI基因[36]，随后在矮牵牛、草莓等植物中分离出来。CHI基因也是多基因家族，在拟南芥和矮牵牛中都含有2个CHI基因，玉米中含有3个CHI基因。CHI能与查尔酮合成酶和黄烷酮醇－4－还原酶在内质网上形成酶复合体进行催化反应[37]，在这个酶复合体中，CHI的表达可受光、植物病原感染、真菌感染和损伤的诱导。苜蓿的CHI蛋白的三维结构已经被解析，为该基因的深入研究提供参考。

（3）黄烷酮3-羟化酶（flavanone 3-hydroxylase，F3H）　催化二氢黄烷酮A环3位上的羟基化，属于依赖2-酮二酸的双加氧酶家族，在反应时都需要Fe^{2+}、2-酮戊二酸、氧等作为辅因子。F3H催化黄烷酮类底物产生二氢黄酮醇类产物，为黄酮醇、原花色素、花色素等类黄酮代谢支路提供前体物，是黄烷酮分支点的一个核心酶。利用突变体研究可知，F3H与花青苷的合成关系密切，F3H基因在不同物种的拷贝数不同，可能与其不同表达模式有关[37]。

（4）类黄酮–3′–羟化酶（flavonoid–3′–hydroxylase，F3′H）与类黄酮–3′，5′–羟化

酶（flavonoid-3′，5′-hydroxylase，F3′5′H）这两个酶催化类黄酮B环上羟基化反应，都属于细胞色素P450家族的基因。F3′H催化二氢黄酮醇B环3′位置的羟基化，生成砖红色的花葵素糖苷。F3′5′H催化二氢黄酮醇B环3′和5′位置的羟基化，生成紫色或蓝色的翠雀素糖苷。在矮牵牛不同组织中，F3′H由 Ht1 和 Ht2 控制，而F3′H的突变使花中积累花葵素而呈现橙红色[39]，而有些植物如玫瑰、郁金香、香石竹等缺乏F3′5′H则不能形成蓝色花。

（5）二氢黄酮醇4-还原酶（dihydroflavonol-4-reductase，DFR）　是花青苷生物合成过程中后期表达的第一个关键酶，在辅因子NADPH的作用下将4位的羰基还原为羟基，催化DHK、DHQ、DHM等3种不同的二氢类黄酮醇底物生成无色原花色素、天竺葵素、无色翠雀素和无色矢车菊素[40]。在血橙、猕猴桃中已经分离克隆到了DFR基因[41, 42]，且在猕猴桃不同部位上存在差异表达[34]。矮牵牛的DFR具底物特异性，不能催化二氢黄酮醇，因而牵牛花中没有花葵素类色素，没有橘红色牵牛花[43]。

（6）花色素合成酶（anthocyanidin synthase，ANS/Leueoanthoeyanidin dioxygenase，LODX）　催化无色的花色素形成有色花色素苷的前体[44]。ANS已经在拟南芥、金鱼草、草莓等植物中克隆得到，一般由2个外显子和1个内含子组成。在拟南芥中已经获得了ANS的三维结构，属于2-ODD家族的蛋白质[45]。

（7）类黄酮葡萄糖苷转移酶（UDPglucose-flavoniod glucosytransterase，UFGT）　能将催化完成花青素第3、5位的糖基化，使不稳定的花青素转变为稳定的花色素苷，可以使无色的花青素转变为有色的花青苷。UFGT基因是一个大家族，其中拟南芥中就有120种[46]，也是花青素生物合成过程中最重要的分支酶。UFGT基因家族中的 F3GGT1 和 F3GT1 两基因分别对红肉猕猴桃花青素主要成分矢车菊3-O-木糖苷-半乳糖苷和矢车菊3-O-半乳糖苷起关键性的调控作用[34]。

2. 调节基因

目前植物中有3类与花青素合成相关的转录因子：①R2R3-MYB蛋白；②MYC家族的bHLH蛋白；③WD40蛋白。这些转录因子与结构基因启动子相结合，从而激活或者抑制花青素生物合成途径中一个或多个基因的表达。在拟南芥中这些调节基因有编码bHLH蛋白的 TT8、GL3 和 EGL3，编码MYB蛋白的 TT2、PAP1/PAP2、MYB75、MYB90、MYB113、MYB114 和 MYBL2 等和编码WD40蛋白的 TTG1 等[47, 48]，这3种蛋白可以形成复杂的WD-重复/bHLH/MYB复合体结构，可以调节 DFR、ANS、UF3GT 等基因的表达，从而调控花青素的合成[49]。

（1）MYB蛋白　是一类DNA结构蛋白质，含有一段保守的DNA结构区域——MYB结构域，约由52个氨基酸组成，根据结构域的数量可以分为单一MYB结构域（R1）蛋白、两个重复MYB结构域（R2R3）蛋白质和3个重复MYB结构域（R1R2R3）蛋白质，但与果实花青素有关的主要是R2R3-MYB蛋白[50]。*C1*是玉米中第一个被克隆到的含有MYB结构的基因，与*P1*具有高度同源性（*C1*和*P1*都属于cl基因家族），两者可以共同调控花青素的合成，而*P1*也可以单独调节。杨梅中的MrMYB1与果实中的花青苷总量呈正相关，可以协同bHLH转录因子激活*AtDFR*启动子，调控花青苷合成途径中结构基因的表达进而影响花青苷的合成[51]。*Vvmyba1*在葡萄果皮中特异表达，诱导果皮花青素的合成[52]，该基因的不同基因型则影响着果皮的颜色，在*Vvmyba1*的等位基因上因存在逆转录因子Gret1，而不能行使*Vvmyba1*的功能；*Vvmyba1c*是*Vvmyba1*的一个等位基因，对*Vvmyba1*显性且不含Gret1。*Vvmyba1*启动子中，逆转录因子Gret1的存在与白皮型果实有密切关系[53]。在最近的研究中发现，MYB除了能正调控外，还存在抑制作用的MYB蛋白，如草莓的*FaMYB1*，该基因C端都具有一个保守的基序pdLNL$^{D/E}$LXi$^{G/S}$，这个基序可能与激活子竞争结合靶基因，从而抑制花青素的合成[54]。

（2）bHLH类转录因子　　是植物内第二大家族转录因子。bHLH转录因子的结构域大约由60个氨基酸组成，包括两个保守区域：一是在多肽链的N端的与DNA结合相关的碱性区域，另一为分布在C端的HLH区域，bHLH则常以同二聚体或异二聚体的形式行使功能。在拟南芥中，bHLH蛋白至少有174个成员，归类为21个子家族，而矮牵牛中的AN1、JAF13，玉米中的R/B家族和金鱼草中的DELILA，都属于bHLH类转录因子。

（3）WD40转录因子　　WD40重复蛋白是一类具有高度保守结构的蛋白质家族，一般含有4～16个串联重复的WD基元，每个WD基元含有大约由40个氨基酸残基组成的保守序列。WD40首先在植物细胞质中发现，目前已经在拟南芥、玉米中分别分离到了TTG1和PACl转录因子。这类转录因子常与MYB和bHLH蛋白形成复合体共同调控花青素的合成。

（二）环境因素

1. 光照

花青素合成过程中，或者需要光，或是光能提高植物花青素的含量[55]。光是大多数植物花青素合成的诱导因子，其中光照强度和光质对其合成有不同的影响。用160 μmol/（m^2·s）的光照强度连续24h光照离体富士苹果，发现果皮花青素含量有所增加[56]。不同比例的红光/远红光照射番茄叶片，其对花青素的合成有不同的影响[57]。除此之外，光照能提高苹果中*MdMYB1*的表达水平，进而促进果皮中花青素的积累[58]。查尔酮异构酶（CHI）和查尔酮合成酶（CHS）的形成受日光调控和紫外光诱导。有学者认为光作用于花青素合成的效应机制是：光通过升高乙烯、ABA水平，限制赤霉素（GA）活性而削弱花青素形成的抑制作用；通过光合作用提供充足的底物，提高花青素的形成力；通过光敏色素而促进酶的合成与活化。

2. 温度

对花青素的合成和积累有较大影响。苹果在低于10℃的条件下花青素积累会受到抑制[59]。葡萄果皮在开始着色后的7～21d在20℃的条件下花青素的积累和 *VvmybA1* 基因的表达量比在30℃下多，同时果皮内ABA的含量是30℃下的1.6倍。较高的夜温会减少花青素的积累。葡萄在转色期较高的夜温（大于30℃）会抑制 *CHS*、*F3H*、*DFR*、*LDOX* 和 *UFGT* 的表达，从而影响花青素的生物合成[60]。

3. 果实套袋

是控制果实着色的一种有效措施。有研究表明：红肉桃在果实发育期间一直套袋会抑制果肉花青素的积累和果肉变红，若在采收前15d摘袋，见光后的果实果肉花青素含量迅速上升，比不套袋的还要高[61]。套袋对苹果、荔枝果皮花青素合成及PAL、CHI、DFR和UFGT等4种酶活性均有明显抑制，解袋后，荔枝中的UFGT明显升高，果皮花青素迅速上升，苹果中CHI和UFGT的活性都迅速上升[62, 63]。此外，纸袋的质地对果实花青素的合成和积累影响也不同。用白色单层袋、黄色单层袋、无纺布袋、外白内黄双层袋和外黄内黑复合纸袋对杧果进行套袋处理，结果发现，成熟期时白色单层袋的果实外观着色效果最佳，花青素含量最高[64]。

4. 激素

内源激素对果实着色的调控，取决于促进生长类激素和抑制生长、促进成熟类激素的相互消长。在葡萄细胞培养中发现，茉莉酸能显著提高细胞中主要花青素（芍药花青素葡萄糖苷）的含量，而其他种类花青素少量增加，同时进一步延长光照可以在此基础上进一步提高花青苷的总量，但其组分不变[65]。用6-BA、ABA和茉莉酸处理套袋后的荔枝果皮，结果发现6-苄氨基嘌呤（6-BA）抑制UFGT酶活性的同时抑制花青苷合成，ABA和茉莉酸处理提高了UFGT酶活性的同时也促进了花青苷的合成[62]。有研究表明，喷施一定量的ABA有利于"红阳"猕猴桃果实花青素含量的积累[66]。崔艳涛等[67]对激素在李果实花青苷含量的影响进行了总结，认为乙烯（ETH）和ABA作为诱导信号通过增加细胞膜的透性、增强磷酸戊糖（PPP）途径的代谢强度、诱导酶活性升高进而促进花青苷的积累；而GA或吲哚-3-乙酸（IAA）在果实发育中促进细胞分裂，增加果实"库源"，促果实维管束发育和调运养分，共同参与花青苷合成的生理过程。

5. 酶

花青苷合成过程中与多种酶的活性有关，在"富士"苹果中，果皮花青苷含量与果实PAL酶、淀粉酶活性呈极显著正相关（$r = 0.9982^{**}$ 和 $r = 0.9364^{**}$），淀粉酶活性的变化促进了糖的积累，有利于花青苷的合成；PAL酶活性不断增加，促进了花青素的积累[68]。在红皮砂梨中果实花青素含量与PAL、UFGT的活性有密切关系[69]。

6. 糖

糖是花青素合成的原料，不仅可以通过糖代谢途径影响花青素的合成，更重要的是通过信号机制影响花青素的合成[70]。在苹果、梨的果皮中花青素含量与糖含量呈正相关[68, 69]。花青素与糖通过糖基化作用形成稳定的花青苷，而大多数植物一般都存在第一次糖基化作用，但也有的植物，如红肉猕猴桃中存在第二次糖基化作用[71]。据杨少华等[72]报道，用60mmol/L蔗糖处理拟南芥幼苗，可以显著提高花青素和还原糖含量，促进花青素合成相关基因（*CHS*、*FLS-1*、*DFR*、*LDOX*、*BANYULS*）的转录，并得出结论：蔗糖既可以通过蔗糖特异信号途径，也可以和其代谢糖通过其他途径共同调节拟南芥花青素的生物合成。

第五节 酮类色素的生物合成及其影响因素

一、红曲色素的生物合成途径

红曲色素[73]是一种由红曲霉属的丝状真菌经发酵而成的优质的天然食用色素，是红曲霉的次级代谢产物。红曲色素，商品名叫红曲红，是以大米、大豆为主要原料，经红曲霉菌液体发酵培养、提取、浓缩、精制而成，或以红曲米为原料，经萃取、浓缩、精制而成的天然红色色素。红曲色素作为一种天然优质食用色素，广泛应用于肉制品和腌制品等的着色、防腐，在降低亚硝酸钠用量的同时还具有保健功效。《本草纲目》中记载，红曲消食活血，健脾燥胃，治赤白痢，下水谷，治打扑伤损，治女人血气痛及产后恶血不尽。现代研究表明，红曲霉产生的其他次生代谢物有抑制胆固醇合成，预防和治疗胆结石、前列腺肥大以及抗肿瘤的作用。红曲霉产生的生理活性物质还具有杀菌或抑菌作用[74, 75]。

红曲色素的生产有固态和液态发酵两种方法。传统的固态发酵法生产红曲色素，操作烦琐，劳动强度大，生产周期长且产量低[76]。20世纪90年代以来，用液态深层发酵法生产红曲色素的研究取得突破性进展。液态发酵法生产红曲色素具有周期短、产量高、杂质少、用粮省等特点，我国宁夏轻工业设计研究院研究的液态深层发酵法生产红曲色素的技术已实现工业化生产[77]。

　　红曲霉系属于红曲科腐生丝状真菌属，用于食品生产的主要种类有红曲霉（*M.anka*）、烟色红曲霉（*M .fuliginosus*）、紫红曲霉（*M.purpureus*）和红色红曲霉（*M.ruber*）等[78]。红曲色素属于聚酮类色素，是红曲霉代谢过程中产生的一系列聚酮化合物的混合物。红曲色素中已经探明结构的有10种，其中6种为醇溶性色素（表2-3）[73]，4种为水溶性色素（表2-4[73]、图2-17）。醇溶性色素有红斑素、红曲红素、红曲素、红曲黄素、红斑胺和红曲红胺等[79]，水溶性色素有*N*-戊二酰基红斑胺、*N*-戊二酰基红曲红胺、*N*-葡糖基红斑胺和*N*-葡糖基红斑胺等[80]。这些色素中，具有应用价值的主要是醇溶性的红曲素、红斑素和红曲红素。红曲色素中的黄色成分约占5%，其性质比较稳定，但因其含量低，所以红曲色素呈现红色。

　　红曲色素中呈现红、紫两种颜色的色素因分离困难，一般混合使用[81]。

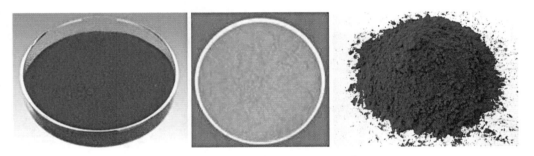

图2-17　红曲红素、红曲黄素、红斑素

表2-3　醇溶性红曲色素主要成分的分子结构[73]

分子结构式	名称	颜色	分子式	相对分子质量
COC$_5$H$_{11}$（结构式）	红斑素（rubropunctatin, RTN）	红	C$_{21}$H$_{22}$O$_5$	354
COC$_7$H$_{15}$（结构式）	红曲红素（monascorubrin, MBN）	红	C$_{23}$H$_{26}$O$_5$	382

续表

分子结构式	名称	颜色	分子式	相对分子质量
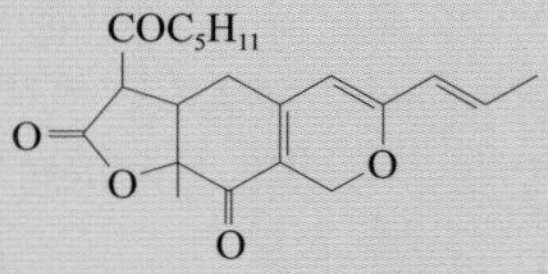	红曲素 （monascin，MNC）	黄	$C_{21}H_{26}O_5$	358
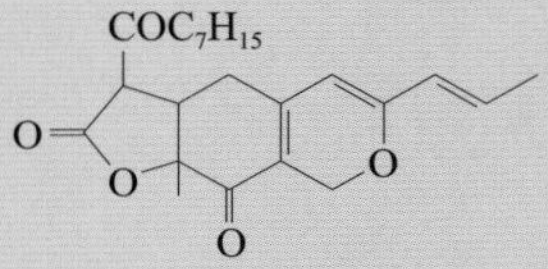	红曲黄素 （ankaflavin，ANK）	黄	$C_{23}H_{30}O_5$	386
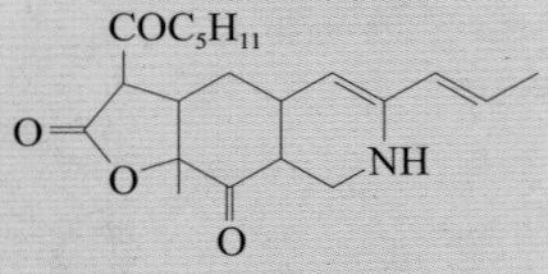	红斑胺 （rubropunctamine，RTM）	紫	$C_{21}H_{33}NO_4$	353
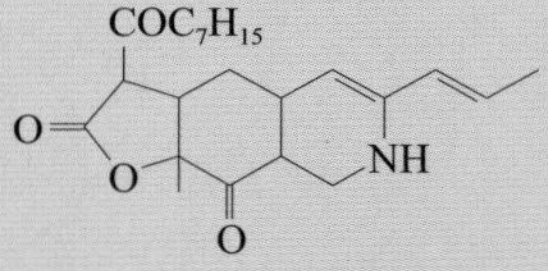	红曲红胺 （monascorubramine，MBM）	紫	$C_{23}H_{27}NO_4$	381

红曲色素为红曲霉的次级代谢产物，其生物合成途径的基本过程[82, 83]如下。

（1）1分子乙酰CoA和5分子丙二酰CoA在Ⅰ型聚酮合酶（polyketide synthase，PKS）的催化下生成己酮（hexaketide）生色团；

（2）己酮生色团与脂肪酸合成途径产生的中链脂肪酸，如辛酸或己酸，发生转酯化反应生成橙色色素；

（3）橙色素还原生成黄色素；

（4）橙色素与氨基酸发生加氨反应生成红色素。

表2-4　水溶性红曲色素主要成分的分子结构[73]

分子结构式	名称	颜色	分子式	相对分子质量
	N-戊二酰基红斑胺（N-glutarylrubropunc-tamine，GTR）	红	$C_{26}H_{29}O_8N$	483
	N-戊二酰基红曲红胺（N-glutarylmonascoru-bramine，GTM）	红	$C_{28}H_{33}O_8N$	511
	N-葡糖基红斑胺（N-glucosylrubropunc-tamine，GCR）	红	$C_{27}H_{33}O_9N$	515
	N-葡糖基红曲红胺（N-glucosylmonascoru-bramin，GCM）	红	$C_{29}H_{37}O_9N$	543

　　1999年，Hajjaj等[84]通过同位素^{13}C标记的乙酸盐，采用^{13}C NMR追踪标记物在各级代谢产物中的累积，对橘霉素部分生化代谢途径进行了探讨，认为橘霉素合成的起始阶段与红曲色素共用一条途径，两者均由1分子乙酰CoA和3分子丙二酰CoA在PKS的催化作用下经反复缩合和延伸形成四酮体（tetraketide），随后分开两条途径，一条途径继续与乙酰CoA缩合，通过甲基化、缩合、还原、甲氧基化、还原、氧化和脱水等多个步骤最终形成橘霉素；另一条路径继续与丙二酰CoA缩合，形成红曲色素的中间产物，然后经过一系列步骤最终形成红曲色素。根据目前的研究报道，红曲菌中红曲色素和橘霉素可能的生物合成途径见图2-18[82]。

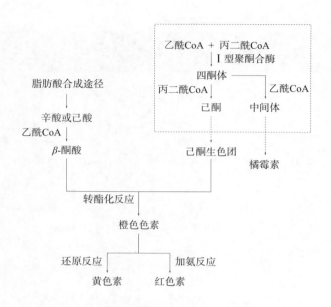

图2-18　红曲色素和橘霉素可能的生物合成途径[82]

二、影响红曲色素合成的因素

影响红曲色素合成的因素很多，主要包括内在遗传因素和外在环境因素。

（一）遗传因素[82]

红曲菌产生的红曲色素、洛伐它汀（monacolin K）和橘霉素都属于聚酮类次生代谢产物，该类物质生物合成途径中的关键酶为聚酮合酶（PKS）[85]。2005年，Shimizu等[86]首次成功地从紫色红曲菌（*M. purpureus*）中克隆得到橘霉素合成相关的PKS基因*pksCT*，推测紫色红曲菌中*pksCT*基因编码的PKS位于桔霉素分支代谢途径中，参与橘霉素的生物合成，而与色素的合成无关。但周礼红[87]和付桂明[88]敲除红曲菌*pksCT*后，发现橘霉素产量降低的同时，色素却发生了不同程度的提高，推测由于*pksCT*编码的PKS位于色素和橘霉素分支点下游的橘霉素合成途径上，敲除*pksCT*后，阻断了红曲菌橘霉素分支代谢途径，使代谢流更多地流向红曲色素分支代谢途径，从而导致橘霉素降低的同时，色素产量提高。

吴伟[89]通过构建了锌指转录因子基因*ctnG*的敲除载体，发现敲除菌株橘霉素产量约降低了50%，总色素约降低了23%，表明锌指转录因子基因*ctnG*参与了总色素的合成。

红曲色素的合成还与G蛋白信号途径（G-protein signaling pathway）密切相关，邵彦春等[90, 91]通过基因敲除技术获得*mrflbA*缺失的突变株，发现该菌株产色素和橘霉素的能力明显减弱，几乎为白化子，由此推测该基因是一个与红曲菌产色素和橘霉素相关的调控基因，并且对色素和橘霉素的分泌起正调节作用。

（二）环境因素[82]

1. 固定化细胞技术

红曲霉细胞采用固定化培养后，红曲色素生成量高于游离细胞液态发酵时的生成量。采用固定化细胞培养红曲霉的环境条件类似于传统的固体培养，这为红曲霉的生长、代谢提供了附着和支持的框架，从而有利于红曲霉的生长和色素的形成[92]。此外，红曲霉细胞采用固定化培养后，发酵液中游离菌丝体减少，发酵液黏度降低，还有利于氧气及营养物质的传递，更有利于色素的分离和提取。傅亮等[93]证实发酵液添加活性炭解除产物抑制后，固定化细胞发酵比游离细胞发酵时红曲色素产量可提高76%。王克明等[94]研究结果表明，以聚乙烯醇（PVA）为载体固定化的细胞颗粒机械强度高，红曲色素产量高，尤其是通过添加活性炭解除产物抑制作用后，固定化细胞发酵时色素产量比游离细胞提高90.4%。张子儒等[95]用纤维素硫酸钠–聚二甲基二烯丙基氯化铵（NaCS–PDMDAAC）包埋红曲霉进行微胶化培养，与游离培养细胞相比，微囊化培养在提高红曲色素浓度的同时缩短了红曲霉生长的糖耗时间。

2. 葡萄糖流加培养

利用流加或分批补加葡萄糖发酵生产红曲色素，可以克服发酵液初始糖浓度过高而造成对菌体生长和色素生成的限制，有效地提高了发酵液中红曲色素的生成量、色价以及原料利用率。童群义等[96]研究结果表明，培养基中葡萄糖浓度大于4%时，红曲色素的形成受到明显的抑制。当初始葡萄糖浓度为4%时，在接种36～132h之间，分8次补加葡萄糖，使总糖浓度达到10%，发酵液的总色价可达到442.5U/mL。王克明等[97]研究表明：总糖浓度为5%时，以30%初始糖浓度发酵至48、60h时，分别流加1%的葡萄糖，流加发酵组的色素含量比非流加发酵组增加23.5%。将气升式生物反应器应用在红曲霉的葡萄糖流加培养上，当流加因子K=0.0013时，变速流加发酵组的色素浓度比非流加发酵组的色价增加32%[98]。Lee Y K等[99]证实对红曲霉进行分批培养可以延长菌种生长时间，提高色素的产量和色价。Pastrana L等[100]利用化学计量模型对红曲霉分批培养过程中的生物变化进行了估测，为准确掌握分批培养过程中的生物变化情况提供了新的研究方法。

3. 菌种联合培养

Shin C S等[101]将红曲霉分别与酿酒酵母、米曲霉等菌种进行联合固态培养，发现红曲霉的细胞形态发生了改变。培养结束时，红曲霉细胞数量增加了2倍，色素产量提高了30～40倍。研究表明，酿酒酵母和米曲霉产生的水解酶降解了红曲霉细胞壁，促使其细胞形态改变,从而促进细胞生长,同时增加细胞壁的透性,解除细胞内的产物抑制,从而提高色素产量。由于酿酒酵母产生的淀粉酶和几丁质酶比米曲霉产生的淀粉酶和蛋白酶水解效果更好,因而酿酒酵母与红曲霉联合培养更能提高红曲色素的产量。Suh J H等[102]报道了红曲霉J101与酿酒酵母的新型联合培养方式——过滤培养,这种方式能够在改变细胞形态的同时显著提高红曲色素中红色素的产量,并且细胞生长和繁殖速度明显加快。Shin等[103]认为,红曲霉细胞形态变化主要表现为贮存色素的液泡体积的增大和液泡数量的增多,因而色素产量得到提高。

4. 添加金属离子

Zn^{2+} 促进红曲色素的产生,且对生物量的形成有影响。添加微量的 Zn^{2+} 对红曲色素的生成有明显的促进作用,适宜的 Zn^{2+} 浓度约为 20 μg/g。Zn^{2+} 促进红曲色素生成的有效浓度因菌种不同而异[104],至于 Zn^{2+} 如何影响红曲色素的产生目前尚未见报道。

5. 添加植物油、青霉素

植物油可将发酵液中水不溶性橘红色色素溶解,并从水相中析出,降低发酵液中的产物抑制,从而提高橘红色色素的产量。连喜军等[105]研究表明,在50mL发酵培养基中,植物油添加量为3g时,红色素产量提高最明显,色价达到91.2U/mL,比不添加植物油的对照组提高73%。青霉素是头孢霉素合成的前体物,而头孢霉素可作用于霉菌细胞壁几丁质的合成,此种细胞壁有利于橘红色色素从细胞内分泌到发酵液中,降低细胞内产物的抑制作用,从而提高橘红色色素的产量。在50mL发酵培养基中,青霉素的最适添加量为4800U,色价达到95.9U/mL,比不添加青霉素的对照组提高82%[105]。

6. 超声波处理

呈团状的红曲霉菌落不利于氧和营养物质吸收,也不利于代谢物质分泌。采用超声波处理可以使红曲霉菌丝体分散,克服了代谢产物对菌体生长及色素生成的限制,从而有利于代谢产物数量的提高。同时,超声波处理可以使发酵液黏度降低,物质混合均匀,有利于氧气及营养物质的传递,更重要的是便于红曲色素的分离和提取[106]。但是,超声波处理时间较长时,会引起细胞死亡率升高,导致色素产量下降。处理时间过短又达不到刺激其产色素的效果。杨胜利等[107]的研究表明,超声波作用时间为2min左右时红曲霉产色素能力提高30%以上。

第六节 其他色素的生物合成及其影响因素

一、甜菜色素

甜菜色素是存在于食用红甜菜中的天然植物色素，甜菜色素具有多种重要的功能：甜菜色素可使植物呈现绵丽的色彩，可以吸引昆虫授粉、鸟儿取食种子，促进含有这类色素植物的繁殖和传播；甜菜色素对植物自身保护机制发挥着重要作用；甜菜色素对人的身体健康也起积极作用，具有抗氧化、预防肿瘤、降低血脂、减缓肌肉疲劳等作用，世界各国竞相研究开发自然色素作为食品添加剂。

甜菜色素主要分布在石竹目（Caryophyllales）的植物中[石竹科（Caryophyllaceae）和粟米草科（Molluginaceae）除外]，首先在甜菜（*Beta vulgaris*）根中发现，并因此而得名（图2-19）。常见的积累甜菜色素的植物有藜科碱蓬属盐地碱蓬（*Suaeda salsa*）、仙人掌科火龙果（*Hylocereus undatus*）、苋科苋菜属雁来红（*Amaranthus mangostanus*）、商陆科美洲商陆（*Phytolacca americana*）、紫茉莉科紫茉莉（*Mirabilis jalapa*）。

图2-19 甜菜色素提取原料 甜菜根、甜菜红素

甜菜色素[108]为含氮水溶性色素，主要包括甜菜红素和甜菜黄素2种类型，甜菜醛氨酸是其基本生色团[109]（图2-20、表2-5）。其中，甜菜红素的特征吸收峰在536nm处，使植物呈现出红色到紫罗兰色的颜色变化[110]。甜菜红素主要包括游离态的甜菜红苷元及其糖苷化状态的甜菜红苷，根据15位和17位羧基构象的不同，又可形成异甜菜红苷、新甜菜红苷等异构体[111]。甜菜黄素的特征吸收峰在480nm处[110]，主要使植物

图2-20 甜菜醛氨酸、甜菜黄素、甜菜红素[108]

呈现出黄色至橙色的颜色变化[112]。目前，已有50多种甜菜红素和31种甜菜黄素被鉴定[113, 114]。甜菜色素在pH 2.5～7.0的环境下性质较为稳定，碱性条件下不稳定，不耐高温，耐氧化和还原能力较差，不宜与具有氧化和还原作用的物质同时使用。此外，甜菜色素的稳定性还受到光照、金属离子、酶等因素的影响，应保存在低温、避光、酸性或中性、隔离氧化还原物质的环境中。

表2-5　常见甜菜色素的结构及其名称[108]

名称		$R_3（R_1）$	$R_4（R_2）$
甜菜红素	甜菜红素苷原（betadinin）	H	H
	甜菜红素葡萄糖苷（betanin）	葡萄糖	H
	千日红素Ⅰ（gomghrenin Ⅰ）	H	葡萄糖
	火龙果甜菜红素（phyllocactin）	5'-丙二酰葡萄糖	H
甜菜黄素	梨果仙人掌黄质（indicaxanthin）	脯氨酸（Pro）	H
	茉莉花黄素Ⅴ（miraxanthin Ⅴ）	多巴（dopamine）	H
	马齿苋黄质Ⅱ（portulacaxanthin Ⅱ）	酪氨酸（Tyr）	H
	仙人掌黄质Ⅰ（vulgaxanthin Ⅰ）	谷氨酰胺（Gln）	H

（一）甜菜色素的生物合成

甜菜色素的合成前体是酪氨酸，酪氨酸在酪氨酸酶和4，5-多巴加双氧酶的作用下生成甜菜醛氨酸，甜菜醛氨酸是合成所有甜菜色素的关键中间产物。甜菜醛氨酸与胺或氨基酸可生成甜菜黄素。

与甜菜黄素的合成不同，甜菜红素的合成主要有2条途径（图2-21）。

（1）甜菜醛氨酸先生成甜菜红苷原，甜菜红苷原再进行糖基化生成甜菜红素。其中，根据甜菜红苷原合成方式的不同又可分为4条途径，分别通过马齿苋黄质Ⅱ、多巴黄质、多巴黄质醌、闭环多巴等中间产物，生成甜菜红苷原，再与糖基连接生成甜菜红素。

（2）闭环多巴先进行糖基化生成闭环多巴苷，再与甜菜醛氨酸缩合生成甜菜红素。已合成的甜菜红素苷元和闭环多巴可以通过进一步的糖基化和酰基化形成各种复杂的甜菜红素[115]。

甜菜色素的生物合成途径中包含3种关键酶，分别是酪氨酸酶、4，5-多巴双加氧酶和糖基转移酶[115]，其余过程则一般认为主要是自发反应，也不排除酶促反应的可能。酪氨酸酶又名多酚氧化酶，具有羟化酶活性和二酚酶活性，催化单酚羟基化为二酚，再将二酚氧

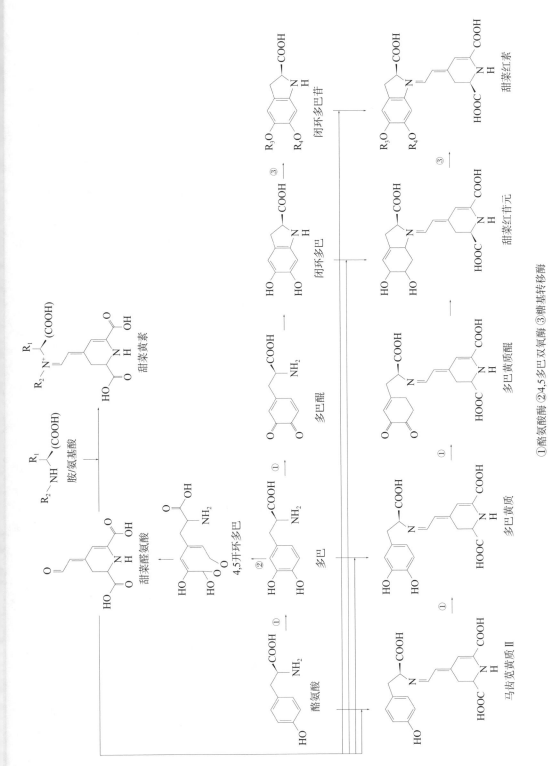

① 酪氨酸酶 ② 4,5-多巴双氧酶 ③ 糖基转移酶[108]

图 2-21 甜菜色素的合成途径[108]

化为醌，目前已在大花马齿苋（*Portulaca grandiflora*）、甜菜和盐地碱蓬中被鉴定。甜菜黄素可作为酪氨酸酶的底物，参与甜菜红素的合成。4，5-多巴双加氧酶活性仅存在于石竹目积累甜菜色素的植物中，是甜菜色素代谢途径的特征酶。在大花马齿苋、紫茉莉和甜菜中均已鉴定出4，5-多巴双加氧酶活性。将紫茉莉4，5-多巴双加氧酶在细菌中进行重组表达则实现了体外合成甜菜醛氨酸。甜菜红素葡糖基转移酶最先在彩虹菊属（*Dorotheanthus bellidiformis*）植物中检测到。目前已有31种专属于甜菜色素植物的葡糖基转移酶序列被公布。甜菜黄素和甜菜红素有类似的结构，但在甜菜黄素中并未见糖基化的报道。甜菜红素合成途径中的这些关键酶都是在植物的转录水平被调控，甜菜色素的积累量与酶的转录本数量呈正相关[115]。

甜菜素和花青素颜色相似，吸收光谱也很接近，所以曾被认为是甜菜花青素，但是从合成过程来看两者是来源和结构完全不同的物质，而且两者在同一植物中互斥存在，但两者的合成前体存在渊源，花青素的合成前体之——乙酰CoA与甜菜色素的合成前体酪氨酸都来源于苯丙氨酸。研究表明，积累甜菜色素的植物也能表达类黄酮生物合成中的一些酶，也可以积累大量黄酮醇、一些其他的类黄酮、在某些情形下甚至可以积累原花青素，然而花青素合成酶的缺失可能最终导致富含甜菜色素的植物无法合成花青素[112]。关于花青素和甜菜色素在植物中相斥存在的分子机制还有待进一步研究。

（二）影响甜菜色素合成的因素[116]

甜菜红素的合成主要受内在遗传物质和外界环境因素影响。

1. 遗传因素

从甜菜素合成的过程可以看出，合成的开始阶段和最后阶段是酶促反应，合成的中间关键环节则是自发反应。因此在甜菜素合成过程中起关键作用的酶主要有酪氨酸酶、葡糖基转移酶和多巴双加氧酶。

（1）酪氨酸酶　被认为是甜菜素合成过程的第一个关键酶，是含铜的蛋白质，含有两个Cu结合位点，分子质量一般为40～70ku。酪氨酸酶本身具有单酚和双酚氧化酶的双重活性，分离提纯过程烦琐而且很容易失活。另外，酪氨酸酶也是动物体内黑色素合成的关键酶，其表达缺陷可以导致白癜风，所以其表达调控也是目前医学领域尤其是皮肤病学科研究的热点之一。

（2）葡糖基转移酶　以甜菜红素配基为底物将其酶解为甜菜红素糖苷，此外，还能以具有邻二羟基芳香环的类黄酮类为底物，合成只不过优先在B环的4′羟基位发生糖苷。5-O-葡糖基转移酶基因是从高等植物番杏科彩虹菊（*Dorotheanthus bellidiformis*）中克隆出来的第一个参与甜菜素合成的关键酶基因，该基因与其他葡糖基转移酶基因序列具有很高的同源性。

（3）多巴双加氧酶　以L-多巴为底物，酶解为开环多巴，2004年Christinet等在马齿苋科植物太阳花（*Portulaca grandiflora*）克隆出了高等植物的4，5-多巴双加氧酶基因（DODA），而且发现其类似物不仅存在于甜菜素类植物中，还存在于其他被子植物和苔藓类植物体中，只是催化部位附近的序列稍有变化。

2. 外界因素

（1）光　不同植物对光的响应并不相同，光对有些植物甜菜红素的累积起到抑制作用，而对有些植物中甜菜红素的累积起促进作用，说明光并不是甜菜红素合成的必要条件。光抑制盐地碱蓬的甜菜红素的累积，促进降解，黑暗反而有利于色素的累积，特别是在发芽阶段色素累积的一个最重要的环境因素。光照强度和光质对甜菜红素的合成累积也具有重要的影响，光质和光强都影响盐地碱蓬愈伤组织中甜菜红素的累积。

（2）植物生长调节剂　不同植物生长调节剂对不同植物在甜菜红素累积的影响不同，可能这种调控存在物种依赖性。例如，外源赤霉素（GA）通过抑制光敏色素而调节甜菜红素的合成，生长抑制剂CCC、AM01618和生长素2，4-D可以提高色素的合成。不同浓度的细胞分裂素对甜菜色素的合成也具有不同作用。例如，细胞分裂素6-BA在浓度为0.1～2.0mg/L时可以促进盐地碱蓬愈伤组织中甜菜红素的合成，当浓度较高（10mg/L）时色素含量明显降低。

（3）无机盐　高盐促进盐地碱蓬色素的累积；低浓度的钾离子促进甜菜红素的合成；Ca^{2+}在黑暗条件下有助于甜菜红素的积累；其他微量元素（Cu^{2+}、Mn^{2+}、Fe^{2+}、Mo^{2+}、Zn^{2+}、Co^{2+}）对不同物种中甜菜红素的累积具有不同作用。

（4）氧化胁迫　H_2O_2处理后有利于诱导甜菜红素的累积，并能诱导甜菜红素合成酶-葡糖基转移酶的表达，可能甜菜红素的合成与这种酶编码基因的表达有关。甜菜红素作为植物的一种次生代谢物质，对植物具有保护作用，既可以清除植物体内的氧自由基，也可提高植物适应逆境胁迫造成氧化的能力。

二、黑色素

黑色素是不溶于水和几乎所有溶剂的无定形小颗粒，它不仅广泛存在于人和高等动物的皮肤、毛发和眼球组织中，而且在一些植物和昆虫的表皮中也可以大量存在。如土豆、苹果、甘薯等被损伤后，创伤面暴露在空气中就会逐渐变为棕色甚至黑色，这就是因为产生了黑色素。乌骨鸡皮肤和肌肉中含有大量的黑色素，使得近年来对黑色素有了更加深入的研究。

黑色素一般分为三大类：第一类为黑/棕色优黑素（eumelanin），又称为真黑素，黑色的头发、牛羊的眼睛中就大量含有这种黑素；第二类为红/黄色褐色素（pheomelanin），又称为脱黑素，它在红头发、蓝眼睛中大量存在；第三类为异黑素，呈棕色或黑色，主要存在于植物中。在动物机体中，黑素的种类和含量不同，皮肤的颜色也有所不同。

乌骨鸡在表型性状上与普通鸡最明显的差异是体内含有大量黑色素。《本草纲目》中记载：乌鸡的入药效果与乌鸡皮、骨、肉中的黑色素深浅有关，其颜色愈深者，入药愈佳。现代医学也认为乌鸡的药用价值和食用价值存在于体内黑色素物质中，是滋补、强身健体、抗衰防老、颐养天年的物质基础。由此推测，乌鸡的药理作用与黑色素密切相关。

乌骨鸡黑色素是以吲哚环为主体的含硫异聚物。以下以乌骨鸡为例，介绍黑色素的生物合成过程及其影响因素。

（一）黑色素的生物合成过程[117, 118]

动物体内酪氨酸（Tyr）首先在酪氨酸酶（TYR）催化下生成3，4-二羟基苯丙氨酸（dopa，多巴），dopa进一步在TYR催化下氧化为多巴醌（DQ），DQ经过多聚化反应即与无机离子、还原剂、硫酸、氨基化合物、生物大分子的一系列反应过程生成无色多巴色素。无色多巴色素极不稳定，可被另一分子DQ迅速氧化成多巴色素（DC）。在多巴色素异构酶（也称多巴色素互变酶，DT）的作用下，决定是羟化为5，6-二羟基吲哚羧酸（DHICA）还是脱羧为5，6-二羟基吲哚（DHI）中间产物的生成。DHI再由TYR催化被氧化为5，6-二羟基吲哚醌（IQ），IQ是真黑素的前体，但其他中间产物都可以自身或醌醇结合产生真黑素。真/脱黑素转换机制主要与TYR活性水平有关，高水平的TYR活性导致产生真黑素（图2-22）。

对于脱黑素的生成，Ito认为是TYR活性降低造成的。当TYR活性降低时，稳定态的多巴醌浓度也明显降低，此时过量的谷胱甘肽（GSH）能定量与之结合形成谷胱甘肽多巴（GSH-dopa），GSH-dopa在谷氨酰转肽酶（r-GTP）作用下迅速生成半胱氨酸多巴（Cys-dopa），最后导致脱黑素的形成；相反，当TYR活性增高时，稳定态多巴醌浓度随之增加，与GSH迅速生成大量的GSH-dopa堆积在真黑素生成途径的起始反应上，过高的TYR活性和较低的r-GTP活性可使大量的GSH-dopa转变成可溶性吲哚类黑素（melanoid）释放到胞质中，最后几乎导致纯的真黑素的生成。脱黑素还可直接生成于多巴醌以后的反应中，即生成多巴醌以后在半胱氨酸（Cys）的参与下产生Cys-dopa和Cys-DQ，后者关环，脱羧变成苯骈噻嗪衍生物，最后形成脱黑素（图2-23）。

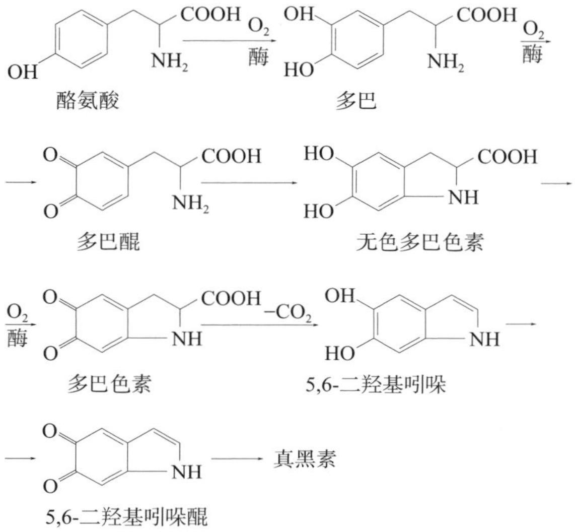

图2-22 真黑素的生物合成过程[117]

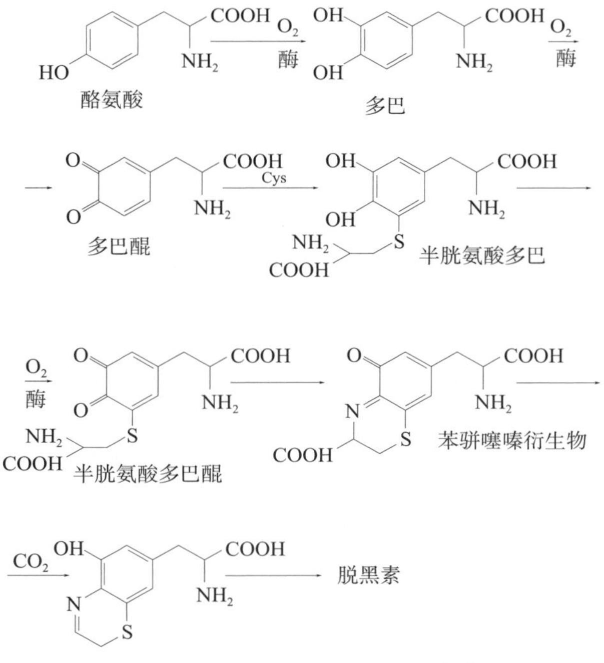

图2-23 脱黑素的生物合成过程[117]

（二）影响黑色素合成的因素[117, 118]

黑色素生成的过程中，有许多因素可影响其生成的速度及其种类。体内的各种激素、细胞因子–无机离子及黑素细胞周围环境的物理化学性质改变均明显影响黑素的生物合成。

1. 限速酶

TYR是黑素生成的限速酶，其表达和活性决定着黑素合成的速度和产量。TYR是一种铜结合金属酶，兼有加氧酶和氧化酶双重功能，在黑素生成过程中，有3个特征性催化活性，即酪氨酸羟化酶、多巴氧化酶和5，6–二羟基吲哚氧化酶活性，分别催化Tyr羟化为dopa、dopa氧化为DQ和DHI氧化为IQ三个步骤。新合成的TYR无活性，并且和一30ku的melci蛋白结合，形成异源二聚体复合物，铜离子的引入可使该复合物分离释放出活性TYR。大量的研究也表明，黑素的生物合成过程可能是由多个基因位点编码产物共同参与调控的复杂级联过程。

2. 基因家族

主要有两个基因家族调节黑素的生成。

（1）TYR基因家族　主要由三个成员组成：albino（TYR），brown（TRP–1／gp75）和slaty（TRP–2／DT）。它们编码的蛋白质一级结构非常相似，都有N端信号序列，近c端亲水性跨膜结构域，以及两个Cys和两个His的富集区。

①Albino：Albino位点编码的蛋白质具有酪氨酸酶功能，其表达有组织特异性，并且受各种激素和环境的影响。

②TYR基因家族：该家族中*gp75*基因表达酪氨酸酶相关蛋白–1（TRP–1），又称为brown蛋白，其作用与TYR相似，但催化活性较弱，它对酪氨酸酶活性有影响，可以使酪氨酸羟化酶和多巴氧化酶活性均明显增加，并且是皮肤黑素沉积和毛发颜色的重要决定因素。TRP–l mRNA只在含有真黑素的细胞中出现，表明TRP–1在真黑素生成的过程中具有重要作用。

③slaty：蛋白基因编码酪氨酸酶相关蛋白–2（TRP–2），TRP–2功能已确定为多巴色素异构酶（DT）活性，可催化多巴色素转变为5，6–二羟基吲哚羧酸，具有加速黑素生成的作用。同时，黑素细胞中的TRP–2控制着DHICA／DHI的比例，因此推测TRP–2可能对黑素合成早期阶段的酪氨酸酶催化活性有调节作用。由于中间产物DHI在体内比DHICA有较高的细胞毒性，DT能使含有羧酸前体的DHICA迅速掺入生物合成的黑素内，对减少这些中间产物的细胞毒性有重要意义。

（2）Pmell7基因家族　主要由Pmell7基因和鸡黑素体基质蛋白（MMP）115基因等组成，它可能参与黑素生成途径终末步骤的调节。Pawele等将Pmell7蛋白暂时命名为Stablin，由于它在体内能迅速与DHI、DHICA中间产物结合且能长时间阻止其进一步代谢，故又称之为吲哚阻滞因子（In-doleblockingfactor）。stablin吲哚阻滞作用的生理意义仍不清楚，可能与减少DHI/DHICA中间产物的细胞毒性有关。

①激素：促黑素细胞激素（α-MsH）对黑素细胞有广泛的刺激效应，可刺激黑素细胞的分裂增殖，促进黑素细胞酪氨酸酶的表达，提高酪氨酸酶的活性，增加黑素的生物合成。α-MSH是一种内源性神经肽，来源于其前体激素——阿黑皮素原（proopiomelanocortin，POMC）。POMC是一种29ku的蛋白质，在垂体前部释放α-MSH。α-MSH对黑素生成的调节是通过与黑素细胞内相应受体（MCIR）结合来实现的。一旦结合，细胞内cAMP含量增加，从而可增强酪氨酸酶活性，刺激黑素细胞分化、增殖，促进黑色素的生物合成。

②角朊细胞（KC）：是POMC表达的场所，能释放α-MSH，还能产生某些因子影响MC的生长和黑素的生成。KC产生的成纤维细胞生长因子是黑素细胞天然促分裂剂，对黑素生成及黑素合成有明显促进作用。另外，内皮素（endothelin，ET-1）是黑素细胞另一促分裂剂，由角朊细胞释放，当它被黑素细胞受体接受后，能刺激黑素细胞增殖和增强TYR活性的作用。

③紫外线照射：可使照射部位皮肤MC增殖，TYR基因表达增强，黑素生成增多。紫外线照射可刺激KC和脑垂体释放多种刺激因子，如α-MSH、ET-1等，从而诱导MC分裂增殖，增加黑素生成。紫外线照射还可以使黑素细胞DNA遭到破坏来增强黑素的生成。

三、靛蓝类色素

靛蓝类色素是人类所知最古老的色素之一，广泛用于印染、医药和食品工业。在食品工业中，靛蓝以其磺酸钠盐或其铝化的形式等用作食用色素，我国称之为亮蓝〔《食品安全国家标准　食品添加剂　亮蓝》（GB 1886.217—2016）〕和亮蓝铝色淀〔《食品安全国家标准　食品添加剂　亮蓝铝色淀》（GB 1886.218—2016）〕，在美国等以其磺酸钠盐形式为主，被称之为靛蓝素（indigotine）。靛蓝及其同类色素自古就广泛应用于医药业，用于治疗诸多疾病，包括子宫癌、胃痛、癫痫和其他神经系统病、气管炎、大出血、心脏和泌尿系统不调、少年白发脱发、感冒以及脾、肺和肾失调等。

传统的靛蓝生产一直是从被统称为"蓝草"的靛蓝植物或产靛蓝植物中提取，这些植物包括菘蓝、欧洲菘蓝、蓼蓝、马蓝、木蓝（又名槐蓝）、野青树和纳塔尔木蓝等。1897年问世的化学合成的靛蓝迅速取代了植物靛蓝（天然靛蓝），天然靛蓝退出了历史舞台。现在，几乎所有的靛蓝都是化学合成的。化学合成靛蓝相对植物靛蓝而言具有原料充足、生产简便和靛蓝纯度高等优势，但是在化学合成过程中，使用的原料和催化剂不仅对操作者的呼吸道和中枢神经及肝脏有一定的损害，甚至能诱导产生癌症，而且还会因为产生含有大量的氯化铁、硫酸铁、硫酸钠、氯化钠、苯胺和硝基苯等有毒物质的漂洗废水，对环境也造成严重的污染。人们逐渐认识到了化学合成靛蓝对人体和环境的严重危害，开始探求"生产者友好型"和"环境友好型"的靛蓝生产方法，其中重要的途径之一就是利用微生物生物合成靛蓝。

（一）靛蓝类色素的生物合成过程[119-122]

早在1928年人们就观察到假单胞菌（*Pseudomonas indoloxidaes*）能够氧化吲哚合成靛蓝，1956年观察到真菌*Schisophyllum commune*能够在有葡萄糖和胺盐的培养基上直接合成靛蓝，但其机制在当时还不清楚。1983年，Ensley等发现，将假单胞菌putida PpG7质粒NAH7中的片段克隆重组后转入大肠杆菌（*Escherichia coli* HBl01），转化子能够在有吲哚或色氨酸的条件下合成靛蓝。Ensley等推测，作为培养基添加剂加入的或由色氨酸的酶促代谢而产生的吲哚，被假单胞菌DNA编码的多组分双加氧酶转化成顺-吲哚-2，3-二氢二醇和3-羟基吲哚（吲哚酚），所产生的3-羟基Ⅱ引哚在接触空气后被氧化成靛蓝。自Ensley等1983年的开创性工作后，许多能够合成靛蓝的微生物种类和菌株被鉴定出，其中多数是可以降解芳香烃的细菌。

目前已知的靛蓝色素合成过程较少，以吲哚或吲哚类衍生物为起始物，经单加氧酶和双加氧酶的多次作用，合成靛蓝（图2-24）。

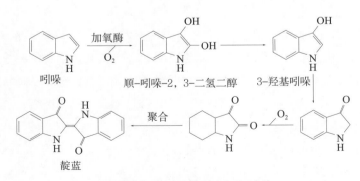

图2-24　以吲哚为底物合成靛蓝[119]

（二）影响靛蓝类色素合成的酶[119]

1. 单加氧酶

在一般情况下只能将单个氧原子加入到一个有机化合物分子中。按照其加氧反应催化活动中心的结构，基本可分为血红素型单加氧酶和黄素型单加氧酶。大部分单加氧酶的加氧反应需要还原辅助因子，一般为还原型烟酰胺腺嘌呤二核苷酸（NADH）或还原型烟酰胺腺嘌呤二核苷酸磷酸（NADPH）。除此之外，有些酶还需要若干电子传递伴随物，如铁硫蛋白和黄素还原酶等。

在能够催化形成靛蓝的单加氧酶中，来自 *P. putida* 的有些参与甲苯和1-萘酚的代谢，形成靛蓝，另外，例如克隆自 *P.putida* MT53的TOL质粒pWW53中的二甲苯氧化酶基因编码的单加氧酶，将吲哚催化为3-羟基吲哚，然后二聚化为靛蓝。在 *Rhodococcus* sp. Strain 12038中，单加氧酶也参与1-萘酚的代谢，催化吲哚合成靛蓝。*Methylophaga* sp. Strain SKl 中的黄素单加氧酶也可以催化吲哚合成靛蓝[123]。目前已知的能够催化形成靛蓝的主要单加氧酶见表2-6[119]。

表2-6　催化形成靛蓝的主要单加氧酶[119]

名称	来源	参考文献
二甲苯加氧酶	*Pseudomonas putida* MT53	Keil等，1987
甲苯-4-单氧酶	*Pseudomonas mendocina* KR1	Yen等，1991
2-萘甲酸加氧酶	*Pseudomonas* 2-NAT	Sun等，1995
单氧酶	*Rhodococcus* sp.（NCIMB 12038）	Allen等，1997
苯乙烯单氧酶	*Pseudomonas putida* S12 和 CA-3	O'Connor等，1997
细胞色素P450单氧酶	*Homo*	Gillam等，1999
脂肪酸羟化酶P450 BM-3	*Bacillus megaterium*	Li等，2000
细胞色素P450 2A6	*Homo*	Nakamura等，2001
2-羟基联苯-3-单氧酶	*Pseudomonas azelaica* HBP1	Meyer等，2002
黄素单氧酶	*Methylophaga* sp. strain SK1	Hack等，2003
细胞色素P450 BM-3突变体	*Bacillus megaterium*	Lu等，2006

2. 双加氧酶

双加氧酶通常将两个氧原子加入到一个有机化合物分子中。与单加氧酶一样，按照其加氧反应催化活动中心的结构，基本上也可分为血红素型双加氧酶和黄素型双加氧酶。其中的部分也需要还原辅助因子，如NADH或NADPH，有些还需要若干电子传递协同物，如铁硫蛋白和黄素还原酶等。含有双加氧酶基因的菌生长在含有芳香烃的培养基上可以使吲哚转化为靛蓝，催化机制为催化吲哚形成双羟基酚，然后脱水形成吲哚酚，在空气中二聚化形成靛蓝。以吲哚为底物的靛蓝的微生物合成始于1928年，而吲哚通过加氧酶催化合成吲哚酚却是在1965年被研究发现。但当时超低的转化率以及大量的需要吲哚这种昂贵和有毒性的底物阻碍了其商业化生产。1983年萘双加氧酶首次被鉴定出可以催化吲哚合成靛蓝，而萘双加氧酶基因的克隆和鉴定使得迅速和高效的催化吲哚合成靛蓝成为可能，但同时伴有副产物靛玉红的合成。这样，通过芳香烃双加氧酶催化吲哚合成靛蓝的生物转化，又由于副产物靛玉红的出现受到了很大的阻碍。靛玉红是2-羟基吲哚和3-羟基吲哚的异二聚体，例如萘双加氧酶催化吲哚合成靛蓝的过程中，顺-2，3-二羟基吲哚可以降解为2-羟基吲哚和3-羟基吲哚，二聚化即生成副产物靛玉红。而靛蓝是3-羟基吲哚的二聚体。转化率和最终产物的纯度阻碍了吲哚生成靛蓝的生物转化。目前已经知道的能够催化形成靛蓝的双加氧酶的种类还不多，主要的见表2-7[119]。

表2-7   催化形成靛蓝的主要双加氧酶[119]

名称	来源	参考文献
萘双加氧酶	*Pseudomonas putida* PpG7	Ensley等，1983
甲苯双加氧酶	*Pseudomonas putida* F1	Zylstra等，1989
萘双加氧酶	*Pseudomonas* sp. 和 *Bacillus breuis*	Wu等，1989
四氢化萘双加氧酶	*Sphingomonas macrogolitabida*	Moreno-Ruiz等，2005

3. 以吲哚的衍生物为底物的加氧酶

加氧酶还可以催化吲哚衍生物合成靛蓝类色素。人细胞色素P450 2A6单加氧酶可以催化吲哚的衍生物合成靛蓝。来自人的野生型P450 2A6不仅作用底物的范围较窄，而且催化能力很低，但实验室进化或者突变的hP450 2A6突变酶不仅催化能力大为提高，而且还可以催化26种吲哚衍生物中的10种合成靛蓝类染料1211。李红梅等、陆燕等定向突变了*Bacillus megaterium*细胞色素P450BM-3，获得了能够更高效率地将Ⅱ引哚转化成靛蓝的突变体。实验室进化的或者突变的而不是野生型的加氧酶具有催化吲哚的衍生物合成靛蓝这一现象也被Meyer等在2-羟基双苯基-3-单加氧酶上观察到。Kim等报道，萘双加氧酶和甲苯双加氧酶能分别催化吲哚衍生物产生15种和6种染料，来自*Pseudomonas* sp. KL28表达的多组分酚羟基化酶可以催化30种吲哚的衍生物中的20种合成靛蓝类染料。Kim等还注意到，来自*Pseudomonas* sp. KL28的多组分酚羟基化酶与萘双加氧酶相比，它不仅可以利用不同的底物合成相同的染料，同时也能合成新的不同颜色的染料。

参考文献

[1]　Bollivar DW. Recent advances in chlorophyll biosynthesis [J]. Photosynth Res, 2006, 90: 173-194.

[2]　刘聪利, 魏祥进, 邵高能, 等. 水稻叶色突变分子机制的研究进展[J]. 中国稻米, 2012, 18(4): 15-21.

[3]　王平荣, 张帆涛, 高家旭, 等. 高等植物叶绿素生物合成的研究进展[J]. 西北植物学报, 2009, 29(3): 629-636.

[4]　Samuel I, Beale. Green genes gleaned [J]. Trend Plant Sci, 2005,10(7): 309-312.

[5]　Zhang X, Zhang Z, Li J, et al. Correlation of leaf senescence and gene expression/activities of chlorophyll degradation enzymes in harvested Chinese flowering cabbage (*Brassica rapa* var. *parachi-nensis*) [J]. J Plant Physiol, 2011, 168(17): 2081-2087.

[6]　Nafata N, Tanaka R, Satoh S, et al. Identification of a vinyl reductase gene for chlorophyll synthesis in Arabidopsis thaliana and implications for the evolution of prochlorococcus species [J]. Plant Cell, 2005, 17: 233-240.

[7]　徐敏锐. 血红素调控胰腺酶原基因表达的分子遗传机制 [D]. 苏州: 苏州大学, 2012.

[8]　陆晨飞, 刘钰婷. 类胡萝卜素代谢调控与植物颜色变异 [J]. 北方园艺, 2016, (16): 193.

[9]　Eisenreich W, Bacher A, Arigoni D, et al. Biosynthesis of isoprenoids via the non-mevalonate pathway [J]. Cellular and Molecular Life Sciences, 2004, 61(12): 1401-1426.

[10]　Isaacson T, Ohad I, Beyer P, et al. Analysis *in vitro* of the enzyme CRTISO establishes a poly-cis-carotenoid biosynthesis pathway in plants [J]. Plant Physiol, 2004, 136(4): 4246-4255.

[11]　Zhu C F, Yamamura S, Nishihara M, et al. cDNAs for the synthesis of cyclic carotenoids in petals of *Gentiana lutea* and their regulation during flower development [J]. Biochimica et Biophysica Acta (BBA), 2003, 1625(3): 305-308.

[12]　Zoran Jeknić, Jeffrey T. Morré, Stevan Jeknić, et al. Cloning and functional characterization of a gene for Capsanthin-Capsorubin Synthase from tiger lily (*Lilium lancifolium Thunb. 'Splendens'*) [J]. Plant Cell Physiol, 2012, 53(11): 1899-1912.

[13]　Guzman I, Hamby S, Romero J, et al. Variability of carotenoid biosynthesis in orange colored *Capsicum spp* [J]. Plant Sci, 2010, 179: 49-59.

[14]　Tan BC, Joseph LM, Deng WT, et al. Molecular characterization of the Arabidopsis 9-cis epoxycarotenoid dioxygenase gene family [J]. Plant J. 2003, 35(1): 44-56.

[15]　Michael H. Walter and Dieter Strack. Carotenoids and their cleavage products: Biosynthesis and functions [J]. Natural Product Repots, 2011 (28): 663-692.

[16]　Fraser PD, Truesdale MR, Bird CR, et al. carotenoid biosynthesis during tomato fruit development (evidence for tissue-specific gene expression)[J]. Plant Physiol. 1994, 105(1): 405-413.

[17]　Philippe Hugueney, Florence Bouvier, Alfredo Badillo, et al. Developmental and stress regulation of gene expression for plastid and cytosolic isoprenoid pathways in pepper fruits[J]. Plant physiology 111(2): 619-626.

[18]　Campisi L, Fambrini M, Michelotti V, et al. Phytoene accumulation in sunflower decreases the transcript levels of the phytoene synthase gene [J]. Plant Growth Regulation. 2006, 48: 79-87.

[19]　Kachanovsky DE, Filler S, Isaacson T, et al. Epistasis in tomato color mutations involves regulation of phytoene synthase 1 expression by cis-carotenoids [J]. Proc Natl Acad Sci, 2012, 109(46): 19021-6.

[20]　Al-Babili S, Von Lintig J, Haubruck H, et al. A novel, soluble form of phytoene desaturase from Narcissus pseudonarcissus chromoplasts is Hsp70-complexed and competent for flavinylation, membrane association and enzymatic activation [J]. Plant J. 1996, 9(5): 601-612.

[21]　Liu YS, Roof S, Ye ZB, et al. Manipulation of light signal transduction as a means of modifying fruit nutritional quality in tomato [J]. Plant Journal, 2008, 53: 717-730.

[22]　葛翠莲, 黄春辉, 徐小彪. 果实花青素生物合成研究进展[J]. 园艺学报, 2012, 39(9): 1655-1664.

[23]　郭凤丹, 王效忠, 刘学英, 等. 植物花青素生物代谢调控[J]. 生命科学, 2011, 23(10): 938-944.

[24]　Ferrer JL, Austin MB, Stewart JC, et al. Structure and function of enzymes involved in the biosynthesis of phenylpropanoids [J]. Plant Physiol, 2008, 46(3): 356-370.

[25]　Durbin ML, McCaig B, Clegg MT. Molecular evolution of the chalcone synthase multigene family in the morning glory genome [J]. Plant Mol Biol, 2000, 42: 79-92.

[26]　Tunen AJ, Hartman SA, Mur LA, et al. Regulation of chalcone isomerase (CHI) gene expression in Petunia hybrida: The use of alternative promoters in corolla, anthers and pollen [J]. Plant Mol Biol, 1989, 12: 539-551.

[27]　Pelletier MK, Shirley BW. Analysis of flavanone 3-hydroxylase in Arabidopsis seedlings[J]. Plant Physiol, 1996, 111: 339-345.

[28]　Tanaka Y, Brugliera F, Chandler S. Recent progress of flower colour modification by biotechnology [J]. Int J Mol Sci, 2009, 10: 5350-5369

[29]　Dooner HK, Weck E, Adams S, et al. A molecular geneticanalysis of insertions in the bronze locus in maize [J]. Mol Gen Genet, 1985, 200: 240-246.

[30]　Brugliera F, Linda D, Koes R, et al. Genetic sequenceshaving methyltransferase activity and uses therefor: Australia , PCT/AU2003/000079 [P]. 2003-07-31.

[31]　Hugueney P, Provenzano S, Verries C, et al. A novel cation-dependent O-methyltransferase involved in anthocyanin methylation in grapevine [J]. Plant Physiol, 2009, 150: 2057-2070.

[32]　贾赵东, 马佩勇, 边小峰, 等. 植物花青素合成代谢途径及其分子调控[J]. 西北植物学报, 2014, 34(7): 1496-1506.

[33]　Van Tunen AJ, Koes RE, Spelt CE, et al. Cloning of the two chalcone flavanone isomerase genes from *Petunia hybrida*: Coordinate, light－regulated and differential expression of flavonoid genes [J]. EMBO J, 1988, 7 (5): 1257-1263.

[34]　Montefiori1 M, Espley RV, Stevenson D, et al. Identification and characterisation of F3GT1 and F3GGT1, two glycosyltransferases responsible for anthocyanin biosynthesis in red-fleshed kiwifruit(*Actinidia chinensis*)[J]. The Plant Journal, 2011, 65: 106-118.

[35]　Bednar RA, Hadcock JR. Purification and characterization of chalcone isomerase from soybeans[J]. J Biol Chem, 1988, 263 (20): 9582-9588.

[36]　Mehdy MC, Lamb CJ. 1987. Chalcone isomerase cDNA cloning and mRNA induction by fungal elicitor wounding and infection[J]. EMBO J, 6 (6): 1527-1533.

[37]　Burbulis IE, Winkel SB. Interactions among enzymes of the Arabidopsis flavonoid biosynthetic pathway[J]. Proc Natl Acad Sci USA, 1999, 96 (22) 12929-12934.

[38]　Zuker A, Tzfira T, Ben H, et al. Modification of flower color and fragrance by antisense suppression of the flavanone 3-hydroxylase gene [J]. Molecular Breeding, 2002, 9: 33-34.

[39]　Winkel SB. Flavonoid biosynthesis. A colorful model for genetics, biochemistry, cell biology, and biotechnology [J]. Plant Physiology, 2001,126: 485-493.

[40]　张学英, 张上隆, 骆军, 等. 果实花色素苷合成研究进展[J]. 果树学报, 2004, 21 (5): 456–460.

[41]　Angela Roberta Lo Piero, Puglisi I, Petrone G. Gene characterization, analysis of expression and *in vitro* synthesis of dihydroflavonol 4-reductase from [*Citrus sinensis*(L.)*Osbeck*] [J]. Phytochemistry, 2006, 67: 684–695.

[42]　杨俊, 姜正旺, 王彦昌. 红肉猕猴桃DFR基因的克隆及表达分析[J]. 武汉植物学研究, 2010, 28 (6): 673-681.

[43]　孟繁静. 植物花发育的分子生物学[M]. 北京: 中国农业出版社, 2000.

[44]　Xie DY, Sharma SB, Paiva NL, et al. Role of anthocyanidin reductase, encoded by BANYULS in plant flavonoid biosynthesis [J]. Science, 2003, 299: 396-399.

[45]　Karin S, Junichior N, Mami Y. Recent advances in the biothynthesis and accumulation of anthocyanins [J]. Natural Product Report, 2003, 20: 288-303.

[46]　Ross J, Li Y, Lim E, et al. Higher plant glycosyltransferases [J]. Genome Biology, 2001, 2 (2): 1-6.

[47]　Shi MZ, Xie DY. Features of anthocyanin biosynthesis in pap1-D and wild-type Arabidopsis thaliana plants grown in different light intensity and culture media conditions [J]. Planta, 2010, 231: 1385-1400.

[48]　Qi TC, Song SS, Ren QC, et al. The jasmonate-zim-domain proteins interact with the WD-Repeat/bHLH/MYB complexes to regulate jasmonate-mediated anthocyanin accumulation and trichome initiation in Arabidopsis thaliana [J]. The Plant Cell, 2011, 23: 1795–1814.

[49]　Gonzalez A, Zhao M Z, Leavitt J M, et al. Regulation of the anthocyanin biosynthetic pathway by the TTG1/bHLH/Myb transcriptional complex in *Arabidopsis* seedlings [J]. The Plant Journal, 2008, 53: 814-827.

[50]　许志茹, 李春雷, 崔国新, 等. 植物花青素合成中的MYB蛋白[J]. 植物生理学通讯, 2008, 44 (3): 597-604.

[51]　Niu SS, Xu CJ, Zhang WS, et al. Coordinated regulation of anthocyanin biosynthesis in Chinese bayberry (*Myrica rubra*)fruit by a R2R3 MYB transcription factor [J]. Planta, 2010, 231: 887-899.

[52]　Deluc L, Barrieu F, Marchive C, et al. Characterization of a grapevine R2R3-MYB transcription factor that regulates the phenylpropanoid pathway [J]. Plant Physiology. 2006, 140 (2): 499-511.

[53]　This P, Lacombe T, Molly CD, et al. Wine grape(*Vitis vinifera* L.)color associates with allelic variation in the

domestication gene VvmybA1 [J]. Theoretical and Applied Genetics, 2007, 114 (4): 723-730.

[54]   Aharoni A, De Vos CH, Wein M, et al. The strawberry FaMYB1 transcription factor suppresses anthocyanin and flavonol accumulation in trans-genic tobacco [J]. The Plant Journal, 2001, 28: 319-332.

[55]   Mancinelli AL. Light-dependent anthocyanin synthesis: A model system for the study of plant photomorphogenesis [J]. The Botanical Review, 1985, 51: 107-157.

[56]   王中华, 汤国辉, 李志强, 等. 5-氨基乙酰丙酸和金雀异黄素促进苹果果皮花青素形成的效应 [J]. 园艺学报, 2006, 33 (5): 1055-1058.

[57]   陈静, 陈启林, 翁俊, 等. 不同红光/远红光比例(R/FR)的光照影响番茄幼苗叶片中花青素合成的研究 [J]. 西北植物学报, 2004, 24 (10): 1773-1778.

[58]   Takos AM, Laffe FW, Lacob SR, et al. Light-induced expression of a MYB gene regulates anthocyanin biosynthesis in red apples [J]. Plant Physiology, 2006, 42: 1216-1232.

[59]   Reay PF, Lancaster JE. Accumulation of anthocyanins and quercetin glycosides in 'Gala' and 'Royal Gala' apple fruit skin with UV-B–visible irradiation: Modifying effects of fruit maturity, fruit side, and temperature[J]. Scientia Horticulturae, 2001, 90 (1-2): 57-68.

[60]   Mori K, Sugaya S, Gemma H. Decreased anthocyanin biosynthesis in grape berries grown under elevated night temperature condition [J]. Scientia Horticulturae, 2005, 105 (3): 319-330.

[61]   柳蕴芬, 刘莉, 段艳欣, 等. 光对红肉桃果肉红色形成的影响[J]. 中国农学通报, 2010, 26 (13): 308-311.

[62]   王惠聪, 黄旭明, 胡桂兵, 等. 荔枝果皮花青苷合成与相关酶的关系研究 [J]. 中国农业科学, 2004, 37 (12): 2028-2032.

[63]   刘晓静, 冯宝春, 冯守千, 等. "国光" 苹果及其红色芽变花青苷合成与相关酶活性的研究 [J]. 园艺学报, 2009, 36 (9): 1249–1254.

[64]   武红霞, 王松标, 石胜友, 等. 不同套袋材料对红杧6号杧果果实品质的影响[J]. 果树学报, 2009, 26 (5): 644-648.

[65]   Curtin C, Zhang W, Franco C. Manipulating anthocyanin composition in Vitis vinifera suspension cultures by elicitation with jasmonic acid and light irradiation [J]. Biotechnology Letters, 2003, 25: 1131-1135.

[66]   刘仁道, 黄仁华, 吴世权, 等. "红阳" 猕猴桃果实花青素含量变化及环剥和ABA 对其形成的影响[J]. 园艺学报, 2009, 36(6): 793-798.

[67]   崔艳涛, 孟庆瑞, 王文凤, 等. 安哥诺李果皮花青普与内源激素酶活性变化规律及其相关性 [J]. 果树学报, 2006, 23 (5): 699-702.

[68]   宋哲, 李天忠, 徐贵轩. "富士" 苹果着色期果皮花青苷与果实糖份及相关酶活性变化的关系 [J]. 中国农学通报, 2008, 24 (4): 255-260.

[69]   黄春辉, 俞波, 苏俊, 等. "美人酥" 和 "云红梨1 号" 红皮砂梨果实的着色生理 [J]. 中国农业科学, 2010, 43 (7): 1433-1440.

[70]   张学英, 张上隆, 骆军, 等. 果实花色素苷合成研究进展[J]. 果树学报, 2004, 21 (5): 456-460.

[71]   Comeskey DJ, Montefiori M, Edwards PJB, et al. Isolation and structural identification of the anthocyanin components of red kiwifruit [J]. J Agric Food Chem, 2009, 57: 2035-2039.

[72]   杨少华, 王丽, 穆春, 等. 蔗糖调节拟南芥花青素的生物合成 [J]. 中国生物化学与分子生物学报, 2011, 27 (4): 364-369.

[73]   衣珊珊, 沈昌. 红曲色素形成机制及提高其色价的途径[J]. 食品科学, 2005, 26(7): 256-261.

[74] Endo A. Monacloin Ka newhypochlespe-rolemic agent produced by a *Monascus species* [J]. Journal of Antibiotics, 1985, 38: 420-422.

[75] 董明盛, 沈昌. 红曲霉抑菌作用的探讨[J]. 中国调味品, 1991, (1): 11-12.

[76] 傅金泉. 我国红曲生产与应用的现状和前景发展[J]. 食品发酵与工业, 1995, (5): 76-79.

[77] 沈士秀. 红曲的研究、生产及应用[J]. 食品工业科技, 2001(1): 85-87.

[78] 陈义光, 彭德姣, 田宏现. 红曲及红曲霉的研究与应用[J]. 湖北农学院学报, 2000, 20(2): 188-190.

[79] Jun Ogihara, Jun Kato. Biosythesis of PP-V, a monascorubraminehomologue,by Penicilliumsp.AZ[J]. Journal of Bioscience and Bioengineering, 2000, 90(6): 678-680.

[80] HassanHajjaj, Alain Klaebe. Production and identification on *N*-glucosylrubropunctamine and *N*-glucosylmonascorubramine from *Monascus ruber* and *Occurrence* of electron donor acceptor complexes in these red pigments [J]. Applied of Environmental Microbiology, 1997, 63(7): 2671-2678.

[81] 李清春, 张景强. 红曲色素的研究概况[J]. 肉类工业, 2001, (4): 25-28.

[82] 李利, 陈莎, 陈福生, 等. 红曲菌次生代谢产物生物合成途径及相关基因的研究进展[J]. 微生物学通报, 2013, 40(2): 294-303.

[83] Kurono M, Nakanishi K, Shindo K, et al. Biosyntheses of monascorubrin and monascoflavin [J]. Chemical and Pharmaceutical Bulletin, 1963, 11(3): 359-362.

[84] Hajjaj H, Klaébé A, Loret MO, et al. Biosynthetic pathway of citrinin in the filamentous fungus Monascus ruber as revealed by 13C nuclear magnetic resonance [J]. Applied and Environmental Microbiology, 1999, 65(1): 311-314.

[85] 魏康霞. 橙色红曲菌聚酮合酶基因的克隆[D]. 南昌: 南昌大学, 2007.

[86] Shimizu T, Kinoshita H, Ishihara S, et al. Polyketide synthase gene responsible for citrinin biosynthesis in *Monascus purpureus* [J]. Applied and Environmental Microbiology, 2005, 71(7): 3453-3457.

[87] 周礼红. 红曲霉遗传转化系统及桔霉素、Monacolin K生物合成相关PKS基因的克隆与功能鉴定[D]. 无锡: 江南大学, 2005.

[88] 付桂明. 橙色红曲菌pksCT gene的敲除和长同源臂置换型打靶载体的构建[D]. 南昌: 南昌大学, 2007.

[89] 吴伟. 橙色红曲菌ctnG基因和ctnH基因缺失菌株的构建及其功能分析[D]. 南昌: 南昌大学, 2010.

[90] 邵彦春. 红曲霉产色素相关基因的克隆及功能研究[D]. 武汉: 华中农业大学, 2007.

[91] Yang YS, Li L, Li X, et al. mrflbA, encoding a putative FlbA, is involved in aerial hyphal development and secondary metabolite production in *Monascus ruber* M-7 [J]. Fungal Biology, 2012, 116(2): 225-233.

[92] 王宇光, 王克明. 固定化细胞粉丝废水发酵天然红色素的研究[J]. 烟台大学学报(自然科学与工程版), 2001, 14(3): 168-173.

[93] 傅亮, 高孔荣. 利用固定化细胞技术提高红曲色素发酵色价的研究[J]. 食品工业科技, 1996, (6): 13-15.

[94] 王克明, 庄树宏. PVA固定化红曲霉发酵生产红曲色素的研究[J]. 烟台大学学报(自然科学与工程版), 1998, 11(4): 293-296.

[95] 张子儒, 郑巧东, 姚善泾. 红曲霉菌微胶囊化培养[J]. 食品发酵与工业, 2003, 29(11): 1-4.

[96] 童群义, 高孔荣. 利用补料分批培养技术生产红曲色素的研究[J]. 四川轻化工学院学报, 1999, 12(1): 28-31.

[97] 王克明. 利用葡萄糖母液半连续发酵红曲色素的研究——摇瓶发酵条件试验的研究[J]. 烟台大学学报(自然科学与工程版), 1999, 12(1): 31-34.

[98] 王克明. 采用气升式反应器葡萄糖母液流加发酵红曲色素的研究[J]. 烟台大学学报(自然科学与工程版),

2000, 16(4): 293-296.

[99]   Lee YK. Production of *Monascus* pigments by a solid-liquidstate culture method [J]. Journal of Fermentation and Bioengineering, 1995, 79(5): 516-518.

[100] PastranaL. Estimation ofbioprocess variables from *Monascus ruber* cultures by means of stoichiomet —ric models [J]. Process Biochemistry, 1995, 30(7): 607-613.

[101] Shin C S, Kim H J, Kim M J, et al. Morphological change andenhanced pigment production of *Monascus* when cocultured with *Saccharomyces cerevisiae* or *Aspergillus oryzae* [J]. Biotechnology and Bioengineering,1998, 59: 576-581.

[102] Suh JH, Shin CS. Physiological analysis on novel coculture of *Monascus* sp. J101 with *Saccharomyce cerevisiae* [J]. FEMS Microbiology Letters, 2000, 190: 241-245.

[103] Suh JH, Shin CS. Analysis of themorphologic changes of *Monascu* ssp. J101 cells cocultured with *Saccharomy cescerevisiae* [J]. FEMS Microbiology Letters, 2000, 193: 143-147.

[104] 许赣荣, 顾玉梅, 吴苗叶, 等. 红曲色素的色调及发酵工艺条件对色调的影响[J]. 食品与发酵工业, 2002, 28(7): 10-14.

[105] 连喜军, 王昌禄, 顾晓波, 等. 植物油、青霉素对红曲霉深层发酵红曲红色素色价的影响[J]. 氨基酸与生物资源, 2003, 25(2): 41-44.

[106] 杨胜利, 王金宇, 杨海麟, 等. 超声波对红曲菌的诱变筛选及发酵过程在线处理[J]. 微生物学通报, 2004, 31(1): 45-49.

[107] 杨胜利, 杨海麟, 王龙刚, 等. 超声波处理对红曲色素产量的影响[J]. 无锡轻工大学学报, 2003, 22(1): 99-101.

[108] 黄欢, 胡慧霞, 姜联合, 等. 植物甜菜色素的研究进展[J]. 生物学通报, 2014, 49(8): 1-4.

[109] 王长泉, 刘涛, 王宝山. 植物甜菜素研究进展[J]. 植物学通报, 2006, 23(3): 302-311.

[110] Gandia-Herrero F, Garcia-Carmona F. Biosynthesis of betalains: yellow and violet plant pigments [J]. Trends in Plant Science, 2013, 18(6): 334-343.

[111] Chauhan SP, Sheth NR, Rathod IS, et al. Analysis of betalains from fruits of *Opuntia species* [J]. Phytochemistry Reviews, 2013, (12): 35-45.

[112] Grotewold E. The genetics and biochemistry of floral pigments [J]. The Annual Review of Plant Biology, 2006: 761-780.

[113] Tanaka Y, Sasaki N, Ohmiya A. Biosynthesis of plant pigments: Anthocyanins, betalains and carotenoids [J]. The Plant Journal, 2008, 54(4): 733-749.

[114] Gandia-Herrero F, Garcia-Carmona F. Biosynthesis of betalains: Yellow and violet plant pigments [J]. Trends in Plant Science, 2013, 18(6): 334-343.

[115] Gandia-Herrero F, Garcia-Carmona F. Biosynthesis of betalains: Yellow and violet plant pigments [J]. Trends in Plant Science, 2013, 18(6): 334-343.

[116] 王长泉. 盐地碱蓬甜菜红素的鉴定及其生物合成的生理机制研究[D]. 济南: 山东师范大学, 2007.

[117] 舒文, 毛华明. 黑色素的研究进展[J]. 国外畜牧学, 2003, 23(2): 31-34.

[118] 赵艳平, 黄小红, 李建喜, 等. 乌骨鸡黑色素的研究进展[J]. 广东畜牧兽医科技, 2008, 33(1): 12-15.

[119] 韩晓红, 王伟, 肖兴国. 靛蓝及其同类色素的微生物生产与转化[J]. 生物工程学报, 2008, 24(6): 921-926.

[120] Ensley BD, Ratzkin BJ, Osslund TD, et a1. Expression of naphthalene oxidation genes in *Escherichia coli* results in the biosynthesis of indigo [J]. Science, 1983, 222: 167-169.

[121] Yen KM, Karl M, Blatt LM, et a1. Cloning and characterization of a Pseudomonas mendocina *KRl* gene cluster

encoding toluene-4-monooxygenase [J]. J Bacteriol, 1991, 173: 5315-5327.

[122] Moreno-Ruiz E, Hemaez MJ, Martinez-Pere ZO, et a1. Identification and functional characterization of *Sphingomonas macrogolitabida* strain *TFA* genes involved in the first two steps of the tetralin catabolic pathway [J]. J Bacteriol, 2003, 185: 2026-2030.

[123] Hack SC, Jin KK, Eun HC, et a1. A novel flavin-containing monooxygenase from *Methylophage* sp. strain SKI and its indigo synthesis in *Escherichia coli* [J]. Biochem and Biophy Res Comm, 2003, 306: 930-936.

第三章

食品色彩的分子特征与营养功能

第一节 引言

食品的色彩与营养密切相关，随着天然色素由浅变深，其营养成分愈加丰富，营养结构更趋合理。食品中营养素的种类和营养成分的多少与其原料自身的色泽有密切关系。近几年的营养学研究表明，天然食物的功效和营养价值与它们的颜色相关，食物具有多种色彩，其色彩即所含色素越深，营养成分就越丰富，对应的营养价值就越高，其排列次序为：黑色、红色、黄色、绿色、紫色、白色。

食品的不同营养成分形成其不同的色彩，进而赋予其不同的营养功能[1]。黑色食品中均含有黑色素，如黑米、黑荞麦、黑燕麦、黑玉米、黑大豆、黑花生、黑芝麻、黑枣、黑桑葚、黑葡萄等近40种。黑色素具有清除自由基、促进紫外线吸收预防不良色素沉积、减少胆固醇及防治心血管疾病、提高肾功能的活力、提高肌体免疫力等功能。红色食品中一般均含有辣椒红素和胡萝卜素，如红苹果、草莓、红枣、红辣椒、红柿椒、番茄、胡萝卜、山楂、红米、红柿子等，这类色素具有促进巨噬细胞形成、抗病毒、抗致病微生物、保护上皮组织和黏膜的作用等。黄色食品中均含有人体必需营养元素–核黄素（维生素 B_2）、黄色素、叶黄素等，如蛋黄、小米、黄米、黄豆、南瓜等。绿色食品中含有丰富的叶绿素。紫色食品中一般均含有花青素类物质，能使很多水果呈现不同颜色的植物色素，并具有降血糖、抗血管硬化、预防心脏病和脑卒中等生理功效。白色食品中一般以碳水化合物和水分为主，如马铃薯、白菜、冬瓜、茭白、菜花、白萝卜等，该类食品中都含有纤维素及一些抗氧化物质，具有提高免疫功能、预防溃疡病和胃癌、保护心脏等功效。

食品色彩的营养价值与其物质组成、各组分的分子结构和特征密切相关，逐步深入地研究这种构效关系是食品色彩化学的重要内容，对食用色素的开发利用有重要的价值。

第二节 吡咯类色素的化学结构与营养特性

吡咯类色素由四个吡咯环的 α–碳原子通过次甲基相连而形成的共轭体系，也就是卟啉环，其母体是卟吩，如图3-1所示。中间通过共价键或配位键与金属元素形成配合物，而呈现各种颜色，所以又称卟啉类化合物或卟啉的衍生物。卟吩重要的衍生物有叶绿素、血红素、细胞色素及维生素 B_{12} 等。

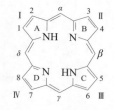

图3-1 卟吩的结构式

一、叶绿素

叶绿素（chlorophyll）是一类与光合作用有关的最重要的色素。叶绿素是高等植物和其他所有能进行光合作用的生物体内所含有的一类绿色色素，包括绿色植物、原核的蓝绿藻（蓝菌）和真核的藻类。它使蔬菜和未成熟果实呈现绿色。叶绿素的生物作用就是作为光合作用的催化剂，生物通过叶绿素吸收太阳能，固定二氧化碳，使其与水作用转变为有机化合物[2]。

（一）分子结构和特性

1. 分子结构

叶绿素的分子结构是19世纪初，俄国化学家、色层分析法创始人Zwett M.C.用吸附色层分析法证明高等植物叶子中的叶绿素有两种成分。德国H.菲舍尔等分析出叶绿素复杂的化学结构（图3-2）。1960年美国Woodward R.B.的实验室合成出叶绿素a。叶绿素分子是由两部分组成：核心部分是一个卟啉环，其功能是光吸收，吸收大部分的红光和紫光，但反射绿光，所以叶绿素呈现绿色，而且绿色来自叶绿酸残基部分；另一部分是一个很长的脂肪烃侧链，称为叶绿醇，叶绿素用这种侧链插入到类囊体膜。与含铁的血红素基团不同的是，叶绿素卟啉环中含有一个镁原子，叶绿素为镁卟啉化合物。叶绿素分子通过卟啉环中单键和双键的改变来吸收可见光。叶绿素包括叶绿素a、b、c、d、f以及原叶绿素和细菌叶绿素等（表3-1）。高等植物中的叶绿素主要有a、b两种，通常a：b＝3：1。各种叶绿素之间的结构差别很小。如叶绿素a和叶绿素b仅在吡咯环Ⅱ上的附加基团上有差异：前者是甲基，后者是甲醛基。细菌叶绿素和叶绿素a不同处也只在于卟啉环Ⅰ上的乙烯基换成酮基和环Ⅱ上的一对双键被氢化（图3-2）。

2. 分子特性

叶绿素a和叶绿素b都是脂溶性色素，不溶于水，易溶于乙醇、丙酮、氯仿等，但难溶于石油醚，且都具有旋光性。在颜色上，叶绿素a呈蓝绿色，而叶绿素b呈黄绿色。按化学性质来说，叶绿素是叶绿酸的酯，能发生皂化反应。叶绿酸是双羧酸，其中一个羧基被甲醇所酯化，另一个被叶醇所酯化。在活细胞中与蛋白质结合成叶绿体，细胞死亡后叶绿素即游离出来。叶绿素极不稳定，对光和热均为敏感。叶绿素在酸性条件下分子中卟啉环的镁原子可被氢原子所取代，生成暗橄榄褐色的脱镁叶绿素。加热可加快反应进行。在室温下，叶绿素在弱碱中尚稳定，如果加热则使酯的部分水解成叶绿醇、甲醇及水活性的叶绿酸，该酸呈鲜绿色，而且比较稳定。碱浓度高时，则生成叶绿酸的钠盐或钾盐，也是绿色。如果叶绿素中的镁被铜或铁所替代，生成的绿色盐则更为稳定。另外，叶绿素在低温或干燥状态时，其性质也较稳定，所以低温贮藏的蔬菜和脱水干燥的蔬菜都能较好地保持其鲜绿色。

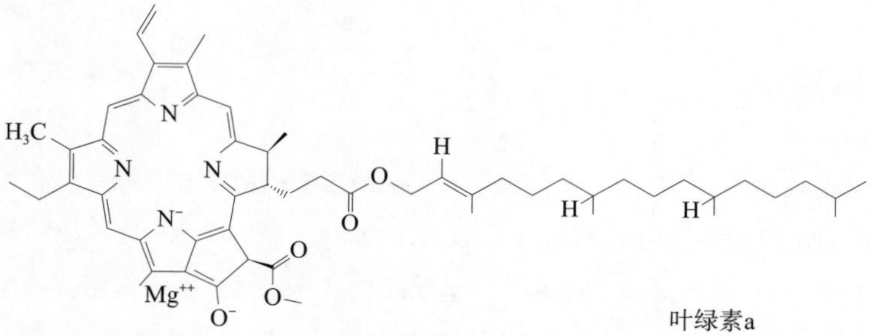

叶绿素a

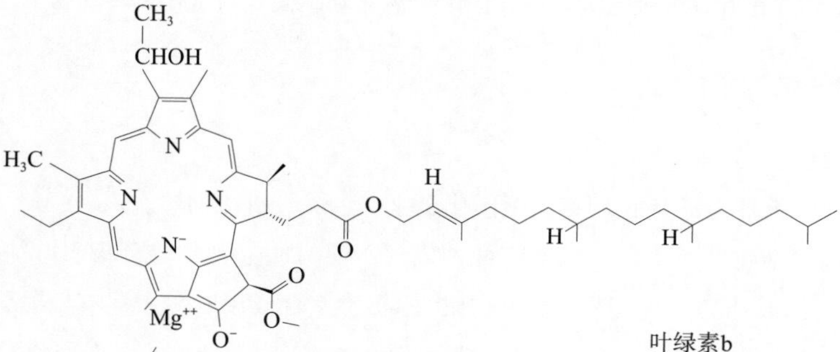

叶绿素b

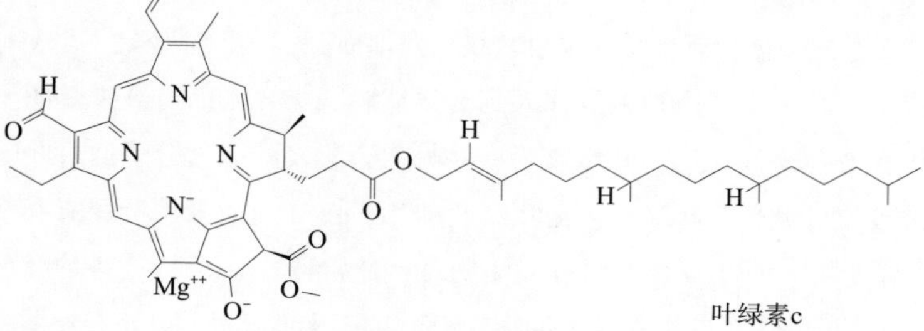

叶绿素c

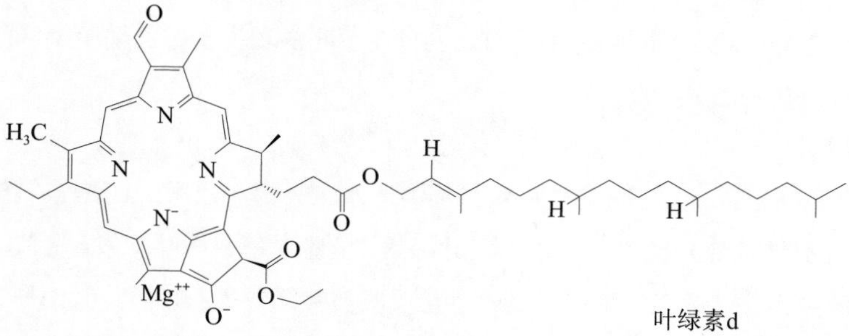

叶绿素d

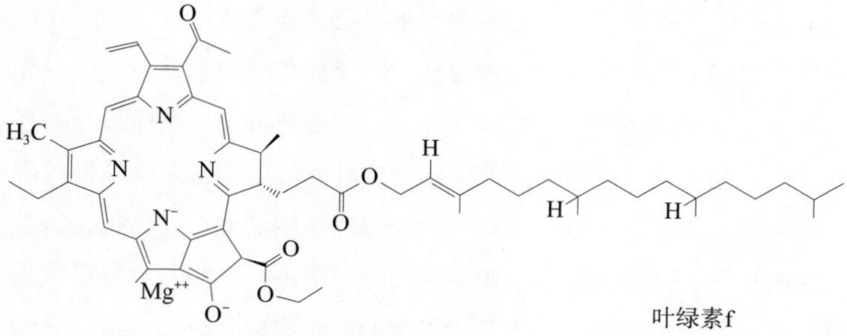

叶绿素f

图3-2 叶绿素的分子结构式

表3-1　叶绿素及其分布[2]

名称	分布	最大吸收光带及主要吸收光波长
叶绿素a	所有绿色植物中	红光和蓝紫光，420~663nm
叶绿素b	高等植物、绿藻、眼虫藻、管藻	红光和蓝紫光，460~645nm
叶绿素c	硅藻、甲藻、褐藻、鹿角藻、隐藻	红光和蓝紫光，620~640nm
叶绿素d	红藻、蓝藻	红光和蓝紫光，700~750nm
叶绿素f	细菌	非可见光（红外波段），700~800nm
原叶绿素	黄化植物（幼苗期）	近于红光和蓝紫光，420~663nm
细菌叶绿素	各种厌氧光合细菌	红光和蓝紫光，715~1050nm

（二）营养功能

植物中叶绿素的作用好比是人体中的血液功能。叶绿素的分子结构和血红素（一种球蛋白和亚铁血红素组成的血红素蛋白，主要功能是从肺部把氧气传输到身体各个组织）是相同的，两者的区别是中心原子，叶绿素的中心原子是镁，而血红素是铁。依据这一原理，可以推断叶绿素对人体的好处是可以行使血红素的功能，并增加其数量。叶绿素对人类健康的益处来自其抗氧化、抗炎和促进伤口愈合的特性[3]。叶绿素的营养作用，对人类来说是非常重要的。

1. 造血功能

叶绿素的分子与人体的红血球分子在结构上很是相似，唯一的分别就是各自的核心为镁原子与铁原子。因此，饮用叶绿素对产妇与因意外失血者会有很大的帮助。同时叶绿素中富含微量元素铁，是天然的造血原料，没有叶绿素，就不能源源不断地制造血液，人体就会发生贫血。

2. 提供维生素

叶绿素中含有大量的维生素C与无机盐，是人体生命活动中不可缺少的物质，还可以保持体液的弱碱性，有利于健康。

3. 解毒

叶绿素是最好的天然解毒剂，能预防感染，防止炎症的扩散，还有止痛功能。只要多喝点含叶绿素的蔬菜汁，就能使口腔、鼻腔、身体散发出的口臭、汗味、尿味、粪便味等异味消失，是一种天然的除臭剂。叶绿素自身具有螯合特性（从血流清除重金属的过程）。这意味着它可以从体内清除汞等有毒重金属。叶绿素能除去杀虫剂与药物残渣的毒素，并能与辐射性物质结合而将之排出体外。此外，发现健康者会比病患者拥有较高的血球计数，但通过吸收大量的叶绿素之后，病患者的血球计数就会增加，健康状况也会有所改善。

4. 养颜美肤

叶绿素的抗氧化特性有助于抵消自由基对身体的损害，可以减轻炎症，叶绿素有助于克制内部感染与皮肤问题。美国外科杂志报道：天普大学在1200名病人身上尝试以叶绿素医治各种病症，效果极佳。叶绿素还有帮助伤口愈合、改善循环和消化，以及系统排毒作用；调节免疫系统，有效避免感染；除了帮助净化身体以外，叶绿素还具有帮助身体组织生长和修复的作用。

5. 抗病强身

叶绿素在改善体质、祛病强身方面也有很多作用。如能增强机体的耐受力、抗衰老、抗癌、抗细菌感染、防止基因突变等，是人体健康的卫士。

二、血红素

血红素（heme）是一种铁卟啉类化合物，是血红蛋白（hemoglobin，Hb）、肌红蛋白（myoglobin，Mb）、细胞色素（cytochromes）和过氧化物酶（peroxidase）等众多活性生物大分子的辅基。血红素存在于多种组织和细胞中，可以由体内的数量繁多的细胞合成。血红素是动物肌肉和血液中的主要红色色素，在肌肉中主要以肌红蛋白的形式存在，而在血液中主要以血红蛋白的形式存在。血红素具有改善贫血、抗氧化、降低肺动脉高压等重要的生理和营养功能[4-8]，在医药和食品等方面得到广泛应用。

（一）分子结构和特性

血红素的基本结构成分是由吡咯组成的卟吩，带上侧链后形成卟啉，再和1分子亚铁结合构成铁卟啉化合物。血红素是一种以多种氧化态或还原态存在的分子，分子式为 $C_{34}H_{32}N_4FeO_4$。卟啉环中心的铁原子通常是八面体配位，有6配位键，其中4个配位键与4个吡咯环的氮原子相连，另外，2个配位键沿垂直于卟啉环面的轴分布在环的上下，这两个配位键可与各种配基的电负性原子，如 O_2、CO等小分子配位（图3-3）。铁原子可以是亚铁（Fe^{2+}）或高铁（Fe^{3+}）氧化态，相应的血红素分别为亚铁血红素和高铁血红素。氯高铁血红素则是由氯离子取代铁卟啉中的氢氧根离子形成的，可以用作铁强化剂以及抗贫血药的有机化合物，是一种吸收率较高的生物态铁剂。

血红素是含铁的卟啉化合物，铁原子位于卟啉环的中央，具有共轭结构，性质稳定。不溶于水、稀酸、氯仿、醚及丙酮，而溶于氢氧化钠溶液或氨水及热醇中。血红素为片状或针状的紫色结晶，也会因纯化溶剂不同，形成其他颜色。

（二）营养功能

血红素的营养和生理功能皆是起源于其氧化–还原性质，可以在氧化–还原反应中起到推动性作用，既可以作为金属蛋白的辅基在体内起运载和储存O_2的作用，还能在呼吸链运载电子，甚至是能与血红蛋白或谷胱甘肽S转移酶以及血红素结合蛋白进行非常牢固的结合，且不易分开。

1. 强化铁治疗贫血

缺铁性贫血是婴儿时期的多发病。主要是由于铁缺乏引起。血红素铁作为有机铁，能被人体很好的吸收，无副作用。临床研究证明，血红素是很好的补铁药物，对缺铁性贫血有明显的治疗作用。血红素铁主要来自含动物蛋白质高的食物，如瘦肉、动物肝脏、动物血和鱼等，这些食物不仅含铁量高，而且在吸收过程中不受膳食中其他食物的影响[8]。较硫酸亚铁治疗缺铁性贫血相比，具有吸收率高、不刺激肠胃、无明显的副作用等优点。

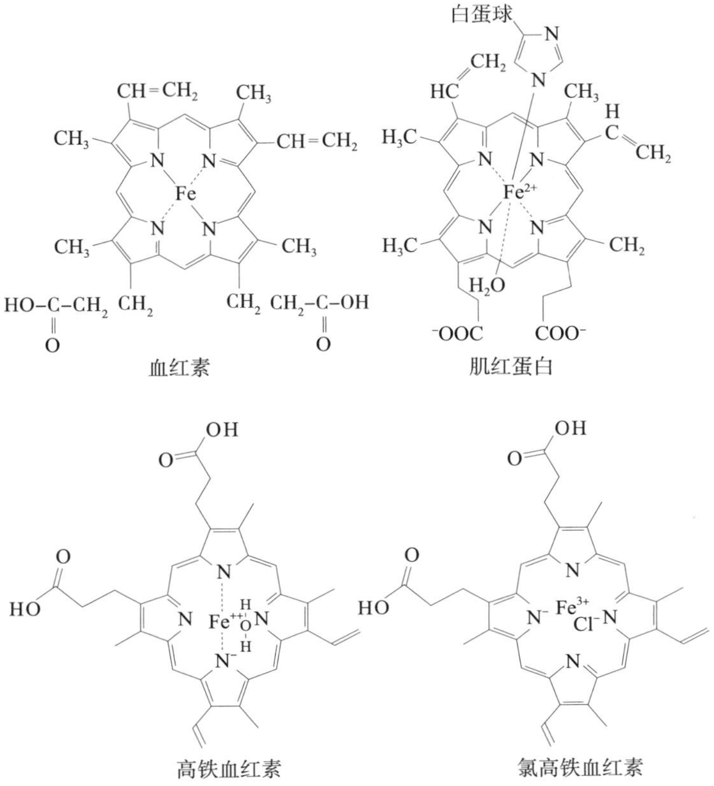

图3-3 血红素的结构式

2. 溶解疟原虫

血红素具有溶解疟原虫的作用。鼠红细胞中分离的疟原虫能被氯化高铁血红素或氯喹－血红素复合物溶解，表明单一的氯喹不能引起疟原虫的膨胀或溶解，而氯喹与血红素形成复合物后能溶解疟原虫，伴随溶胀，谷氨酸脱氢酶从疟原虫中释放，显示了胞内容物的丧失。血红素浓度越高，酶的释放也越多[7]。

3. 清除自由基

血红素对邻苯三酚自氧化法体系产生的$O_2^-\cdot$具有清除作用，当血红素在$20\sim100\,\mu mol/L$时，其清除$O_2^-\cdot$的能力与抗坏血酸相当，当血红素的摩尔浓度为$60\,\mu mol/L$时对$O_2^-\cdot$清除率为50%，其清除效果相当于90U/mL的超氧化物歧化酶（SOD）对$O_2^-\cdot$的清除效果。血红素溶液的浓度达到0.45mmol/L之上时对DPPH·的清除效果显著增强，当达到0.5mmol/L时清除率为95%左右，超过了维生素E以及BHT对DPPH·的清除率。血红素对Fenton反应产生的·OH也具有较强的清除作用，对DPPH·也具有清除作用。0.3mmol/L酪氨酸和$20\,\mu mol/L$血红素混合后，可预防血管内皮细胞ECV304细胞氧化应激损伤[6]。

4. 诊治癌症

血红素经除铁处理后，对其侧链进行修饰可以得到一系列卟啉类药物——光卟啉及原卟啉等衍生物。这些衍生物对恶性肿瘤细胞具有特殊亲和力，尤其对紫色激光反应敏感，在红色激光作用下，血卟啉产生自由基而杀死癌细胞。因此，血红素衍生物具有诊断和治疗的双重作用，显示了在肿瘤诊治中的重要性。

5. 作为食品添加剂

动物组织的血红素在溶液中呈红色，它经化学修饰后可转变成其他需要的颜色。日本最早介绍了以猪血血红素制成亚硝基亚铁血红素供食品着色用的方法。亚铁血红素和一氧化氮结合后生成鲜桃红色的亚硝基血红素，在加热后色泽仍保持鲜红，添加这种色素可供食品长期保持鲜桃红色。在食品工业上，可作为食用色素[4]。

6. 运输氧和二氧化碳

血红素是人体内输送氧气和二氧化碳的物质，它和蛋白质结合成血红蛋白，存在于血液细胞中。血红素与氧结合的过程必须有珠蛋白参与，使珠蛋白结构发生变化，进而引起整个血红素结构的变化，构成血红素的4个亚基分别与4个氧分子结合，起到运输氧和贮氧的作用。除此之外，血红素还可以与二氧化碳、一氧化碳、氰离子结合，结合的方式也与氧完全一样，所不同的只是结合的牢固程度，一氧化碳、氰离子一旦和血红素结合就很难离开，这就是煤气中毒和氰化物中毒的原理[5]。

第三节 多烯类色素的化学结构与营养特性

多烯类色素是以异戊二烯残基为单位的多个共轭链为基础的一类色素，习惯上又称为类胡萝卜素，属于脂溶性色素。根据其结构中是否含有由非C、H元素组成的官能团而将类胡萝卜素分为两大类：一类为纯碳氢化物，被称为胡萝卜素类（carotene），是由中间的类异戊烯和两端的环状和非环状结构组成；另一类的结构中含有含氧基团，称为叶黄素类（xanthophyll），是一类氧化了的胡萝卜素，分子中含有一个或多个氧原子，形成羟基、羰基、甲氧基、环氧化物，见图3-4。多烯类色素是自然界最丰富的天然色素，大量存在于植物、动物和微生物体中，如红色、黄色和橙色的水果及绿色的蔬菜，卵黄、虾壳等动物材料中也富含类胡萝卜素。类胡萝卜素具有较强的加工稳定性，在食品加工领域广泛应用。

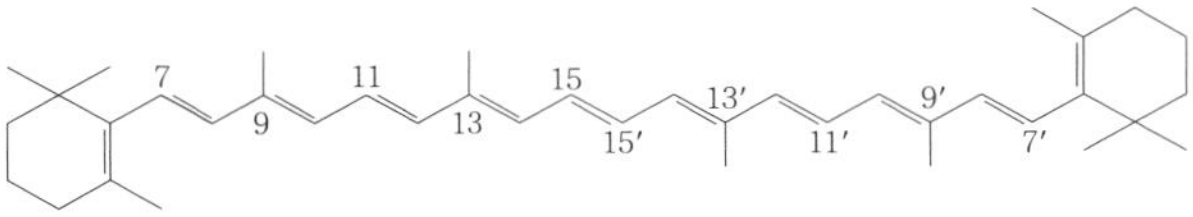

β-胡萝卜素

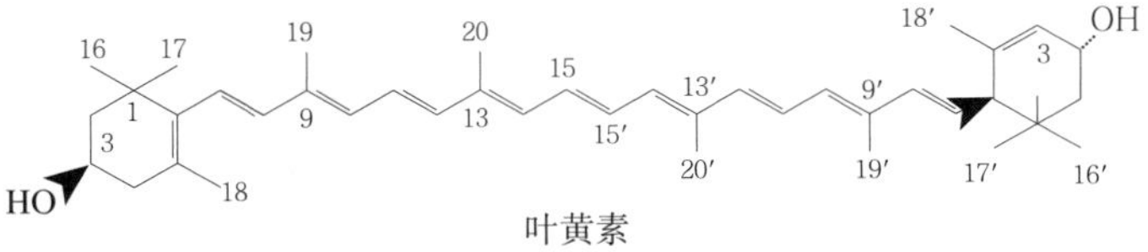

叶黄素

图3-4 胡萝卜素和叶黄素的结构式

动物和人不能自身合成胡萝卜素，主要通过食物获得，而水果和蔬菜是主要的食物来源（表3-2）。胡萝卜素主要来源于蔬菜中的胡萝卜、番茄、西蓝花、油菜等。叶黄素主要来源于水果中的柑橘、杧果、番木瓜、杏，蔬菜中的南瓜、辣椒，禽类的蛋黄等。水果中类胡萝卜素的生物利用率明显高于蔬菜的，其原因是类胡萝卜素存在于水果叶绿体的油滴中，而在蔬菜中则是以晶体的形式存在于叶绿体中。目前发现已有700多种类胡萝卜素，人体血液中测到20种，在人体中主要分布在脂肪组织、肝脏、血液、松果体、黄体、视网膜黄斑。部分类胡萝卜素是人体组织器官的重要组成成分，如叶黄素是视网膜黄斑的组成成分，老年性黄斑衰退症是西方国家导致老年人视力下降的主要疾病。

在植物或动物组织内的类胡萝卜素与氧气隔离，受到保护，一旦组织破损或被萃取出来直接与氧接触，就会被氧化。亚硫酸盐或金属离子的存在将加速β-胡萝卜素的氧化。脂肪氧合酶、多酚氧化酶、过氧化物酶可促进类胡萝卜素的氧化降解。天然类胡萝卜素的共扼双键多为全反式结构，热、酸或光的作用很容易使其发生异构化，从而使生物活性大大降低。

表3-2   中国饮食中水果蔬菜中类胡萝卜素的含量[9-11]   单位：μg/100g可食部分

食品种类	含量	食品种类	含量
苦苣菜	54330	金针菜	1840
螺旋藻（干）	38810	空心菜	1714
西蓝花	7210	韭菜	1596
苜蓿	5490	乌塌菜	1568
橘（早橘）	5140	南瓜（栗面）	1518
羽衣甘蓝	4368	油菜	1083
胡萝卜	4107	哈密瓜	920
菠菜（干）	3590	番木瓜	870
小红尖辣椒（干）	3376	枇杷	700
芹菜叶	2930	苹果	600
裙带菜	2230	杏	450
杧果（大头）	2080	番茄	550
小白菜（青菜）	1853		

一、β-胡萝卜素

β-胡萝卜素（beta-carotene）的研究最初始于20世纪初。最早人们发现一个现象是植物中视黄醇（维生素A）的活性总是伴随着黄色物质的出现，于是就吸引人们来探索二者之间到底是一种怎样的关系，20世纪30年代初β-胡萝卜素和视黄醇的结构相继被阐明，二者之间的转变关系也从化学角度得以阐明（图3-5）。随着β-胡萝卜素研究的深入，已经发现β-胡萝卜素不仅仅是作为视黄醇的前体而起作用，其本身独立的抗氧化功能更具有重要的生理作用，从而引起了研究者的极大兴趣。自20世纪50年代以来对β-胡萝卜素的化学特性、机体内的生理代谢、生理功能、药理作用及临床应用等方面进行了大量的研究，尤其是20世纪90年代以来，已取得了可喜的成果，β-胡萝卜素在对心血管疾病、某些肿瘤、衰老、光敏性疾病、白内障的发生发展具有一定的预防、延缓、治疗和辅助治疗作用，能提高机体的免疫功能，是较好的抗肿瘤药物[9]。

β–胡萝卜素已被FAO和WHO、联合国食品添加剂专家委员会（JECFA）等国际机构认可为无毒、有营养的食品添加剂，并被美国食品与药物管理局（FDA）批准为营养保健品。我国食品添加剂标准化技术委员会早在1990年将其列为食品营养强化剂，并已广泛应用于食品工业，而且在医药行业也有着广泛的应用。现在已知自然界里的胡萝卜素有550多种[10]。天然食物如绿叶蔬菜、甘薯、胡萝卜、番木瓜、杧果等，皆存有丰富的β–胡萝卜素。

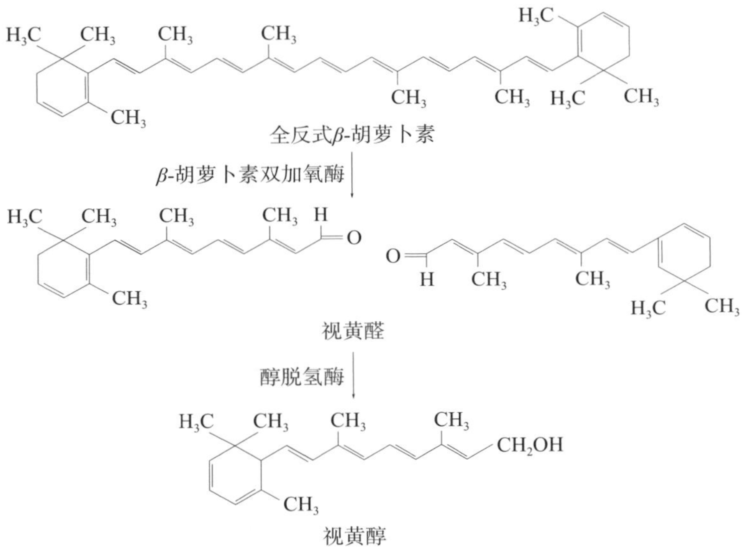

图3-5　β–胡萝卜素转变为视黄醇的过程

（一）分子结构和特性

β–胡萝卜素又名为胡萝卜色素，其分子式为$C_{40}H_{56}$，相对分子质量为536.88，是由四个异戊二烯双键首尾相连而成，分子两端各有一个β–紫萝酮环，整个分子是对称的，中心断裂可产生两个视黄醇分子。胡萝卜素异构体有α–胡萝卜素、β–胡萝卜素和γ–胡萝卜素3种（图3-6），其中β–胡萝卜素含量占80%以上。β–胡萝卜素还含有全反式、9–顺式、13–顺式及15–顺式等形式（图3-7）。天然的β–胡萝卜素为反式和顺式的混合构型，而化学合成的β–胡萝卜素均为全反式构型。这种全反式构型生物利用率较低，其在人体的吸收率仅为天然产品的10%。

由于β–胡萝卜素分子具有长的共轭双键生色团，因而具有光吸收的性质，使其显黄色，是橙黄色脂溶性化合物。熔点为184℃，约有20余种异构体，不溶于水，微溶于植物油，在脂肪族和芳香族的烃中有中等的溶解性，最易溶于氯化烃和氯仿等。β–胡萝卜素的化学性质不稳定，易在光照和加热时发生氧化分解，因而应避免直接光照、加热和空气接触。应低温贮存在不活泼的气体（如N_2）中，其操作也应在黄光下进行。β–胡萝卜素对酸不稳定而对碱稳定，因而可在提纯过程的起始阶段进行皂化。

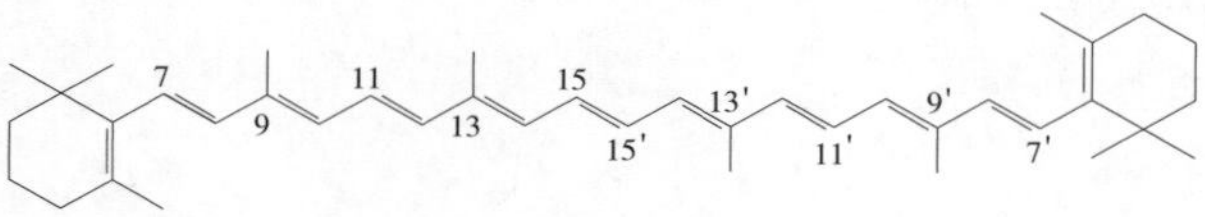

β-胡萝卜素

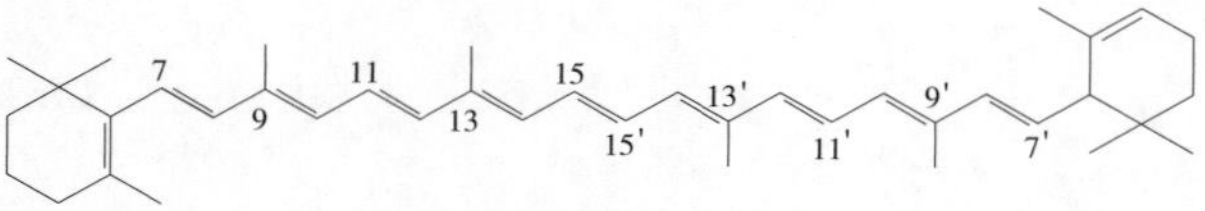

α-胡萝卜素

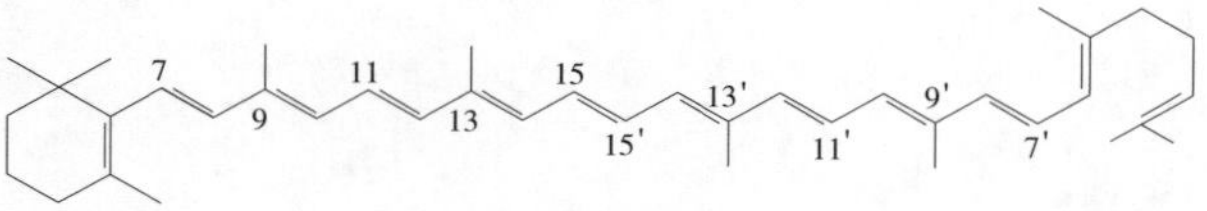

γ-胡萝卜素

图3-6 β–胡萝卜素3种异构体的结构

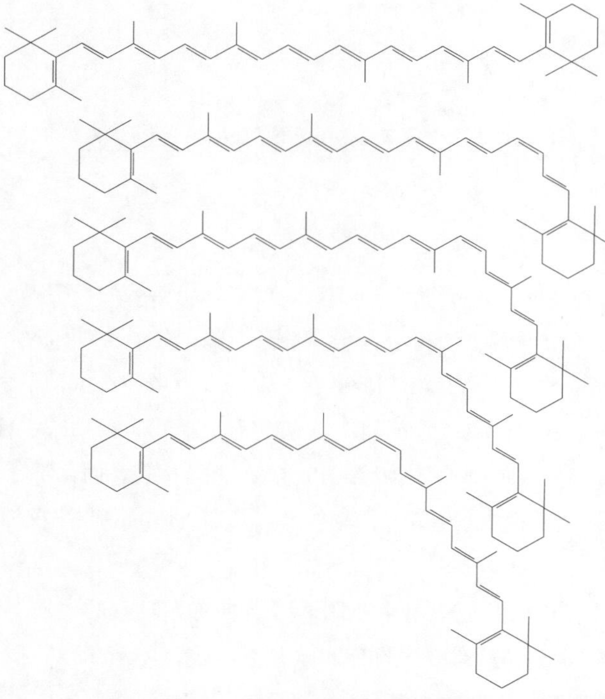

全反式异构体

9，9′–顺式异构体

11，11′–顺式异构体

13，13′–顺式异构体

15，15′–顺式异构体

图3-7 β–胡萝卜素的全反式和常见顺式异构体结构

β-胡萝卜素着色力很强，其稀溶液为橙黄色至黄色。所以，在食品中添加可同时起到着色剂和营养强化剂的作用。常用的制品有1%和10%水溶性β-胡萝卜素，以及2%、20%和30%油溶性β-胡萝卜素，制成粉剂、油悬剂、乳剂和干燥小颗粒等剂型。市场供应的有天然提取物和人工合成物两类。合成β-胡萝卜素具有成本低、含量高、质量稳定等优点，作为商品有较强的市场竞争能力，但天然β-胡萝卜素吸收效果要远高于人工合成产品。

（二）吸收和代谢

β-胡萝卜素的吸收主要是靠脂肪起运输作用，这是由其脂溶性特点决定的。当β-胡萝卜素被人体摄入后，肠道对β-胡萝卜素并无主动的运转机制，它溶于食物的脂肪之中，在肠道中经胰酶的作用，尤其是胆汁能促进脂肪乳化，使β-胡萝卜素与脂肪微粒及胆汁结合形成体积小的胶粒，然后随同脂肪酸一起被小肠吸收，再通过门静脉系统到达肝脏。一般情况下在小肠黏膜中β-胡萝卜素将完成视黄醇的转化过程，很少的未被转化的β-胡萝卜素将被运至肝、脂肪等组织内贮存。在小肠和肝脏中，β-胡萝卜素在双加氧酶的作用下生成两分子视黄醛，并可进一步氧化成视黄酸或在醇脱氢酶的作用下还原成视黄醇。β-胡萝卜素在油脂和抗氧化剂中吸收率为50%左右，在未煮过的胡萝卜中吸收率仅为2%左右，烧煮后吸收率可有所增加。最好应用油炒熟或和肉类一起炖煮后再食用，更利于吸收。

用标记的β-胡萝卜素喂给带有胸导管的大鼠和人时发现，放射性的吸收都发生于淋巴路径，主要存在于淋巴乳糜颗粒内，淋巴样内含放射性的物质主要是视黄基酯。人体内还发现未经变化的β-胡萝卜素直接吸收进入淋巴，这表明β-胡萝卜素在吸收进入肠黏膜细胞后发生断裂，还原并酯化为视黄酯，经淋巴系统吸收，而有少量未经变化的β-胡萝卜素直接被转运。

（三）营养功能

β-胡萝卜素有视黄醇源之称，是一种重要的人体生理功能活性物质。近年来，β-胡萝卜素对人体作用的研究异常活跃。大量研究证实，β-胡萝卜素的许多生物功能与人类健康有密切关系，其在抗氧化、解毒、抗癌、预防心血管疾病、防治白内障和保护肝脏方面的生理作用已被越来越多地证实，并应用于疾病的预防和治疗[9-11]。

1. 维生素A的重要来源

β-胡萝卜素在体内酶的作用下可转变为视黄醇，且在食物中含量最丰富，因而被认定是人体内维生素A的主要来源。在体内视黄醇缺乏时，体内酶将β-胡萝卜素转化为维生素A，当体内维生素A增加到需求量时酶即停止转化，从而通过酶的自动控制来维持体内维生素A的需要。全世界，特别是发展中国家人体所需的视黄醇60%～70%来源于β-胡萝卜素。此外，视黄醇是合成糖蛋白的载体，糖蛋白是细胞的重要结构物质，尤其是上皮细胞，如果缺少糖蛋白将对眼、呼吸道、消化道、泌尿道及生殖器官产生影响。免疫球蛋白也是一种糖蛋白，视黄醇缺乏将会影响抗体的形成。因此，视黄醇对保证正常的生长和发育及抗感染具有重要作用。

2. 抗氧化

β-胡萝卜素是一种抗氧化剂，具有解毒作用，是维护人体健康不可缺少的营养素，在抗癌、预防心血管疾病、白内障及抗氧化上有显著的功能，并进而防止老化和衰老引起的多种退化性疾病。β-胡萝卜素分子具有多个共轭多烯双键的特殊结构，使它能与含氧自由基发生不可逆反应，达到清除自由基以及淬灭单线态氧的作用，对脂质过氧化有抑制作用，防止视网膜的光损伤。

3. 调节机体免疫功能

β-胡萝卜素能调节与免疫及炎症反应有关的脂质过氧化酶。青年男性服用高剂量天然胡萝卜素（18mg/d）14d后，其血循环中辅助性T淋巴细胞量明显增加。由于这类细胞是艾滋病病毒感染和攻击的靶细胞。因此，β-胡萝卜素可用于辅助治疗艾滋病。此外，β-胡萝卜素能增加免疫系统中B细胞的活力；提高CD_4细胞的能力，能协助B淋巴细胞产生抗体，并提高其他免疫组分的活性；增加嗜中性粒细胞的数目，以包围细菌，并分泌破坏细菌的酶；增加自然杀伤细胞（NK）的数目，以消除机体内被感染的细胞或癌细胞。

4. 抗癌

β-胡萝卜素的摄取量低与肺癌发生率密切相关。在对消化系统的研究证实，服用β-胡萝卜素有降低上消化道肿瘤发生的作用，对结肠或直肠病变发生率关系不明显。β-胡萝卜素的高摄入量或血清水平高，与子宫颈癌、子宫内膜癌、乳腺癌的发生率低呈正相关。

5. 细胞间隙连接通讯

细胞通讯是指一个细胞发出的信息通过介质传递到另一个细胞产生相应的反应。细胞间的通讯对于多细胞生物体的发生和组织的构建、协调细胞的功能，控制细胞的生长和分裂是必须的。细胞间形成的间隙连接使细胞质相互沟通，通过交换小分子来调节代谢反应，间隙连接又称缝隙连接或缝管连接，是细胞通讯的重要方式之一。β-胡萝卜素和其他类胡萝卜素可加强细胞间隙连接的交流能力，从而抑制或降低癌症的发生和发展。

6. 预防心血管疾病

流行病学的研究发现，经常食用β-胡萝卜素和番茄红素的人群与对照组相比，其血清脂质过氧化和低密度脂蛋白（LDL）的氧化程度明显减少。由于类胡萝卜素的抗氧化作用能有效地防止DNA和脂蛋白的氧化损伤以及阻止低密度脂蛋白胆固醇（LDL-C）氧化产物的形成，因而能减缓动脉粥样硬化，进而可预防冠心病等心脑血管疾病的发生。

7. 其他作用

β-胡萝卜素可增强生殖系统和泌尿系统机能，提高精子活力，预防前列腺疾病；改善和强化呼吸道系统功能。β-胡萝卜素还能在机体正常新陈代谢中扮演抗氧化剂的作用，帮助细胞减缓老化的过程；能增强胰岛素的敏感性，降低糖尿病的发病率；天然胡萝卜素植物油有增进食欲、改善睡眠、增强记忆、加速伤口愈合、防治气管炎、咽炎的作用。

8. 缺乏症状

β-胡萝卜素可引起夜盲症、黏膜干燥、干眼症及近视等症状；增加癌症、白内障、心血管、生殖系统、泌尿系统疾病及呼吸道感染的发生机会；过早衰老、失眠、浑身无力和皮炎、皮肤角质化等症状。

二、番茄红素

番茄红素（lycopene）又称茄红素，是自然界已知的700多种类胡萝卜素的一种，是成熟番茄的主要色素，是一种不含氧的类胡萝卜素，它能使成熟的番茄呈现深红色。番茄红素存在于红色蔬菜与水果中，如番茄、胡萝卜、西瓜、红色葡萄柚、草莓等，以番茄中的含量最高。1873年，Hartsen首次从 *Tamus communis liberries* 中分离出这种红色晶体，Schunck通过对这种红色晶体吸收光谱的研究，发现其吸收光谱不同于从胡萝卜中提取的其他的胡萝卜素，于1913年将其命名lycopene，使用至今。长期以来，番茄红素一直作为一种普通的植物色素，并未引起太多的关注，最近的一些研究包括细胞培养、动物实验和流行病学调查显示，膳食中摄取番茄红素能够降低慢性疾病发病率，因其具有抗氧化、预防肿瘤、治疗心血管疾病、抗衰老以及预防神经退行性疾病等多种生物活性而受到人们的关注。番茄红素清除单线态氧的速率常数是维生素E的100倍，是β-胡萝卜素的2倍之多，番茄红素是抗氧化性最强的类胡萝卜素。番茄红素已被FAO、JECFA和WHO认定为A类营养素，并被50多个国家和地区作为具有营养与着色双重作用的食品添加剂，广泛用于食品、保健品和化妆品等行业[12-14]。目前，番茄红素健康相关产品的开发已成为国际上功能性食品和新药研究的一个热点，是很有前途的一种功能性天然色素。

（一）分子结构和特性

1. 分子结构

番茄红素为红色针状晶体，相对分子质量为536.85，分子式为$C_{40}H_{56}$，熔点为172~175℃，是一种脂溶性的碳氢化合物，分子含有11个共轭双键和2个非共轭双键，如图3-8所示。番茄红素大约有72种顺反异构体。植物中存在的番茄红素几乎都是反式的[2]。

大多数食品原料中存在的番茄红素也是反式构型，只有一小部分顺式构型，以5-顺、9-顺和13-顺型为主。动物体内则是顺式异构体占的比例较大。人血清中的番茄红素含量为0.2～1.0 μmol/L，主要以顺式构型存在，反式构型只占41%[12-14]。

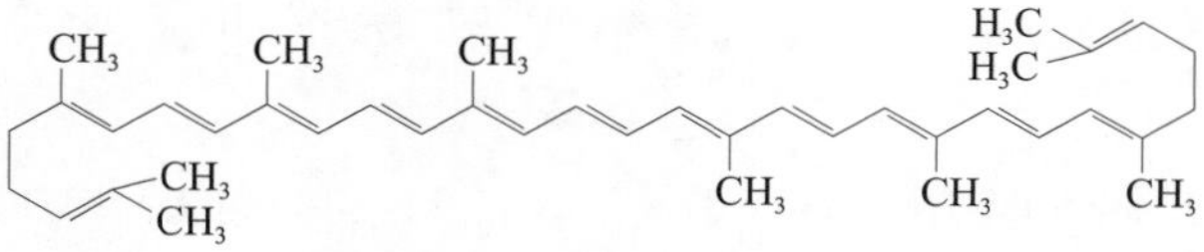

图3-8　番茄红素的结构式

2. 分子特性

番茄红素是脂溶性色素，可溶于其他脂类和非极性溶剂中，不溶于水，难溶于强极性溶剂如甲醇、乙醇等，可溶于脂肪烃、芳香烃和氯代烃（乙烷、苯、氯仿）等有机溶剂。番茄红素在各种溶剂中的溶解度随着温度的上升而增大，然而当样品越纯时，溶解越困难。结晶的番茄红素溶解缓慢，倾向于形成一种超饱和状态，虽然提高温度可加速其溶解，但冷却时可能会出现结晶，这时可利用超声波加速其溶解。纯的番茄红素虽然不溶于水，但当它与某些物质如蛋白质结合形成复合物时，则具有较高的溶解度。

番茄红素由于是一种化学结构式中含有11个共轭双键及2个非共轭双键的非环状平面多不饱和脂肪烃，经过环化可形成β-胡萝卜素。天然存在的番茄红素都是全反式，但通过高温下的蒸煮、油炸等加工方式可使番茄红素由反式构型向顺式构型转变，而干燥番茄或干燥番茄渣中的顺式构型也会有部分的转变。番茄红素的顺式异构体与反式异构体的物理和化学性质有所不同，与反式异构体相比，番茄红素的顺式异构体的熔点低，摩尔消光系数小，极性强，不易结晶，更易溶解，而且在放置过程中可能会回复到全反式状态。番茄红素对氧化反应比较敏感，其溶液经日光照射12h后，番茄红素基本上损失殆尽。溶液中的Fe^{3+}和Cu^{2+}会对番茄红素的光氧化反应起催化作用，而其他金属离子如K^+、Mg^{2+}、Ca^{2+}、Zn^{2+}等则对其影响不大，所以天然番茄红素在提取和应用过程中应尽量避免使用铁制和铜制容器。番茄红素对酸不稳定，对碱比较稳定，故番茄红素作为色素使用时并不适合于酸性饮料。番茄红素的微乳体系、包合物、微胶囊和软胶囊等的稳定性比番茄红素都有明显提高。

3. 分布

番茄红素主要分布于木鳖果、番茄、西瓜、南瓜、李、柿、胡椒果、桃、番木瓜、杜果、番石榴、葡萄、葡萄柚、红莓、云莓、柑橘等果实和萝卜、胡萝卜、甘蓝等的根部，如表3-3所示。番茄和番茄制品中的番茄红素，是西方膳食中类胡萝卜素最主要的来源，也是人体血清中含量较高的。机体从番茄中获得的番茄红素约占其总摄入量的80%以上。

番茄红素广泛存在于人体的各种器官和组织中。主要分布在人的血液、肾上腺、肝脏、睾丸、前列腺、乳腺、卵巢、子宫、消化道等器官中，其中血液、肾上腺、肝脏、睾丸等含有较多的番茄红素。

表3-3　各种水果和蔬菜中番茄红素含量　　　　　　　单位：mg/100g果肉

食品种类	含量	食品种类	含量
木鳖果	155～305	胡萝卜	0.65～0.78
番茄	0.2～20	南瓜	0.38～0.46
番石榴（粉红色）	5.23～5.50	红薯	0.02～0.11
番木瓜	0.11～5.3	杏	0.01～0.05
葡萄柚（粉红色）	0.35～3.36		

（二）营养功能

1. 抗氧化

番茄红素在体内外均具有较强的抗氧化活性和清除自由基的能力，是抗氧化效率最高的类胡萝卜素之一。其纳米分散体在体外对活性氧自由基具有不同程度的清除作用，且均呈现一定的量效关系。番茄红素清除自由基的能力为：$\cdot OH > H_2O_2 > O_2^- \cdot$，且清除作用与浓度呈量效关系；其抑制脂质体过氧化活性的能力为：番茄红素＞特丁基对苯二酚（TBHQ）＞丁基羟基茴香醚（BHA）＞维生素E；番茄红素对小鼠肝组织匀浆自发性脂质体过氧化有很强的抑制作用。研究表明，番茄红素能够提高小鼠血清超氧化物歧化酶（SOD）、谷胱甘肽（GSH）、谷胱甘肽过氧化物酶（GSH-Px）的活性，增强机体抗氧化酶功能，降低丙二醛（MDA）的含量。番茄红素能提高镉中毒小鼠体内抗氧化酶SOD、GSH-Px的活性。对30例高龄维持性血液透析患者的研究表明，番茄红素可显著提高患者血清中的SOD、GSH-Px水平，减轻患者微炎症和氧化应激状态。番茄红素可诱导机体的内源性抗氧化酶和降低血清中MDA含量，对抗老龄大鼠的氧化应激。能降低急性大强度运动后人体血清脂质过氧化物MDA增高的幅度、减少抗氧化酶的消耗[12-14]。

2. 抗衰老

自由基学说认为，衰老过程中的退行性变化是由于细胞正常代谢过程中产生的自由基的有害作用造成的。抗衰老作用的机制研究证明，番茄红素能提高实验动物体内SOD、GSH-Px等的活性，起到延缓衰老的作用。摄入适量番茄红素可以有效地增强大鼠机体抗氧化能力，从而延缓D-半乳糖诱发的大鼠衰老。番茄红素可显著降低D-半乳糖所致衰老小鼠的血清、肝脏及脑组织中的 MDA 含量，提高 SOD、GSH-Px 的活性，具有一定的抗衰老作用。番茄红素能有效延长果蝇的寿命[12-14]。

3. 抗神经退行性疾病

β-淀粉样蛋白（beta-amyloid peptide，$A\beta$）的神经毒性已被认为是阿尔茨海默病（Alzheimer's disease，AD）的发病机制中的一个关键原因。预处理的番茄红素能有效地降低 $A\beta$25-35 诱导的神经毒性，提高细胞活力和降低细胞凋亡率，此外，还可抑制 $A\beta$25-35 所致神经元细胞活性氧的产生和线粒体膜电位去极化，抑制半胱氨酸天冬氨酸蛋白酶 3（caspase-3）的活化，证实番茄红素具有潜在的神经保护作用。神经退化性疾病与氧化应激有重要的关联，番茄红素具有强抗氧化活性，保护神经细胞结构稳定性，阻止神经递质多巴胺及乙酰胆碱的减少，在神经退行性疾病中发挥重要的作用[12-14]。

大量实验研究发现番茄红素可以通过抗氧化、抗凋亡、抗炎等机制发挥对多种神经毒素致 AD、帕金森病、亨廷顿病神经元损伤的保护作用。番茄红素可以通过抑制线粒体凋亡途径保护三甲基锡对原代培养神经元的损伤。番茄红素能通过降低高血脂大鼠模型血清总胆固醇、低密度脂蛋白水平、保护红细胞、减弱海马 CAI 区淀粉前体蛋白表达、下调 bax 表达、上调 bcl-2 表达、维持 bcl-2 与 bax 比值平衡，从而保持海马神经元形态正常，发挥其对脑的保护作用。番茄红素可以显著抑制 6-羟多巴胺引发的黑质多巴胺能神经元的退行性病变。最新研究发现，番茄红素可以抑制 3-硝基丙酸诱导的亨廷顿舞蹈症样症状，抑制 3-硝基丙酸诱导的神经毒性，其机制与维持线粒体正常功能相关。流行病学研究结果显示，长期摄入富含番茄红素的食品能够有效提高老年人的认知能力和记忆功能，预防多种慢性神经退行性疾病的发生或发展。目前，番茄红素的抗神经退行性疾病的活性越来越受到人们的关注，番茄红素有关健康产品的开发已成为国际上功能性食品和新药研究中的一个热点[12-14]。

4. 抗肿瘤

番茄红素具有明显的抗肿瘤作用，其机制除了与抗氧化作用有关外，还与其抑制肿瘤细胞增殖、诱导细胞间隙连接通讯及增强机体免疫功能等有关。近年来的研究表明，番茄红素对前列腺癌、消化道癌、宫颈癌、乳腺癌、肝癌、皮肤癌等均有一定的预防和抑制作用。番茄红素能显著抑制人前列腺癌 PC-3 细胞的增殖，其作用机理可能与诱导 PC-3 细胞凋亡、阻滞细胞周期进程有关。番茄红素能够明显抑制人食管癌细胞 EC-9706 的生长，呈现时间和剂量依赖性。可通过诱导人宫颈癌 HeLa 细胞凋亡的方式抑制其增殖。此外，番茄红素可有效抑制宫颈癌侵袭和转移，其作用机制可能与降低宫颈癌细胞运动能力、抑制基质金属蛋白酶-2 的表达水平有关。番茄红素可抑制人乳腺癌 MDA-MB-231、MCF-7 细胞增殖，其机制均与阻滞细胞周期进程和诱导细胞凋亡有关，可能通过抗氧化途径诱导其凋亡和增殖[12-14]。

5. 预防心脑血管疾病

高脂血症是导致动脉粥样硬化、冠心病、脑卒中等心脑血管疾病的首要危险因素。番茄红素能够调节脂质的代谢，预防心血管疾病的发生。研究表明，番茄红素在体内外均能明显抑制低密度脂蛋白氧化修饰，这可能是其抗动脉粥样硬化的主要机制之一，通过抑制脂质过氧化和低密度脂蛋白氧化，降低动脉粥样硬化的发生率。番茄红素可能通过降低血脂和抗氧化而保护高脂血症大鼠的血细胞和促进纤溶活性，减轻主动脉病变程度。番茄红素对动脉粥样硬化家兔的血脂和脂蛋白代谢紊乱具有调节作用，其作用机制可能与降低总胆固醇浓度、抑制低密度脂蛋白受体的表达有关。番茄红素不仅能有效地降低高脂血症大鼠的血脂，而且可能通过降低血脂和提高机体抗氧化酶活力，减少脂质的氧化及氧自由基的释放，减少对白细胞的刺激，从而起到保护心血管系统的作用。此外，番茄红素对大鼠的脑缺血再灌注损伤有明显保护作用，可以清除自由基，减轻脑水肿的形成，具有抗缺氧/复氧损伤、保护心肌细胞的作用[12-14]。

6. 增强免疫功能

番茄红素能保护吞噬细胞免受自身的氧化损伤，促进T、B淋巴细胞增殖，刺激效应T细胞的功能，增强巨噬细胞、T细胞杀伤肿瘤细胞的能力，减少淋巴细胞DNA的氧化损伤，以及促进某些白介素的产生。番茄红素预处理可以明显减轻肺癌患者围术期免疫功能的抑制，促进免疫功能的恢复，也有研究表明，番茄红素与枸杞有协同增强小鼠机体非特异性免疫功能的作用[12-14]。

7. 抑制骨质疏松

正常骨代谢过程是一种骨吸收和骨形成的动态平衡过程。番茄红素在体外可以通过抑制破骨细胞产生活性氧族来抑制其骨吸收功能，对氧化应激后破骨细胞破骨功能的抑制具有浓度依赖性，浓度越高，抑制作用越强，且能促进成骨细胞的增殖和生长，增加其矿化能力。番茄红素能有效减轻卵巢大鼠骨质的丢失、延缓骨质疏松的发生[12-14]。

番茄红素是一种天然的生物抗氧化剂和功能性色素，具有多种生理功能和药理作用，临床应用范围广泛，在人类的慢性病防治方面具有良好的发展和应用前景。随着研究的深入，将为其更有效地发挥预防疾病的作用提供理论依据，使番茄红素更好地作为一种廉价而有效的保健产品为人类的健康服务。

三、叶黄素

叶黄素（lutein）又名"植物黄体素"，是一种广泛存在于蔬菜、花卉、水果与某些藻类生物中的天然色素，早在1995年，FDA即已批准其作为食品补充剂用于食品饮料。叶黄素是一种很强的抗氧化剂，可起到预防癌症、心血管疾病等慢性疾病、预防衰老和老年黄斑变性发生和发展以及预防白内障等功效。因此，在美国市场上十分畅销。在国际市场上，1g叶黄素的价格与1g黄金相当，所以人们把它称为"植物黄金"。叶黄素是一类含氧类胡萝卜素，包括叶黄素（lutein）、玉米黄质、α-胡萝卜素、隐黄质、紫黄质、辣椒红素等。

叶黄素不能在人类和其他高等动物体内合成，因此，主要来源于膳食摄取。叶黄素主要存在于植物性食物中，其中深绿色叶菜中叶黄素含量相对较高（表3-4）。此外，蛋类和乳类中也含有少量的叶黄素，而母乳则是婴幼儿叶黄素的主要食物来源。大量临床检测的结果显示，人体每日的推荐摄入量为6mg。而研究表明，大多数美国人从膳食中获得的叶黄素和玉米黄素只占每日需求量的10%，说明人们通过食物获取的叶黄素明显不足，应通过补充剂和功能食品的方式增加叶黄素的摄入。

表3-4　常见植物中叶黄素的含量[15]　　　　　　　　　　　　　　单位：μg/100g

名称	含量	名称	含量
万寿菊	6800	橙色-黄色水果和蔬菜	
绿色蔬菜		黄色玉米	198.9
羽衣甘蓝	5120.0	南瓜	2400.0
欧芹	10820.0	杧果	10.0
菠菜	9157.0	油桃	20.0
菜花	1510.6	柑橘	350.0
青豆	418.1	番木瓜	22.1
直立莴苣	170.0		

（一）分子结构和特性

1. 分子结构

叶黄素其系统命名为3，3-二羟基-α-胡萝卜素，化学式为$C_{40}H_{56}O_2$，相对分子质量为568.88（图3-4）[15]。分子有两个紫罗兰环（β-和ε-紫罗酮环）及多个不饱和双键，在各紫罗酮环的第3个碳原子上存在一个功能性羟基。在C-3、C-3′和C-6′处有三个不对称中心，因此，理论上有8种立体异构体。叶黄素有多种顺反异构体（图3-9）。室温条件下，顺式叶黄素在醇中的溶解度很高，而反式异构体在醇中不溶，为此，可在室温下用乙醇分离顺式、反式叶黄素。

叶黄素在自然界中以游离非酯化和脂肪酸酯化的形式存在。果蔬中的许多叶黄素是以与

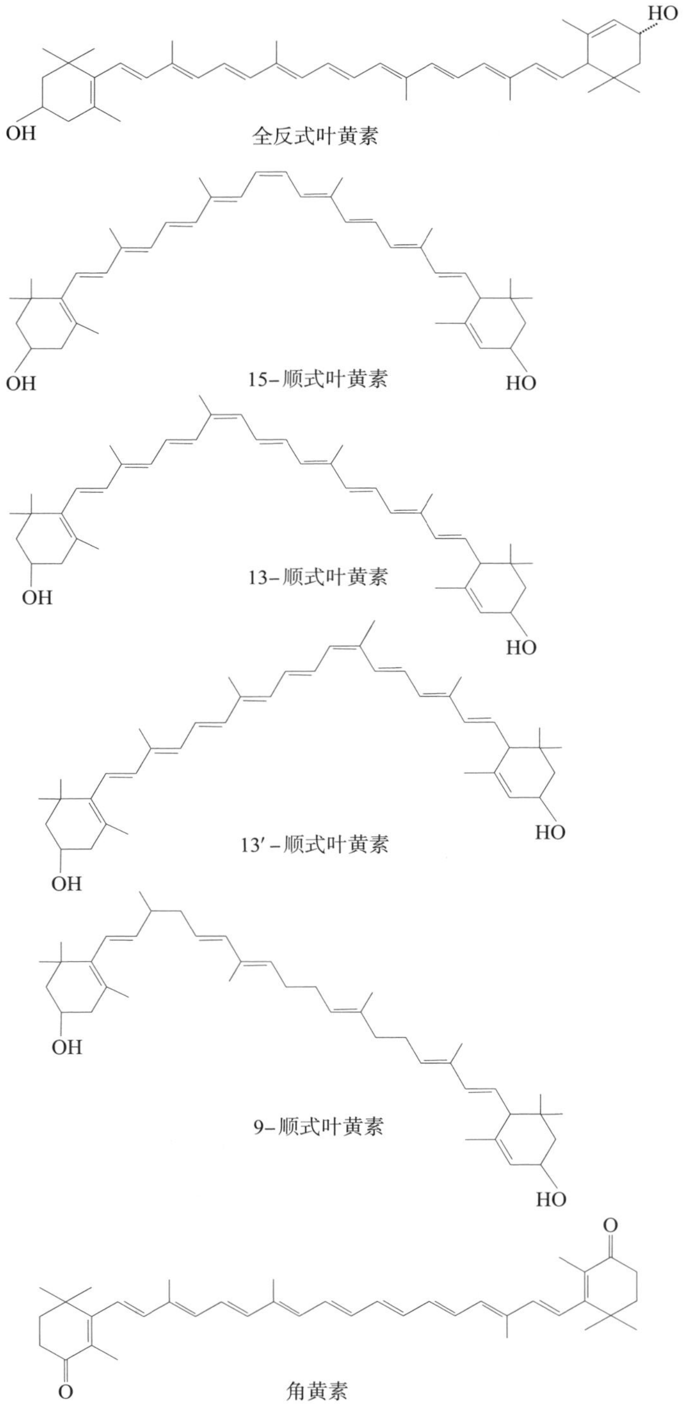

全反式叶黄素

15-顺式叶黄素

13-顺式叶黄素

13′-顺式叶黄素

9-顺式叶黄素

角黄素

图3-9　叶黄素异构体的结构

肉豆蔻酸、月桂酸、棕榈酸等脂肪酸酯化形式存在的，如万寿菊中存在游离叶黄素和8种叶黄素酯，其中含量较高的是二肉豆蔻酸酯、肉豆蔻酸棕榈酸酯、二棕榈酸酯、棕榈酸硬脂酸酯。图3-10所示为全反式叶黄素和叶黄素肉豆蔻酸酯的结构。

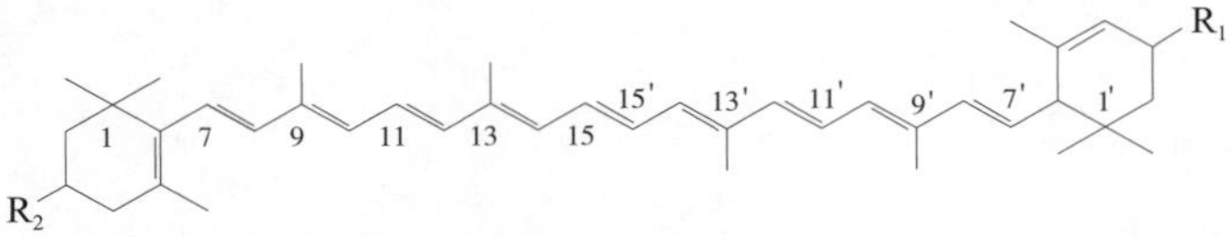

游离叶黄素：R_1，R_2=OH；叶黄素单肉豆蔻酸酯A：R_1=OH，R_2=OCO（CH_2）$_{12}CH_3$；
叶黄素单肉豆蔻酸酯B：R_1=OCO（CH_2）$_{12}CH_3$，R_2=OH；叶黄素二肉豆蔻酸酯：R_1，R_2=OCO（CH_2）$_{12}CH_3$

图3-10　全反式叶黄素及其肉豆蔻酸酯的结构

2. 分子特性

由于叶黄素分子为高度不饱和结构，不溶于水和丙二醇，微溶于油和正己烷，溶于丙酮、二氯甲烷和乙醇，易溶于乙酸乙酯、四氢呋喃、氯仿等，其在溶剂中的稳定性为无水乙醇＞乙酸乙酯＞四氢呋喃＞甲苯。叶黄素的稳定性差，主要易受氧、光、热、金属离子、pH等因素的影响[15]，如热处理过程可引起叶黄素异构化反应产生9-顺式和13-顺式叶黄素。因而在保存时，要将叶黄素结晶纯品或含叶黄素的材料密闭真空或充入惰性气体包装，避免光照并且低温保存。叶黄素游离羟基与脂肪酸酯化后可使其对光热敏感性降低。如叶黄素月桂酸单酯比游离叶黄素对热稳定性强，而月桂酸二酯对热极为稳定，这两种酯类对紫外光敏感性也比游离叶黄素差。

（二）吸收和代谢

近十多年来，国内外对叶黄素在体内的代谢过程进行了比较深入的研究，特别是近几年来药物代谢动力学研究的发展，对叶黄素的吸收、分布、代谢、排泄等体内过程进行了定性或定量研究，为叶黄素功能研究提供理论和实践依据。

1. 叶黄素的吸收和分布

人体内不存在叶黄素合成酶，因此叶黄素只能通过饮食摄取获得。在绿色蔬菜和水果中存在的叶黄素主要以游离非酯化形式存在，并以原型经胃肠道被吸收。在黄色/橙色水果和蔬菜中的叶黄素是以叶黄素酯的形式进入体内。叶黄素酯可以与脂肪一起被摄入，主要在胃内从食物中释放，而后其微粒被油脂团包裹进入小肠。进入小肠后，油脂团被胰脂肪酶和异构酶分解，产生脂肪酸和甘油三酯，同时叶黄素酯被胰酶作用，水解为叶黄素。在胆汁乳化作用下叶黄素与脂肪酸、胆汁酸盐等成分形成混合微胶粒，通过肠黏膜与肠腔之间的不流动水层被动扩散至肠上皮细胞（扩散速度由胶粒和吸收细胞间的浓度差决定），从而掺入由肠道上皮细胞合成的乳糜微粒中，随乳糜微粒进入淋巴和血液[16]。

叶黄素微囊在大鼠的各肠段均有吸收，但其吸收速率常数各不相同，由大到小依次为回肠＞空肠＞十二指肠＞结肠。叶黄素进入人体后贮存在脂肪中，主要分布在肝、血液和视网膜上。一般饮食情况下，叶黄素在人血浆、血清、肝、肾、肺的浓度分别为0.14～0.61、0.10～1.23、0.10～3.00、0.037～2.10、0.10～2.30 μmol/L。眼部组织中均含有叶黄素，且在视网膜黄斑周边含量最高，可达0.1～1mmol/L[17]。

2. 叶黄素的代谢与排泄

蛋类和乳类中也含有少量的叶黄素，含量虽然不高，但是其存在于由胆固醇、甘油三酯和磷脂组成的脂质复合体中，这种结构使蛋类中叶黄素的生物利用率为等量蔬菜的3倍。叶黄素酯分解得到的叶黄素的生物利用率要高于游离态的叶黄素（高61.6%）。叶黄素酯是叶黄素的安全来源之一[16]。

叶黄素在体内可分解形成多种具有生物学活性的分解片段，也被称为代谢物。从分子断裂的空间位置和产物来分类，叶黄素的分解途径可以分成对称分解和非对称分解。叶黄素在 β-胡萝卜素15-15′氧合酶（β-carotene15，15-oxygenase，BCO1）的作用下于，分子的中心双键上发生对称分解，这是它们形成视黄醇及其衍生物的主要代谢途径。BCO1主要存在于人体肝、肾、肠、睾丸等组织器官中。而叶黄素在 β-胡萝卜素氧合酶作用下于其分子的多烯烃链上某个双键上发生不对称分解，生成多样性的产物[16]。

在小肠黏膜细胞内，一部分叶黄素转化为视黄醇，满足机体的需要，剩下的部分随乳糜微粒经门静脉或经淋巴进入血液循环后进入肝脏，在肝脏内转化为视黄醇或被贮存，与LDL一同释放到血液循环，未被吸收的胡萝卜素则从粪便中排出。进入机体的叶黄素以原型或代谢物的形式经胆汁分泌或经尿液及粪便排泄[16-18，22]。

（三）营养功能

叶黄素是人体的构成成分之一。大量动物实验、人体临床试验以及流行病学研究证实了叶黄素的多种营养功效，包括促进婴幼儿眼睛发育、维护正常视觉健康、改善认知功能、保护皮肤健康、预防慢性疾病风险[包括老年性黄斑变性（AMD）、白内障、心血管疾病等]，其安全性获得了包括联合国粮农组织（FAO）/世界卫生组织食品添加剂联合专家委员会（JECFA）和欧洲食品安全局（EFSA）的认可，并分别制定了每日允许摄入量（ADI）。全球多个国家/地区如欧盟、美国、加拿大等也基于科学证实的营养功效将叶黄素作为新资源食品或者食品原料管理。在我国，营养科学界基于国际上的安全性评估、对叶黄素法规管理、以及叶黄素的营养益处，提出并制定了叶黄素的特定建议值是10mg/d和可耐受最高摄入量为40mg/d，为行业上市含有叶黄素的新产品起到非常重要的指导作用，也为消费者合理选择叶黄素产品提供重要的参考指南。但是，现阶段在我国，叶黄素的营养功效并未被充分认知和应用。叶黄素于2007年在我国获批为着色剂可应用于11大类普通食品中，但是通过数据查询显示，2008—2014年，中国市场共上市55129款食品饮料（不包括婴幼儿配方食品和保健食品），其中仅有54款产品添加了叶黄素作为着色剂，比例不到产品总数的1‰，而这些产品大多不复存在。叶黄素不仅仅是一个着色剂，更是具有多种营养功效天然产品[19-27]。

1. 抗氧化

活性氧（ROS）是参与并导致许多疾病的重要原因之一，起到断裂DNA、促进脂质过氧化、降低酶活性和损伤细胞的作用，从而导致一系列病变。叶黄素作为一种抗氧化剂，其分子结构中存在多个共轭双键，通过还原作用清除氧自由基，其还原能力越强，抗氧化性越强。同时，叶黄素可以猝灭单线氧，保护脂类免受单线态氧的攻击，减少脂质过氧化物（LOP）的产生，进而抑制ROS活性，阻止ROS对正常细胞的破坏。Bhattacharyya等经过实验研究发现叶黄素通过抑制Fe^{2+}和H_2O_2水平，从而减少ROS对肝脏细胞DNA造成的氧化损伤。叶黄素能提高小鼠组织内SOD和GSH-Px活性、降低ROS水平和抑制脂质过氧化反应来预防小鼠氧化应激。叶黄素特可以增强大鼠机体抗氧化能力，发挥延缓大鼠衰老的作用。

2. 保护视网膜及改善视神经

自然界和显示屏上的蓝光是引起人眼视网膜黄斑区损伤的主要原因。由于蓝光具有较高能量，可诱导ROS的大量生成，直接损伤视网膜神经细胞。叶黄素是构成人眼视网膜黄斑色素的主要成分，主要起到滤除蓝光的作用，同时还能够猝灭单线氧，控制ROS的生成，减少由光照引起的氧化作用。有研究表明，摄入富含叶黄素的食品，可以增加组织中叶黄素含量，对老年性AMD有预防作用，同时叶黄素能使色素性视网膜炎患者血清中叶黄素水平显著提高，延缓视力衰退。对早产儿视网膜病变、糖尿病视网膜病变、视网膜缺血再灌注损伤等具有较好的治疗作用[22]。此外，也有报道叶黄素对视网膜神经节细胞的保护作用[25-27]。

3. 增强免疫功能

叶黄素的抗氧化作用在增强机体免疫功能中发挥着重要作用，通过降低ROS对免疫细胞上细胞膜、细胞蛋白和核酸的破坏，提高机体免疫力。在机体组织器官中，叶黄素可以促进脾功能对T细胞抗原的抗体反应，增强体液免疫功能。叶黄素可以促进小鼠抗原诱导的淋巴细胞增殖反应，一定程度上增强小鼠的细胞免疫功能。

4. 抗衰老

在组织器官中，ROS水平的增加导致LOP异常堆积，进而损伤细胞功能，诱导细胞凋亡。叶黄素通过破坏自由基链，减少脂类过氧化反应，有效抑制脂质氧化，减少自由基引起的细胞与器官衰老损伤。实验证明，叶黄素降低D-半乳糖诱发的衰老大鼠血清中LOP含量，增高SOD和GSH-Px活性，发挥延缓大鼠衰老的作用。

5. 预防癌症

现有研究表明，血清中的微量抗氧化物质具有预防癌症的作用，并可以通过改变SOD等的基因型降低发病率。而叶黄素作为抗氧化剂对多种癌症均有抑制作用，包括前列腺癌、皮肤癌、胃癌、食管癌、乳腺癌等。每日摄入4mg叶黄素的志愿者结肠癌的发病率远低于每日摄入1mg叶黄素的志愿者。叶黄素通过淬灭单线态氧、减少ROS、LOP的含量，保护正常细胞免受氧化应激，从而抑制肿瘤细胞增殖。持续6周给予肝癌模型小鼠一定浓度叶黄素后，小鼠肝细胞内DNA氧化损伤明显减轻，肝内叶黄素含量与细胞氧化损伤程度呈反比。叶黄素可以通过阻滞细胞周期于G_0/G_1期，上调（caspase-3）活性来抑制胃癌细胞增值并诱导凋亡[26]。

6. 改善心血管功能

LDL的大量氧化是导致动脉粥样硬化的重要原因之一。在动脉粥样硬化病灶中，低密度脂蛋白修饰因子大量堆积并被吞噬细胞快速吞噬，导致脂质在血管壁的沉积，引起动脉血管壁增粗增厚。叶黄素可以通过消灭单线态氧，保护LDL免受氧化作用，从而抑制LDL的脂质过氧化，延缓动脉斑块的形成，对动脉粥样硬化及其他心血管疾病具有预防保护作用。叶黄素通过消除过氧亚硝酸盐，减少主动脉内皮细胞表面黏附，从而减轻LDL氧化损伤，对于动脉粥样硬化早期预防具有一定意义。

7. 治疗糖尿病

由于氧化应激而导致的ROS代谢紊乱是糖尿病的发病机制之一，从而导致与糖尿病相关的心、脑、肾等多种组织的损伤。现有研究发现，2型糖尿病患者中血清抗氧化酶水平及血清叶黄素含量与正常组相比显著降低，MDA含量明显增高，糖尿病时机体的抗氧化能力降低。叶黄素作为抗氧化剂能够抑制ROS活性，减少氧化损伤，对糖尿病具有一定治疗作用。叶黄素可能通过提高抗氧化酶活性，降低肾细胞内氧化应激水平以及减少促炎性细胞因子的表达，进而缓解糖尿病大鼠的肾功能损害。

8. 其他作用

叶黄素作为抗氧化剂，对肝、肾等疾病同样具有预防保护作用。叶黄素可减轻D-半乳糖模型小鼠肝细胞损伤。最新研究表明，在阿尔茨海默病患者中，血清中叶黄素含量明显下降，适当补充叶黄素对老年女性的认知功能有改善作用。

综上，叶黄素对于癌症等许多疾病都有预防和治疗作用，其药理作用的研究开发也逐渐引起医学工作者的高度重视，对于临床应用具有广泛的开发前景。

四、玉米黄素

玉米黄素（zeaxanthin）又名玉米黄质、玉米黄质素，与叶黄素互为同分异构体，是胡萝卜素的含氧衍生物，也是广泛存在于植物、藻类和光合细菌体内的天然脂溶性色素，尤其在黄色玉米、蛋黄、橙色和黄色的一些蔬菜和水果当中最为丰富（表3-5）。玉米黄素不能在体内合成，必须来源于膳食补充。玉米黄色素作为一种天然食品着色剂，已被欧美等许多国家批准为食用色素。在世界许多国家和地区，特别是我国和许多亚洲国家的消费者，多数人偏爱金黄色或橙红色的玉米黄素。大量研究表明：玉米黄素具有抗氧化、预防黄斑衰退、治疗白内障、预防心血管疾病、增强机体免疫力、减缓动脉粥样硬化等健康功效，与人类健康密切相关。玉米黄色素是一种保健食品添加剂，FDA已批准玉米黄素为新型营养添加剂应用于食品中，其用量一般不超过5%。作为一种具有保护视力，预防AMD、白内障、心血管病等作用的天然功能性添加剂，已被广大消费者所熟知和青睐[28-33]。

表3-5　一些常见水果和蔬菜中玉米黄素和黄体素的含量[28-29]　　　　　　　　单位：μg/g

	黄玉米	甜菜	芦笋	芹菜	菠菜	胡萝卜	柚子	苹果	辣椒
玉米黄素及黄体素	7.8	77	6.4	36	102	2.6	33.3	0.45	68

（一）分子结构和特性

1. 分子结构

玉米黄素化学名为3，3-二羟基-β-胡萝卜素，其分子式（$C_{40}H_{56}O_2$）为β-胡萝卜素的二羟基衍生物，有三种立体异构体，分别为（3R，3′R）型、（3R，3′S）型和少量的（3S，3′S）型，在自然界中绝大多数以（3R，3′R）型存在，3R，3′S-玉米黄素又称为内消旋玉米黄素（meso-zeaxanthin），二者分子结构式如图3-11所示。玉米黄素在自然界中分布广泛，大部分存在于自然界中的玉米黄素为全反式异构体[28]。

2. 分子特性

玉米黄素是天然的脂溶性色素。熔点204~206℃，不溶于水，易溶于乙醚、石油醚、丙酮、酯类等有机溶剂。玉米黄素1%溶液为柠檬黄色，10℃以上为血红色油状液体，10℃以下为黄色半凝固油状物；具有较好的耐氧性、耐酸性；高温短时处理基本稳定，长时间则不稳定；低温则较稳定；对Fe^{3+}和Al^{3+}的稳定性较差，但对其他离子、酸、碱及还原剂Na_2SO_3等较稳定；存在于固体食品中的玉米黄素，在常温和自然光条件下较稳定，1%溶液对太阳光较敏感。

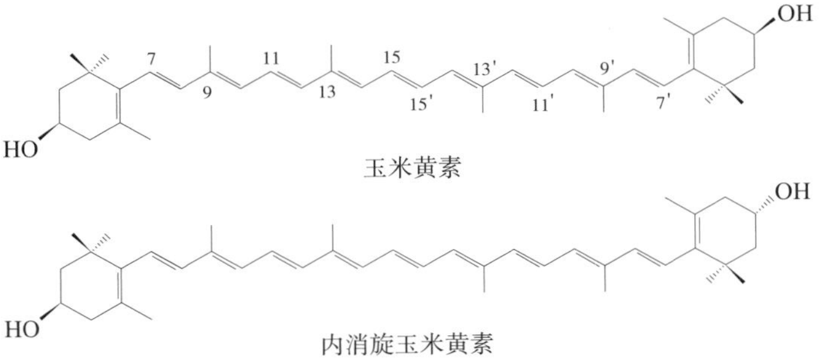

图3-11　玉米黄素和内消旋玉米黄素的分子结构式

（二）营养功能

1. 清除自由基和抗氧化

玉米黄素的分子结构中存在一个大的共轭体系，11个共轭双键使得玉米黄素能阻断自由基链式传递，从而具有很强的抗氧化活性，可以作为自由基清除剂和单线态氧淬灭剂。玉米黄素对过氧化物具有清除作用，清除能力强于虾青素和叶黄素，并且对紫外光诱导的人神经母细胞瘤和大鼠气管上皮细胞的DNA损伤具有保护作用。玉米黄素还可以保护皮肤免受过度的紫外线照射。晶状体的氧化是白内障发生的一个主要原因，自由基与氧化应激和视网膜损伤有关，叶黄素和玉米黄素作为抗氧化剂中和自由基可以预防白内障的发生；对过氧自由基和羟自由基氧化诱导毒性引起的人红细胞溶血损伤可以起到抑制效果；玉米黄素清除自由基的效果时发现，随着浓度的增高和氧分压的降低，其抗氧化作用更加明显，可有效保护脂质和维生素不被氧化；玉米黄素也可有效地保护对叔丁基过氧化氢诱导的线粒体功能障碍和细胞凋亡；玉米黄素通过激活Nrf2介导的Ⅱ相酶，作为一种Ⅱ相酶诱导剂而非抗氧化剂的作用来提高抗氧化能力，防止视网膜上皮细胞的凋亡，玉米黄素诱导Ⅱ相酶产生及谷胱甘肽含量升高，这有助于减少SD大鼠的视网膜、肝脏、心脏和血清的脂质和蛋白质氧化应激引起的组织损伤[28-33]。

2. 保护视力

玉米黄素和叶黄素是视网膜中仅存的两种天然类胡萝卜素，是晶状体不可缺少的类胡萝卜素，对眼部组织具有高度聚集特异性，可吸收光线而防止黄斑氧化损伤，以保护黄斑免遭破坏，因此它们对维持眼睛健康和视觉保护有特别重要的作用。叶黄素和玉米黄素以及它们的代谢产物内消旋玉米黄素统称为视网膜黄斑色素。叶黄素和玉米黄素对视网膜AMD疾病的影响作为流行病学进行研究，结果显示膳食摄入叶黄素和玉米黄素可以显著降低AMD患病风险[28-33]，主要作用机制是人类黄斑中，谷胱甘肽转移酶蛋白亚型（GSTPi）与玉米黄素和内消旋玉米黄素存在较大的关联作用[28-33]。

3. 抗癌细胞增殖

细胞脂质的过氧化与肿瘤的生长有关，玉米黄素可抑制细胞脂质的自动氧化和防止氧化带来的细胞损伤，并且比 $\beta-$ 胡萝卜素更加有效，玉米黄素具有减少癌症发生和增强免疫力的功能。国内外研究表明，玉米黄素对乳腺癌、口腔癌、皮肤癌和前列腺癌等具有抑制作用，其机制可能与诱导细胞发生凋亡，阻断细胞周期，并抑制细胞的侵袭和迁移，调控氧化应激水平、抑制ATP生成和上调p53 mRNA的表达有关。在美国一项长达10年的跟踪研究中，高膳食摄入玉米黄素和叶黄素的人群，肺癌的发生率明显降低。玉米黄素能够通过增加半胱氨酸天冬氨酸蛋白酶9（caspase-9）活性、促进细胞色素C释放和增加线粒体通透性，激活内源性细胞凋亡信号通路诱导葡萄膜黑色素瘤细胞系的细胞凋亡。流行病学研究表明，高膳食玉米黄素摄入量和血液中玉米黄素含量有助于降低各种癌症发病风险[28-33]。

4. 预防心脑血管疾病

玉米黄素和叶黄素较其他类胡萝卜素，可显著降低颈总动脉内膜血管的中层厚度，增加低密度脂蛋白的抗氧化能力，预防心脑血管疾病的发生；有助于缓解动脉粥样硬化疾病。膳食干预玉米黄素和叶黄素，可以降低心脑血管疾病风险的生物标志物如高脂血症、高血清C反应蛋白（CRP）和同型半胱氨酸（tHcy）浓度，并且摄入量与高密度胆固醇浓度正相关[28-33]。

5. 对炎性反应和氧化应激的保护作用

添加含有40%叶黄素和60%玉米黄素的饲料喂养母鸡和小鸡，发现玉米黄素和叶黄素可以调节母鸡和小鸡不同组织中的促炎和抗炎因子的表达。低浓度玉米黄素（2.5～5 μmol/L）能显著提高一氧化氮水平，发挥清除自由基的功能进而表现为促进宿主的非特异性免疫。玉米黄素二棕榈酸酯能明显减轻大鼠酒精性脂肪肝症状，控制肝细胞凋亡，其作用的机理通过降低细胞色素P450水平，抑制核转录因子 κB（nuclear transcription factor-κB，NF-κB）信号通路的激活并调控MAPK通路中的p38、JNK和ERK通路发挥抑炎作用。玉米黄素和叶黄素对视网膜上皮细胞氧化损伤的保护及相关炎症基因的调控表达作用。内消旋玉米黄素，是玉米黄素的（3R，3′S）型立体异构体，仅存在于视网膜组织，并在黄斑中心含量最高。利用脂多糖（LPS）刺激Balb/c小鼠的巨噬细胞建立炎症模型，发现玉米黄素有较强的抗炎作用，能够使各种炎症介质基因表达下调[28-33]。

6. 防治糖脂代谢相关疾病

目前，认为糖脂代谢异常疾病的发生与全身、低度慢性炎症和体内氧化应激反应有关。糖尿病视网膜病变是糖尿病的并发症。最近研究发现，补充玉米黄素对糖尿病大鼠的视网膜氧化损伤有预防作用。给糖尿病模型大鼠饲喂添加0.02%和0.1%的玉米黄素12周，能够升高血管内皮细胞生长因子和黏附分子水平，防止糖尿病引起的视网膜损伤，在一定程度上抑制糖尿病患者视网膜病变的恶化趋势[28-33]。玉米黄素对试验性高脂血症小鼠血脂的调节作用，能显著降低血清甘油三酯（TG）、LDL-C水平。玉米黄素具有调节3T3-L1前脂肪细胞增殖及分化的作用，对脂肪细胞脂质累积有较显著的抑制效果，说明玉米黄素具有良好的降脂功效[28-33]。

7. 玉米黄素在食品中的开发与应用

近年来，玉米黄素在食品、医药、化工及动物饲料领域已经得到了一定的关注。玉米黄素在食品领域主要作为天然食品着色剂和保健食品添加剂等，研究内容主要围绕以下几个方面：化学结构组成、提高结构稳定性、植物和微生物来源玉米黄素开发与提取纯化工艺优化、加工方式对食物中玉米黄素的影响、生物利用度、食品中玉米黄素的营养强化和生物活性研究[28-33]。

膳食营养补充剂。玉米黄素不能在体内合成，完全来源于膳食摄入，目前，玉米黄素作为功能性食品的开发与利用呈显著上升趋势。膳食摄入玉米黄素强化蛋对受试者血清玉米黄素含量的影响，发现玉米黄素强化蛋能显著提高血清玉米黄素含量。美国TruNature公司研发的叶黄素/玉米黄素胶囊具有预防肿瘤、增强免疫力、降低动脉硬化等心脑血管疾病和增加皮肤及黏膜组织抗紫外线功能的活性。德国魁士药业的双心牌叶黄素/玉米黄素护眼胶囊以及美国普丽普莱公司的叶黄素/玉米黄素护眼胶囊保健产品均能修护因紫外线及电子产品的辐射所造成的伤害，并恢复眼细胞的健康，可消除眼睛疲劳及维持眼睛视觉的正常功能，防止随年龄变化引起黄斑变性白内障疾病[28-33]。此外，加拿大、俄罗斯和日本等国的许多生物技术公司也都致力于开发玉米黄素类保健产品，但远远不能满足当前市场需求。

五、虾青素

虾青素（astaxanthin）是一种含酮基类胡萝卜素，广泛存在于雨生红球藻等藻类及虾、蟹及鲑鱼等水生动物中。早在20世纪30年代，研究者就从虾蟹的壳中分离出一种特殊的酮式类胡萝卜素，命名为虾青素。到20世纪80年代，虾青素以其卓越的抗氧化活性和拥有增强免疫力、抗肿瘤等功能引起了人们的广泛关注。动物体不能自行合成虾青素，但可以由其他类胡萝卜素作为前体转化而成。天然虾青素资源有限，大部分商业虾青素都是人工合成的，而虾青素是类胡萝卜素合成的最高级别产物[34]。因此，在常见的类胡萝卜素中，虾青素的抗氧化活性是最强的，天然虾青素的抗氧化能力远高于其他生物活性物质，例如其自由基清除能力是维生素E的百倍以上，是β-胡萝卜素和玉米黄质等其他类胡萝卜素的10倍以上。在自然界中，虾青素是由藻类等植物光合作用产生的，虾、蟹等食用后贮存于头壳及身体等部位。因此，虾青素还具有良好的着色作用。目前，虾青素作为优良的抗氧化剂和着色剂，主要应用于制药、化妆品、食品及水产养殖中，具有良好的应用前景。

（一）分子结构和特性

1. 分子结构

虾青素是一种含氧类胡萝卜素，分子式为$C_{40}H_{52}O_4$，相对分子质量为596.86。虾青素化学名称为3，3′–二羟基–4，4′–β，β′–胡萝卜素，是由4个异戊二烯双键首尾连接而成，共有11个共轭双键，两端又有2个异戊二烯单位组成β–紫罗兰酮环结构（图3-12）。虾青素是暗紫棕色晶体，熔点为224℃，在水中不溶，溶解于大部分有机溶剂[34]。

虾青素有两个手性（或不对称）中心，它们是分子中两端环结构的C–3和C–3′。每个手性中心可以有两种构象，虾青素的两个手性碳原子C–3、C–3′都能以R或S的形式存在，这样就有3种立体异构体：3S，3′S（左旋）、3S，3′R（内消旋）和3R，3′R（右旋）。虾青素C═C双键连接的基团可以以不同的方式排列，分为顺式构型（Z或cis）或反式构型（E或trans）。全反式构型是虾青素热力学上最稳定的形式，在获得外界能量（如加热等）后，全反式虾青素可发生顺反异构化，在9–、13–、15–位置出现顺式构型，这些顺式构型单独存在或者并存，其中9–顺式和13–顺式异构体都是主要的虾青素顺式异构体，常见虾青素顺反式异构体的结构式如图3-12所示。虾青素在其末端两个环状结构上各有一个羟基，这种自由羟基可与脂肪酸形成酯，酯化虾青素亲脂性增强。总之，虾青素可根据立体异构体、几何异构体、酯化程度和酯化与否分为多种。各种虾青素顺式异构体之间不会相互转化，但顺反式异构体之间是可以互相转化的，顺式虾青素也会异构化为全反式虾青素。虾青素的几何异构化反应是一类可逆反应，反式虾青素向顺式异构体的转化符合一级动力学反应。在顺反式异构体转化过程中，一般认为全反式异构体先转变为阳离子自由基，然后会很容易地翻转到顺式阳离子自由基，最后再生成中性顺式异构体[34]。

2. 分子特性

虾青素为长链不饱和双键结构体系，性质不稳定，易于异构化和降解。虾青素对温度、氧气、太阳光和紫外线照射均敏感，加热处理、自然光照以及偏酸或碱性等条件都会引起虾青素的异构化，接触少量的食盐和水等就可以引起反式虾青素的异构。全反式虾青素溶液经250MPa的超高压处理10min后，9–顺式虾青素和13–顺式虾青素比例分别增加了0.43%和2.80%，而经过500MPa处理后，则分别增加了2.12%和5.14%。一些氧化性较强的金属离子，可导致虾青素发生异构化和降解，Cu^{2+}和微波处理都诱导了9–顺式虾青素和13–顺式虾青素这2种虾青素顺式异构体的产生。溶解在有机溶剂和植物油中也能使天然虾青虾青素降解退色，褪色速率的高低顺序为：丙酮>氯仿>石油醚>色拉油。食

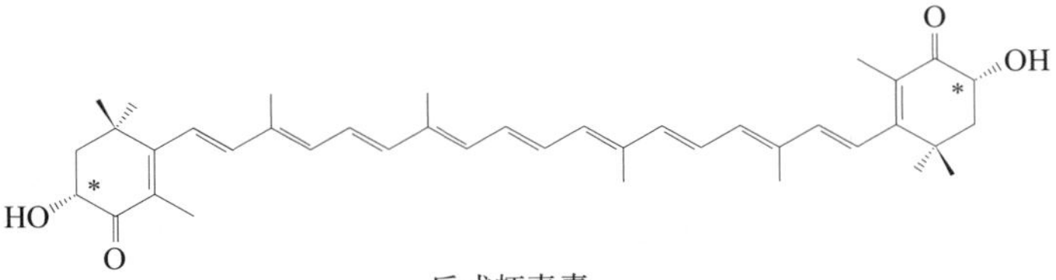

反式虾青素

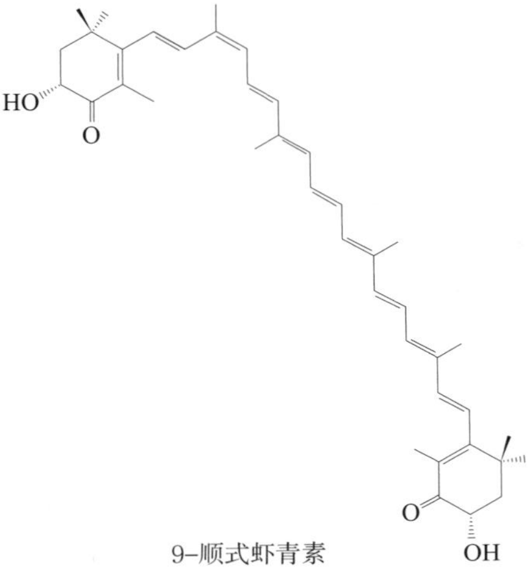

9-顺式虾青素

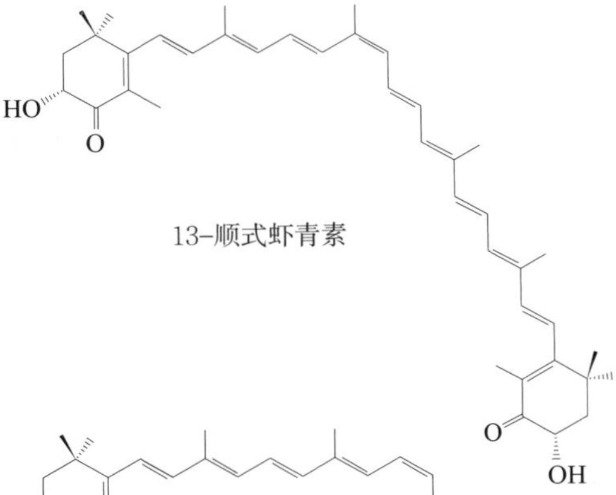

13-顺式虾青素

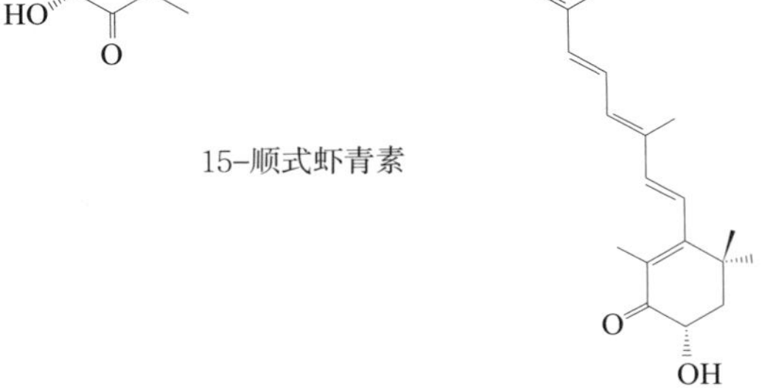

15-顺式虾青素

图3-12　虾青素主要顺反式异构体结构式

品保鲜或加工处理也可以影响到虾青素的稳定性，辐照保鲜处理可导致南美白对虾褪色，真空干燥的虾比热风干燥的虾体中虾青素保留率更高，雨生红球藻粉末中虾青素的保留率随着湿度的增加而增加，冻干的雨生红球藻粉中水分含量高于热风干燥的藻粉，虾青素的保留率也较高，由此推测藻粉保留水分的行为可同时抑制虾青素的降解反应，但机制并不清楚[34]。

（二）营养功能

1. 抗氧化

虾青素是一种链断裂型抗氧化剂，具有特殊的分子结构，即 β- 胡萝卜素的两个紫罗酮环上 3、4 位的氢原子各被一个羟基和酮基取代，而羟基和酮基又构成 α- 羟基酮，并含有 1 个共轭双键。虾青素这种特殊分子结构使其能向自由基提供电子或吸引自由基的未配对电子，从而捕获自由基，吸收其多余的能量到分子链中，导致分子降解，破坏超氧化反应链，中断氧化反应过程，从而直接清除氧自由基，防止其他分子或组织细胞损伤，具有超强的抗氧化活性功能。有动物实验表明，虾青素能显著增强小鼠 SOD 及 GSH-Px 的活性，降低 MDA 的产生。而通过与维生素 E 的对比试验也发现，虾青素清除氧自由基、防止亚油酸自氧化的效果均优于维生素 E，与维生素 E 和茶多酚比较，其抗氧化能力分别是它们的 550 倍和 20 倍，所以又有"超级抗氧化剂"之称。

虾青素抗氧化机制可能与淬灭单线态氧、清除自由基、降低膜流动性、增加抗氧化酶活性和蛋白质表达、减少氧化损伤、抑制脂质过氧化等相关。所谓单线态氧和自由基是指机体在代谢过程中大量产生的含有未成对电子的基团或原子，这些基团能扰乱细胞代谢，引起细胞膜破坏，造成细胞死亡。大量研究表明，虾青素可淬灭单线态氧，并随着共轭双键数目的增加而加强，其分子结构中的羟基也能限制单线态氧的活性，阻碍单线态反应，而酮基在其中的作用被认为是激活了羟基的活性。虾青素还能通过阻断脂肪酸的链式反应，延缓磷酸卵磷脂单层大泡（脂质体）过氧化的时间来抑制脂质过氧化。也有人认为，与其他抗氧化剂比较，虾青素之所以能抑制活性氧作用，是因为其能通过细胞膜，从而保护线粒体。线粒体具有控制凋亡及基因表达的重要功能，是细胞的主要钙库。虾青素通过稳定膜结构，降低膜通透性，从而限制氧化剂渗透进细胞内，保护线粒体。不同剂量组的虾青素均能明显升高损伤细胞膜的 GSH 含量，过量积累的 ROS 显著降低，减少损伤细胞膜 NO 的生成，提高细胞成活率，间接降低了超氧硝基化合物含量，从而保护生物膜免受脂质过氧化损伤[34-35]。

2. 增强免疫功能

虾青素参与机体细胞免疫和体液免疫反应，可增强植物血凝素诱导淋巴管芽生的能力，且增强T、B淋巴细胞分化增殖能力，增加免疫系统的活力，增加嗜中性白细胞、自然杀伤细胞的数目，增加免疫球蛋白gIG、gIA、gIM的生成量，以消除机体内被感染的细胞或癌细胞。虾青素能提高小鼠的血清抗体水平、吞噬系数等，改善细胞损伤，恢复动物体液免疫，提示虾青素可提高免疫器官脏器巨噬细胞吞噬功能，能增强机体非特异性免疫和体液免疫功能。虾青素能抑制S_{180}肉瘤生长，增强小鼠释放白细胞介素-1α能力，还能够提高S_{180}荷瘤小鼠T淋巴细胞百分数。虾青素的抗氧化作用能够保证细胞间隙的连接通讯正常，增强免疫细胞的活性及繁殖功能，从而保持机体的自稳态，最终增强机体免疫能力[34-35]。

3. 抗肿瘤

虾青素对肿瘤发生具有预防作用。虾青素可降低亚硝胺诱导的ICR小鼠膀胱癌、癌前病变的发生率和氧化偶氮甲烷诱导F344大鼠结肠癌的发生率。口服虾青素15mg/kg，可以显著减轻1，2-二甲肼诱发大鼠大肠癌组织学病变程度，延缓异常隐窝病灶的发展，并能减少嗜银核仁组成区的数目，其机制可能与虾青素的抗氧化和减轻脂质过氧化的作用有关。虾青素对结肠炎和结肠炎相关性结直肠癌抑制作用，其机制可能与虾青素抑制NF-κB信号通路有关。利用虾青素预防7，12-二甲基苯并（a）蒽（DMBA）诱导的仓鼠颊袋肿瘤发生，其作用机制能与其激活Nrf2/Keap-1信号通路有关[34-35]。

抑制肿瘤细胞增殖，诱导肿瘤细胞凋亡。虾青素可诱导乳腺癌、肝癌、结肠癌等多种癌细胞的凋亡。其促凋亡机制可能通过激活Erk/MAPK和PI3K/Akt从而抑制NF-κB和Wnt/β-catenin信号通路有关[34-35]。

抑制肿瘤细胞转移。虾青素可抑制肿瘤细胞转移，除了与前述癌细胞自身增殖受阻并发生凋亡有关外，可能与对MMPs、NK细胞的调控有关。MMPs是降解细胞外基质的主要酶类，可以有效地破坏基底膜，另外还可以促进新生血管的形成，调节细胞间的黏附，从而促使肿瘤发生侵袭和转移。虾青素可以降低MMP-2和MMP-9水平，从而抑制肿瘤的侵袭和转移。对接种了P815肥大细胞瘤细胞并受到束缚刺激的小鼠，虾青素可以显著减少肿瘤的肝转移。其机制可能与虾青素增加NK细胞的活性有关。

4. 抗炎

虾青素可降低胃内幽门螺旋杆菌的感染及附着，激活T细胞免疫，使患者的健康状况提升85%。其抗炎机制与抑制脂质过氧化反应有关，虾青素抑制LPS诱导的RAW264.7细胞内核因子（NF）-κB p65亚单位的易位和NF-κB抑制蛋白a（IκB-a）激酶的降解，抑制炎性细胞因子如前列腺素E2（PGE2）的产生，降低前列腺素E2的量，抑制促炎性介质和细胞因子，阻断H_2O_2诱导的NF-κB的活化，抑制LPS刺激的RAW264.7细胞iNOS启动子的活性，抑制炎症介质表达和产生，达到抗炎效果[26]。虾青素明显地抑制二甲苯所致小鼠耳廓肿胀，减少大鼠胸膜炎的渗出液量，抑制白细胞浸润，表明其可能抑制PGE2的产生、释放或代谢。虾青素还可以抑制大鼠血清中MDA的生成，同时又能升高SOD的活性，同样认为虾青素可减少炎症自由基产生，抑制脂质的过氧化。虾青素能改善T淋巴细胞亚群分布，增强IL-10分泌与抗氧化能力，表明虾青素可调节促炎性因子、抗炎因子酶释放以及拮抗氧化应激从而对炎症组织产生保护作用。虾青素这一作用效果略逊于地塞米松[34-35]。

5. 预防心血管疾病

预防心肌梗死、缺血再灌注损伤。在大鼠、兔子和犬的心脏缺血再灌注模型中，验证虾青素丁二酸氢钠（DDA）的保护作用。提前连续4d在SD大鼠静脉注射25、50、75mg/（kg·d）剂量的DDA，能显著减少大鼠缺血再灌注后的心肌梗死面积，且呈剂量依赖关系。在兔子缺血再灌注模型中，提前连续4d在静脉注射DDA 50mg/（kg·d），能显著减少心肌梗死面积，并改善心肌，减少炎症。在相同的犬模型中，提前连续4d在静脉注射DDA能减少冠状动脉阻塞和心肌梗死面积。雌性BALB/c小鼠在摄食8周的虾青素后，可以提高心肌线粒体膜电位和收缩性，表明虾青素可以保护心肌[34-35]。

降血压和抑制血栓。虾青素通过调节NO相关通路来舒张血管，降低血压。虾青素可以调节高血压大鼠的血液流动性，恢复肾上腺素受体交感神经通路的正常，尤其是α-肾上腺素；另外通过减弱血管紧缩素Ⅱ和活性氧诱导的血管紧缩，进而恢复血管张力。虾青素喂食肥胖大鼠22周后，不仅降低血压，而且减少了代谢综合征。如降低空腹血糖值，降低胰岛素敏感性，增加了高密度脂蛋白含量，降低了血浆中甘油三酯和游离脂肪酸含量。对C57BL/6小鼠灌胃CDX-085后，在血浆、心脏、肝脏和血小板中产生了虾青素代谢产物，明显地增加了动脉血液流动，并延缓了血栓的形成，减缓了内皮损伤。用虾青素处理人脐静脉内皮细胞和从Wistar大鼠中分离的血小板，可以显著增加NO的释放和减少过氧亚硝基的产生，说明虾青素可能通过此途径来抑制血栓[34-35]。

预防动脉粥样硬化。氧化应激和炎症反应是导致动脉粥样硬化的重要因素。用100mg虾青素/kg饲料来喂养遗传性高脂血症兔子，发现虾青素通过减少巨噬细胞浸润及凋亡来提高动脉粥样硬化斑块的稳定性。将THP-1巨噬细胞用虾青素孵育24h，结果，虾青素减少清道夫受体的表达，减少基质金属蛋白酶（MMPs）的表达，减少前炎症细胞因子，如肿瘤坏死因子、白细胞介素（interleukin，IL）-1β，IL-6，诱导性NO合酶、环氧合酶-2，抑制了NF-κB的磷酸化，进而抑制了巨噬细胞的激活。

降血脂的功效。虾青素能降低高血脂大鼠模型的总胆固醇（TC）、TG、LDL-C水平，升高高密度脂蛋白胆固醇（HDL-C），其作用略逊于他汀类药物。虾青素对高脂鹌鹑模型体内脂质含量影响的研究中也得出类似的结论；虾青素能显著降低高脂状态下血中TG、TC、LDL的含量，强烈诱导高密度脂蛋白（HDL）含量的提高，同时降低肝中TG、TC的含量，抑制肝中内源性TC的合成，并且只需要低剂量虾青素就能达到调节血脂的理想效果。虾青素之所以能引起TC、TG水平显著降低，其机制可能与天然虾青素抑制了抑制骨骼肌肉碱棕榈酸转移酶 I（CPT I）及LDL的氧化，并加速了LDL的代谢与其脂肪酸的结合，并以富含的磷脂和多不饱和酸清除失衡产生的自由基，从而增加脂肪酸的利用率有关。

6. 保护神经系统

虾青素可以通过抑制细胞内活性氧的产生，阻止p38MAPK通路的激活和线粒体紊乱，显著抑制6-羟基多巴胺（6-OHDA）诱导的人神经母细胞瘤细胞系（SH-SY5Y）的凋亡。虾青素通过减少线粒体异常，减少细胞内ROS的产生来抑制二十二碳六烯酸氢过氧化物（DHA-OOH）及6-OHDA诱导的SH-SY5Y细胞系的凋亡。虾青素可以提高细胞膜及线粒体膜的稳定性，说明虾青素具有预防神经退行性疾病的能力。虾青素可以通过抑制氧化应激、减少谷氨酸盐释放和抗凋亡作用来减少缺血引起的脑组织中自由基损伤、凋亡、神经变性、脑梗死。虾青素可以抑制4-氨基吡啶诱导的突触体谷氨酸盐释放，提出了虾青素除抗氧化和抗炎症之外的另一种神经保护机制[34-35]。虾青素可以通过调节p38和MEK信号通路来抑制H$_2$O$_2$诱导的凋亡，作为细胞外因子可以增加神经干细胞的增殖和分化为成骨细胞及脂肪细胞。虾青素可以改善酒精引起的大鼠大脑皮层促进扩散性抑制作用。虾青素显著减少了大鼠脑缺血再灌注后的梗死面积，可以改善缺血性痴呆症大鼠的记忆能力[34-35]。

7. 降血糖

虾青素不仅能通过调节循环脂质代谢和脂联素水平，增加葡萄糖的摄取，改善胰岛素抵抗，显著降低由四氧嘧啶致糖尿病小鼠的血糖，并能缓解病鼠消瘦、多饮等症状，降低空腹血糖水平和胰岛素抵抗指数（HOMA-IR），增加胰腺月细胞数量，保护月细胞功能，提高胰岛素敏感性，降低肾上腺素和葡萄糖引起的小鼠高血糖，但对正常小鼠的血糖无显著影响。用虾青素饲喂自发性2型糖尿病小鼠，治疗12周后，虾青素治疗组表现出较低的血糖水平，还能改善肾脏肾小球系膜区/总肾小球膜面积比，降低尿蛋白，虾青素能抑制高血糖诱导的活性氧产生，防治氧化应激所致的肾细胞损伤，认为虾青素可能是糖尿病肾病的防治新方法[34-35]。

8. 其他作用

肝保护作用。虾青素转移到肝脏并累积在微粒体和线粒体中，通过减少谷草转氨酶、谷丙转氨酶、硫代巴比妥酸反应物，同时增加谷胱甘肽、SOD活力，保护CCl$_4$导致的肝损伤。早期研究表明，虾青素可以减少黄曲霉毒素B$_1$诱导的肿瘤发生前病灶，其机制是通过抑制黄曲霉毒素B$_1$向黄曲霉毒素M$_1$转换。虾青素可以减少肝缺血再灌注后的肝脏细胞损伤、线粒体肿胀和内质网紊乱。此外，还具有抗肥胖作用、保护眼睛、保护皮肤的作用等。

六、辣椒红色素

辣椒红色素（paprika oleoresin）简称辣椒红，属于类胡萝卜素的一种，主要包含辣椒红色素和辣椒玉红素。此外，辣椒红色素里也有一些极性较弱的物质，如β-胡萝卜素、玉米黄质等，且该色素都以酯类的形式稳定地存在于辣椒中。辣椒红色素颜色鲜美诱人，具有很强的染色能力，吸附性较好，着色力较强，而且色阶较高，无毒无害无副作用，是食用安全性很高的纯天然色素。此外，辣椒红色素还具有较高的营养价值，可以起到营养保健功能。现有研究表明，辣椒能治愈腹痛、防治痢疾、抑制寄生虫的生长，对心脏病也有一定的疗效，有助于肠胃蠕动，可以有效地刺激唾液腺而分泌较多的唾液，进而促进新陈代谢。近年报道，辣椒红色素还具有预防癌症、延缓衰老和减肥美容的功效[36-39]。基于此，辣椒红色素已经受到国际相关组织的认可，FAO及WHO将其列为A类色素，在食品加工过程中对其用量不作任何限制。辣椒红色素被广泛用于食品工业、化妆品工业、医药工业和饲料工业中。

（一）分子结构和特性

1. 分子结构

辣椒红色素属于类胡萝卜素，在去籽干辣椒中含有0.2%~0.5%（质量分数）的辣椒红色素。国外学者曾对辣椒中的类胡萝卜素进行了深入细致的研究，已从辣椒中分离出50多种类胡萝卜素，其中已鉴别出30多种类胡萝卜素。研究表明，辣椒红色素最主要的成分是辣椒红素、辣椒玉红素，其中，辣椒红素（capsanthin）的分子式为$C_{40}H_{56}O_3$，相对分子质量为584；辣椒玉红素（capsorubin）的性质与辣椒红素相似，分子式为$C_{40}H_{56}O_4$，相对分子质量为600，结构式如图3-13所示。一般来说，100g辣椒红色素（色价10000单位）含有80~85g脂肪酸（主要由亚油酸、油酸、棕榈酸、硬脂酸、肉豆蔻酸组成）、0.6~1.0g维生素E、0.2~1.1g维生素C、0.14~0.17g蛋白质（总氮）、11.2~15.5g类胡萝卜素（主要由辣椒红素、辣椒玉红素、β-胡萝卜素、黄体素、玉米黄素、隐黄质等组成，其中辣椒红素和辣椒玉红素占总量的50%~60%）。

不同辣椒品种成熟果实中类胡萝卜素的含量相差很大，不同成熟期辣椒果实中类胡萝卜素总量、红色类胡萝卜素（辣椒红素、辣椒玉红素）含量以及叶绿素的含量都有很大的变化，从结果初期到果实完全成熟，类胡萝卜素总量和红色类胡萝卜素量分别增加66倍和124倍，而叶绿素含量到成熟时接近零，红色类胡萝卜素总量与类黄色胡萝卜素总量的比例也从0.22增加到1.34，因而常用成熟红辣椒果实来提取辣椒红色素[36-39]。

2. 分子特性

辣椒红色素为红色鲜艳的油状液体，熔点约175℃，与甘油和水互不相溶，但易溶于植

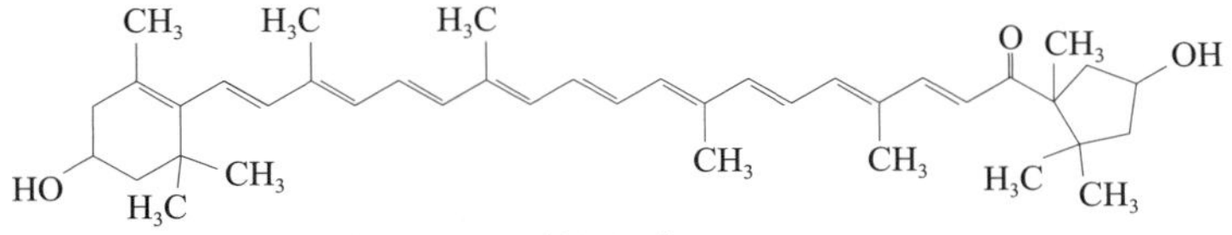

图3-13　辣椒红素和辣椒玉红素的分子结构式

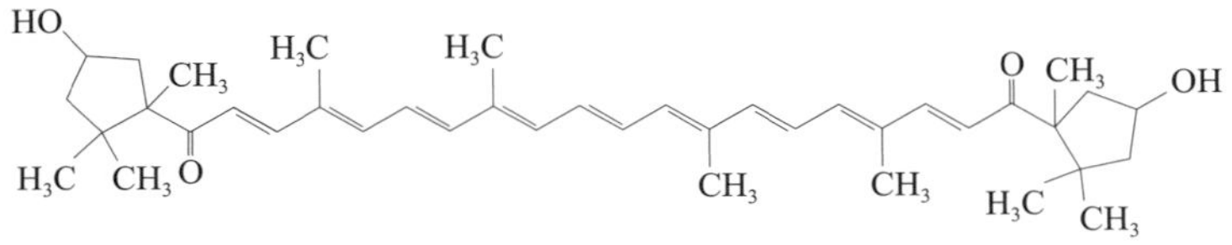

物油、丙酮等有机溶剂。辣椒红色素的分散性很好，而且具有一定的耐热性、耐酸性和耐碱性；在糖类溶液中稳定性较好；还原性强，易氧化；K^+、Ca^{2+}、Na^+、Mg^{2+}、Zn^{2+} 对其无影响，Al^{3+}、Fe^{3+} 对其影响不显著，Cu^{2+}、Fe^{2+} 对其有显著影响，使用时应注意避免铜器和铁器。辣椒红色素耐光性差。

（二）营养功能

1. 抗菌

辣椒红色素也能够抑制一些有毒真菌的生长和真菌的产量，主要是抑制黄曲霉。在自然界中，黄曲霉能够分泌黄曲霉毒素，后者是潜在的致突变和致癌的主要物质，对人类和动物的健康构成直接威胁，而辣椒红色素能够完全抑制黄曲霉毒素的分泌，从而保护人类的健康[36-39]。

2. 抗代谢综合疾病

代谢综合疾病是以胰岛素抵抗为基础，伴有糖尿病、高血压、脂代谢紊乱等多种代谢相关疾病。脂联素是一种胰岛素敏感性脂肪细胞因子，具有抗炎、抗动脉粥样硬化，尤其增强组织对胰岛素的敏感性、抗胰岛素抵抗的生物学效应，辣椒红色素能通过调控脂联素的分泌，起到抗代谢综合疾病的作用[36-39]。

3. 抗氧化和抗肿瘤

辣椒红色素比其他叶黄素类有更大的抗氧化活性，即使它没有显示视黄醇前体的活性，也被看作抗癌启动子和抗肿瘤活性物质。流行病学研究表明，辣椒红色素对于结肠癌有抑制效应。因此，食用辣椒红色素含量丰富的食品有助于人体健康。

4. 抗辐射

有研究表明，香辛料能够保护细胞的DNA不受辐射线的破坏，尤其是对于γ–射线的伤害。印度研究人员针对各种香辛料进行比较，以了解红辣椒、黑胡椒、咖喱、姜黄素等各种香辛料防辐射的保护功效，结果发现辣椒红色素的保护功效最为显著。

5. 辣椒红色素的应用

由于辣椒红色素兼具保健和优良的着色特性，许多发达国家如美国、英国、加拿大、日本广泛采用辣椒红色素作为食品色素的首选物质。在我国，辣椒红色素是《食品安全国家标准 食品添加剂使用标准》（GB 2760—2014）允许使用的食用红色色素，可用于油性食品、调味汁、水产品、蔬菜制品、果冻、冰淇淋、奶油、人造奶油、干酪、色拉、调味酱、米制品、烘烤食品等食品加工中。此外，也可用于口红等化妆品着色。

第四节 多酚类色素的化学结构与营养特性

多酚类色素主要存在于水果、蔬菜以及坚果的果壳中，是自然界中存在非常广泛的一类化合物，最基本的母核为α–苯并吡喃衍生物，即花色基元，由于苯环上连有2个或2个以上的羟基，统称为多酚类色素。多酚类色素是植物中存在的主要的水溶性色素，包括花青素、黄烷酮类、黄烷醇类、黄酮醇类、黄酮类和原花青素类等。它们的结构都是由2个苯环（A和B）通过1个三碳链连接而成，具有黄酮母核C6—C3—C6骨架结构，如图3-14所示。

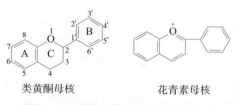

类黄酮母核　　　　　　　花青素母核

图3-14 类黄酮母核和花青素母核结构式

一、花青素

花青素（anthocyanidins）属酚类化合物中的类黄酮类，是一种水溶性色素，广泛存在于植物花瓣、果实的组织中及茎叶的表面细胞与下表皮层。其色泽随pH不同而改变，由此赋予了自然界许多植物明亮而鲜艳的颜色。自然条件下游离的花青素极少见，常与一个或多个葡萄糖、鼠李糖、半乳糖、木糖、阿拉伯糖等通过糖苷键形成花色苷（anthocyanin），花色苷中的糖苷基和羟基还可以与一个或几个分子的香豆酸、阿魏酸、咖啡酸、对羟基苯甲酸等芳香酸和脂肪酸通过酯键形成酰基化的花色苷。已知天然存在的花色苷超过300多种，花青素广泛存在于开花植物（被子植物）中，其在植物中的含量随品种、季节、气候、成熟度等不同有很大差别。据初步统计，在27个科73个属植物中均含花青素，如紫甘薯、葡萄、血橙、红球甘蓝、蓝莓、茄子、樱桃、红莓、草莓、山楂、牵牛花等植物的组织中均有一定含量。

花青素/花色苷属于水溶性多酚黄酮类化合物，其特殊的结构和化学成分赋予了花青素多种生物活性，由于其副作用较小。因此，已经成为人们当今研究的热点。花青素广泛存于人们的日常饮食中，具有抗氧化性、抗炎性、抗肿瘤、抗衰老等生物活性，对于人类慢性疾病治疗以及肿瘤的预防与治疗都具有广阔的空间，同时对于降低心血管疾病的危险率、糖尿病及肥胖症的发生率等均具有积极的作用[40]。

（一）分子结构和特性

1. 分子结构

花青素具有类黄酮典型的C6—C3—C6的碳骨架结构，是2-苯基苯并吡喃阳离子结构（如图3-14）。花青素在植物中常见的有6种，即天竺葵色素（pelargonidin，Pg）、矢车菊色素（cyanidin，Cy）、飞燕草色素（delphindin，Dp）、芍药色素（peonidin，Pn）、牵牛花色素（petunidin，Pt）和锦葵色素（malvidin，Mv），其分子结构式如图3-15所示。

图3-15　常见6种花青素的结构式

花色苷在自然状态下以该盐的多羟基或多甲氧基衍生物的糖苷形式存在，大多在C-3和C-5上成苷，C-7上也能成苷。目前，花色苷分子的糖基部分仅发现5种糖，分别为葡萄糖、鼠李糖、半乳糖、木糖和阿拉伯糖，和由这些单糖构成的双糖或三糖。糖配基上的羟基可以与一个或几个分子有机酸形成酯，如阿魏酸、咖啡酸、丙二酸、对羟基苯甲酸、苹果酸、琥珀酸和乙酸等。

2. 分子特性

各种花青素或花色苷的颜色出现差异主要是由盐上的取代基的种类和数量不同而引起的。花色苷分子上的取代基有羟基、甲氧基和糖基，是助色团，取代基助色效应的强弱取决于它们的给电子能力，给电子能力越强，助色效应越强。甲氧基的给电子能力比羟基强，与糖基的给电子能力相当，但糖基由于分子较大，表现出一定的空间位阻效应。如图3-18所示，随着羟基数目的增加，光吸收波长向长波方向移动（即发生红移），随着甲氧基数目的减少，光吸收波长向短波长方向移动（即发生蓝移）。

花青素易溶于水和乙醇、甲醇等醇类化合物，在pH≤3的酸性条件下稳定。不溶于乙醚、氯仿等有机溶剂，遇醋酸铅试剂会沉淀，并能被活性炭吸附，其颜色随pH的变化而变化，pH<7呈红色，pH在7~8时呈紫色，pH>11时呈蓝色。植物花青素多采用酸性的甲醇、乙醇、水等极性溶剂提取，深色花青素有两个吸收波长范围，一个在可见光区，波长为465~560nm，另一个在紫外光区，波长为270~280nm。

影响花青素稳定性的内在因素是花青素的化学结构，其结构不同，其稳定性的差异较大，一般情况下，甲基化程度提高可使其稳定性增加，羟基化程度提高则会使其稳定性下降，因此，富含牵牛色素和锦葵色素类糖苷配基时颜色会相对稳定，而富含天竺葵色素、矢车菊色素，其颜色稳定性不高；花色苷的糖基化程度越高，其稳定性越强，但不同的糖基类型对花色苷的稳定性影响也不同。

温度、pH、光、金属离子、氧、酶、抗坏血酸、糖及其降解产物等外在因素都会影响花青素的活性。因此，贮藏加工方式不同对花青素稳定性产生不同影响。天然色素在低温或干燥状态时较稳定，加热或高温可加快变色反应，尤其在加热至沸点时易氧化褪色[8-9]。光会促进花青素的降解。溶液的pH发生变化，花青素的化学结构也相应发生变化（见图3-16）。花青素在水溶液中以黄盐阳离子、醌型碱、假碱、查耳酮形式存在，这四种形式随水溶液的pH变化而发生可逆改变，同时，溶液的颜色也随结构改变而改变。当溶液的pH为1时，花青素以红色的黄盐阳离子形式存在，溶液显紫色或红色［图3-16（1）］。当pH在2~4时，花青素失去C环氧上的阳离子变成蓝色醌型碱［图3-16（2）（3）（4）］。醌型碱在酸性溶液中与黄盐阳离子之间可以发生可逆转化。随着溶液的pH进一步升高为5和6时，只能检测到两种物种存在，分别是假碱［图3-16（5）］和查耳酮［图3-16（6）］，此时花青素溶液呈无色，假碱与查耳酮也可发生可逆转化。当pH高于7时，花青素将被降解，不同的取代基降解后的产物也不同（见图3-16的降解反应）。当pH在4～6时，四个不同结构的花青素共存：黄盐阳离子、含无水醌基、含无色甲醇基和淡黄色查尔酮，它们通过黄盐阳离子在醌基和甲醇基之间建立平衡［图3-16（4）（1）（5）］。随着pH的增加，无水基的数量也在增加，而在更强的酸性条件下，最主要的物质还是红色的黄盐阳离子。

　　除此之外，花青素稳定性也受β环取代基和羟基或甲氧基这两个因素影响，这降低了中性介质中糖苷配基的稳定性。因此，天竺葵色素是最稳定的花青素。由此可见，花青素的稳

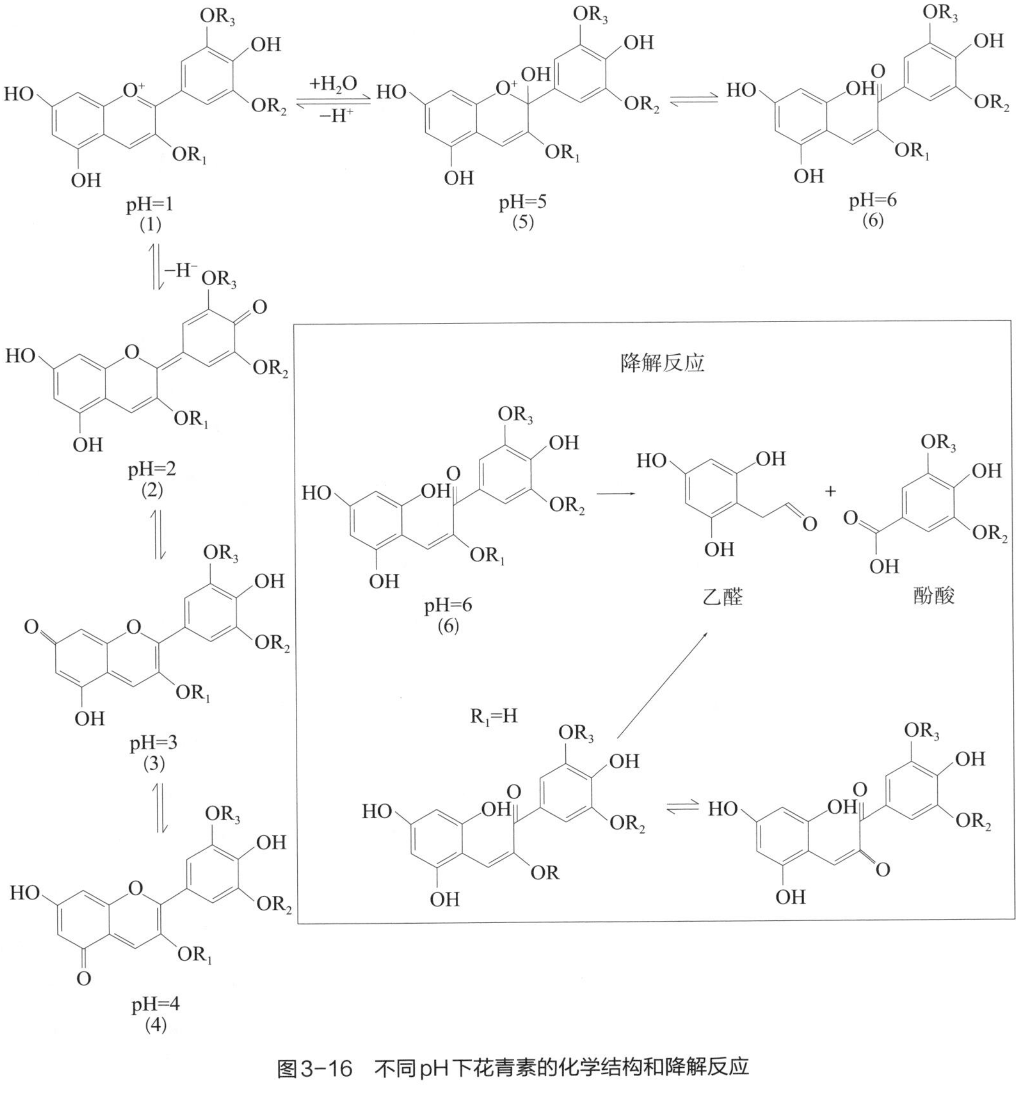

图3-16　不同pH下花青素的化学结构和降解反应

定性受pH影响很大，为获得稳定的花青素，常用酰基化的方法对其进行处理。

苯甲酸钠、Zn^{2+}、Cu^{2+}、Ca^{2+}、蔗糖和葡萄糖有改善蓝莓花青素稳定性的效果；而Fe^{3+}、Fe^{2+}、氧化还原剂、维生素C、低浓度的蔗糖、果糖有微弱降低蓝莓花青素稳定性的效果[42-44]。

（二）营养功能

口服花青素后，其吸收率较低（0.004%~0.1%）。说明花青素在人体中迅速地吸收和排泄，在血浆中存在最长时间是1.5h，在尿中存在的时间为2.5h。但是有关结果显示，花青素能够在胃和小肠中快速的吸收，并能以完整的结构出现在血液循环和尿中，研究人员用花青素连续反复处理小鼠15d后发现，花青素出现在小鼠的各个器官中，包括胃、小肠（空肠）、肝脏、肾脏和脑中。国内外研究表明，花青素具有抗氧化、抗突变、抗增生，预防心脑血管疾病、保护肝脏、抑制肿瘤细胞发生等多种生物学功能，其抗氧化性能是维生素C的20倍，维生素E的50倍，能够有效清除氧自由基，具有预防和治疗多种疾病的功能[45-47]。

1. 清除自由基和抗氧化

花青素是天然抗氧化剂，主要活性基团是分子中多个酚羟基供体，分子中所含的酚羟基越多，分子质量越大，其抗氧化性越强。花青素分子中的多个酚羟基可以作为氢供体，是一种自由基清除剂，它不仅能与蛋白质结合防止过氧化，而且还能提供质子，有效清除脂类自由基，生成活性较低的花青素自由基，切断脂类氧化的链式反应，起到防止脂质过氧化的作用，同时提高内源性抗氧化物质水平，抑制启动自由基链式反应，终止自由基反应。大量的实验表明，花青素对机体的自由基具有清除作用，降低细胞的氧化应激，维持机体内环境的动态平衡，对一系列由自由基造成的损伤引起的疾病，如炎症疾病、心血管疾病、血循环障碍、关节炎、循环疾病、神经疾病和许多与衰老有关的疾病等均具有预防和改善作用[45]。

在水溶液状态和有花青素氧化酶存在下，酚羟基通过解离，生成氧负离子，再进一步失去氢，生成具有颜色的邻醌，使其颜色加深。图3-17列出了矢车菊素的抗氧化机制。姜平平等研究表明紫心甘薯花青素表现出相当的还原力和清除羟基自由基的能力，且与浓度呈正比关系，有抗Fe^{2+}引发的卵磷脂脂质体过氧化、抑制H_2O_2引发的红细胞溶血的能力。北陆花青素对·OH和O_2^-·有很强的清除作用，并且对脂质过氧化物有明显的抑制作用，且有较高的还原能力。紫薯花青素显著降低老龄小鼠血清MDA含量、显著升高血清SOD和血液GSH-Px活力，且呈剂量效应关系。花青素能抑制胰脂酶活性，降低血脂水平，减轻动脉壁氧化损伤。花青素能降低小鼠脂质过氧化反应和DNA损伤指数，提高血浆中总抗氧化能力。这种机制可能是通过提高血清中SOD和GSH-Px的活性，最终抑制血清中MDA的生成，防止了细胞的损伤[45]。

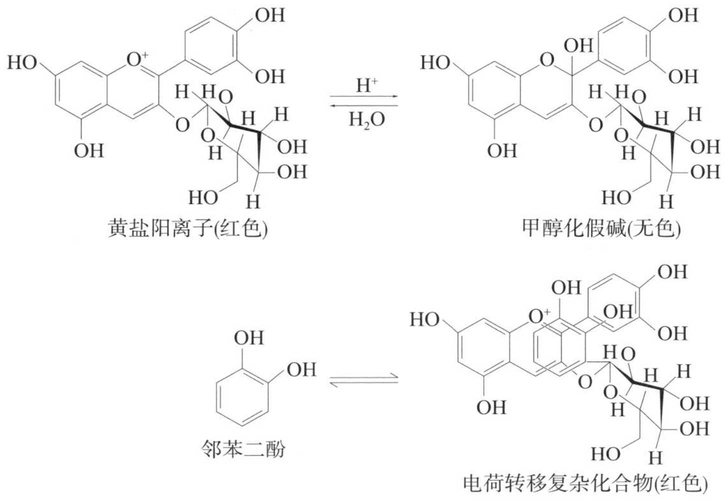

图3-17　矢车菊素抗氧化机制

2. 抗突变和抗肿瘤

越橘花青素对紫外辐射有预防作用。蔬菜水果中含有丰富的花青素类等抗氧化物质，能大大降低机体癌症和心血管疾病的风险。因此，罗马尼亚科学家提出一个工作场所健康促进计划，即应用蔬菜水果所含的花青素类抗氧化剂来应对工作场所中各种化学物理环境危害，建议员工或领导者应多食用有色蔬菜水果。

花青素对多种肿瘤细胞均有抑制作用。红酒中提取的花青素能够明显地抑制结肠癌HCT-15细胞的生长和胃癌中AGS细胞的生长。花青素能够明显地抑制人类HCT-116结肠癌细胞的转移和侵袭，这一作用的发挥是通过P38促分裂原活化蛋白激酶（MAPK）和PI3K/AKt通路抑制基质金属蛋白酶（MMP-2/MMP-9）而实现的。花青素处理MCF-10A乳腺癌细胞，能够降低细胞中蛋氨酸的表达、减弱酪氨酸激酶（FAK/Src）的磷酸化作用、抑制磷脂酰肌醇3-激酶（PI3K）等通路，阻碍肝细胞生长因子（HGF）对NF-KB和STAT3（与细胞增殖有重要关系的信号转导和转录激活子）的激活作用；在处理的ErbB2高表达的乳腺癌细胞BT474、MDA-MB-231和MCF-TErbB2中减弱了酒精所诱导的癌细胞的转移、侵袭和对细胞基质的黏附并且抑制了酒精对ErbB2、cSrc、FAK和p130Cas（乳腺癌检测标志）磷酸化的促进作用。因此花青素具有抑制乳腺癌的作用。蓝莓中提取的花青素在Du145前列腺癌细胞中通过调节PKC（磷酸肌醇）和MAPK（促分裂原活化蛋白激酶）通路下调MMP-2/MMP-9，上调TIMP-1/TIMP-2，抑制癌细胞的转移和侵袭，促进癌细胞的凋亡，从而抑制前列腺癌的发展。花青素能够抑制紫外线所诱导的氧化应激，并且减少DNA的破坏，因此花青素能够保护细胞避免受到紫外线的辐射，从而抑制细胞因紫外线而诱导的凋亡。另外，用富含花青素的石榴提取物对CD-1小鼠的皮肤进行局部用药,结果发现花青素能够明显地抑制由对苯二甲酸所导致的病理性水肿和增生;抑制鸟氨酸脱羧酶(ODC)的活性以及抑制ODC和COX-2的蛋白质表达。研究表明用花青素反复连续处理小鼠16周后,能够明显地降低皮肤癌的发生率(降低70%)。矢车菊素-3-O-葡萄糖苷(花青素的一种)处理荷人A549肺癌细胞裸鼠小鼠,发现花青素抑制肿瘤细胞的生长及新陈代谢。相关研究表明,矢车菊素-3-O-葡萄糖苷能够通过减弱EPK的磷酸化作用和AP-1的活化作用,明显抑制H1299肺癌细胞的转移和浸润,并且能够抑制该癌细胞中的MMP-2和uPA的表达。矢车菊素-3-O-葡萄糖苷能够减弱鳞状细胞癌和人子宫颈癌传代细胞的侵袭。Lamy指出水果中的花色素,包括芍药色素、飞燕草色素、牵牛花色素可作为恶性胶质瘤细胞U-87的有效抑制剂[41-43]。

3. 保护肝脏

肝脏是人体重要的解毒器官,在人体中充当重要的角色。许多研究都表明花青素具有抑制脂质过氧化保护内脏的作用。紫甘薯花青素可以通过抑制血管紧张肽转化酶(ACE)的活性降低血压,明显抑制由四氯化碳引发的急性肝炎小鼠血清中谷草转氨酶(GOT)、谷丙转氨酶(GPT)的上升,抑制血清中的乳酸脱氢酶(LDH)、硫化巴比妥酸反应物(TBA-Rs)及肝脏中的TBA-Rs及氧化脂蛋白的增加,来减轻肝功能障碍,保护肝脏。Hwang等研究发现紫薯花青素有降低机体产生的活性氧对肝的损伤的作用。体外实验发现紫薯花青素能缓解叔丁基过氧化氢造成的肝损伤,机制是紫薯花青素通过降低细胞内谷胱甘肽、脂质过氧化和活性氧的水平,阻止蛋白酶Capase激活,防止细胞凋亡。体内实验发现紫薯花青素可清除活性氧,调节血红素氧合酶-1(heme oxygenase-1,HO-1),并通过蛋白激酶B(Akt)和ERK1/2 /Nrf2信号通路解除叔丁基过氧化氢造成的肝毒性。黑米花青素复方胶囊能明显提高肝组织中SOD的活力,清除MDA,提高GSH含量,降低肿瘤坏死因子-α(TNF-α)和白介素-lβ(IL-lβ)的水平,表明黑米花青素复方胶囊对酒精性的肝损伤具有很好的治疗效果[40]。

4. 降血糖和降血脂

紫薯花青素能使患病大鼠体重较对照组显著降低,各治疗组血糖显著降低,并且血清TC、LDL-C含量均能显著降低。肝脏组织病理学观察发现剂量组肝细胞胞浆内糖原颗粒明显增多,分布较均匀,可见紫薯花青素可改善糖尿病大鼠血糖、血脂异常,促进糖代谢和脂代谢的良性循环。这种作用是通过对小鼠体内的α-葡萄糖苷酶的抑制作用来降低餐后血糖的。后续的研究发现非酰基化和很小剂量(10mg/kg)的花青素,同样也可通过抑制α-葡萄糖苷酶活性来达到降低小鼠餐后血糖的作用。众多研究都表明花青素具有潜在的抗高血糖的作用,但机制有待进一步研究。花青素可抑制低密度脂蛋白的氧化,从而防止机体的脂质过氧化[45,47]。

5. 抑菌

不同植物中花青素都具有一定的抑菌作用，紫甘薯红色素能够很好地抑制金黄色葡萄球菌（G^+），较好地抑制大肠埃希菌（G^-），并且随着色素浓度的增大，抑菌效果更趋于明显。紫甘薯花青素对大肠杆菌的生长有明显的抑制作用，并随着作用时间延长，细胞质逐渐解体，形成小空泡，进而连接成大空泡，成为空腔，细胞死亡，发现紫甘薯花青素增强细菌细胞膜的通透性，使细胞异常生长，抑制对数生长期的细胞分裂，使细胞质稀薄、细胞解体。花青素能与细胞中的特定的蛋白或酶结合，使其变性失活，从而抑制细菌对数生长期的细胞分裂，细胞质固缩、解体，导致细胞死亡，从而达到抑菌的功效。此外，研究发现紫色作物花青素具有抗急性猪传染性胃肠炎病毒（TGEV）和慢性肿瘤禽白血病 A 亚群病毒（ALV–A）的作用，建立的肿瘤病毒模型显示紫玉米花青素可有效抑制 ALV–A 介导 DF–1 细胞中 NF–κBp50/p65 表达，揭示花青素抗 ALV–A 病毒机制，对家禽病毒的防治具有重要意义。

6. 保护视力

光、缺氧、过量的自由基等因素都会造成视网膜感光细胞的损伤。目前认为光对视网膜的损伤可能是通过诱发活性氧自由基产生，使视网膜细胞处于氧化应激状态，从而造成细胞一系列损伤、凋亡、生物膜溶解和细胞坏死，导致感光细胞的凋亡和视网膜变性，引发眼病，甚至导致视力丧失。花青素在细胞内，是一种理想的抗氧化剂，能保护视网膜上的感光细胞，从而起到保护视力的作用。陈玮等研究发现黑米花青素能抑制视网膜光化学损伤感光细胞的凋亡，防护视网膜光化学损伤，该作用可能与其下调半胱氨酸天冬氨酸蛋白酶 1（caspase–1）表达，抑制感光细胞凋亡，有效降低光氧化应激诱导的视网膜光化学损伤。

7. 保护神经元和提高记忆力

缺血性脑血管疾病（cerebral ischemia）是一种突发性的脑血液循环障碍性疾病，是急性神经退行性疾病的代表性疾病。研究发现，缺血性脑血管疾病的致病因素涉及多种调控通路，是一种损伤级联反应。主要因素有兴奋性氨基酸毒性、氧化应激、凋亡、细胞内钙超载、自由基损伤、炎症等。目前对此类疾病的研究，主要通过小鼠全脑缺血再灌注模型研究药物对脑缺血再灌注损伤恢复的作用。花青素预处理能够显著改善小鼠的认知能力。通过生化方法检测到小鼠皮层和海马神经元的 MDA 含量降低，SOD 活力升高，说明花青素可以通过清除自由基、抗氧化应激损伤来减轻脑缺血再灌注损伤。紫薯花青素协助咖啡酰奎宁酸提高老年大鼠学习能力和记忆能力，主要表现在降低神经细胞内活性氧，提高 ATP 水平促进能量代谢、抑制神经细胞毒性、提高神经细胞的可塑性。黑豆种皮中的花青素能抑制原代大鼠皮层神经元的缺血性细胞死亡，从中纯化的矢车菊素–3 葡萄糖苷具有类似的作用。这种保护作用是通过矢车菊素–3 葡萄糖苷抑制神经产生过量的活性氧，降低乳酸脱氢酶的活性，从而保证线粒体正常供能。花青素对东莨菪碱导致大脑记忆丧失的干预作用，发现花青素通过增加NTPDase的活性来阻止东莨菪碱诱导的记忆障碍。

8. 影响新陈代谢

饮食中含有的少量花青素能大大降低心血管疾病的风险。正常人分别饮用矢车菊素-3葡萄糖苷（cyanidin-3-glucoside，C3G）检测鉴定血液20种代谢物，包括原儿茶酸（protocatachuic acid，PCA）和香草酸（vanillic acid，VA）。其中实验组血中PCA含量最高达到0.23μmol/L，VA最高0.66μmol/L，明显高于对照组。为了进一步探讨PCA和VA对血管的作用，检测内皮型一氧化氮合酶（oxidesynthase，eNOS）、NADPH氧化酶（NADPH oxidase，NOX4）和过氧化物。结果发现C3G饮用组显著增加eNOS，但是对NADPH氧化酶蛋白没有影响。PCA降低了eNOS活性，减少了过氧化物含量。VA显著减少eNOS，但是对NOX4和过氧化物没有影响。这项研究表明花青素在体内代谢物为其他体内活性物质提供了母核，所需花青素的浓度在食物中就能达到。但是现在关于花青素在体内的代谢过程尚不明确，有待更深入的研究。

9. 抗衰老

药桑葚花青素增强果蝇体内抗氧化酶活性，抑制脂质过氧化反应，延长果蝇寿命。也能提高人二倍体成纤维细胞活力，降低细胞脂质过氧化，延长细胞寿命。经过矢车菊花青素处理后有效提高细胞活力，抑制脂质过氧化，增加了细胞培养各个时期的时间，降低NF-κB、环氧合酶2、一氧化氮合酶（NOS）的表达，推断矢车菊青花青素通过减轻氧化应激损伤延缓老化过程[45]。

目前植物花青素生物学功能研究已经取得了较多的成果，发现有抗突变、抗氧化、预防心脑血管疾病、保护肝脏、抑制肿瘤细胞发生等多种生理功能，但是关于花青素对人体作用的分子机制尚不完全清楚，需更深入的研究[40-47]。

二、儿茶素

儿茶素（catechins）也称茶多酚，属黄烷醇类化合物，具有黄酮C6—C3—C6骨架结构，是A环5、7位上有2个羟基，B环有2或3个羟基的一类多酚类物质（图3-18）。儿茶素广泛存在于植物中，其中以豆科、茜草科、蔷薇科、蓼科、山茶科、七叶树科为多。绿茶中含有丰富的儿茶素类化合物，约占茶叶多酚总量的60%～80%，是茶叶中的重要功能性成分。现有研究表明，儿茶素具有预防和抑制多种疾病的活性，如抗肿瘤、预防心脑血管疾病、抗辐射、降血脂和延缓衰老等[48]，是世界公认的营养健康产品。

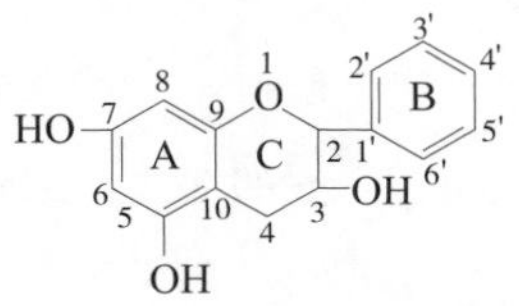

图3-18　黄烷醇类化合物的分子结构式

（一）分子结构和特性

1. 结构特性

常见的儿茶素因化学结构不同，可细分为（+）儿茶素 [（+）catechin，C]，分子式 $C_{15}H_{14}O_6$，相对分子质量为290.26。（−）表儿茶素 [（−）epicatechin，EC]，EC 和 C 是同分异构体。没食子儿茶素 [（−）gallocatechin，GC]，分子式为 $C_{15}H_{14}O_7$，相对分子质量为306.27。表没食子儿茶素 [（−）epigallocatechin，EGC]，GC 和 EGC 是同分异构体。（−）表儿茶素没食子酸酯 [（−）epicatechin gallate，ECG]，$C_{22}H_{18}O_{10}$，相对分子质量为442.37。表没食子儿茶素没食子酸酯（EGCG），分子式为 $C_{22}H_{18}O_{11}$，相对分子质量为458.38（结构式如图3-19），其中以 EGCG 含量最高，可占到总儿茶素的60%～70%。另外，还有一些聚合态及蛋白质结合态的儿茶素。

儿茶素类化合物除3、4位以外，取代基多在5、7、3′和4′等位，且以羟基和甲氧基为多；也可以氧苷的方式与多种糖连接。另外，3位羟基易与没食子酰基结合生成没食子儿茶素类；6或8位的活泼氢也可与糖连接而形成碳苷。B环是儿茶素抗氧化的主要活性部位，而酯型儿茶素（ECG、EGCG）D环的三羟基结构（五倍子没食子酸）能进一步增强其抗氧化性。儿茶素在生理水相环境中极不稳定，易异构化或聚合，其结构中的酚羟基与水分子之间也易形成氢键，形成巨大的水合外层，从而导致儿茶素脂溶性差，使其很难穿透油脂屏障，因此降低了儿茶素的吸收[49]，影响其在人体内的生物利用。

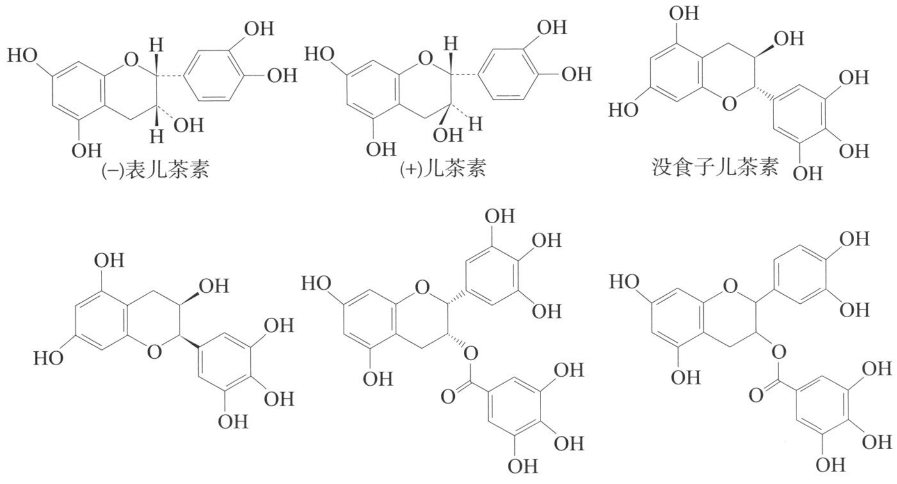

(-)表儿茶素　　(+)儿茶素　　没食子儿茶素

表没食子儿茶素　　表没食子儿茶素没食子酸酯　　表儿茶素没食子酸酯

图3-19　儿茶素单体结构式

2. 分子特性

儿茶素在茶叶中含量很高，其含量为茶叶中多酚类总量的 $60\% \sim 80\%$。儿茶素为白色结晶，易溶于水、乙醇、甲醇、丙酮等有机溶剂，部分溶于乙酸乙酯及醋酸中，难溶于三氯甲烷和无水乙醚。儿茶素与金属离子结合产生白色或有色沉淀，如与三氯化铁反应生成氯黑色沉淀，遇硝酸铅生成灰黄色沉淀，可用于儿茶素的定性分析。儿茶素分子中酚羟基在空气中容易氧化生成褐色物质，尤其是在碱性溶液中更易氧化；在高温、潮湿条件下容易自动氧化成各种有色物质，同时可以被多酚氧化酶和过氧化酶氧化产生有色物质。绿茶茶场放置时间长时，水色由绿变黄，以致变红，这是儿茶素自动氧化的结果。

（二）营养功能

给志愿者口服同为 1.5mmol 剂量的儿茶素类化合物（分别为 ECG、EGC、EGCG），血液中的最高浓度相应为 1.3、3.1 和 $5.0\,\mu mol/L$。EGC 在血液中出现最早，但消失最快，半衰期为 1.7h，ECG 出现较晚，但降解也较慢，半衰期为 6.9h，EGCG 出现最晚，半衰期居中 3.9h。EGCG、EGC 和 EC 在大鼠体内的半衰期分别为 212、45 和 41min。灌胃 1h 后小鼠胃、小肠及结肠中辐射活性分别占 30.7%、40.6% 和 3.9%。24h 后消化道的活性已开始下降，但仍保持 14.5% ~ 18.2% 的活性，EGCG 是各种器官中活性最高的，24h 后约有 2% 的 EGCG 嵌入血液中。表明 EGCG 可通过胃肠道呼吸进入血液中发挥其药理作用[50-54]。

1. 抗癌

大量的动物实验研究表明，绿茶提取液或 EGCG 可预防肠、肺、肝、前列腺及乳腺癌等癌症的发生。EGCG 可抑制由 N-乙基-N'-硝基-N-亚硝基胍（ENNG）和氧化偶氮甲烷（AOM）诱导的十二指肠和结肠癌的发生。抑制癌细胞的增殖及促进癌细胞的凋亡是儿茶素抗消化道癌的两大重要机制，由于摄入的儿茶素不能被肠壁完全吸收，在肠道内腔以高浓度形式存在并直接与十二指肠或结肠肿瘤细胞作用而抑制其增殖及促进其凋亡。EGCG 显著抑制 A549 肺癌细胞生长，具有时间依赖性和剂量依赖性，IC_{50} 是 $46.54\,\mu g/mL$。EGCG 使 S 期细胞比例增加，并出现明显凋亡峰，凋亡率 19.6%。EGCG 组治疗两周后，移植瘤瘤体体积变化和瘤体重量变化差异均有显著性，抑瘤率为 40.9%。瘤体组织中 CD34 标记的微血管密度（MVD）降低。

绿茶儿茶素可明显减少由 DENA 诱导的动物肝脏肿瘤（减少肝脏病灶的直径，数量和体积），并可避免由黄曲霉素引起老鼠肝细胞慢性损伤。茶儿茶素（包括 ECCG、ECG 和 EGC）在浓度超过 $50\,\mu g/mL$ 时促进白血病癌细胞的凋亡，并在 $50 \sim 300\,\mu g/mL$ 浓度范围内存在正的量效关系，茶儿茶素诱导癌细胞凋亡的可能机制之一是促进自由基的产生，并抑制癌细胞的抗氧化酶。绿茶及 EGCG 对因二甲基苯并蒽（DMBA）诱发的乳腺癌具有化学防护作用，可明显延长肿瘤的发生时间、减少肿瘤组织的数量和体积。在大白鼠的饲料中添加1%的儿茶素可使被DMBA毒害的大白鼠的存活率从33%提高到94%。前列腺癌是最常见的恶性肿瘤之一。茶多酚及其儿茶素单体（EGCG＞ECG＞EGC）对前列腺癌细胞具有明显的抑制和诱导凋亡作用，作用效果的IC_{50}顺序为88、97、112μmol/L，EC几乎没有作用，但含EC的茶多酚（TPS）和不含EC的TPS存在差异，它们的IC_{50}为39和43μg/mL，且成剂量效应和时间效应关系[52]。

2. 抗氧化

儿茶素是一类含有多酚羟基的化学物质，结构中的羟基可提供活泼的氢从而使自由基灭活，因此具有较强的抗氧化活性。其抗氧化特性可以通过以下4种途径实现：①直接清除活性氧自由基；②抑制脂质过氧化反应；③诱导氧化的过渡金属离子络合；④激活细胞内抗氧化防御系统。大量文献报道，茶多酚具有很强的抗氧化作用。普洱茶多酚具有较强的·OH和DPPH·清除能力。安吉白茶中的茶多酚对红细胞氧化溶血和H_2O_2所致的氧化溶血具有显著的抑制作用，且具有一定的抑制O_2^-·作用，对Fe^{2+}络合能力次之，对·OH的清除作用相对较弱。茶多酚可减轻6-羟基多巴胺（6-OHDA）诱导帕金森病大鼠产生的旋转行为，降低中脑和纹状体中ROS和NO含量、脂质过氧化程度等。证明茶多酚的抗氧化作用在保护神经、防治帕金森病损伤中起重要作用[52]。

3. 抗衰老

茶多酚能使D-半乳糖所致衰老模型小鼠血清和脑组织中SOD活力升高，MDA含量降低，同时使衰老模型小鼠脑组织中单胺氧化酶（MAO）活性降低，NOS活性升高，对抗自由基对机体的损伤，起到抗衰老作用。另据文献报道，茶多酚也可通过增强抗氧化防御系统防止与年龄相关的海马信号系统的衰退，从而发挥抗衰老作用。食用茶儿茶素制剂30d，黄褐斑颜色积分下降及黄褐斑面积减少，证实，茶儿茶素具有抑制或祛黄褐斑作用，从而起到延缓皮肤的老化作用[53]。

4. 防治神经损伤性疾病

神经原纤维的缠结形成神经斑是阿尔茨海默病（AD）的病理特征，神经斑的主要组成是β淀粉样肽（Aβ）。Aβ是一种39-43氨基多肽，是由淀粉样前蛋白（APP）溶解性裂解产生。Aβ的毒性和凝聚与过渡金属、氧化胁迫及活性氧的积累有关。现有研究表明，很多的非维生素类抗氧化剂，如多酚类化合物，可清除活性氧、螯合过渡金属离子（如Fe^{2+}和Cu^{2+}）保护神经细胞免受氧化损伤。EGCG对多种神经毒害和损伤具有保护作用。绿茶提取物及EGCG具有很强的避免神经沟纹多巴胺的损耗及塞梅林神经节多巴胺能神经元损失。EGCG可使人神经母细胞瘤SH-SY5Y和白鼠嗜铬细胞瘤PC12细胞培养液中sAPPα（可溶性淀粉样前蛋白）的释放量提高6倍；给白鼠口服（2mg/kg）7d或14d后明显减少膜结合APP

全蛋白的水平，同时增加脑海马中sAPPα水平；EGCG不仅可保护PC12细胞免遭Aβ诱导的神经毒害，还可使已遭毒害神经细胞恢复活性，且该作用有剂量依赖关系[53]。

帕金森病（PD）是进行性神经退化疾病，该病的病理特征是塞梅林神经节致密部多巴胺能神经元选择性损伤。多巴胺能神经元的死亡是因细胞凋亡所致，而氧化胁迫是引起PD患者神经细胞凋亡的重要病理机制。茶儿茶素可明显抑制PC12细胞因6-OHDA毒害的坏死，EGCG和ECG比其他儿茶素更有效，而EGC、EC和（+）-C几乎无效。$200 \sim 400 \mu mol/L$的茶多酚对因6-OHDA诱导的细胞凋亡有明显的抑制作用，从$50 \sim 400 \mu mol/L$，茶多酚的保护作用随浓度的增加而增加，EGCG单体的效果比茶多酚好。绿茶提取物及EGCG具有保护大白鼠脑细胞免遭N-甲基-4-苯基-1，2，3，6-四氢吡啶（MPTP，一种神经毒素）神经毒害的功效，在一定剂量范围内对多巴胺能神经元具有显著的保护作用，具有潜在治疗帕金森病的价值[53]。

5. 降血脂

儿茶素能明显降低血液中TG、血浆中的TC及LDL-C，并可提高HDL-C（一种有利于人体脂质排泄的运输蛋白质）水平，可见儿茶素具有抗动脉粥样硬化的作用。长期摄入儿茶素可通过调节人体脂肪代谢预防因高脂肪膳食而导致的肥胖症，并可减少糖尿病和冠心病等相关疾病的发生[54]。

6. 降血糖

2型糖尿病是一种异质代谢紊乱疾病，它与外围组织葡萄糖和脂代谢对胰岛素生物活性的耐量和胰腺β细胞分泌胰岛素不足有关。儿茶素可因影响葡萄糖代谢而降低血清葡萄糖水平[54]。

7. 降血压

茶叶中多酚类物质的降压作用较明显。茶多酚对自然高血压大鼠也有降压作用，40mmol/mL茶多酚使大鼠血压降低14%~17%。茶叶中的儿茶素类（特别是ECG、EGCG）及TFs对血管紧张肽Ⅰ（ANG Ⅰ）转化酶（ACE，血管紧张肽Ⅱ酶）活性有明显的抑制作用，从而抑制了有强升压作用的血管紧张肽Ⅱ（ANG Ⅱ）的形成，达到降低血压之功效[54]。

8. 减肥

绿茶及其儿茶素具有减肥作用。年轻健康的男人摄入富含茶多酚的绿茶提取物（GTE）24h能量消耗（EE）及脂肪氧化增加，通过单独摄入相当GTE中含量的咖啡因无效且认为GTE中的茶多酚，特别是含量最丰富的EGCG是主要的减肥成分。含25%EGCG的绿茶提取物制剂AR25体外可完全抑制胃脂酶和胰脂酶的活性，抑制甘油三酯的脂解，降低胃内脂肪酸的释放，并能刺激热产生。人体临床实验研究表明，AR25显著增加24h的能量消耗，明显减少24h呼吸商而不改变尿氮含量[54]。EGCG使食量减少是儿茶素减肥功效的机制之一，当然前述的儿茶素所具有的降低血糖血脂、降低血液LDL胆固醇及提高HDL-C含量的作用也是其减肥功效的重要机制。

9. 抑菌

EGCG有明显的杀灭或抑制金黄色酿脓葡萄球菌、伤寒沙门菌、鼠伤寒沙门菌、肠炎沙门菌、志贺流感菌、志贺痢疾菌、绿脓假单胞菌、大肠杆菌、蜡样芽孢杆菌和霍乱弧菌，并能杀灭或抑制肺炎等类型的支原体、致胃炎胃溃疡及胃癌的幽门杆菌、杀灭肉毒梭状芽孢杆菌及其他耐热细菌和食物致病菌、杀灭致性病的沙眼衣原体和拮抗艾滋病病毒的作用[54]。儿茶素对欧文氏菌、假单胞菌属、农杆菌等很多植病菌有强烈的抑菌作用，其杀灭植病菌的效果与波尔多液相当。因此，儿茶素还可用于开发多种果蔬农作物（如桃、梨、柑橘、番茄、黄瓜、大白菜、水稻等）的无公害农药。

10. 其他作用

儿茶素还具有消炎抗感染活性，对肾炎、口腔炎（包括放射性口腔炎、牙周炎和牙龈炎）和皮肤炎有明显的预防和治疗作用。茶中儿茶素类多酚的除臭作用，包括消除氨（厕所臭）、三甲胺（鱼臭）、亚硫酸己二烯酯（蒜臭）、甲硫醇（口臭）等臭气，且浓度越高，消臭效果就越好[48-54]。

三、原花青素

原花青素（procyanidins或proanthocyanidins，PCs）是植物界分布较广的一大类酚类聚合物，是由黄烷-3-醇或黄烷-3，4-二醇及其酯以不同的聚合度聚合而成，广泛分布于葡萄、山楂、花生、银杏、罗汉柏、土耳其侧柏、花旗松、白桦树、野生刺葵、番荔枝、野草莓、扁桃、高粱、耳叶番泻、可可豆、槟榔籽、肉桂皮、薯良块茎、越橘、紫藤、贯叶金丝桃、海岸松、莲房等许多植物叶、果、皮内。到目前为止，已分离、鉴定了16种原花青素，其中有8个二聚体、4个三聚体、其他为四聚体、五聚体和六聚体等。原花青素是一种很强的天然抗氧化剂和维生素E再生剂，能显著抑制肝、脑中咐醇酯（TPA）诱导的脂质过氧化和DNA分裂，效果明显优于维生素E、维生素C和β-胡萝卜素。现代药理学研究表明，原花青素可保护心血管系统、改善微循环、抗肿瘤、抗突变、抗衰老、抗菌、抗病毒、抗溃疡、改善视力、改善脑功能等，其作用与80多种疾病有关。原花青素经过50多年广泛临床、毒理学、药物动力学研究证明，其无毒、非致癌、非致畸，并以安全［口服急性毒性LD_{50}>5000mg/kg（bw）；皮肤急性毒性LD_{50}>2000mg/kg（bw）］、高效、高生物利用度著称已有30年[55-65]。因此，使其在医药、保健食品和化妆品领域得到广泛应用，引起各领域越来越多学者的关注。

（一）分子结构和特性

1. 分子结构

原花青素是由不同数量的儿茶素（catechin）或表儿茶素（epicatechin）结合而成。最简单的原花青素是儿茶素、或表儿茶素、或儿茶素与表儿茶素形成的二聚体，此外还有三聚体、四聚体等直至十聚体。按聚合度的大小，通常将二—四聚体称为低聚原花青素（procyanidolic oligomers，OPC），如图3-20，五聚体以上的称为高聚体（procyanidolic polymers，PPC）。

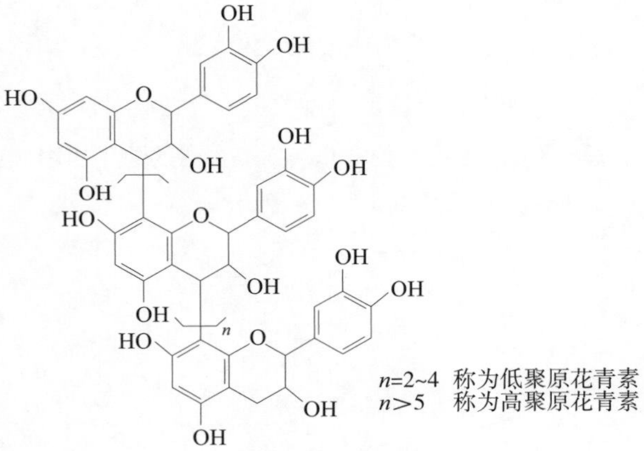

$n=2\sim4$ 称为低聚原花青素
$n>5$ 称为高聚原花青素

图3-20　原花青素的结构式

2. 分子特性

原花青素一般为红棕色粉末，气微、味涩，溶于水和大多有机溶剂。温度<50℃时，原花青素很稳定，当温度≥50℃时，稳定性随温度的升高而降低；在相同温度条件下，pH越低，原花青素的稳定性就越高，随着pH的升高，稳定性逐渐降低；在相同pH条件下，温度越高，原花青素的含量下降越快。在不同pH条件下原花青素呈现不同的颜色；金属离子中以Fe^{3+}和Ca^{2+}的影响最为显著，Zn^{2+}、Ni^{2+}、Na^+离子影响较小；维生素C可以提高原花青素的稳定性，且提高的效果与浓度有关；光照使原花青素发生光解变质并使其稳定性降低[55]。

（二）营养功能

OPC的抗自由基氧化能力是维生素E的50倍，维生素C的20倍，并吸收迅速完全，口服20min即可达到最高血液浓度，代谢半衰期达7h之久[55]。

1. 抗氧化

原花青素清除自由基和抗氧化活性的显著作用已得到国内外学者和人们的肯定。原花青素对各种疾病的治疗作用也与其超强的清除自由基能力和抗氧化活性密切有关。1951年，法国的Masqudier从松树皮中提取到原花青素，随后发现原花青素具有清除自由基和抗氧化活性，又证明葡萄籽中低聚原花青素的抗氧化活性是维生素E的50倍，维生素C的20倍，是一种很好的氧自由基清除剂和脂质过氧化抑制剂。能有效地清除$O_2^-·$、$·OH$、H_2O_2、$ONOO^-$和抑制脂质过氧化，保护DNA免受$·OH$引起的氧化损伤。原花青素的聚合度对其抗氧化活性也有很大影响，原花青素二聚体的抗氧化活性最强。抑制低密度脂蛋白氧化活性与其结构和聚合度密切相关，其抗氧化活性在油相中随聚合度而降低；在水相中抗氧化活性从单体到三聚体是增加的，而3–5聚体的抗氧化活性则逐渐下降，儿茶素与原花青素二聚体棓酰化产物抗氧化活性在油相中减弱，而在水相中增强；对儿茶素糖基化实验证明其产物在油、水两相中抗氧化活性均下降。

葡萄籽原花青素对小鼠大脑和肝脏脂质过氧化和DNA损伤都有较强的抑制作用，并与原花青素存在剂量依赖关系；对H_2O_2诱导的细胞氧化有较好的抑制作用，能降低MDA和LDH含量，显著增加还原型/氧化型谷胱甘肽的比例，维持过氧化氢酶水平，使谷胱甘肽过氧化物酶活性增强，并提高谷胱甘肽还原酶和谷胱甘肽转移酶活性。给糖尿病大鼠每天腹腔注射10mg/kg（bw）松树皮原花青素14d，能提高链脲佐菌素诱导的糖尿病大鼠抗氧化能力，使肝、心、肾中过氧化氢酶恢复到正常水平，并能提高谷胱甘肽还原酶水平。原花青素在体内可以保护红细胞膜中的维生素E和减少DNA氧化损伤[55-65]。

2. 抗衰老

原花青素抗衰老研究较早。低聚原花青素的分子配置对胶原质的稳定性最适合，对胶原纤维的弹性恢复、交联及稳定效果最好。原花青素组对猪胰弹性蛋白酶的抑制率达到86.6%，对人白细胞弹性蛋白酶的抑制率高达100%。当将原花青素注入幼兔皮肤内时，可束缚皮内弹性纤维。将其相同量注入猪的皮内，同样抑制胰蛋白酶水解弹性蛋白，使皮内周围的弹性蛋白大量重建。同时证明，在炎症过程中，原花青素可潜在抑制弹性蛋白酶对弹性蛋白的降解作用。原花青素对维生素C保护和再生的同时，对维持胶原质的弹性和强度也起作用。相关报道同样证明原花青素可改善皮肤皱纹和调节皮肤功能。金缕梅皮原花青素能明显促进角质细胞增殖，且无分化作用，促进皮肤角质细胞新陈代谢，延缓皮肤衰老。原花青素可以减少透皮水分损耗和红斑的形成。原花青素的抗氧化作用也是其抗衰老作用的基础[55-65]。

3. 抗辐射

当人皮肤细胞暴露在紫外光源仅30min，大约50%的细胞被杀死，随着原花青素的加入大约有80%的皮肤细胞免受损坏，且与维生素C相比具有较好的紫外线吸收作用。原花青素可抑制^{60}Coγ辐射引发的脂质过氧化。100mg/L葡多酚（含原花青素）可降低X射线对淋巴细胞损伤后的凋亡程度，对淋巴细胞辐射损伤有良好防护作用。原花青素对^{60}Coγ辐照诱发的DNA与染色体损伤有良好防护作用。在美国、意大利和日本等国家已经有很多原花青素的抗辐射产品[52-55]。

4. 抗癌

原花青素对许多癌细胞生长增殖都有较强的抑制作用。如乳腺癌细胞MCF-7和MCF-27、人胃的腺癌细胞CRL-1739、人肝癌细胞HepG2和鼠肝癌细胞Hepa-1c1c7、人肺癌细胞A-427、人前列腺癌细胞DUl45、人的家族性多发性大肠腺癌细胞FAP、人慢性骨髓白血病细胞K562和U937、人的恶性神经胶质癌细胞LN229、口腔癌等。对化学物品诱导的各种皮肤癌等均有显著的抑制活性[55-65]。

5. 免疫调节

原花青素对因甲醇或感染鼠逆转录病毒引起的小鼠免疫功能不全具有动态调节作用，能促进小鼠体内IL-2的产生，减少感染逆转录病毒的小鼠细胞所产生IL-6的数量，降低食用甲醇小鼠脾细胞所产生IL-10的水平，同时还可增加自然杀伤细胞的细胞毒性。儿茶素、表儿茶素和原花青素二聚体B能通过调节T细胞内NF-κB来调节免疫应答[63-65]。原花青素从五聚体到十聚体随着聚合度的增加能显著刺激IL-1β浓度增加。低聚体对单核细胞中IL-2转录水平没有影响，而五聚体、六聚体和七聚体，能有效抑制IL-2基因表达。原花青素单体和二聚体对外周血单核细胞转移生长因子TGF-β_1低水平者能显著性提高TGF-β_1水平，且单体和二聚体最佳；而三聚体到十聚体对外周血TGF-β_1高水平者能显著性降低TGF-β_1水平。葡萄籽原花青素能激活正常人外周血Th1细胞产生IFN-γ（γ-干扰素），由RT-PCR证明原花青素能有效促进IFN-γ mRNA的转录，得到原花青素能促进IFN-γ的合成和分泌来增强免疫功能[55-65]。

6. 调节脂质代谢

原花青素能有效抑制脂质氧化。对不同原花青素聚合体而言，随着聚合度的增加，其对脂质体系抗氧化能力下降；对相同原花青素聚合体而言，随着浓度的增加，其对脂质体系抗氧化能力上升。原花青素可以通过调节脂代谢相关基因的转录，改善脂质代谢紊乱。细胞内胆固醇外流的最主要方式是以三磷酸腺苷结合盒转运体A1为基础的逆向转运，原花青素能够显著提高三磷酸腺苷结合盒转运体A1基因的表达水平，促进细胞内胆固醇外流，降低总胆固醇，改善脂质代谢平衡[55-59]。

7. 治疗眼科疾病

原花青素可提高氧化损伤晶状体的抗氧化能力，降低脂质过氧化物水平，减小晶状体损伤程度。若在白内障形成早期，应用抗氧化药物，逆转晶状体水肿状态，从而可以治疗年龄相关性白内障；原花青素能够清除自由基，缓解视疲劳，减少黄斑恢复所需时间，改善视觉；原花青素对视网膜光化学损伤后的保护具有较好疗效，原花青素可能通过增加清除自由基的作用阻止细胞凋亡，达到保护视网膜的目的[60-65]。

四、柚皮苷

柚皮苷（naringin）又名柚苷、柑橘苷、异橙皮苷，是一种天然的黄烷酮糖苷类色素。主要存在于柚子、葡萄柚、酸橙及其变种的果皮中，是柚子中的主要苦味物质之一。柚皮苷属于天然色素、风味改良剂和苦味剂，用于食品、饮料的生产，又可作为合成高甜度、无毒、低能量的新型甜味剂二氢柚苷查耳酮和新橙皮苷二氢查耳酮的原料。柚皮苷由于A环和B环之间完全没有共轭，所以在282nm有强烈的紫外吸收峰，赋予柚皮苷多种生物学活性和药理作用，如抗炎、抗病毒、抗癌、抗突变、抗过敏、抗溃疡、镇痛、降血压活性，能降低血液中胆固醇，减少血栓的形成，改善局部微循环和营养供给，可用于生产防治心脑血管疾病[66-71]。

（一）分子结构和特性

柚皮苷属于黄烷酮类化合物（图3-21），其化学分子式为$C_{27}H_{32}O_{14}$，相对分子质量为580.53，白色至浅黄色结晶性粉末。纯品柚皮苷中结晶水的含量及其熔点因结晶和干燥方法而异，以水作溶剂结晶所得柚皮苷分子中含6~8个结晶水，熔点83℃；而在110℃下干燥至恒重后得到的柚皮苷分子含有2个结晶水，其熔点升至171℃。溶于甲醇、乙醇、丙酮、醋酸、稀碱溶液和热水，常温下，在水中的溶解度为0.1%，75℃时可达10%。不溶于石油醚、乙醚、苯和氯仿等非极性溶剂。柚皮苷在碱性条件下，经氧化处理，可得到二氢查耳酮甜味剂，其甜度是蔗糖的1000倍。柚皮苷与异香兰素作用，得新橙皮苷，新橙皮苷甜度是二氢查耳酮甜度的950倍，是一种无毒、低能量、高甜度的新一代甜味剂[66]。

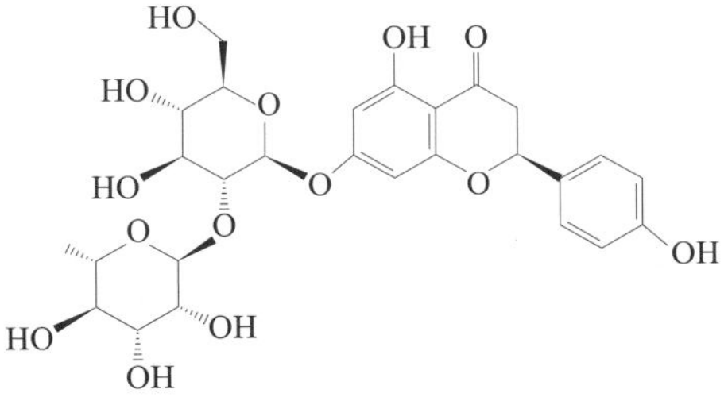

图3-21 柚皮苷分子结构式

（二）营养功能

1. 抗辐射

柚皮苷可以有效保护紫外线B（ultraviolet radiation B，UVB）照射之后人类永生化表皮细胞（HaCat）的细胞活性，并呈现一定的量效关系；能够抑制UVB诱导的HaCat细胞中ROS的表达；抑制UVB照射引起的HaCat细胞的凋亡，主要与抑制促凋亡蛋白Bax表达和提高抗凋亡蛋白Bcl-2的表达有关。柚皮苷能够抑制UVB照射诱导的HaCat细胞的炎症反应，抑制相关炎症因子COX-2、IL-10、IL-6、IL-8的表达；柚皮苷抑制UVB照射引起的MAPK信号通路中ERK、Jnk、p38的磷酸化表达，并能抑制NF-κB信号通路中p65的入核。柚皮苷可以保护裸鼠皮肤免受UVB照射的损伤，包括避免UVB照射之后裸鼠皮肤出现红斑、皮肤蜕皮等现象的发生，并可抑制UVB照射之后裸鼠皮肤中COX-2的表达[66]。

2. 减轻骨质疏松

柚皮苷可减少破骨细胞数量、降低骨吸收功能，促进破骨细胞凋亡；其机制可能是通过降低BCL-2 mRNA表达，升高BAX mRNA表达，激活caspase-3从而使破骨细胞凋亡来实现的。柚皮苷可以提高去势大鼠骨密度，增加骨小梁数量，改善骨代谢，提高股骨的力学性能；柚皮苷也可以提升大鼠骨质疏松骨折部位骨密度、骨体积分数、骨小梁宽度，来改善骨代谢，从而提高骨折愈合最大载荷[69-70]。

3. 降低胆固醇

柚皮苷具有降低胆固醇的作用，主要是通过抑制体内参与胆固醇合成酶的活性，减少胆固醇在体内的合成，促进胆固醇的分解，减少体内低密度脂蛋白等途径实现的[71]。大鼠皮下注射100mg/kg柚皮苷有明显的抗炎作用，200mg/L浓度的柚皮苷对水疱性口炎病毒有很强的抑制作用；降低血液的粘滞度、减少血栓的形成，并且有镇痛、镇静以及较强的增加实验动物胆汁分泌；有脱敏和抗过敏、活血解痉、改善局部微循环和营养供给的性能，对促进药物排泄、解除链霉素对第8对脑神经的损害、缓解链霉素的毒副作用有独特疗效[67-70]。

五、橙皮苷

橙皮苷（hesperidin）是橙皮素与芸香糖形成的糖苷，化学结构具有双氢黄酮氧苷结构，属于二氢黄酮衍生物。橙皮苷主要存在于脐橙的果皮中，其含量可达到果皮鲜重的1.4%。而在我国脐橙具有广泛的种植面积，以赣南脐橙和奉节脐橙最具有代表性。橙皮苷是一个生物活性稳定、药理作用广泛的黄酮类化合物，目前国内外学者对橙皮苷的大量研究表明其具有抗氧化、抗炎、抗细菌、抗病毒、抗肿瘤、抗过敏、调节免疫力、保护心血管系统及防辐射等药理功效[72-77]。

（一）分子结构和特性

橙皮苷的分子式为$C_{28}H_{34}O_{15}$相对分子质量为610.561，其结构式如图3-22所示，为淡棕色粉末，无臭、无味。在吡啶或二甲基甲酰胺中易溶，在乙醇或水中不溶。橙皮苷储存于2~8℃条件下较稳定。

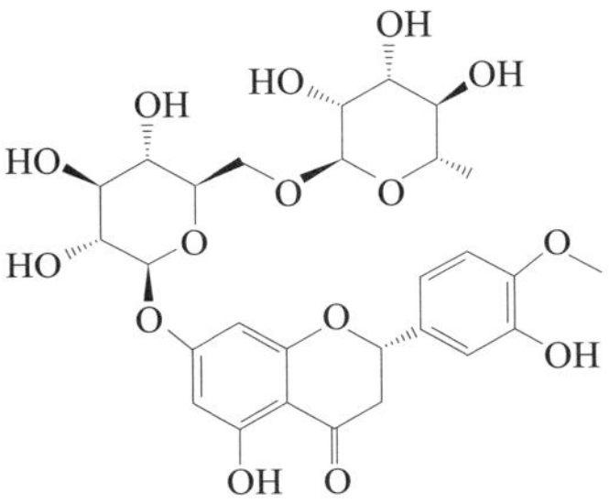

图3-22　橙皮苷的分子结构式

（二）营养功能

1. 清除自由基和抗氧化

目前已有多篇文献报道橙皮苷具有显著的清除自由基活性，达到抗氧化效果，这也是橙皮苷发挥其他药理作用的基础。橙皮苷的清除·OH自由基的作用强于柠檬烯和茶多酚。且其清除作用的大小与橙皮苷的浓度呈近似指数关系[72-75]。

2. 抗感染

目前橙皮苷的抗感染活性在抗呼吸道炎症中取得了很好的应用，如临床上采用橙皮苷片、复方橙皮苷胶囊治疗或预防急性支气管炎。秦慧民等用牛津杯法发现橙皮苷与金属离子络合后对大肠埃希菌、枯草芽孢杆菌、金黄色葡萄球菌有明显的抑菌作用效果，在碱性条件下抑菌作用强于酸性条件下。在橙皮苷抗呼吸道炎症作用效果的实验研究中，用脂多糖建立小鼠呼吸道炎症模型，发现橙皮苷对脂多糖诱导的呼吸道炎症因子TNF-α、IL-6和IL-1β具有抑制作用[74, 75]。

3. 抗病毒

橙皮苷具有良好的抗菌抗病毒的作用，其抗病毒作用主要与其黄酮类化合物结构有关，其天然存在的4-羟基-3-甲氧基黄酮具有抗病毒的活性，在临床上对单纯性疱疹性病毒、骨髓灰质炎、抗水泡性口炎病毒等具有良好的疗效。另外，橙皮苷通过刺激寄主细胞的环腺嘌呤，促进核苷酸的合成和抑制病毒的复制而表现出对副流感3型病毒、呼吸道合胞体病毒、α-疱疹Ⅰ型病毒、轮状病毒等的抗病毒活性[74, 75]。

4. 抗肿瘤

目前，橙皮苷抗肿瘤活性已受到社会广泛关注，经诸多研究表明橙皮苷能抑制多种癌细胞的增殖分化。橙皮苷对人低分化鼻咽癌上皮细胞株细胞（CNE-2）增殖具有抑制作用，同时在细胞周期中橙皮苷能使肿瘤细胞从细胞周期的G0/G期进入S期，阻止进入G2期，从而抑制细胞的分裂增殖，诱导细胞周期特异性的细胞凋亡。此外，橙皮苷对人舌癌Tca8113细胞、人非小细胞肺癌A549/DDP细胞、人食管癌Eca9706细胞增殖均具有抑制作用[76]。

5. 降血脂

采用脂肪乳剂连续灌胃法建立SD大鼠高脂血症模型，同时灌胃给予橙皮苷，观察其对血脂血流的影响，观察到给药4周后，与模型组相比，橙皮苷组大鼠血清TC、LDL-C显著下降，橙皮苷对预防高脂血症具有积极作用。橙皮苷能协同辛伐他汀调节血脂作用。在预防动脉粥样硬化疾病方面将会有广阔的发展前景。

此外，橙皮苷还有抗炎、抗过敏、抗抑郁作用和降血糖作用等[77]。

第五节 酮类色素的化学结构与营养特性

一、姜黄色素

姜黄色素（curcuminoid）是以姜黄素为主的一类二苯基庚烃物质的统称，也是自然界中极为稀少的二酮类有色物质，主要是从姜科（zingberaceae）植物姜黄（*Curcuma Longa* L.）的地下根茎中经提取和精制后得到的黄色结晶或粉末，在姜黄中含量约为3%~6%，天南星科中植物的根茎中也含有姜黄色素。姜黄色素是一种天然黄色素，具有着色力强、色泽鲜艳、热稳定性强、安全无毒等特性，可作为着色剂广泛用于糕点、糖果、饮料、冰淇淋、有色酒等食品，我国《食品安全国家标准　食品添加剂使用标准》（GB 2760—2014）中规定了允许使用姜黄色素的食品品种、使用范围以及最大使用量（g/kg）姜黄素被认为是最有开发价值的食用天然色素之一，同时也是FAO和WHO所规定的使用安全性很高的天然色素之一。此外，姜黄色素还具有抗炎、抗氧化、抗肿瘤、保护神经等多种生物活性和药理作用，被广泛用于医药、纺染、饲料等工业[78-86]。

（一）分子结构和特性

1. 分子结构

姜黄色素是1815年由Vogel和Pelletier首次分离得到，其主要成分有3种，即为姜黄素（curcumin），分子式为$C_{21}H_{20}O_6$，相对分子质量为368，约占70%；脱甲基姜黄色素，分子式为$C_{20}H_{18}O_5$，相对分子质量为338，占10%~20%；双脱甲基姜黄素，分子式为$C_{19}H_{16}O_4$，相对分子质量为308，约占10%，其分子结构式见图3-23[78]。

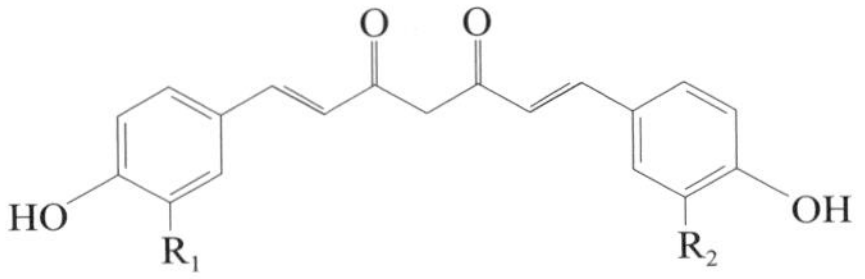

R₁=R₂=OCH₃ 姜黄素；R₁=OCH₃，
R₂=OH 脱甲氧基姜黄素；
R₁=R₂=OH 双脱甲氧基姜黄素

图3-23　姜黄色素主要成分的结构式

2. 分子特性

姜黄素为橙黄色结晶粉末，味稍苦，有特殊的芳香气味，熔点为179~182℃。具有亲脂性，易溶于冰醋酸、乙酸乙酯和碱性溶液，并可溶于95%乙醇、丙二醇，但不溶于水。姜黄色素的95%乙醇溶液在425nm附近有最大吸收峰。高纯度（>90%）的姜黄色素在偏酸性环境中呈纯黄色，在碱性环境中其溶液呈棕色或红棕色，在pH 7.0~8.0范围内其溶液呈玫瑰红色，故可作为化学反应指示剂（测定硼离子）。由于姜黄色素分子中含有多个双键、酚羟基、羰基等，因此化学反应性较强。低酸性溶液、Al^{3+}、Fe^{3+}、Cu^{2+}易使姜黄素形成沉淀；光、热、氧能使色素氧化而失去着色力；姜黄色素在pH 9.0、7.0、4.0的条件下连续照射2.5h，色素的损失率在33%左右；色素在90℃开始保持45min，分解较为明显；当升温至170℃时，色素在5min之内已分解成不溶于乙醇的黑色物质。Wang等发现姜黄素在pH中性的缓冲介质中分解最快，如在37℃、pH 7.2的缓冲液中30min内90%的姜黄素彻底分解；柠檬酸、维生素C对姜黄色素稳定性有一定影响，随柠檬酸、维生素C的浓度增加，姜黄色素的吸光度值减小，颜色变浅。防腐剂（苯甲酸钠、山梨酸钾）对姜黄色素有较大影响，主要表现在最大吸收峰和色调上，吸收峰有所增加，色调加深。但姜黄色素耐还原性好，对蛋白质着色力较好，常用于咖啡粉着色[79]。

由于姜黄素的化学结构不稳定，体内代谢过程极快，其口服后，直接进入胃肠道，极少量通过门静脉进入外周血液循环，而且其在胃肠道中吸收较差，大部分未经吸收直接从粪便排出体外，少量吸收后从胆汁和肾脏消除。有文献报道，姜黄素原形在血浆、尿液、胆汁中的含量极低，不足0.01%。因此可以推断，姜黄素药理作用的发挥，与其代谢产物极其相关[79]。

（二）营养功能

姜黄属植物为传统常用植物药，自1985年Kuttan等首次提出姜黄与姜黄素可能具有抗肿瘤活性以来，有关这方面的研究已成为国内外医学界研究的热点。现代研究发现姜黄素还具有抑制炎症反应、抗氧化、抗肿瘤、抗人免疫缺陷病毒（HIV）、抗类风湿的作用。近年，由于姜黄素具有阻止β-淀粉样蛋白的堆积从而延缓阿尔茨海默病发病的作用，又使它成为新药研发的焦点[80-86]。

1. 抗癌

姜黄素有广谱抗癌性，对多种肿瘤细胞有抗增殖作用，如肺癌、乳腺癌、胃癌、结肠癌、白血病、黑色素瘤、食管癌、前列腺癌等，能影响肿瘤发生发展的多个环节与步骤，如诱导肿瘤细胞凋亡、抑制癌基因表达、抗肿瘤侵袭和转移、抑制肿瘤血管生成、以及增加肿瘤细胞对化疗的敏感性等，从而发挥抗癌作用。此外，姜黄素对N-亚硝甲基苯甲基胺（NMBA）诱导的大鼠食道癌有一定的抑制作用，在小鼠饲料中添加2%的姜黄素，可明显抑制由7，12-二甲基苯并蒽（DMBA）诱发的小鼠淋巴瘤和白血病的发生，使小鼠淋巴瘤和白血病发生率降低53%。大量体内、外研究均证实，姜黄素能够抑制肿瘤的生长分化，并诱导凋亡。姜黄素可克服多种癌细胞的抗药性，提供具有潜力的新疗法[80-81]。

2. 抗炎

姜黄素的抗炎作用可与甾体和非甾体类抗炎药物相比拟。姜黄素对急性、慢性炎症均有抑制作用，可以用于治疗肺炎、胰腺炎、肝炎、过敏性脑脊髓膜炎等多种炎症。姜黄素可以通过抑制脂质过氧化反应、减少中性粒细胞的浸润、降低丝氨酸活性抑制结肠细胞的炎症反应。姜黄素对肾毒血清肾炎肾组织病理及其超微结构均有调节作用。姜黄素可能通过抑制促炎因子IL-1β、IL-6和促进抗炎因子IL-10的表达，阻断NF-κB的经典激活途径，下调NOS mRNA的表达，发挥抗炎作用[83, 86-87]。

3. 抗氧化

姜黄素化学结构中的许多功能基团都具有抗氧化作用，通过清除氧自由基，抑制活性氧生成，增强抗氧化酶活性，提高机体抗氧化能力，其抗氧化活性的作用机理主要是抑制空气氧化脂质作用，抑制Fe^{2+}、Cu^{2+}诱导脂质过氧化作用、抑制亚硝酸盐诱导氧化作用、抑制细胞氧化修饰LDL和DNA氧化以及清除自由基离子的作用等[83,86-87]。姜黄素作为一种有效的抗氧化剂，广泛用于食品及化妆品等领域。

4．预防心血管疾病

糖脂代谢紊乱所引发的高血糖和高血脂是导致糖尿病及其相关并发症的主要因素，姜黄素的降脂作用显著，可通过降低大鼠血清中TC和载脂蛋白B（apoB）水平，显著提高HDL、载脂蛋白A（apoA）水平，加速血清TC、三酰甘油分解和转化。姜黄素的降脂作用可能与改善胰岛素抵抗有关。姜黄素能通过抑制血管平滑肌细胞中固醇调节元件结合蛋白-1核转位，增加小凹蛋白-1的表达，阻止氧化修饰型LDL引起的胆固醇积聚。此外，姜黄素还能通过降低高敏反应蛋白水平，抑制慢性炎症反应。姜黄素通过降脂和抗炎从而抑制动脉粥样硬化。姜黄素可逆转心脏压力负荷大鼠主动脉的肥厚，其机制主要与抑制胶原合成有关。姜黄素对血小板聚集及血液粘度有明显影响[86-87]。

5．改善阿尔茨海默病

姜黄素可通过下调细胞膜小凹的标志蛋白Caveolin-1的表达，抑制糖原合成酶激酶-3β的活性，从而抑制Tau蛋白过度磷酸化，发挥抗AD作用。姜黄素可通过增加AD鼠海马组织和糖尿病患者脑组织中IGF-1水平及其受体表达，调控IGF-1信号通路，实现脑保护作用[83]。

6．抗人免疫缺陷病毒（HIV）

姜黄素抑制HIV-1慢性感染的HIV-LTR活性和病毒复制，提示姜黄素对处于前病毒状态的病毒有作用。姜黄素可直接或间接地作用于影响HIV-1LTR活性调节因子，推测姜黄素用于HIV感染患者的治疗，可增加肌体的体液免疫功能，防止继发性感染，但对细胞免疫功能无影响[80]。

7．抗抑郁

姜黄素具有抗抑郁作用，这可能与姜黄素抑制MAO，增强单胺类神经递质有关。采用姜黄素联合心理干预治疗59例产后抑郁症患者，结果显示联合姜黄素治疗比单纯心理干预治疗更加有效，表明姜黄素具有抗抑郁作用[84]。

8．抗肝毒

姜黄素对四氯化碳引起的肝脂质过氧化及血清谷草转氨酶（AST）、谷丙转氨酶（ALT）活性的升高有抑制作用，呈量效关系，并防止肝形态改变，也能明显地抑制钴射线引起的肝脂质过氧化水平。姜黄素用药10d能有效地逆转黄曲霉素诱导的肝损害。姜黄苷可以促进大鼠胆汁流动。姜黄素口服吸收后主要在肝脏中代谢，是一种优良的肝脏毒性损害保护剂[85]。

此外，姜黄素还有抗胃和十二指肠溃疡、抗纤维化、促进免疫活性、抑制由紫外光诱导的皮肤突变、降血糖、杀线虫等多方面的生物活性[82-87]。

二、红曲色素

红曲色素是一种由红曲霉属的丝状真菌经发酵而成的优质的天然食用色素，是红曲霉的次级代谢产物，商品名叫红曲红（monasucs red），是以大米、大豆为主要原料，经红曲霉（*Monascus anka* Nakazawa et Sato）菌液体发酵培养、提取、浓缩、精制而成的天然红色色素。在我国的生产和使用已有1000多年历史，作为天然色素一直以来被认为是安全性较高的食用色素，使用红曲色素及其制品的食物均未发现急、慢性中毒现象，也无致突变作用。红曲色素具有着色、抗氧化、抗肿瘤、抗应激、预防癌症、增强免疫力、降低血清胆固醇和预防心血管系统疾病等重要生物学功能。其因色泽鲜艳、色调纯正、饱满，是一种天然、营养、安全、多功能、有益于人体健康的食品着色剂，作为一种功能性天然食用色素广泛应用于食品、药品和化妆品等[88-94]。

（一）分子结构和特性

1. 分子结构

红曲色素是由红曲霉属（*Monascus*）的丝状真菌生成的天然食用色素，是红曲霉菌代谢过程中产生的一类聚酮体化合物的混合物。红曲色素是多种色素的混合物，主要有红色系和黄色系两大类。经元素定性、紫外线、红外线和可见光吸收光谱分析以及核磁共振谱分析，结果认为红曲色素是由化学结构不同、性质相近的红、橙、黄3类色素组成，已知结构的有16种[88]。应用价值主要集中在6种醇溶性的色素：红色的红斑红曲胺（rubropunctamine）、红曲玉红胺（monascrubramine），橙色的红斑红曲素（rubropunctatin）、红曲玉红素（monascorubrin），黄色的安卡红曲黄素（ankaflabin）、红曲素（monascin），如图3-24和表3-6所

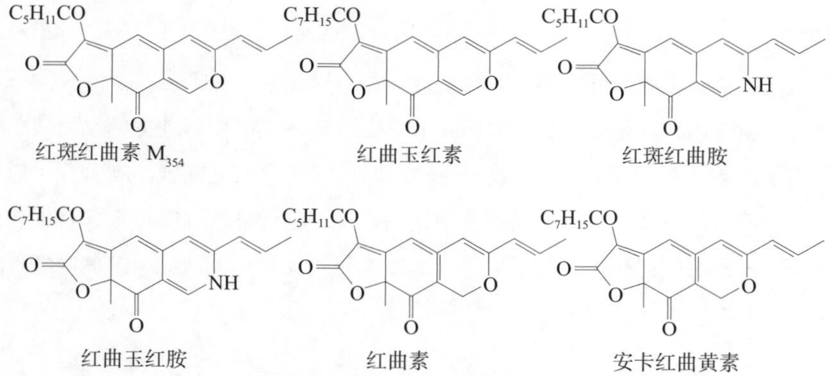

图3-24 6种主要红曲色素的结构式

示。另有2种新的黄色素——黄单胞菌属A和黄Ⅱ已被探明。红曲色素中的黄色成分约占
5%，其性质比较稳定，但因其含量低，所以红曲色素呈现红色。

表3-6 6种主要红曲色素

序号	色素种类	色素颜色	分子式	相对分子质量
1	红斑红曲素	红色	$C_{23}H_{22}O_5$	354
2	红曲玉色素	红色	$C_{23}H_{26}O_5$	382
3	红曲斑红胺	紫色	$C_{21}H_{23}O_4$	353
4	红曲玉红胺	紫色	$C_{23}H_{27}O_4$	381
5	红曲素	黄色	$C_{21}H_{26}O_5$	358
6	安卡红曲黄素	黄色	$C_{23}H_{30}O_5$	386

2. 分子特性

红曲色素是一类呈鲜红色、深红色或深紫红色的液体、糊状物或粉末，略带异臭，熔
点为160～192℃。红曲色素中70%～80%为脂溶性色素，均能溶于氯仿、甲醇、乙醚、正
己烷、乙腈、醋酸、乙醇等有机溶剂，其在醋酸中溶解性最大，在正己烷中最低。考虑到
安全性，常用的溶剂是醋酸和乙醇，当醋酸浓度为78%或乙醇浓度为75%～82%时对红曲色
素的溶解性最好。红曲色素中20%～30%为水溶性色素，其溶解度与溶液的pH有关。在pH
4.8～8.5范围内，对色素的色调和极大吸收波长测定结果影响都非常小。在含5%以上盐溶
液中或pH为4.0以下的酸性范围内，其溶解性呈减弱趋势，当水溶性红曲色素直接用于pH
低于3.5的溶液时，会出现沉淀。红曲色素浓度低时其溶液呈鲜红色，随溶液浓度增加颜色
加深，达到一定高度时呈黑褐色并伴有荧光产生。红曲色素与蛋白质有极好的亲和性，一旦
着色，虽经水洗，亦不褪色。红曲色素的热稳定性较好，优于其他合成色素，在天然色素中
其耐热性能也属优良。红曲色素的醇溶液受紫外线的影响较小，但日光能使色度降低。红曲
色素中红、橙、黄3类色素间光稳定性差别很大，黄色素的光稳定性最强，其次为红色素，
橙色素对光最不稳定。红曲色素不受常见金属离子与氧化剂和还原剂的影响[89-91]。

（二）营养功能

动物体内试验表明，食用含红曲色素及其制品的食物均未发现急、慢性中毒现象，也无
致突变作用。红曲色素不仅具有强的着色作用，而且还具有抑菌防腐、抗氧化、抗肿瘤、抗
疲劳、降血脂和降血压等多种生物活性[90-94]。

1. 抑菌

选用金黄色葡萄球菌、大肠杆菌、李斯特菌、沙门菌和志贺菌等几种食品中常见的致病菌为研究对象，系统分析了各红曲色素组分对其的抑菌性，发现橙色素各组分对革兰阳性菌（如李斯特菌、金黄色葡萄球菌）均具有很好的抑菌效果，并且浓度范围在$20 \sim 100\,\mu g/mL$内，随着浓度的增加抑制作用增强；对革兰氏阴性菌（如志贺菌、大肠杆菌和沙门菌）也均具有一定的抑制作用。

2. 抗氧化

正己烷提取的红曲色素具有很强的清除DPPH·的能力。单黄胞菌属A、B组分具有较强的清除NO·的能力。红曲红、橙、黄3类色素中红色素抗氧化性最强，其次为黄色素，橙色素抗氧化性最差，红色组分和橙色组分对O_2^-·体系、·OH体系和DPPH·体系均表现出较强的抗氧化活性。其中，红色组分的抗氧化效果最佳，黄色组分表现出微弱的抗氧化功能[93]。

3. 抗肿瘤

安卡红曲霉代谢的色素能抑制TPA诱发的小鼠癌变，而橙色红曲玉红素组分是最有效的。黄色红曲素组分对紫外光照射或过氧亚硝酸盐引发的并通过TPA诱发的小鼠皮肤癌变有抑制作用。黄色安卡红曲黄素组分对肝癌HepG2和肺腺癌A549细胞具有细胞毒性，而对正常纤维细胞WI-38和MRC-5并没有毒性。动物试验中发现红曲黄色素有选择细胞毒活性，能促进人A549和HepG2癌细胞凋亡。橙色素红斑红曲素及红曲玉红素具有活泼的羰基，易与氨基作用，可能其为优良的防癌物质源。橙色组分对SPZ/0、HeLa和HepG2等肿瘤细胞有较强的抑制作用[89]。

4. 抗疲劳

红曲的发酵液及菌丝体均可以使老鼠的运动能力提高，耐力增强，疲劳延迟。选用不同剂量的红曲红色素饲养小鼠，测定实验小鼠的游泳致死时间、血清尿素氮含量和肝糖原含量与对照组比较表明，实验小鼠游泳时间明显延长、运动后的血清尿素氮含量降低、肝糖原含量升高，证实，红曲红色素具有良好的抗疲劳活性[90]。

5. 调节血脂

用红曲红色素［10、50、100mg/（kg·d）］连续灌服实验小鼠6周，禁食12h后测定血脂水平和相关指标与高脂对照组比较，红曲红色素各剂量组也可降低实验小鼠血清TG、LDL-C、TC及肝脏中TG、MDA、TC的含量，升高小鼠肝脏中SOD的活性和血清HDL-C含量[91]。

6. 其他作用

红曲色素还具有增强免疫力、抗突变和预防动脉硬化等生理活性。

第六节　醌类色素

　　蒽醌化学名称为9，10-蒽二酮（9，10anthracenediones），其结构式如下图3-25所示。蒽醌类色素一般来源于植物，如紫草红（gromwell red）、酸枣色素（jujube pigment）、决明子色素等。紫草红是一种蒽醌类色素，是从原产我国东北和朝鲜的植物紫草根中提取。酸枣色素为羟基蒽醌衍生物，从鼠李科植物酸枣中提取，而决明子色素是从豆科的决明子中提取。自古以来，蒽醌类化合物就被用作天然染料，如茜草素。后来人们发现该类色素还有许多药用功能。因其作为色素其稳定性好，且有一定的药用价值，所以在食品、医药和化妆品领域得到了广泛的应用。目前，已有很多蒽醌类色素投入生产，如紫胶红、酸枣红、紫草素等[95-107]。

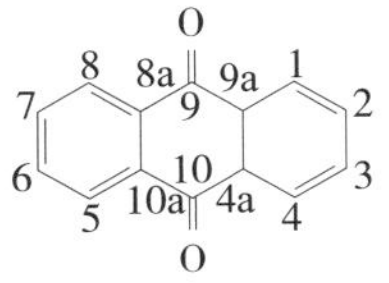

图3-25　蒽醌类化合物的母核结构

一、紫草红色素

　　紫草红色素是从紫草科紫草属植物的根中提取的红色素，其主要化学成分为萘醌类色素。它不仅安全性高，而且具有一定的药理作用。紫草（*Lithospermum erythrorhizon*）是紫草科（boraginaceae）多年生草本植物，为传统中药，具有显著的抗菌、抗炎、抗生育、抗癌以及促进伤口愈合等生理活性，紫草红色素作为食品着色剂用作果酒、饮料、点心等食品添加剂，除此之外，紫草红色素作为天然色素也应用于医药、化妆品和印染工业[96-103]。

（一）分子结构和特性

1. 分子结构

　　紫草萘醌类化合物是紫草的一类主要生物活性成分，其主要成分紫草红色素还是世界上常用的五种天然植物红色素中性能最好的一种，已被联合国食品添加剂法典委员会列入食品、化妆品、药品添加剂范围。至今，已从新疆紫草根中分离获得近30种萘醌类化合物。这类化合物的母核多为5，8-二羟基萘醌，具有异己烯边链。因其旋光性不同而将此类化合物分为两种光学异构体：R-型［命名为紫草素类（shikonin），见图3-26和表3-7］和S-型［命名为阿卡宁类（alkannin），见图3-27和表3-8］[96]。此处，还含有其他类（图3-28）。

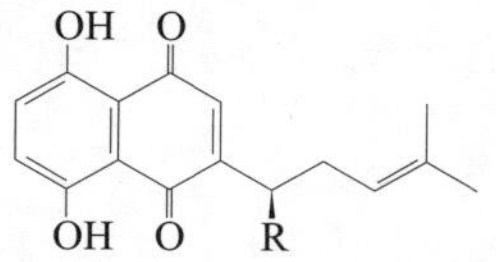

图3-26 R-型紫草素类分子结构式 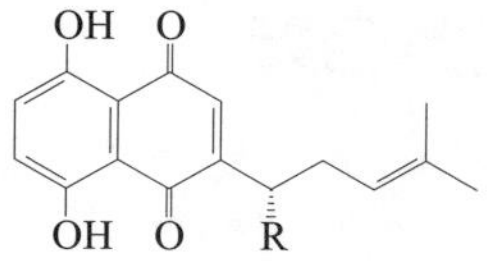   图3-27 S-型紫草素类分子结构式

表3-7 R-型紫草素类

编号	化合物名称	R
1	紫草素	OH
2	异丁酰紫草素	OCOCHMe₂
3	β，β-二甲基丙烯酰紫草素	OCOCH=CMe₂
4	β-羟基异戊酰紫草素	OCOCH₂CMeOH
5	2，3-二甲基戊烯酰紫草素	OCOCH₂C（Me）=C（Me）₂
6	异戊酰紫草素	OCOCH₂CHMe₂
7	α-甲基-正丁酰紫草素	OCOCHMeCH₂CH₃
8	乙酰紫草素	OCOCH₃
9	去氧紫草素	H

表3-8 S-型紫草素类

编号	化合物名称	R
10	去氢阿卡宁	CH=CHCH=CMe₂
11	β，β-二甲基丙烯酰阿卡宁	OCOCH=CMe₂
12	乙酰阿卡宁	OCOCH₃
13	β-乙酰氧基异戊酰阿卡宁	OCOCH₂CMe₂OCOCH₃
14	β-羟基异戊酰阿卡宁	OCOCH₂CMe₂0H
15	β-甲氧基乙酰阿卡宁	OCOCH₂OCH₃
16	甲基阿卡宁	OCH₃
17	异丁酰阿卡宁	OCOCHMe₂
18	阿卡宁	OH

2. 分子特性

紫草红色素为暗紫红色结晶、紫红色黏稠膏状或紫红色粉末，纯品溶于乙醇、丙酮、正己烷、石油醚、丙三醇等有机溶剂和油脂，不溶于水，但溶于碱液，呈蓝色，加盐酸中和后产生红色沉淀。在酸性（pH≤4.8）条件下呈朱红色，弱酸性（pH 4.8～6.6）为洋红色，中性（pH 6.6～7.2）条件下呈紫红色，微碱性（pH 7.2～8）为紫色，碱性（pH＞8）条件下为靛蓝色。pH和温度对色素的稳定性影响也较大，随着温度的升高色素溶液颜色增加。在

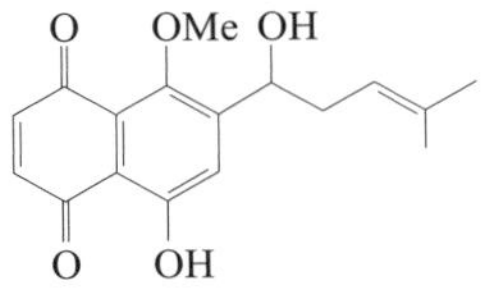

1-甲氧基甘阿卡宁(紫草素) 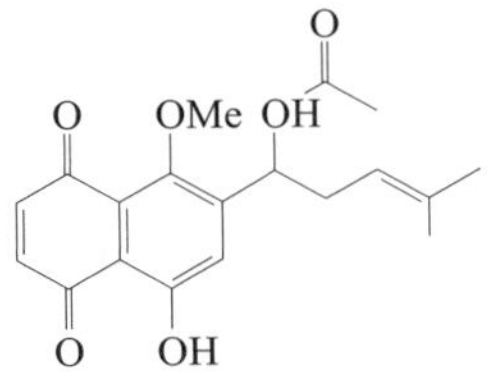　　　　1-甲氧基乙酰阿卡宁(紫草素)

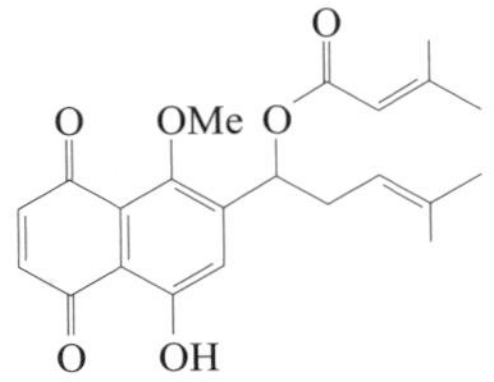

1-甲氧基-β，β-二甲氧丙烯阿卡宁(紫草素) 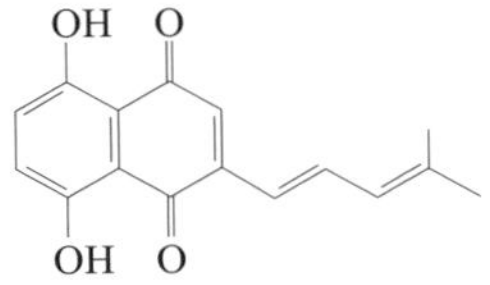　　脱水阿卡宁(紫草素)

图3-28　其他萘醌类化合物

80℃，pH为9时，溶液呈黑紫色，但是在20～60℃范围内吸光度值变化较少，说明色素在20～60℃时稳定性较好，可以在室温环境下放置。离子实验表明，加Fe^{3+}使溶液颜色变深，对色素影响较大，而K^+、Mg^{2+}、Zn^{2+}、Na^+、Mn^{2+}、Ba^{2+}等离子对紫草色素影响不明显。总之，大多数离子对紫草红色素的稳定性影响较小。紫草红色素在双氧水中不是很稳定，易被双氧水氧化。另外在抗坏血酸条件下，能使紫草红色素被分解，并且随着抗坏血酸浓度的增加分解速度加快[97-99]。

（二）营养功能

1. 抗菌

紫草素及其衍生物（去氢阿卡宁除外）都有显著的抗菌活性，能抑制枯草杆菌、金黄色葡萄球菌和卵黄色八叠菌等的生长，但对大肠杆菌无作用。临床曾用粗制紫草宁（紫草素）及其衍生物治疗传染性肝炎和皮肤病，取得较好的效果，并证明有抗炎的疗效。新疆紫草中化合物β，β'-二甲基丙烯酰阿卡宁在6.25 μg/mL时发现其有抑制结核菌（H37RV）的作用。紫草水、醇及油溶液对多种病原菌（变形杆菌、溶血性链球菌、金黄色葡萄球菌、绿脓杆菌、大肠杆菌、痢疾杆菌等）均有明显抑制作用。10%的生理盐水紫草浸液对絮状表皮细菌、羊毛状小芽饱癣菌有抑制作用。紫草宁在0.5～10 μg/mL的浓度下对阿米巴有抑制作用。紫草水煎剂对小白鼠结核病也有一定的疗效。近年来，体外抗菌实验研究表明，不同品种和产地的紫草抗菌作用强度不同。新疆紫草抗菌谱广，作用较强，蒙紫草次之，硬紫草较差；新疆紫草、蒙紫草、硬紫草、滇紫草、露蕊滇紫草、密花滇紫草的水和醇提液体外抑菌比较，结果以新疆紫草作用最强。新疆紫草中的乙酰紫草素具有抗白色念珠菌的活性[99, 100]。

2. 抗炎

软紫草中分离出来的乙酰紫草素对组胺所致血管通透性亢进、甲醛引起的足浮肿和皮下棉球肉芽肿增生均有显著抑制作用。切除动物双侧肾上腺后，仍有抗炎症作用。软紫草Ⅰ的止血、抗炎、抑菌作用最高，次为紫草（Ⅱ），滇紫草（Ⅲ）的作用最差。紫草素可明显抑制ICAM-Ⅰ（细胞间黏附分子–Ⅰ）表达，对机体产生抗炎作用[100]。

3. 抗肿瘤

紫草石油醚组分对艾氏腹水癌（EAC）、肉瘤180（S180）子宫颈癌（U14）、肉瘤37（S37）、瓦克癌肉瘤（W256）等瘤株有较好的抑制作用，其抑制率在50%以上，并有少数肿瘤模型获得治愈或长期缓解。软紫草可完全抑制腹水型肉瘤180细胞生长。另外，紫草烷对瓦克氏癌瘤256和肉瘤180有活性。紫草素对人胃癌细胞（BGC823）和人食道癌细胞（Ega109）具有明显的抑制作用。紫草宁对小鼠肝癌（H22）和Lewis肺癌（LLC）有放射增敏作用。紫草宁对肝癌和Lewis肺癌有一定的放射增敏作用。新疆紫草素能够有效地诱导大肠癌细胞CCL229凋亡。紫草素能抑制人类白血病细胞K562和U937、小鼠胶质瘤细胞C6、人舌鳞癌细胞Tea–8113和人宫颈癌细胞HeLa、人绒癌耐药细胞株JAR/MTX的生长，具有明确的抗增殖、促凋亡、阻滞细胞周期进程的作用[101–102]。

4. 抗生育

新疆紫草对小白鼠有明显的抗生育作用，对幼年小白鼠有明显的抗外源性绒毛膜促性腺激素（HCG）所致的子宫增重效应，对大白鼠有明显的抗着床、抗早孕作用。组织学检查可见，胎盘结构呈现不同程度的退行变化或吸收。结果提示软紫草对大、小白鼠是有效的抗生育剂，不论着床前或早孕期给药均能终止妊娠。新疆紫草乙醇提取物能显著抑制体外培养的人绒毛组织分泌HCG的功能，破坏绒毛组织结构，甚至使其坏死[103]。

5. 其他作用

此外紫草色素还具有调节循环系统作用、抗血小板凝聚作用、保肝、抗前列腺素生物合成以及抗氧化活性等。

二、胭脂虫红色素

胭脂虫红色素又称胭脂虫红酸（carminic acid cochineal extract）、洋红酸和胭脂红，是一种蒽醌类天然色素。胭脂虫红色素分布在成熟的雌性虫体内，一般养殖的胭脂虫个头大且胭脂红酸含量高达干重的21%～22%，而野生的胭脂虫红酸含量较低，仅占干重的16%。虫体表面是胭脂虫蜡，胭脂虫蜡含量越低，胭脂虫红酸的含量相对就高。与其他天然色素不同，其理化性质非常稳定，是食品、化妆品、医药及纺织品的优良着色剂，也是唯一一种FDA允许既可用于食品又可用于药品和化妆品的天然色素。胭脂虫红色素因来源非常有限，国际市场上一直供不应求，且价格高昂[104-107]。

（一）分子结构和特性

1. 分子结构

胭脂虫红色素为蒽醌类色素，主要包括胭脂虫红酸和胭脂虫红铝（carmine）两种化合物。胭脂虫红酸带有1个葡萄糖和1个羧酸基团，其分子式为$C_{22}H_{20}O_{13}$，相对分子质量为492.39，结构式如图3-29。胭脂虫红铝是胭脂虫红酸与铝的含水螯合物，可联接铵、钙、钾、钠中的一种或多种阳离子[103, 104]。

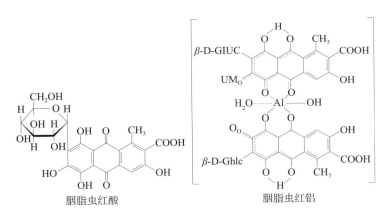

图3-29　胭脂虫红酸和胭脂虫红铝结构式

2. 分子特性

胭脂虫红酸是由水、稀醇萃取胭脂虫后浓缩而得的红色粉末、块状、糊状或液体，略有特殊臭味，易溶于水、稀酸、稀碱、乙醇、丙二醇，不溶于乙醚和食用油。pH＜4时为橙色，pH为5～6时为红色或紫红色，pH＞7时为紫色，遇铁离子变成黑紫色，遇蛋白质变成红紫色或紫色。分解温度为250℃，溶于水、醇，不溶于油脂。

胭脂虫红铝为有光泽的红色碎片或深红色粉末，溶于碱液，微溶于热水，几乎不溶于冷水和稀酸[103-104]。

胭脂虫红色素液在pH1～9的范围内稳定性较好，在pH≥10后色素液不稳定，会发生降解，褪色明显；胭脂虫红色素液在室内自然光和避光条件下稳定性好，而室外自然光会使色素逐渐降解，不利于色素的稳定；胭脂虫红色素液的热稳定性好，在90℃的环境中经过5h后色素的保存率会降至92%；胭脂虫红色素的抗氧化还原性好；常见的金属离子中，胭脂虫红色素液对Fe^{2+}、Fe^{3+}、Cu^{2+}极不稳定，K^+、Na^+、Ca^{2+}、Mg^{2+}、Zn^{2+}对色素的稳定性无显著影响。使用苯甲酸钠和山梨酸钾作为防腐剂时应注意它们会使色素的色调发生改变，相比较而言山梨酸钾不利于色素的稳定。食品中经常添加的柠檬酸、维生素C、苹果酸、酒石酸对色素的稳定性无显著影响，柠檬酸的加入具有增色效果。食品中经常添加的糖类如葡萄糖、蔗糖、乳糖对色素的稳定性影响不是很大[103, 104]。

FAO/WHO（1995）质量标准：胭脂虫红酸≥50%、干燥失重≤20%、砷（以As计）簇1.0mg/kg、灰分≤12%、蛋白质≤25%、铅簇≤10mg/kg、稀氨水不溶物≤1.0%、沙门菌试验阴性。可用于番茄调味酱、洋酒、草莓酱、饮料、香肠、糕点、糖果、酸乳、布丁、冰凌、风味乳粉等。

（二）营养功能

最新研究表明，胭脂虫红色素除了具有着色功能外，对防止因致癌物导致的DNA损伤有明显的作用，并可用于病毒性疾病（如水疱性口炎、疱疹性口炎等）、癌和艾滋病的防治[106, 107]。

第七节 其他色素的化学结构与营养功能

一、甜菜红素

（一）分子结构和特性

1. 分子结构

甜菜红素（beet root red）是由红甜菜（俗称紫菜头）制取的一种天然红色素，主要成分为甜菜红苷（betanin），甜菜红是吡啶类衍生物，基本发色团为1，7-二偶氮庚甲碱，是红甜菜中所有的有色化合物的总称。主要由红色的甜菜花青素和黄色的甜菜黄素组成（如图3-30）。甜菜花青素的主要成分为甜菜红素，占红色素的75%~95%，其余尚有异甜菜苷、前甜菜苷和异前甜菜苷。甜菜黄素包括甜菜黄素Ⅰ和甜菜黄素Ⅱ。甜菜红素的几种形式及结构式如图3-31[108-114]。

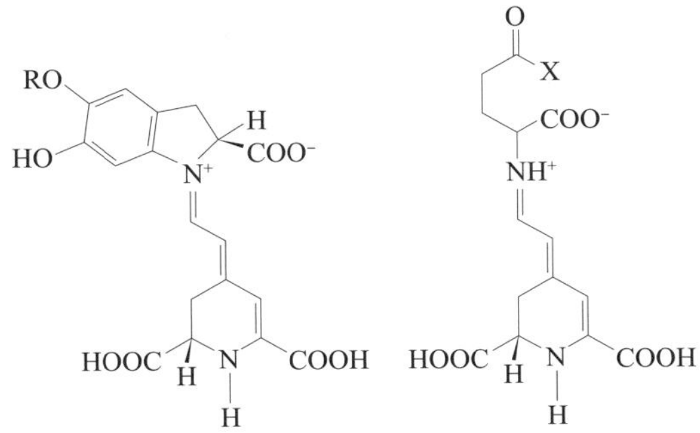

R=H 甜菜红素
R=G 甜菜色苷

X=N 甜菜黄素（Ⅰ）
X=O 甜菜色苷（Ⅱ）

图3-30　甜菜红素和甜菜黄素结构式

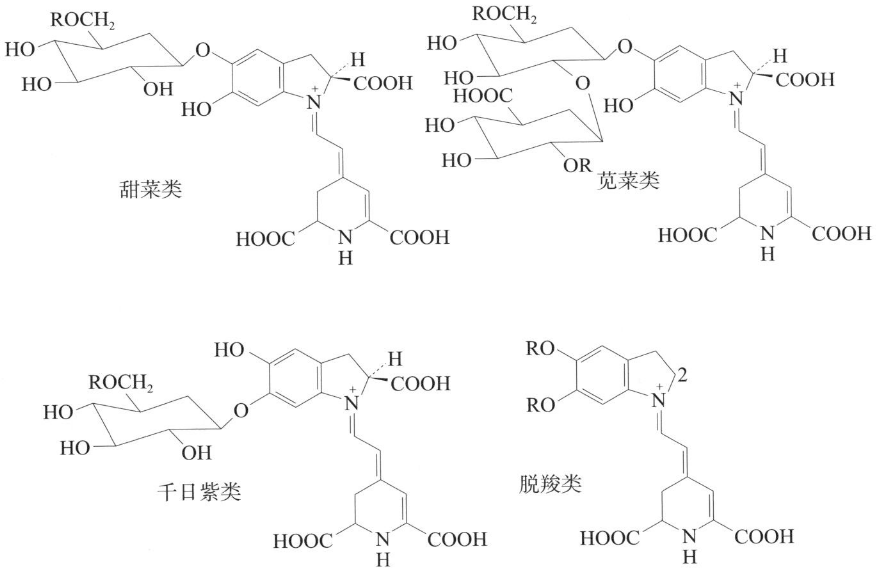

甜菜类　　　　苋菜类

千日紫类　　　脱羧类

图3-31　甜菜红素的几种类型及结构式

2. 分子特性

甜菜红素为红紫至深紫色液体、块状或粉末状物；易溶于水和含水溶剂，难溶于醋酸、丙二醇，不溶于无水乙醇、甘油、丙酮、氯仿、乙醚、苯等有机溶剂。在酸性和中性（pH 4.0～8.0）的条件下是稳定紫红色，最大吸收场在537nm；pH＜4.0时，变为紫色，最大吸收波向短波方向移动；pH≥7.0时，最大吸收峰向长波方向移动；当pH≥10时，甜菜红素水解为甜菜黄素，溶液立即变为黄色，如图3-32所示。该色素耐热性差，其降解速度随温度上升而迅速增快，于60℃加热30min褪色较严重，于100℃加热不足15min便基本褪成黄色。不因氧化而褪色、变色，遇光易分解。金属离子对其影响较小，但如 Fe^{3+}、Cu^{2+}、Mn^{2+} 等对其影响较大。可见光范围内有两个最大吸收峰即：535和482nm处。抗坏血酸对其具有一定的保护作用。我国规定甜菜红素可应用在果味饮料、果汁饮料、配制酒、罐头、冰淇淋、雪糕、果冻等食品中[109, 110]。

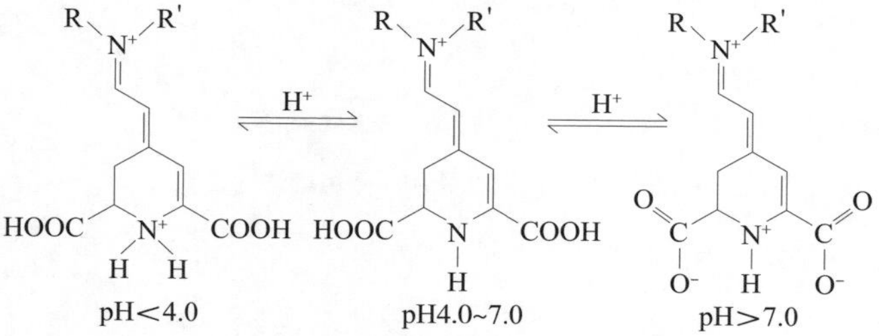

图3-32   甜菜红素在不同pH下的成盐形式

（二）营养功能

1. 抗氧化

饮用甜菜红素在提高细胞氧化状态，促进细胞还原能力的同时，也可增加细胞中的抗氧化性维生素的水平，如维生素C和维生素E，而且能与维生素C协同提高抗氧化水平。甜菜红素能够在较低的水平抑制细胞色素C催化的膜脂质过氧化或 H_2O_2 激活的高铁肌红蛋白、脂氧合酶催化的亚油酸乳化。甜菜红素具有清除自由基的能力，它的还原能力可能与两个氮原子的电子共振系统有关。甜菜红素比 $\beta-$ 胡萝卜素的自由基清除能力强，同时，甜菜红素能够有效地抑制LDL脂质过氧化物（通过MPO/亚硝酸盐诱导的氧化）的产生[111, 112]。

2. 抗癌

甜菜红素是甜菜根中最重要的抗癌成分。目前，越来越多的人认为，甜菜苷可能是甜菜红素中最有效的抗癌作用成分。而且，甜菜红素和抗癌药物多柔比星一起使用时，不但表现出协同机制，还可以减轻药物毒性。甜菜红素也能保护肝脏，甜菜红素处理组的肝脏肿瘤发病率降低40%，肿瘤抑制率达到40%，肝脏结节的总量下降了51%。甜菜红素还能预防乳头肿瘤的产生，用NMBA处理大鼠，甜菜红素处理组的乳头状肿瘤发生率降低了45%，大鼠癌前食管病变和乳头状肿瘤细胞的增殖比率也降低了。甜菜根提取液对小鼠的肺癌细胞和皮肤癌具有显著的抑制作用。研究发现，甜菜红素与化疗药物环磷酰胺（CTX）合用可增强人体上CTX抑制肿瘤生长的作用，同时减轻其所致的肝功能、免疫功能和骨髓抑制的损害，具有增效减毒作用，对CTX化疗效果有一定增强作用，具有潜在的抗癌功能[113, 114]。

二、焦糖色素

又称焦糖（caramel），为糖类烘烤过程中生成的色素，为褐色。焦糖色素又称焦符或酱色，是以极质的蔗糖、葡萄糖、乳糖、麦芽糖浆或其他淀粉糖为主要原料，采用特殊的配方及工艺技术加工制成的天然色素。该色素有特殊的甜香气和愉快的焦苦味，具有水溶性好、着色力强、性质稳定、安全无毒等特点，是目前食用色素中用量最大、使用范围最广的一种。焦糖色素能增加食品的感官性质、提高食品的商品价值，是目前食品工业使用的食品添加剂中最受欢迎的一种。它广泛用于调味品、食品、饮料、药品等行业中。因此，焦糖色素在工业中的应用将越来越广泛[115-119]。

（一）分子结构和特性

根据加工过程中使用催化剂的不同，国际上通常把焦糖色按其功用分为四类：普通焦糖、苛性亚硫酸盐焦糖、氨法焦糖和亚硫酸铵焦糖4种（表3-9）。但没有一种焦糖能同时适用于所有的应用领域，因此，国外的焦糖品种有几十个，甚至还有风味焦糖，即加入某种氨基酸使焦糖带有某一种特有气味。我国允许使用的焦糖色素为普通焦糖、氨法焦糖和亚硫酸铵焦糖，其中普通焦糖和氨法焦糖主要用于果汁饮料、酱油、调味罐头、糖果生产，亚硫酸盐焦糖主要用于碳酸饮料、黄酒生产中。氨法焦糖是目前我国生产量最大的一类焦糖色素[115]。

表3-9　焦糖色素的分类[116]

项目	类别			
	I	II	III	IV
名称	普通焦糖	亚硫酸加纳焦糖	氨焦糖啤酒	亚硫酸铵焦糖
典型用途	蒸馏酒、甜食、香味混合剂	酒类	焙烤食品、啤酒、酱油	软饮料、汤料、宠物食品
性质	酒精中稳定	酒精中稳定	啤酒、酱油中稳定	酸中稳定
色强	0.01~0.14	0.05~0.13	0.08~0.36	0.10~0.60
含氨	否	否	是	是
含硫	否	是	否	是
电荷	负	负	正	负

（二）营养功能

焦糖对绝大多数细菌和少数酵母菌均有不同程度的抑制或杀灭作用，尤其对土星汉逊酵母、克勒克酵母、汉氏德巴利酵母、裂殖酵母属，具有较强的抑制作用。而对所试霉菌无任何影响[119]。

科学界对焦糖色素的安全性研究相当充分。对第4类焦糖色素，JECFA制定的安全标准是每天每千克体重不超过200mg。对于一个成年人来说，相当于10g/d以上。因为它只是色素，用量有限，所以在食品中也就用不着"限量"。中国的标准是"按需使用"，而美国给予了"GRAS（Generally Recognized as Safe）"的分类，意为厂家正常使用即可。加拿大、欧盟也都把它作为很安全的食品色素。

参考文献

[1] 周凤翠.浅析食品颜色与营养价值的关系[J].安徽农业科学, 2007, 35(18): 5562-5564.

[2] 郑国栋, 欧阳文, 颜苗, 等.叶绿素及其衍生物的药理研究进展[J].中南药学, 2006, 4(2): 146-148.

[3] 黄持都.胡小松.廖小军, 等.叶绿素研究进展[J].中国食品添加剂, 2007, 114-118.

[4] 马志科, 昝林森.血红素的应用与提取方法[J].动物医学进展, 2010, 31(9): 112-114.

[5] 张爱华.血红素的应用研究及生化机理探讨[J].药学进展, 1992, 16(1): 44-48.

[6] 张慧群.血红素的催化性质以及抗氧化性能的研究[D].西安: 西北大学, 2015.

[7] 王丹侠, 崔世勇.血红素的应用分析研究进展[J].上海预防医学杂志, 2002, 14(5): 219-223.

[8] 于茂泉, 宫爱君.复方氯化血红素纠正贫血的疗效观察[J].上海预防医学杂志, 2004, 16(9): 424-425.

[9] 孙玉敬, 乔丽萍, 钟烈洲, 等.类胡萝卜素生物活性的研究进展[J].中国食品学报, 2012, 12(1): 160-166.

[10] 李全顺. β-胡萝卜素的研究进展[J].辽宁大学学报(自然科学版), 2002, 29(3): 203-208.

[11] 王丽娟, 张慧, 张立冬, 等. β-胡萝卜素的研究进展及应用[J].中国食品添加剂, 2015, 148-152.

[12] 罗连响, 李晓玲, 鲍波.番茄红素生物学活性研究进展[J].食品工业科技, 2013, 34(16): 388-391.

[13] 包华音.番茄红素药理作用的近五年研究进展[J].食品研究与开发, 2014, 35(19): 145-147.

[14] Blesso CN, Andersen CJ, Bolling BW, et al. Egg intake improves carotenoid status by increasing plasma HDL cholesterol in adults with metabolic syndrome [J]. Food Funct, 2013, 4(2): 213-221.

[15] 宋幼良, 吴殿星, 钱国壬, 等.叶黄素研究进展[J].农业科技通讯, 2013: 138-140.

[16] 张艳, 惠伯棣, 张凌霄.叶黄素酯在体内消化吸收过程中水解的研究[J].食品科学, 2007, 28(8): 461-464.

[17] Olmedilla-Alonso B, Beltrán-de-Miguel B, Estévez-Santiago R, et al. Markers of lutein and zeaxanthin status in two age groups of men and women: dietary intake, serum concentrations, lipid profile and macular pigment optical density [J]. Nutr J, 2014, 13: 52.

[18]　Mellerio J, Ahmadi-lari S, Kuijk FV, et al. A portable instrument for measuring macular pigment with central fixation [J]. Curr Eye Res, 2002, 25: 37-47.

[19]　Bone RA, Landrum JT, Cao Y, et al. Macular pigment response to a supplement containing meso-zeaxanthin, lutein and zeaxanthin[J]. Nutr Metab (Lond), 2007, 11; 4:12.

[20]　Wang Y, Chung SJ, McCullough ML, et al. Dietary carotenoids are associated with cardiovascular disease risk biomarkers mediated by serum carotenoid concentrations[J]. J Nutr, 2014, 144(7): 1067-1074.

[21]　Karppi J, Laukkanen JA, Kurl S. Plasma lutein and zeaxanthin and the risk of age-related nuclear cataract among the elderly Finnish population [J]. Br J Nutr, 2012, 108(1): 148-154.

[22]　鲁萍, 王新春, 陈文, 等. 单向灌流法研究叶黄素微囊的大鼠在体肠吸收 [J]. 中国实验方剂学杂志, 2011, 17(18): 133-136.

[23]　Olmedilla-Alonso B, Beltrán-de-Miguel B, Estévez-Santiago R, et al. Markers of lutein and zeaxanthin status in two age groups of men and women: dietary intake, serum concentrations, lipid profile and macular pigment optical density[J]. Nutr J, 2014, doi: 10.1186/1475-2891-13-52.

[24]　张薇, 童念庭, 尹莉莉, 等. 叶黄素在眼科疾病中作用和机制的实验性研究进展 [J]. 上海交通大学学报 (医学版), 2012, 32(2): 231-234.

[25]　Murthy RK, Ravik, Balaiyas, Lutein protects retinal pigmentepithelium from cytotoxic oxidative stress[J]. Cutaneous and Ocular Toxicology, 2014, 33(2): 132-137.

[26]　Slattery ML, Lundgreen A, Wolff RK. Dietary influence on MAPK—signaling pathways and risk of colon and rectal cancer[J].Nutrition and Cancer, 2013, 65(5): 729-738.

[27]　Sasaki M, Yukik, Kurihara T, et al Biological role of lutein in the light—induced retinal degeneration[J].The Journal ofnutritional biochemistry, 2012, 23(5): 423-429.

[28]　张宏宸, 沈莩芮, 谭毅. 玉米黄素性质和应用研究 [J]. 酿酒, 2009, 36(3): 54-55.

[29]　王威. 天然食用玉米黄色素的研究 [J]. 食品和发酵工业, 1994(2): 36-39.

[30]　Lindshield BL,Erdman JW,Jr. Carotenoids[M]//Bowman A,Russell R M. Present knowledge innutrition. Ninthed.Washington, DC: International LifeScience Institute Press, 2006: 184-195.

[31]　卢艳杰, 等. 黄体素、玉米黄素及其生理功能研究现状 [J]. 食品和发酵工业, 2003, (3): 82.

[32]　向智男, 等. 功能性色素——玉米黄质的特性、提取及其研究应用 [J]. 食品与机械, 2005, (1): 77.

[33]　邱涛涛, 等. 玉米黄素提取及应用研究进展 [J]. 中国调味品, 2008, (11): 22.

[34]　孙协军, 赵爽, 李秀霞, 等. 虾青素的研究进展 [J]. 食品与发酵科技, 2015, 51(5): 62-66.

[35]　吕亭亭, 葛声. 虾青素抗肿瘤作用的研究进展 [J]. 肿瘤代谢与营养电子杂志, 2015, 2(4): 58-62.

[36]　李艳梅, 王水泉, 李春生. 辣椒红色素的性质及其应用 [J]. 农产品加工·学刊, 2009, 2: 52-54.

[37]　陶莎, 杨建华, 薛文通, 等. 辣椒红色素的研究进展 [J]. 食品工业科技, 2008, 8: 307-309.

[38]　邱建生, 张彦雄. 世界辣椒红色素的历史、现状及发展趋向 [J]. 中国食品添加剂, 2003, 6: 3-10.

[39]　韩晓岚, 胡云峰, 赵学志, 等. 天然辣椒红色素的研究进展 [J]. 中国食物与营养, 2010, 4: 20-23.

[40]　侯锐, 陈琦, 王利, 等. 花青素及其生物活性的研究进展 [J]. 现代生物医学进展, 2015, 15(28): 5590-5593.

[41]　Weng CJ, Yen GC. Flavonoids, a ubiquitous dietary phenolic subclass, exert extensive *in vitro* anti-invasive and *in vivo* anti-metastatic activities [J]. Cancer and Metastasis Reviews, 2012, 311(2): 323-351.

[42]　Jennifer ES, Jessica M, Livingston-Thomas, et al. Cranberries and wild Blueberries treated with gastrointestinal enzymes positively modify glutathione mechanisms in caco-2 cells *in vitro*[J]. Food Science, 2013, 78(6): 943-947.

[43]　Andre Gustavo Vasconcelos Costa. Bioactive compounds and health benefits of exotic tropical red-black berries

[J]. Journal of Functional Foods, 2013, 5(2): 539-549.

[44] 汪慧华, 赵晨霞. 花青素结构性质及稳定性影响因素研究进展[J]. 农产品加工业, 2015: 32-35.

[45] 徐春明, 庞高阳, 李婷. 花青素的生理活性研究进展[J]. 中国食品添加剂, 2013, 3: 205-210.

[46] 刘学铭, 廖森泰, 肖更生, 等. 花青素的吸收与代谢研究进展[J]. 中草药, 2007, 38(6): 953-956.

[47] 熊斌, 王杨科, 解雷. 花素生物学作用研究进展[J]. 陕西理工学院学报(自然科学版), 2014, 30(5): 40-45, 55.

[48] 刘超, 陈若芸. 儿茶素及其类似物的化学和生物活性研究进展[J]. 中国中药杂志, 2004, 29(10): 1017-1021.

[49] 贾琳, 张玉梅. 儿茶素代谢动力学研究进展[J]. 食品与药品, 2016, 18(3): 209-217.

[50] 于莎莎, 丁阳平, 罗赛, 等. 儿茶素衍生物合成及药理作用研究进展[J]. 食品科学, 2012, 33(17): 318-326.

[51] 李军, 辛勤, 杨雁. 绿茶多酚药理作用的研究进展[J]. 中国热带医学, 2014, 14(1): 128-138.

[52] 周洁, 龚正礼, 张凯, 等. 儿茶素及其衍生物抗癌研究进展[J]. 中国中药杂志, 2012, 37(17): 2510-2518.

[53] 邬新荣, 王岳飞, 张士康, 等. 茶多酚保健功能研究进展与保健食品开发[J]. 茶叶科学, 2010, 30(增刊1): 501-505.

[54] 张晓梦, 倪艳, 李先荣. 茶多酚的药理作用研究进展[J]. 药物评价研究, 2013, 36(2): 157-160.

[55] 徐明璐, 徐文远, 刘文, 等. 原花青素研究进展[J]. 烟台果树, 2017, 1: 7-8.

[56] 丁涛, 朱忠宁, 曹华. 葡萄籽原花青素抗动脉粥样硬化的研究进展[J]. 中国中西医结合杂志, 2012, 32(4): 572-574.

[57] 张峰源, 赵先英. 原花青素抗肿瘤作用及机制研究进展[J]. 重庆医学, 2012, 41(27): 2887-2889.

[58] 张华, 曾桥. 原花青素功能及应用进展[J]. 安徽农业科学, 2011, 39(9): 5349-5350.

[59] 张慧文, 张玉, 马超美. 原花青素的研究进展[J]. 食品科学, 2015, 36(5): 296-304.

[60] 张蕾, 吕宁, 展雯琳. 原花青素的生物活性[J]. 安徽化工, 2016, 42(3): 1-6.

[61] 范明远, 叶青. 体内自由基清除剂及抗氧化剂——原花青素的研究进展[J]. 中国预防医学杂志, 2001, 2(4): 303-305.

[62] 张妍, 吴秀香. 原花青素研究进展[J]. 中药药理与临床, 2011, (6): 112-116.

[63] 由倍安. 葡萄籽原花青素药理研究进展[J]. 国际老年医学杂志, 2003, 24(3): 123-127.

[64] 洪瑜, 黄云生, 甄珍, 等. 松树皮中提取原花青素的研究进展[J]. 中国林副特产, 2016, (2): 97-98.

[65] 段国平, 刘晓利, 赵丕文. 葡萄籽原花青素的药理学研究进展[J]. 环球中医药, 2014, (4): 313-316.

[66] 黄凤香, 林家逊. 柚皮苷药物动力学及生物活性研究新进展[J]. 华夏医学, 2009, 22(4): 777-779.

[67] 孟娜娜, 白里雪, 李鑫鑫, 等. 柚皮苷对糖尿病及其并发症作用机制的研究进展[J]. 药物评价研究, 2017, 40(4): 560-565.

[68] 李秀娟, 周志钦. 柑桔柚皮苷抗癌活性研究进展[J]. 中国果业信息, 2011, 28(1): 27-30.

[69] 张乐其, 柳毅, 徐高丽, 等. 中药柚皮苷诱导成骨作用的研究进展[J]. 口腔医学, 2016, 36(3): 277-280.

[70] 贾庆运, 李念虎, 徐展望. 柚皮苷对骨代谢作用的影响研究进展[J]. 中国中医骨伤科杂志, 2014, (9): 71-72.

[71] 谢彬彬, 黄文华, 郭宝林. 柚皮苷在改善代谢综合征方面的研究进展[J]. 海峡两岸暨全国中药及天然药物资源学术研讨会, 2012.

[72] 陈克莉, 陈道鸽, 张玉宾, 等. 橙皮苷提取方法的研究进展[J]. 食品工业, 2016, (12): 204-207.

[73] 钱俊臻, 王伯初. 橙皮苷的药理作用研究进展[J]. 天然产物研究与开发, 2010, 22(1): 176-180.

[74] 刘学仁, 张莹, 林志群. 橙皮苷和橙皮素生物活性的研究进展[J]. 中国新药杂志, 2011, (4): 329-333.

[75] 史德芳, 高虹, 程薇, 等. 橙皮苷生理活性功能及其提取工艺研究进展[J]. 安徽农业科学, 2008, 36 (10): 3936-3938.

[76] 李雪飞, 江洪. 橙皮苷药理学作用机制及研究进展[J]. 海南医学, 2016, 27(14): 2337-2340.

[77] 张恒, 饶坤林, 向韩. 橙皮苷药理活性研究进展[J]. 中南药学, 2016, (10): 1097-1100.

[78] 李湘洲, 张炎强, 旷春桃, 等. 姜黄色素的生物活性和提取分离研究进展[J]. 中南林业科技大学学报, 2009, 29(3): 190-194.

[79] 刘树兴, 胡小军. 姜黄色素的研究进展[J]. 陕西科技大学学报, 2003, 21(4): 37-39.

[80] 王超. 姜黄素对神经毒性物质解毒作用的最新研究进展[J]. 基层医学论坛, 2017, 21(13): 1701-1703.

[81] 石妍妍, 周广舟, 李阿芳, 等. 姜黄素类似物抑制肿瘤细胞增殖的细胞学机制研究进展[J]. 生物技术, 2017, (2): 192-197.

[82] 刘勇, 邵丽丽, 刘洁婷, 等. 姜黄素治疗糖尿病肾病研究进展[J]. 中国药业, 2017, 26(10): 94-96.

[83] 徐春明, 刘亚, 陈莹莹, 等. 姜黄素生理活性、代谢以及生物利用度的研究进展[J]. 中国食品添加剂, 2016(9): 203-210.

[84] 孙慧荣, 郑静, 余薇. 姜黄素生物学作用的研究进展[J]. 湖北科技学报(医学版), 2016, 30(4): 361-363.

[85] 王敏, 冯彩霞, 郭立杰, 等. 姜黄素应用于肝脏疾病的研究进展[J]. 解放军医药杂志, 2016, 28(5): 113-116.

[86] 周豫昆, 张燕梅, 韩芸, 等. 姜黄素的临床研究进展[J]. 兵团医学, 2016, 47(1): 63-66.

[87] 周晶晶, 郑昱辰, 李明月, 等. 姜黄素的药理作用研究进展[J]. 吉林医药学院学报, 2016, 37(4): 304-307.

[88] 宫慧慧, 陈惠音, 高群玉. 红曲与红曲色素的研究进展[J]. 武汉轻工大学学报, 2002, (1): 22-24.

[89] 陈春艳. 功能红曲与红曲色素的研究进展[J]. 湖南科技学院学报, 2007, 28(9): 40-42.

[90] 苏东晓, 张瑞芬, 张名位, 等. 红曲色素生物活性研究进展[J]. 河南工业大学学报(自然科学版), 2017, 38(2): 129-135.

[91] 陈运中. 红曲活性成分的结构与功能评价[D]. 武汉: 华中农业大学, 2004.

[92] 陈春艳. 红曲中功能成分的分离与功能评价[D]. 武汉: 华中农业大学, 2004.

[93] 屈炯. 红曲色素组分分离及其功能的初步研究[J]. 华中农业大学, 2008.

[94] 梁彬霞, 白卫东, 杨晓暾, 等. 红曲色素的功能特性研究进展[J]. 中国酿造, 2012, 31(3): 21-24.

[95] 郎中敏, 索全伶, 吴刚强. 蒽醌类食用色素的研究进展[J]. 中国食品添加剂, 2006, 76-78.

[96] 徐新刚. 新疆紫草的化学成分研究[J]. 北京: 北京中医药大学, 2009.

[97] 韩赞, 史影影, 韩丽琴. 紫草红色素提取稳定性研究[J]. 吉林医药学院学报, 2009, 30(1): 28-29.

[98] 李淑芬, 曾祥宽. 紫草红色素提取及其理化性质研究[J]. 园艺与种苗, 1999, (1): 48-50.

[99] 崔晓秋. 中药紫草化学成分及药理作用最新研究进展[J]. 济宁医学院学报, 2015, (5): 356-358.

[100] 詹志来, 胡峻, 刘谈, 等. 紫草化学成分与药理活性研究进展[J]. 中国中药杂志, 2015, 40(21): 4127-4135.

[101] 梁文全, 陈凛, 郗洪庆, 等. 紫草素在消化系统肿瘤中的抗癌机制研究进展[J]. 现代生物医学进展, 2017, 17(15): 2977-2980.

[102] 谢羽, 侯小龙, 伍春莲. 紫草素诱导细胞凋亡及凋亡信号途径研究进展[J]. 药物生物技术, 2016, 24 (2): 125-129.

[103] 徐佳, 伍春莲. 紫草素药理作用研究进展[J]. 药物生物技术, 2015(1): 87-90.

[104] 张弘, 郑华, 郭元亨, 等. 胭脂虫红色素加工技术与应用研究进展[J]. 大连工业大学学报, 2010, 29 (6): 399-405.

[105] 黄方千, 李强林, 杨东洁, 等. 胭脂虫红的提取及其在纺织品中应用研究进展[J]. 成都纺织高等专科学校学报, 2015, 32(3): 30-36.

[106] Takahashi E, Marczylo TH, Watanabe T, et al. Preventive effects of anthraquinone food pigments on the DNA damage induced by carcinogens In drosophila[J].Mutat. Res. 2001, 1: 480-481.

[107] Jamison JM, Krabill K, Flowers DG, et al. Polyribonucleotide anthraquinone interactions *in vitro* antiviral

aactivity studies [J].Cel Biol. Int. Rep., 1990, 14(3): 219-223.

[108] 陈昌乾, 王茂文, 刘兴华, 等. 次生代谢产物甜菜红素研究进展 [J]. 安徽农业科学, 2013(34): 13115-13116.

[109] 张玉霜, 许庆轩, 李红侠, 等. 甜菜色素种类分布和应用研究进展 [J]. 中国农学通报, 2015, 31(24): 149-156.

[110] 王春丽. 红甜菜甜菜红素的稳定性及降血脂作用研究 [D]. 哈尔滨: 东北林业大学, 2011.

[111] 高彦祥, 刘璇. 甜菜红色素研究进展 [J]. 中国食品添加剂, 2006(1): 65-70.

[112] 黄欢, 胡慧霞, 姜联合, 等. 植物甜菜色素的研究进展 [J]. 生物学通报, 2014, 49(8): 1-4.

[113] 吕思润, 程大友, 崔杰, 等. 甜菜色素的提取及其生理活性研究进展 [J]. 中国甜菜糖业, 2016(1): 26-30.

[114] 思润. 甜菜红素的提取纯化及其生物活性研究 [J]. 哈尔滨: 哈尔滨工业大学, 2016.

[115] 黄强, 罗发兴, 扶雄. 焦糖色素及其研究进展 [J]. 中国食品添加剂, 2004(3): 23-25.

[116] 张国瑛, 顾正彪, 洪雁. 焦糖色素生产及应用的进展 [J]. 食品工业科技, 2007(4): 232-235.

[117] 赵保国, 于瑞琪. 焦糖色素的研究及其在酱油食醋中的应用 [J]. 中国调味品, 1997(2): 14-17.

[118] 李祥, 马倩鹤, 李宁, 等. 焦糖色素机理及蒸馏液组成的初步研究 [J]. 中国调味品, 2016, 41(12): 16-19.

[119] 阔振荣, 王彦芳. 焦糖抗菌作用的研究 [J]. 食品与发酵工业, 1997, 23(5): 43-46.

第四章

食品加工中色彩的
保护与形成

第一节　引言

食品在加工过程中经常会发生色彩的变化，例如果蔬榨汁中的褐变、面包烤制中的发色。这些颜色变化有些需要遏制其发生，有些则因食品感官的改善而特意为之。因此，研究食品加工中色彩的变化规律，建立稳定的调控方法，对于制造一个色彩丰富的食品、提高食品的品相有非常重要的价值[1]。

第二节　食品加工中色彩的保护及调控技术

一、果蔬类食品加工中色彩的保护及调控技术

果蔬原料在加工过程中有时会发生变色，变色可分为三种类型：褐变、色素物质变色和金属变色[2, 3]。

（一）果蔬的褐变

褐变是食品加工过程中普遍存在的现象。它不仅发生在果蔬原料的加工过程中，在产品的贮藏过程中也时有发生。褐变依据其反应机制的不同分为酶促褐变和非酶促褐变两类[2]。

1. 酶促褐变

新鲜果蔬原料在加工过程中，果蔬中的单宁、酪氨酸、绿原酸等多酚类化合物成分长时间与空气接触，在氧化酶和过氧化物酶的催化下氧化为醌类化合物，醌进一步氧化聚合形成黑色素或类黑精等褐色色素。马铃薯、桃等果蔬原料的加工处理不当时，酶促褐变非常显著[2]。

果蔬褐变的程度主要取决于原料中多酚类化合物的含量、氧化酶或过氧化物酶的活性、氧浓度和温度的高低等因素。

2. 非酶促褐变

主要是指果蔬原料加工过程中发生的与酶无关的褐变作用。非酶促褐变主要包括羰氨反应褐变作用、焦糖化褐变作用和抗坏血酸氧化褐变作用等三种类型[3]。

（1）羰氨反应（也称美拉德反应）　是指氨基与羰基经缩合、聚合生成黑色素的反应，它是果蔬原料在加热或长期贮藏后发生褐变的主要原因。羰氨反应变色的程度与快慢取决于

氨基酸的含量与种类、糖的种类和温度条件[4-7]。

（2）焦糖化作用　是糖类在没有含氨基化合物存在情况下加热到其熔点以上时发生降解，降解后的产物经过聚合、缩合而生成黏稠状的黑褐色物质。这种反应在酸性或碱性条件下均能发生，但碱性条件下更容易发生[8, 9]。

（3）抗坏血酸氧化作用　是指果蔬中的抗坏血酸在抗坏血酸氧化酶的催化作用下与氧发生反应而生成褐色的物质。褐变程度主要取决于pH和抗坏血酸的浓度，此外还与温度、氧气及金属离子的浓度等因素有关。此类褐变在果汁及浓缩果汁加工中容易发生，特别在柑橘汁的变色中起着主要作用[10-12]。

（二）色素物质变色

果蔬中的色素主要有四类：叶绿素、胡萝卜素、叶黄素和花青素。其中胡萝卜素和叶黄素在加工过程中比较稳定、不易变色；而叶绿素和花青素在加工过程中不稳定、易变色。这种变色在天然蔬菜汁的变色中表现非常明显，也是当前生产中急需解决的难题。色素物质变色常与加工或贮藏温度、pH、金属离子等因素有关[13]。

（三）金属变色

在果蔬加工过程中，果蔬成分中单宁、黄酮类色素、花青素和蛋白质分解产物等可与金属反应而变色。如单宁与铁反应变黑色，与锡反应变成玫瑰色；黄酮类色素与金属反应也会变色；花青素能腐蚀马口铁；蛋白质分解产生的硫与铜或铁作用生成黑色物质。这类变色都属于金属变色的范畴[11]。

（四）果蔬产品色彩的保护及调控措施[9-13]

果蔬加工中的护色及调控措施主要从控制酶的活性和氧的含量入手，同时适量使用添加剂。主要措施有以下几种：

1. 选择适宜的加工原料

一般来说，原料中单宁含量越少，变色越慢。果蔬中单宁的含量因品种、成熟度、新鲜度不同而异，成熟度越高，含量越少。

2. 热烫（也称烫漂）处理

指在适当的温度和时间条件下处理新鲜果蔬，使其中的多酚氧化酶或其他酶失活。热烫处理方式包括热水和蒸汽处理两种。热烫的温度和时间应根据果蔬的种类、块形大小、工艺要求等条件而定，一般在90~100℃温度下热烫2~5min。热烫是应用最广泛而且最有效的控制酶促褐变的方法，然而烫漂可引起可溶性固形物流失、失脆（原料失去其原有硬度）、失绿等问题。近年来，江苏大学研究利用催化式红外加热的方法对果蔬进行钝酶杀青等处理，有效地解决了上述固形物流失、失脆等问题。

3. 抽真空处理

通过抽真空可以减少原料组织及周围空隙中的氧浓度，能有效抑制酶活性，从而起到护色作用。此外，通过抽真空处理也有利于果蔬加工过程中的杀菌。

4. 硫处理

熏硫或亚硫酸浸泡新鲜果蔬，二氧化硫与过氧化物酶结合而使其失活，抑制了酶的活性，因而抑制或减轻了酶的促褐变作用。但硫处理易产生不愉快的味感。

5. 氯化物处理

用1%～2%食盐水或氯化钙溶液浸泡果蔬原料，能减少水中的溶解氧，从而可抑制果蔬中氧化酶系的活性而起到护色作用。这种方法在马铃薯、蜜饯、果脯的加工中得到广泛应用。

6. 加碱保绿

热烫时水中加0.5%的小苏打，或加工前用稀石灰水浸泡，能有效地保持果蔬原料的绿色。

7. 避免金属接触

果蔬原料在加工过程中，应尽量避免与铁、铜等金属接触，凡是与原料或辅料直接接触的工具与容器最好用不锈钢制成，以免因金属而引起变色。

8. 人工染色

人工染色是一种辅助性措施。常用的色素有红曲色素、焦糖色素、胡萝卜素、姜黄、胭脂红、柠檬黄、靛蓝等。染色时，按照果蔬的天然颜色与传统习惯相结合而进行。

9. 调节pH

多数酚酶最适宜的pH范围是6～7之间，pH在3.0以下时酚酶几乎完全失去活性。一般多采用柠檬酸、抗坏血酸、苹果酸以及其他有机酸的混合液降低果蔬pH。用降低pH的方法来制止果蔬褐变是果蔬加工中常用的方法。

二、肉类食品加工中色彩的保护及调控技术

肉是健康饮食的重要组成部分，是食物中蛋白质、矿物质、维生素和其他微量元素的重要来源。肉最重要的3个属性是外观、物性和风味。消费者在选购肉时，肉的外观特别是颜色的影响远远大于其他品质因素，这是因为顾客把颜色作为评判肉新鲜卫生的主要标准。肉品在没有腐败的情况下，颜色已经变暗、变褐导致销售困难[14]。

（一）肉的颜色及变色机制

肉的颜色主要是由肌红蛋白决定的。肌红蛋白主要有3种氧化还原形态，即脱氧肌红蛋白（DMb，呈紫红色）、氧合肌红蛋白（OMb，呈亮红色）和正铁肌红蛋白（MMb，呈褐色）。这3种形态对应肌红蛋白中心铁原子的3种配位结构，当配位部位为空时形成脱氧肌红蛋白，被O_2占据时形成氧合肌红蛋白，被水占据时形成正铁肌红蛋白。此外肌红蛋白还有另外一种化学状态——碳氧肌红蛋白（COMb，呈亮红色）[15]。

肉的颜色用a*值表征（a*代表有色物质的红绿偏向，正值越大越偏向红色）。O_2与肉类产品肌红蛋白结合生成了氧合肌红蛋白，呈现吸引人的红色；而正铁肌红蛋白的大量积累则导致a*值下降从而使肉发生褐变。当正铁肌红蛋白含量达到20%时消费者即可辨别出来，超过40%时将会拒绝购买。故肌红蛋白呈现的数量和化学状态以及肉中其他组分的化学物理条件共同决定了肉表面的颜色。

（二）肉类产品色彩的保护及调控措施

1. 气调包装保鲜技术

气调包装保鲜（MAP）是采用具有气体阻隔性能的包装材料包装食品，根据将一定比例$O_2+CO_2+N_2$、N_2+CO_2或O_2+CO_2混合气体充入包装内，防止食品在物理、化学、生物等方面发生质量下降或减缓质量下降的速度，从而延长食品货架期，提升食品价值。根据气体成分比例分为以下两类。

（1）高氧气调包装技术 为了得到消费者满意的颜色，肉及肉制品最常采用的包装是高氧气调（HiOx-MAP，70% ~ 80% O_2）。高氧条件下，氧气较易和肌红蛋白结合生成氧合肌红蛋白，并抑制正铁肌红蛋白的形成和厌氧菌的繁殖。

但是氧气的存在引发了脂类氧化，其产生的自由基诱导生成醛类物质，使肉产生腐败难闻气味的同时也改变了肉的颜色；氧气还给微生物的迅速繁殖创造了有利条件，微生物的大量繁殖导致肉品pH下降，低pH环境又加速正铁肌红蛋白（褐色）的生成。所以高氧气调包装的肉品在贮藏后期颜色急剧褐变。除此之外，高氧气调还存在一个安全隐患，即高氧气调包装的肉品在烹调时颜色会提前发生褐变[14, 15]。

（2）一氧化碳（CO）气调包装技术 CO对脱氧肌红蛋白的亲和力远远大于O_2，故生成比氧合肌红蛋白更加稳定的碳氧肌红蛋白，使肉产生吸引人的樱桃色。在无氧混合气体中充入少量CO（≤0.4%）形成的CO气调（CO-MAP）有非常好的护色效果[15]。

但是当碳氧肌红蛋白暴露在无CO的气氛中，CO将会从肌红蛋白中分解出来，成为游离状态。CO的毒性及所生成的碳氧肌红蛋白的稳定性导致其在食品包装的运用过程中存在争议。

2. 真空包装技术

真空包装操作简单容易控制，且包装的肉品有较长的货架期，颜色稳定。对精选肉进行真空包装兴起于20世纪中期。但是真空包装下肌红蛋白主要以脱氧肌红蛋白的形式存在，颜色呈暗红色或紫色，使消费者无法接受。为了使真空包装的肉品呈现令人满意的红色，目前采用的改进方法是CO预处理和热收缩薄膜包装。

3. 辐照杀菌技术

辐照是一种新型冷杀菌技术，对减少肉及肉制品病原体非常有效。此技术可以在室温或更低温度下进行，从而使食品营养价值和物理化学性质得到很好的保存。

4. 抗氧化剂技术

实验发现肉品脂类氧化产生的自由基能诱发氧合肌红蛋白氧化生成正铁肌红蛋白，从而导致 $a*$ 值下降。而抗氧化剂的使用能有效抑制脂类氧化，继而抑制正铁肌红蛋白的形成。肉类护色技术中使用的抗氧化剂分为合成抗氧化剂和天然抗氧化剂。

（1）合成抗氧化剂　为了延缓或使肉的氧化变质程度最小，过去几十年中肉品生产厂家一直使用合成抗氧化剂，但合成抗氧化剂被怀疑具有潜在的致癌性。消费者的觉醒和健康意识的加强对使用合成抗氧化剂构成了压力，近几年国外肉品生产商开始偏爱使用来自植物的天然抗氧化剂。

（2）天然抗氧化剂　有抗氧化能力的植物或其提取物如草药和香料在食品中的运用已有多个世纪了，利用其抗氧化属性可以提高食品感官特征，延长货架期。薄荷芬芳科植物、鼠尾草、百里香、桂皮、黑白胡椒等提取物测试显示均能抑制脂类氧化。抗氧化剂活性也受肉品初始氧化状态影响。在高氧化不稳定系统中，植物多酚类等抗氧化剂自身组分被氧化从而活性下降，而氧化产物又作为促氧化剂促进氧化反应的进行。

5. 综合护色技术

单一的肉类产品色彩的保护及调控方法往往存在局限性，因此生产中可以采用两种或两种以上的方法综合运用。

（1）辐照与抗氧化剂协同护色技术　辐照产生的自由基和肌红蛋白或血红蛋白发生反应，改变了受辐照肉品的颜色，所以一般在肉品中添加抗氧化剂来提高颜色的稳定性。

（2）高氧与抗氧化剂协同护色技术　高氧气调和多种天然抗氧化剂结合生成并稳定氧合肌红蛋白是现今国际上的趋势。Djenane等证明了高氧气调下使用维生素C和迷迭香明显减少了正铁肌红蛋白的生成，稳定了颜色。Camo等发现70% O_2/20% CO_2 包装下的羊肉 $a*$ 值在第13天达到6，而气调和迷迭香结合可以使肉的 $a*$ 值达到10以上[15]。

第三节　食品加工中色彩的形成及调控技术

一、食品加工中色彩形成的美拉德反应（面包和红烧肉）

（一）美拉德反应概念及其过程

美拉德（Maillard L. C.，法国化学家）反应指含羰基化合物（如糖类等）与含氨基化合物（如氨基酸等）通过缩合、聚合而生成类黑色素的反应。由于此类反应得到的是棕色的产物且不需酶催化，所以也将其称为非酶褐变。

几乎所有的食品或食品原料内均含有羰基类物质和氨基类物质，因此均可能发生美拉德反应。美拉德反应是一个非常复杂的过程，需经历亲核加成、分子内重排、脱水、环化等步骤。其中又可分为初期、中期和末期三个阶段[4]。

初期反应：包括羰氨缩合和分子重排；初期阶段的羰氨缩合反应的控制对控制整个美拉德反应意义巨大。

中期反应：分子重排产物的进一步降解，生成羧甲基糠醛等；

末期反应：中期反应产物进一步缩合、聚合，形成复杂的高分子色素。

（二）食品加工中美拉德反应的调控[8-11]

1. 羰基化合物种类的影响

首先需要肯定的是，并不只是糖类化合物才发生美拉德反应，存在于食品中的其他羰基类化合物也可能导致该反应的发生。在羰基类化合物中，最容易发生美拉德反应的是α，β-不饱和醛类，其次是α-双羰基类，酮类的反应速度最慢。原因可能与共轭体系的扩大而提高了亲核加成活性有关。

在糖类物质中有：五碳糖（核糖>阿拉伯糖>木糖）>六碳糖（半乳糖>甘露糖>葡萄糖）。二糖或含单糖更多的聚合糖由于分子质量增大反应的活性迅速降低。

2. 氨基化合物

同样，能够参加美拉德反应的氨基类化合物也不局限于氨基酸，胺类、蛋白质、肽类均具有一定的反应活性。

一般地，胺类反应的活性大于氨基酸；而氨基酸中，碱性氨基酸的反应活性要大于中性或酸性氨基酸；氨基处于ε位或碳链末端的氨基酸其反应活性大于氨基处于α位的。

3. pH

受胺类亲核反应活性的制约，碱性条件有利于美拉德反应的进行，而酸性环境，特别是

pH<3可以有效防止褐变反应的发生。

4. 反应物浓度、含水量及含脂肪量

美拉德反应与反应物浓度成正比；完全干燥的情况下美拉德反应难于发生，含水量在10%～15%时容易发生；脂肪含量特别是不饱和脂肪酸含量高的脂类化合物含量增加时，美拉德反应容易发生。美拉德反应在中等程度水分活度的食品中最容易发生，所以，具有实用价值的是在干的和中等水分的食品中。

5. 温度

随着贮藏或加工温度的升高，美拉德反应的速度也提高。

6. 金属离子

许多金属离子可以促进美拉德反应的发生，特别是过渡金属离子，如Fe^{2+}、Cu^{2+}等。

（三）美拉德反应调控技术在面包和红烧肉加工中的应用

1. 面包加工中美拉德反应的调控[8, 9]

面包、糕点、饼干等焙烤食品加工中经历高温处理过程，尤其是食品表面达到的温度更高，其中所含的还原糖与氨基酸、蛋白质会发生美拉德反应，使产品表面呈悦目的棕黄色，并产生特有的香味物质。这些都是焙烤食品独具的特色。面包表面有光泽、色泽黄褐色时，这种面包一般感官品质较好。

面包在焙烤过程中产生的褐变对面包品质有着至关重要的影响，研究其影响因素，确定褐变的工艺参数，从而选择其最佳生产工艺，提高面包品质，对面包工业开阔更广阔的发展前景具有重要作用。在面包生产的上色工序中，色泽变化的基础物质是含有还原基的糖与含有氨基的化合物。添加不同的氨基酸与糖类，可使面包表皮产生金黄色、黄色、明亮的褐色以及深褐色。在生产上可用控制还原糖的量来调节褐变的程度，也可用增减氨基酸的量来控制。

2. 红烧肉加工中美拉德反应的调控[14]

美拉德反应机制相当复杂，不仅与参加反应的糖类的羰基化合物及氨基酸等氨基化合物种类有关，其反应程度还与温度、氧气、水分活度、pH、时间等外界因子有关，了解这些因素对美拉德反应的影响，有助于我们控制红烧肉色泽和风味，对红烧肉的标准化、工业化生产具有重大的现实意义。

研究证明，当美拉德反应温度提高或加热时间增加时，表现为色度增加，碳氮比、不饱和度、化学芳香性也随之增加。单糖比双糖较容易反应；氨基酸比例增加，可促进美拉德反应；且赖氨酸参与美拉德反应，可获得更深的色泽。而半胱氨酸反应，获得最浅的色泽。在高水分活度的食品中，反应物稀释后分散于高水分活度的介质中，不容易发生美拉德反应；

在低水分活度的食品中，尽管反应物浓度增加，但反应物流动转移受限制。

二、食品加工中色彩形成的焦糖化反应（焦糖色素）

焦糖色素是一种广泛用于食品、饮料、酿造等行业中的食品着色剂。糖类尤其是单糖类在没有氨基化合物存在的情况下，加热到熔点以上（一般为140～170℃）时，会因发生脱水、降解等过程而发生褐变反应，这种反应称为焦糖化反应，又称卡拉蜜尔作用（caramelization）[16]。

焦糖化反应有两种反应方向，一是经脱水得到焦糖（糖色）等产物；二是经裂解得到挥发性的醛类、酮类物质，这些物质还可以进一步缩合、聚合，最终也得到一些深颜色的物质。这些反应在酸性、碱性条件下均可进行，但在碱性条件下进行的速度要快得多。下面分头简单介绍相关的反应过程[17]。

（一）焦糖的形成机制

单糖和一些二聚糖均可发生焦糖化反应，但不同的糖反应的条件、过程及产物有所差别。

蔗糖的焦糖化过程是食品加工中常用的一项技术。焦糖有等电点，使用时要注意溶液的pH。糖在强热下除了上面介绍的焦糖形成过程外，还可通过裂解、脱水等反应，得到活性的醛类衍生物；随着条件的不同，反应最终形成的物质种类在食品工业中也有差别，利用蔗糖焦糖化的过程可以得到不同类型的焦糖色素[18,19]。

1. 耐酸焦糖色素

蔗糖在亚硫酸氢铵催化下加热形成，其水溶液pH 2～4.5，含有负电荷的胶体离子；常用在可乐饮料、其他酸性饮料、焙烤食品、糖浆、糖果等产品的生产中。

2. 糖与铵盐加热所得色素

糖与铵盐加热所得色素呈现红棕色，含有带正电荷的胶体离子，水溶液pH 4.2～4.8；用于焙烤食品、糖浆、布丁等的生产。

（二）焦糖色素在食品工业中的应用[19]

1. 在软饮料中的应用

软饮料是世界上焦糖用量极大的领域，用于软饮料的焦糖色素通常带负电荷。焦糖多用于碳酸饮料，在碳酸饮料中焦糖色素具有类似蛋白质的乳化性能，可阻止芳香物质分离出来。在茶饮料、沙示汽水①等色调要求高的饮料中，可选用红色指数高、耐酸性的焦糖。果汁饮料属于高酸性食品，且往往含有鞣酸质，通常使用耐酸性强的负电荷焦糖或使用既有耐鞣酸性又有耐酸性的焦糖。

2. 在酒类中的应用

焦糖色素可应用于啤酒、威士忌、葡萄酒、朗姆酒和利口酒中，最常用的是那些能够在高酒度乙醇中仍然稳定的品种。啤酒一般选用带正电荷及在啤酒中稳定的焦糖色素，其他酒类通常选用带负电荷及在高浓度乙醇中稳定的焦糖色素。

3. 在调味品中的应用

酱油、醋、酱料等调味品中的焦糖多为氨法焦糖，带有正电荷。这些调味品盐分含量高，如酱油所使用的焦糖必须具有耐盐性，否则就会出现浑浊、沉淀，选用适合的糖质原料生产的红色指数高、固形物含量高的焦糖可满足消费者对酱油产品色深、颜色红亮、挂碗性好的要求。

4. 其他应用

焦糖色素也可用来增加焙烤食品外观的吸引力。可选用原浓度或倍浓度的液体和粉末状焦糖色素来弥补特制面包表面装饰、蛋糕和曲奇饼精制配料的不充足和不均匀的着色力。

此外，焦糖色素也能广泛地应用于其他食品中，如罐装肉和炖肉、餐用糖浆、医药制剂以及植物蛋白为原料的模拟肉等。

（三）焦糖色素生产及其调控

焦糖色素可以在常压法、加压法下制备。国内外都早有介绍利用挤压机高温、高压、高剪切组合特点将淀粉进行转化，很多学者都结合实际对此进行了深入研究。挤压法操作方便、适应性强，有待在生产领域更好的开发和投入生产[16]。

《食品安全国家标准　食品添加剂　焦糖色》（GB 1886.64—2015）规定中允许使用的焦糖色素生产方法中列举了亚硫酸铵法、氨法、普通法。微胶囊技术、膜技术、超高压技术等高新技术的也被应用于焦糖色素的生产，实用技术将长足发展。

（四）焦糖色素使用中的安全性问题

焦糖色素是一种安全的食品着色剂，我国定为天然色素，但仍需严格按照添加剂标准使用。对于焦糖色素的环化物4-甲基咪唑，因这种物质有致惊厥作用，科学家们多年来对其

----

① 沙示汽水：以墨西哥菝葜（Sarsaparilla）为主要调味原料的汽水，为深褐色，甜味，不含咖啡因。

一直有争论，大多数建议对4-甲基咪唑作限量规定，我国相关标准对其也有规定。

在焦糖色素今后的发展中，一个很重要的任务就是在保持产品稳定性的同时，不断扩大应用范围。这将带动焦糖色素生产技术的不断进步和创新，焦糖色素在不同浓度下的色彩将会更加丰富，品种将会更加多元化[16, 19]。

三、食品加工中色彩形成的微生物发酵（调味品的红曲发酵）

红曲（又名红曲米）古代称丹曲，是以大米为原料，经红曲霉发酵而成的一种紫红色米曲，故又称赤曲。红曲起源于中国，是我国先人的一大发明。早在宋朝就有将红曲应用于食品中的记载。红曲色素作为一种现代工业常用的食品添加剂，不仅广泛用于食品工业中，如酿酒、造醋、制酱油、肉制品、奶制品、豆制品、调味品等。而且随着时代进步，国内外学者对红曲色素的深入研究证实了红曲色素除了感观上的美感还具有多种药理保健功效，因而日益受到人们的关注[20]。

红曲是以稻米蒸熟后接种红曲霉发酵制成的：大米蒸熟成米饭后，接种红曲霉菌种，在适宜条件下，菌种在米饭中扩散、传布、发酵、繁殖，红曲霉分泌红色素，终止发酵后，采用日光晒干，或低温真空干燥成呈紫红色至棕红色干米粒。

成品红曲米外表呈深红色至棕紫红色，质轻脆，断面为粉红色；微有酸气、味淡；红曲米颗粒易溶于氯仿，呈红色，还易溶于乙醇、乙酸等有机溶剂，微溶于石油醚呈黄色，溶于苯中呈橘黄色；不溶于冷水。红曲有库曲、轻曲、色曲三个品种。库曲主要用于酿制黄酒、果酒、药酒；轻曲主要用于酿制腐乳、酱菜、果酒、药酒，食品着色；色曲主要用于食品着色。它们生产的不同之处主要是菌种、发酵周期等的区别[20]。

（一）红曲的制取现状

20世纪80年代以来，国外发达国家采用厚层通风制曲和液态发酵法结合生产红曲技术的研究成功，实现了红曲生产的机械化、连续化和自动化。厚层通风制曲采用大罐浸米、蒸饭机蒸饭、厚层通风制曲、微机控制温度等技术，能够保证产品质量稳定，出曲率提高。目前国内的红曲米生产大多仍采用传统的固态发酵工艺，其主要缺点是：发酵周期较长、生产效率低、生产能力和产品质量不稳定、杂菌易污染以及桔霉素的控制问题[20, 21]。与传统固态发酵法相比，液态发酵法具有规模大、自动化程度高、生产过程中易控制杂菌污染等优点。但液态发酵法首期投入很大，技术要求高，在我国国内普及的可操作性不强。

（二）红曲色素制取工艺的调控

据报道，影响红曲色素产量和品质的主要因素很多，如培养基成分、pH、培养温度、供氧情况及其他物理因素等。天然红曲色素产生于红曲霉接种发酵后的产物，这一混合物质的提取工艺条件直接影响着红曲色素的产量和品质，其提取工艺技术很大程度制约了红曲色素的规模化发展[22]。

近年来，随着对红曲色素提取条件的进一步研究，工作者们取得了较为可喜的成绩。甘纯矶等以乙醇为溶剂，设置不同条件从红曲中提取红曲色素，通过适当加大乙醇提取液用量比例，使得红曲色素的提取率提高[21]。陈家文利用诱变育种选育高产菌株，采用较合理的中试工艺流程和工艺条件，用沉淀浸提法提取工艺对水溶性红曲色素进行了中试生产，获得的红曲色素水平为200U/mL，平均提取率为55.5%的高水平[20-22]。

红曲色素提取是一道重要的工序，提取工艺是否合理、溶剂选择是否恰当、萃取温度是否合适直接关系到红曲色素的产量和质量。作为一种天然色素，红曲色素虽有诸多良好物化特性，但还是有部分固有缺陷。天然色素一般稳定性较差，对光、热、霉菌等都很敏感，易分解、破坏等。

（三）红曲色素生产的色价调控

目前有关生产红曲的主要报道有，宁夏轻工所采用M130菌株液体发酵法在大米及豆浆培养基中发酵制取红曲，发酵色价为160U/mL。华南理工大学轻工食品学院筛选出红曲色素高产菌株W107，对发酵特性进行的研究表明：红曲霉在发酵过程中色素大量分泌至细胞外，胞内色素不足胞外色素的一半，5～6d色素大量积累，色价最高可达400U/mL。翁照南等采用液体发酵培养的菌种，再接入固体发酵制取红曲米，色价高达3000U/mL。上海工业微生物研究所利用纯种红曲霉液体发酵法制取红曲色素，以馅糖为原料进行中型试验（SOOL发酵罐），色价达9500～10000U/mL，是国内报道色价的最高水平[22]。

（四）红曲色素中橘霉素含量控制

有报道称，目前英美等西方国家生产的红曲米或红曲色素中橘霉素含量为0.2～17.1mg/kg。周立平报道浙江大学红曲生产基地生产的红曲中橘霉素含量为0.07mg/kg[21]。而日本厚生省在1999年第7版《日本食品添加剂标准》中规定红曲色素中橘霉素的限制剂量是低于0.2mg/kg，暂定为国际通用橘霉素含量标准。

目前，如何使红曲在生产高色价色素的同时，含较低甚至不含橘霉素是红曲研究的热点之一。研究表明不同氨基酸和其他因子对橘霉素的合成均有不同影响。郝常明等以发酵红曲时，橘霉素的生物合成代谢途径为着手点，对橘霉素合成支路中缩合、氧化、碱基化、环氧键的步骤加以研究，找出了几种抑制剂并证明其抑制橘霉素合成是有效的，但也证明其影响了色素的形成。虞慧玲等采用不同碳源、氮源液态发酵红曲研究表明，不同碳源、氮源对红曲色价、橘霉素含量影响较大。还有学者提出采用微生物混合发酵法来解决橘霉素问题，具体办法是采用生长条件与红曲菌相近，但能代谢橘霉素或能生成抑制其中间产物形成的真菌一同培养，从而在根本上防止橘霉素的形成，此法目前尚在试验阶段[22]。

四、食品加工中色彩形成的氧化还原反应（发酵红茶）

自我国发明了红茶制法开始，有关茶叶红变的机理便成为茶叶研究的热点之一。从早期古在由泽（Kosai K.）提出的细菌作用学说，到班伯（Bamber M.K.）创立的氧化学说，直至1900年班伯等从茶叶中分离出氧化酶后，才算对红茶发酵红变的原因有了较正确的解释。1901—1904年，曼恩（Mann H.）研究指出红茶发酵红变是多酚类化合物氧化的结果，由茶叶内氧化酶类的催化作用所致。从此，酶促氧化作用便成为研究红茶发酵红变机理的中心内容[23-26]。

（一）发酵红茶色彩形成机制

制茶发酵最显著的变化是叶色从鲜绿色变为铜棕色，茶汤形成红茶特有的色香味品质特征，在未受损伤的叶细胞中，儿茶素和多酚氧化酶（PPO）处于被分隔的不同细胞器内，两者的接触受到约束。因此，氧化作用与还原作用这两个过程呈相对平衡状态，儿茶素的氧化产物——邻醌因不断被还原而不会出现积累[23-26]。

但是，当叶细胞遭损伤时，儿茶素与PPO接触机会增加，氧化过程占据主导地位，导致邻醌的大量形成。邻醌进行聚合，从而形成有色物质。现有研究结果表明，红茶发酵红变的本质是儿茶素在多酚氧化酶或过氧化酶（POD）的催化下，很快被氧化成初级氧化产物邻醌，随后进行聚合形成联苯酚醌类中间产物。联苯酚醌极不稳定，还原可形成双黄烷醇类，氧化则生成次级氧化产物——茶黄素（TF）、茶红素（TR）和茶褐素（TB），这些有色物质的形成过程，正是导致鲜叶由绿变红，形成"红茶红叶红汤"品质特征的关键性变化[23-26]。

（二）红茶色泽形成的调控

红茶加工过程中，色泽由绿至红及棕色至乌黑色的转变，主要依赖于两个重要的生物化学反应，即多酚类的酶促氧化反应和叶绿素降解反应。其中，前者所产生的氧化产物含量对红茶色泽的形成起着决定性的作用。因此，在红茶加工过程中，如何创造良好的外部条件以促进红茶色素的形成，是当前提高红茶品质的重要研究课题。

从儿茶素氧化变化途径分析，要获得红茶"红叶红汤"的品质特征，应满足以下几点要求：①尽可能使多酚氧化酶活性和氧化基质儿茶素含量保持在较高水平；②促使多酚氧化酶与儿茶素快速、充分地接触；③保证儿茶素酶促氧化反应在适宜的温度、湿度、pH、供氧条件下进行，具体来说可以从以下方面进行调控[25, 26]。

1. 优良品种的选择

不同品种鲜叶中因某些儿茶素含量及多酚氧化酶活性不同而影响红茶色素物质TF、TR的形成量。研究发现，鲜叶中儿茶素含量和多酚氧化酶活性高，尤其是L-表没食子儿茶素（L-EGC）和L-表没食子酸儿茶素没食子酸酯（L-EGCG）含量高者，制成的红茶品质一般较好。其中L-EGC含量被认为是关键的制约因素，凡茶树品种中L-EGC含量高者，形成茶黄素的潜力也越大。

2. 适度轻萎凋

萎凋中所发生的一系列生化变化，为红茶品质的形成奠定了良好的物质基础，尤其是多酚氧化酶的活性强弱对儿茶素氧化产物的形成影响极大。适度轻萎凋可大大增强多酚氧化酶活性，有利于茶黄素的形成。萎凋程度因茶而异，工夫红茶萎凋叶含水量掌握在65%为好，而红砖茶则以68%~70%为佳。萎凋温度不宜过高，时间不宜太短。

3. 温度

发酵温度的高低直接关系到酶活性的强弱，因而也就左右着生化变化的速度、深度和广度，在发酵初期利用30℃左右的高温激发酶活性，促进初级及中间氧化产物的形成，中、后期则利用低温保持酶活性。

4. 水分

发酵叶含水量的多少，与酶活性及叶内物质的交流转化关系较密切。生产上常用洒水或喷雾，使相对湿度保持在90%以上。

5. 供氧

红茶发酵过程的主要化学反应是氧化反应，无论是酶促氧化还是非酶促自动氧化都需要氧的参与。现代通风透气发酵技术的应用，不仅较好地解决了供氧问题，而且还能调节发酵温度和湿度，对红茶品质的提高起到极其重要的作用。

6. 外源酶的应用

随着酶分离、纯化技术的不断提高，纯化的活性外源酶已开始广泛用于红茶加工中。将微生物多酚氧化酶（MPPO）添加到红茶发酵叶中，不仅缩短了发酵时间，还使TF和TR含量明显增加。

食品加工中色彩变化过程十分复杂，与食品原料、加工条件、外界环境等都有密切的关系。希望通过本章对食品加工中色彩变化的简单探讨，为后续研究者提供参考。

参考文献

[1]　丁耐克. 食品风味化学 [M]. 北京: 中国轻工业出版社, 1996.

[2]　赵齐川. 食品褐变与酶 [J]. 生命的化学, 1985(6): 18.

[3]　杨克同. 食品加工中非酶褐变反应对风味的影响 [J]. 食品科学, 1983, 4(10): 3-5.

[4]　Martins SIFS, Jongen WMF, Boekel MAJSV. A review of Maillard reaction in food and implications to kinetic modelling [J]. Trends in Food Science & Technology, 2000, 11(9-10): 364-373.

[5]　Li FU, Tie-Gang LI. Reviews on maillard reaction [J]. Food Science & Technology, 2006.

[6]　蔡妙颜, 肖凯军, 袁向华. 美拉德反应与食品工业 [J]. 食品工业科技, 2003, 24(7): 90-93.

[7]　王晓华, 赵保翠, 杨兴章, 等. 美拉德反应与食品风味 [J]. 肉类研究, 2006(5): 16-18.

[8]　Ramírez-Jiménez A, Guerra-Hernández E, García-Villanova B. Browning indicators in bread [J]. Journal of Agricultural & Food Chemistry, 2000, 48(9): 4176-4181.

[9]　Purlis E, Salvadori VO. Modelling the browning of bread during baking [J]. Food Research International, 2009, 42(7): 865-870.

[10]　Adams JB, Brown HM. Discoloration in raw and processed fruits and vegetables [J]. Critical Reviews in Food Science & Nutrition, 2007, 47(3): 319-333.

[11]　Krochta JM, Saltveit M, Cisneros-Zevallos L. Method of preserving natural color on fresh and minimally processed fruits and vegetables: US, US 5547693 A [P]. 1996.

[12]　罗自生. 果蔬原料加工时的变色和护色措施 [J]. 食品科技, 1997(6): 23-24.

[13]　何凤平, 潘永贵. 鲜切果蔬变色及其控制技术研究进展 [J]. 食品安全质量检测学报, 2015(7): 2420-2426.

[14]　纪有华, 王荣兰. 红烧肉风味形成途径探讨 [J]. 扬州大学烹饪学报, 2006, 23(2): 19-23.

[15]　应丽莎, 刘星, 周晓庆, 等. 肉类产品护色技术研究进展 [J]. 食品科学, 2011, 32(3): 291-295.

[16]　曹岚, 杨旭. 焦糖色素的生产现状及其在食品工业中的应用 [J]. 中国调味品, 2005(4): 53-55.

[17]　Buera MDP, Chirife J, Resnik SL, et al. Nonenzymatic browning in liquid model systems of high water activity: Kinetics of color changes due to caramelization of various single sugars [J]. Journal of Food Science, 1987, 52(4): 1059-1062.

[18]　Lothar W Kroh. Caramelisation in food and beverages [J]. Food Chemistry, 1994, 51: 373-379.

[19]　张国瑛, 顾正彪, 洪雁. 焦糖色素生产及应用的进展 [J]. 食品工业科技, 2007(4): 232-235.

[20]　刘毅, 宁正祥. 红曲色素及其在肉制品中的应用 [J]. 食品与机械, 1999(1): 28-30.

[21]　李清春, 张景强. 红曲色素的研究及进展 [J]. 肉类工业, 2001(4): 25-28.

[22]　刘颖. 红曲色素的固态发酵法制取技术及其稳定性研究 [D]. 长沙: 湖南农业大学, 2006.

[23]　Andreas Finger. *In-vitro* studies on the effect of polyphenol oxidase and peroxidase on the formation of polyphenolic black tea constituents [J]. Journal of the Science of Food & Agriculture, 1994, 66(3): 293-305.

[24]　Fabre CE, Santerre AL, Loret MO, et al. Production and food applications of the red pigments of monascus ruber [J]. Journal of Food Science, 2010, 58(5): 1099-1102.

[25]　夏涛. 试析茶叶红变原理及红茶色泽形成的调控 [J]. 福建茶叶, 1996(4): 15-18.

[26]　俞露婷. 红茶模拟发酵工序茶黄素形成调控基础研究 [D]. 北京: 中国农业科学院, 2016.

第五章

食品中天然色素的提取与修饰改性

第一节 引言

　　天然色素（natural pigments）是由天然资源获得的食用色素。主要从植物的组织，包括花、叶、果实、根、茎和动物、微生物（培养）中提取。食用色素使食品具有赏心悦目的色泽，利用天然色素进行着色，色调清淡、自然纯正。天然色素不仅能够起到着色的作用，很大一部分天然色素还具有良好的生理活性，如抗氧化、抗癌等多种生物活性功能[1]，因此越来越受到关注，逐渐成为研究热点。植物是天然色素的主要来源，绝大多数的植物色素为花青素类、类胡萝卜素类、黄酮化合物等。植物色素在植物体中含量较少，分离纯化较为困难，其中有的共存物存在时还可能产生异味，因此生产成本较合成色素高。大部分植物色素对光、热、氧、微生物和金属离子及pH变化敏感，稳定性较差，需要添加抗氧化剂、稳定剂以提高商品的使用周期。但是，植物天然色素食用安全，色泽自然，符合人们的心理需求，而且随着近年来科技的进步，天然色素的稳定性得到了提高，产品应用更加方便安全。

　　天然色素的开发利用是世界食品色素业的发展趋势。在欧盟，天然色素受到市场广泛的欢迎。日本市场对糖色素、胭脂树橙色素、红曲色素、栀子黄色素、辣椒红色素和姜黄色素等6种天然色素产品年均需求量在200t以上[2]。我国有着天然色素生产所需的丰富植物资源，近年来食用色素产业已初具规模，成为食品行业中的重要行业。我国天然食用色素产品中次焦糖色素、红曲红、高粱红、栀子黄、萝卜红、叶绿素铜钠盐、胡萝卜素、可可壳色、姜黄色等，已应用于配制酒、糖果、熟肉制品、果冻、冰淇淋、人造蟹肉等食品。

　　由于天然食用色素的价格较高和受生活水平所限，其在我国食品制造业中的应用量还较少，目前还处于合成色素和天然色素并存的发展状态下。随着我国人民生活水平的进一步提高，回归大自然、食用全天然原料的产品必将成为今后食品消费的主流，国内食品制造业对天然食用色素的需求将不断增长，伴随着现代化工业技术的发展及人们对食品安全需求的逐渐增加，现代化高新技术正不断应用于天然色素的提取中，本章将就目前天然色素的提取种类、提取方法进行概括介绍，并就几种常见的色素的提取方法及天然色素的修饰改性进行具体的介绍。

　　天然色素的化学改性就是在不改变天然色素分子基本结构的前提下，通过有限的化学反应仅改变天然色素分子末端的活性基团如甲基、醛基、羧基等，而达到改变色素某些性质的方法，如改变溶解性、稳定性、着色性或者提高某种特有的生理活性等[3]。关于这方面的研究也越来越多。通过这些研究，使色素既保持了原有的基本结构基本性质，又改善了色素在使用中的性能，对扩大天然色素使用范围提高其使用效果有很好的促进作用。天然色素的化学修饰必须遵守以下原则[3]：第一，天然色素分子的主体结构不发生变化，改变的是分子末端或边缘连接的基团。第二，经过化学修饰后的天然色素分子结构形式一般是在原植物中也存在的一种结构形式，无毒无害，若某些天然色素经生物化学修饰后形成新的结构形式作为药物使用，就必须经过毒理实验。第三，在化学修饰过程中不得使用有毒有害的物质，以免色素遭到污染是经过化学修饰后，天然色素的某种性质或生理活性得到提升，能充分体现化学修饰的价值。

第二节　天然色素的提取方法

一、有机溶剂提取法

有机溶剂提取法是提取的基本方法，首先用溶剂浸提，使色素溶于溶剂中，然后再经过滤、减压浓缩、真空干燥、精制等工艺过程得到最终所要色素。在提取的过程中可加上不同的辅助方法，如微波、超声、脉冲电场等。提取前需要根据色素的性质对提取色素所用的溶剂进行选择，常用的溶剂有水、酸碱溶液，有机溶剂如乙醇、甲醇、丙酮、乙酸乙酯等。根据色素的种类和极性不同，需要选择不同的溶剂提取。此法工艺简单，设备投资少，提取操作方便，对环境无污染，成本低，便于生产，但存在着浸提、过滤时间长、劳动强度大、原料预处理能耗大、产品质量不太理想、产品得率也不是很高、色素溶解性差、色泽变化较大等缺点，且提取过程要用大量的溶剂，回收困难，导致产品生产成本高，此法更适合于实验研究。

有机溶剂提取时需要根据提取率的大小对多种溶剂进行筛选，这是此法的关键步骤。提取率可以通过提取物的颜色由分光光度计进行判断。孙桃等[4]对菠萝蜜果皮色素提取时，在对比了丙酮、乙酸乙酯、甲醇和无水乙醇为提取剂所得到的吸光值后，选择了丙酮为最终的提取剂，其在可见光区的最大吸收波长为665nm，结果如图5-1所示。

然而有时需要在提取率的基础上综合考虑提取剂的毒性和残留性。李晓玲等[5]在料液比1：12，温度50℃的条件下以乙酸乙酯、丙酮、正己烷及4种浓度的乙醇水溶液为提取剂，常规连续浸提3h，所得浸提溶剂对玉米黄色素提取率的影响如图5-2所示。由图5-2可知，当以无水乙醇为提取溶剂时玉米黄色素提取率最高，其次是丙酮。考虑到丙酮在用于天然色素的提取时残留毒性比较大，而高浓度乙醇更有利于玉米黄色素和玉米醇溶蛋白的分离，最终选择无水乙醇作为提取溶剂。

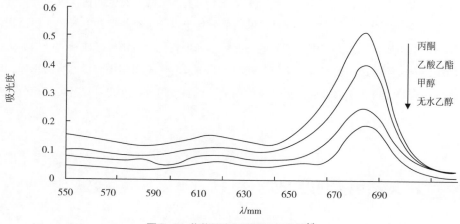

图5-1 菠萝果皮色素的吸收曲线[4]

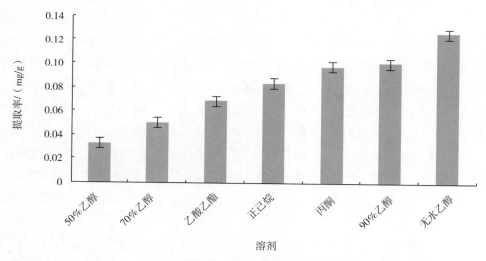

图5-2 不同浸提溶剂对提取率的影响[5]

通常，乙醇是天然食用色素较优的提取剂。张志健和李新生[6]利用乙醇提取橡子壳色素，得到的适宜条件为40%乙醇、料液比1∶50（g/mL）、温度70℃、时间5h。对于含水量较少的对象如红辣椒和郁金香，用95%乙醇较佳；对于含水量较多的对象如萝卜，用无水乙醇作为提取剂较好[7]。另外，水是环境友好的溶剂，孙雨安等[8]利用稀酸水溶液提取紫色菜苔色素，其最佳提取工艺条件是浸取液为pH=1左右的稀酸水溶液，浸取时间1.5h，温度60℃。此色素水溶性强，耐光、耐热，在一般介质中稳定，可作为酸性食品如饮料、冷饮、糖果、糕点等的着色剂。有机溶剂提取法萃取剂便宜，设备简单，操作简单易行，提取率较高。但由于通过该法提取的某些产品存在纯度较低及溶剂残留等缺点，影响了其应用范围。

二、碱提取法

碱提取法主要是应用碱对多种生物物质的影响作用来进行提取。其提取率不如有机溶剂高，但在经济角度和安全角度方面仍有应用价值，而且其碱性具有脱蛋白质和脱辣的附加作用。如对虾壳中虾青素的提取，与其他植物色素不同，虾壳中的虾青素大多与蛋白质结合，丁纯梅和陶庭先[9]利用碱液脱蛋白的原理，先用热碱液煮虾壳使蛋白质溶出，虾青素也随着溶出，然后加酸沉淀、过滤，沉淀物即为富含虾青素的提取物。另外，碱法可以应用于辣椒的脱辣。由于辣椒中含有强烈辛辣味的辣素，在提取分离过程中不易除去，影响辣椒色素的质量和适用范围，所以脱除辣味问题就成了提高色素质量的关键。辣椒碱呈弱酸性，选择NaOH水溶液作为脱辣浸泡液能够将辣椒碱转变成其钠盐形式，溶于碱性水溶液中，后经过滤、漂洗可被除去。畅功民等[10]以15%～40%的NaOH水溶液处理辣椒油树脂，使辣椒红色素中的脂肪成分发生皂化反应，从而将辣椒红色素游离释放出来，可提取辣椒红色素。碱提法由于提取过程需消耗大量酸碱，且废液较难回收，因此除去特殊用途，近几年来对碱提法的研究报道较少。

三、酶法提取法

对于一些被细胞壁包围不易提取的原料可用酶法提取。纤维素酶可使纤维素、半纤维素等物质降解，引起细胞壁和细胞间质结构发生局部疏松、膨胀等变化，从而增大胞内有效成分向提取介质的扩散，促进色素提取效率的提高。以红花黄色素为例，红花黄色素存在于红花管状花花瓣中，此部位植物材料的化学成分主要为纤维素类物质，它们构成了红花黄色素由植物材料向提取介质扩散的屏障。应用纤维素酶作用于红花管状花，使其细胞壁及细胞间质中的纤维素、半纤维素等物质降解，使细胞壁及细胞间质结构发生局部疏松、膨胀、崩溃等变化，从而增大胞内有效成分（即红花黄色素）向提取介质扩散的传质面积，减小传质阻力，从传质角度促进红花黄色素提取率提高。此过程的实质是利用与非有效成分纤维素作用的酶解反应强化有效成分的传质，从而提高了红花黄色素的提取率。

在纤维素酶制剂中，除了主要成分纤维素酶之外，还含有少量半纤维素酶、果胶酶、蛋白酶等。由于植物材料中不仅含有纤维素，而且含有半纤维素、果胶、蛋白质、木质素等物质，在提取过程中，纤维素酶制剂中的半纤维素酶、果胶酶、蛋白酶等由于底物的存在也同时显示催化活性。因此，不同的纤维素酶制剂作用于同一种植物材料时，有效成分提取率的高低不仅与制剂中纤维素酶的含量、活性有关，也与酶制剂中半纤维素酶、果胶酶等的含量、活性有关。因此，应对不同来源的纤维素酶进行筛选，以获得与植物材料匹配的、具有最大提取率的纤维素酶。

薛伟明等[11]利用纤维素酶提取红花中的红花黄色素，与传统水浸提取工艺相比，提取率提高了9.40%～13.35%。孙晓侠等[12]研究了黑豆皮色素的酶法提取工艺。与未加纤维素酶的工艺相比，提取率提高了8.2%。具有提取条件温和，有效成分理化性质稳定等优点。

四、冻结－融解提取法

冻结－融解法是利用低温冷冻使细胞内水分结晶，尖锐的冰晶会刺破细胞膜和细胞壁，当植物细胞壁破裂后，胞内可溶物迅速溶出，很容易得到高浓度的色素溶液。冻结－融解法条件温和，操作温度不超过室温，对热敏性高的天然食用色素破坏较少，是生物化学研究中常用的破碎微生物细胞壁的方法[13]。与常规浸提相比，由于避免了通过细胞壁传质的过程，浸提时间大为缩短。植物细胞壁破碎后，胞内可溶物都会溶出，为了得到较纯的产品，乙醇提取仍是不可缺少的。如以栀子、红蓝草、枫叶为原料的3种色素提取结果表明，此工艺对提取水－醇兼溶的植物色素具有较普遍的适用性[14]，可推广于其他同类色素的工业化生产，甚至提取其他非色素类的胞内物质也有作用。

五、微波辅助提取法

微波指频率在300～300000 MHz的电磁波，它具有波动性、高频性、热特性和非热特性四大基本特性。微波辅助萃取法是将微波与传统溶剂提取法相结合的一种新型技术，它基于电磁波到达被提取物内部维管束和腺细胞内，使植物细胞极性物质吸收了微波能，产生大量热量，导致细胞内温度突然升高，细胞内压力超过细胞壁膨胀能力，导致细胞壁破裂，细胞内成分自由溶出进入提取介质中[15]。

微波提取法的优点是提取率高、准确、快速、操作成本低，减少原料预处理费并对环境无害[16]。和常规加热不同，它能够穿透提取溶剂和物料，使整个系统均匀受热，节省了常规加热由表及里的热传导所需时间，使体系均衡受热，迅速升温，效率明显提高。微波射线穿透性极好，可施加于任何天然生物材料，在接近环境温度下抽提所需的有效成分，对于热敏性成分的提取极为有效，而且还可将其与超临界流体提取结合运用，解决微波提取中溶剂残留问题，这是现有的各种提取法难以达到的。

　　微波提取需要进行参数的优化，如提取时间、提取温度、料液比等。一般处理时间越长提取效果越好，因为延长提取时间能够增加溶剂与原料的接触时间，但在微波条件下，过长的提取时间会对色素造成一定程度的破坏，导致提取率降低。另外，温度也会影响色素的提取，随着微波温度升高，色素提取效果增加，这是由于温度高，渗透压增大，使色素易于溶出，然而过高的温度可能造成溶剂挥发或浓缩。料液比也会影响色素的提取，随着料液比的增加，色素提取量先增大后减小，一般来说料液比越大，即溶剂用量越大，色素越容易溶出，但当溶剂用量达到一定值后，色素接近全部溶出，继续增大料液比色素不再溶出，提取效果不显著。

　　微波提取因其操作费用低、安全、环保、加热时间短，很好地保持了色素的稳定性，其在天然色素的提取中正在得到广泛应用。很多学者报道了微波辅助提取天然色素的应用，如柿子红色素、栀子黄色素、番茄红素、红枣色素[17-20]，因此微波提取色素具有良好的发展前景和巨大的应用潜力。

六、超声辅助提取法

　　超声波是一种机械波，有效频率为20～50 kHz，超声波对天然植物色素的提取主要通过超声波产生的三种机制：空化效应、热效应和机械效应，造成植物细胞壁破裂，促进溶剂和活性成分双向转移，提高提取效率[21]。

　　（1）空化效应　空穴作用被认为是最重要的。通常情况下，介质内部或多或少地溶解了一些微气泡，这些气泡在超声波的作用下产生振动，当声压达到一定值时，气泡由于定向扩散而增大，形成共振腔，然后突然闭合，这就是超声波的空化效应（图5-3）。这种气泡在闭合时会在其周围产生几千个大气压的压力，形成微激波，它可造成植物细胞壁及整个生物体破裂，而且整个破裂过程在瞬间完成，有助于天然色素的释放与溶出[22]。

　　（2）热效应　和其他物理波一样，超声波在介质中的传播过程也是一个能量的传播和扩散过程，即超声波在介质的传播过程中，其声能不断被介质的质点吸收，介质将所吸收的能量全部或大部分转变成热能，从而导致介质本身和植物组织温度的升高，增大了色素的溶解速度。由于这种吸收声能引起的植物组织内部温度的升高是瞬间的，因此被提取成分的生物活性保持不变。

　　（3）机械效应　超声波在介质中的传播可以使介质质点在其传播空间内产生振动，从而强化介质的扩散、传播，这就是超声波的机械效应。超声波在传播过程中产生一种辐射压强，沿声波方向传播，对物料有很强的破坏作用，可使细胞组织变形，植物蛋白质变性；同时，它还可以给予介质和悬浮体以不同的加速度，且介质分子的运动速度远大于悬浮体分子

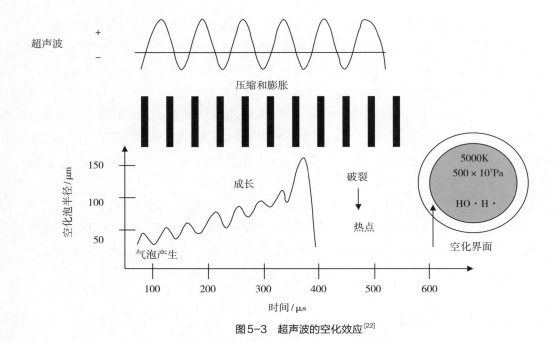

图5-3　超声波的空化效应[22]

的运动速度。从而在两者间产生摩擦，这种摩擦力可使生物分子解聚，使细胞壁上的有效成分更快地溶解于溶剂之中。超声波使提取液不断震荡，有助于溶质扩散。

因此，超声波法大大缩短了提取时间，提高了有效成分的提出率和原料的利用率。超声提取法具有设备简单、操作方便、提取时间短、提取率高、无须加热、不影响提取物的结构和活性等优点。

向洪平等[23]专门就超声波辅助萃取功能性天然色素作了综述。李大婧等[24]对超声辅助提取黑豆皮色素工艺进行优化，结果表明原料用量0.5g、固液比30mL/g、在超声功率80W（即功率密度5.3W/mL）、溶液pH=1.5、温度80℃、时间120min时，黑豆皮色素提取效果最好，提取率达到95.6%，比传统水浴加热高8.3%。许丹丹等[25]研究超声-微波协同提取昆仑雪菊色素工艺，结果表明最佳工艺进行条件为：原料用量5g、料液比1∶21、超声功率50W（频率40kHz）、微波功率120W（即超声功率密度0.47W/mL；微波功率密度1.14W/mL）、温度44℃、时间20min，提取效果最好。

七、高压脉冲电场辅助提取法

高压脉冲电场（high intensity pulsed electric field，PEF或HPEF）是近年来新兴的一项技术，它的基本原理是对处于两极电场间的物料施加短脉冲电高压，其中的极性分子在电场的作用下即会向电极方向高速运动，根据细胞膜电穿孔理论，组织细胞此时会受到不可逆的破坏，从而促进色素从细胞内溶出。它属于一种非热处理技术，从而在一定程度上避免了食品天然风味及功能成分生物活性的损失。

高压脉冲电场是把液态食品作为电解质置于容器内，与容器边缘的两个放电电极通过高压电流，产生电脉冲进行加工的方法。电场的穿孔可分为以下三个阶段：①非电场穿孔阶段：脉冲强度远远小于临界电场强度，电场不能在细胞膜上形成纳米级的微孔；②电场穿孔阶段：电场强度大于临界电场强度，细胞内外的物质可以通过被穿破的微孔自由交换；③饱和阶段：稳定的状态，即使电场强度的增加，也不会细胞膜的透过性增加。在电场穿孔阶段，细胞会被破坏。电场强度越大，细胞的被破坏程度越大[26]。

韦汉昌等[27]研究高压脉冲电场辅助乙醇提取栀子黄色素，最佳提取条件为脉冲电场强度20kV/cm、脉冲数8、料液比1：15、60%乙醇，一次提取率可达93.2%，提取效果优于其他方法。

八、超临界CO_2萃取法

超临界流体萃取是基于在超临界状态下，一种有机溶剂对固体和液体的萃取能力和选择性大大高于在常温常压下的原理。以超临界流体（即温度和压力略超过或靠近超临界温度和临界压力、介于气体和液体之间的流体）作为提取剂，使被萃取的物质的化学亲和力和溶解能力发生变化，通过调节体系的压力或温度从而达到分离和纯化所需物质的目的[28]。可作超临界流体的气体很多，如二氧化碳（CO_2）、乙烯、氨、氧化亚氮、二氯二氟甲烷等，通常使用CO_2作为超临界萃取剂。应用CO_2超临界流体作溶剂，具有临界温度与临界压力低、化学惰性等特点，适合于提取分离挥发性物质及含热敏性组分的物质。

超临界流体萃取法的特点在于充分利用超临界流体兼有气、液两重性的特点，在临界点附近，超临界流体对组分的溶解能力随体系的压力和温度发生连续变化，从而可方便地调节组分的溶解度和溶剂的选择性。超临界流体萃取法具有萃取和分离的双重作用，尤其对热敏性物质和易氧化物质的分离更具特色。物料无相变过程因而节能明显，工艺流程简单，萃取效率高，无有机溶剂残留，产品质量好，无环境污染。但是，超临界流体萃取法也有其局限性，超临界CO_2萃取法较适合于亲脂性、相对分子质量较小的物质萃取，超临界流体萃取法设备属高压设备，投资较大。

超临界流体萃取技术是近20年发展起来的一门新型分离技术，在食品、医药、化妆品香料工业、生物工业和化学工业上得到广泛应用。在食品工业的天然色素提取上，已用于植物色素的萃取 β - 胡萝卜素的提取等。李敏等[29]就超临界CO_2技术在天然色素提取中的应用专门做了综述。罗金岳等[30]以超临界CO_2从箬竹叶中提取叶绿素。时海香等[31]以超临界CO_2从常山胡柚外果皮中提取天然色素。张文成[32]对天然番茄红素的超临界CO_2提取研究表明,番茄红素的生产工艺参数为压力约15MPa、温度约45℃、时间约1.5h。随着国际社会对用于食品加工、医药和化妆品的合成色素的限制和禁用,溶剂法生产的色素有异味和溶剂残留无法满足国际社会对高品质色素的要求,严重影响了天然色素的推广和应用。超临界萃取技术克服了以上缺点。因此,用超临界提取天然色素成了我国天然色素今后发展的一个重要课题。

九、分子蒸馏提取法

分子蒸馏是一种特殊的液-液分离技术,可以在高真空度下进行连续操作,是运用不同物质分子运动平均自由程的差别而实现物质的分离(图5-4),因而能够实现在远离沸点下操作,极好地保护热敏性物料的品质,真正保持了纯天然的特性。分子蒸馏技术适合于把粗产品中高附加值的成分进行分离和提纯,并且这种分离是其他常用分离手段难以完成的。根据分子运动理论,液体混合物的分子受热后运动会加剧,当接受到足够能量时,就会从液面逸出而成为气相分子,随着液面上方气相分子的增加,有一部

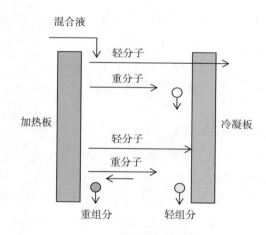

图5-4　分子蒸馏原理示意图

分气体就会返回液体,在外界条件保持恒定情况下,就会达到分子运动的动态平衡。从宏观上看达到了平衡。液体混合物为达到分离的目的,首先进行加热,能量足够的分子逸出液面,轻分子的平均自由程大,重分子平均自由程小,若在离液面小于轻分子的平均自由程而大于重分子平均自由程处设置一冷凝面,使得轻分子不断被冷凝,从而破坏了轻分子的动平衡而使混合液中的轻分子不断逸出,而重分子因达不到冷凝面很快趋于动态平衡,不再从混合液中逸出,这样,液体混合物便达到了分离的目的。

分子蒸馏的特点如下:

(1)普通蒸馏在沸点温度下进行分离,分子蒸馏可以在任何温度下进行,只要冷热两面间存在着温度差,就能达到分离目的。

(2)普通蒸馏是蒸发与冷凝的可逆过程,液相和气相间可以形成相平衡状态;而分子蒸

馏过程中，从蒸发表面逸出的分子直接飞射到冷凝面上，中间不与其他分子发生碰撞，理论上没有返回蒸发面的可能性，所以分子蒸馏过程是不可逆的。

（3）普通蒸馏有鼓泡、沸腾现象；分子蒸馏过程是液层表面上的自由蒸发，没有鼓泡现象。

（4）表示普通蒸馏分离能力的分离因素与组元的蒸汽压之比有关，表示分子蒸馏分离能力的分离因素则与组元的蒸汽压和分子质量之比有关，并可由相对蒸发速度求出。

曾凡坤等[33]早在1996年就采用分子蒸馏法，以冷榨甜橙油为原料，提取其中的类胡萝卜素。王芳芳等[34]应用刮膜式分子蒸馏装置对辣椒红色素的提纯进行研究，在操作压力2200Pa，进料速率20~30mL/min，进料温度30℃，蒸发温度37~40℃，刮膜转速280~320r/min条件下能够达到最优萃取条件。分子蒸馏技术在制备天然色素方面具有独特优势，制得的色素产品质量、外观、得率都高于真空蒸馏的产品，克服了传统分离提取法的种种缺陷，必将在天然色素的制备方面起到巨大的推动作用。

十、双水相萃取法

双水相萃取（aqueous two phase extraction，ATPE）技术就是利用物质在互不相溶的两水相间分配系数的差异来进行的萃取方法（图5-5）。其基本原理与水–有机相萃取的原理相似，都是依据物质在两相间的选择性分配。当萃取体系的性质不同时，物质进入双水相体系后，由于表面性质、电荷作用和各种作用力（如憎水键、氢键和离子键等）的存在和环境因素的影响，使其在上、下相中的浓度不同。物质在双水相体系中分配系数K可用下式表示：

$$K = C_2/C_1$$

其中，K为分配系数，C_2和C_1分别为被分离物质在上、下相的浓度。

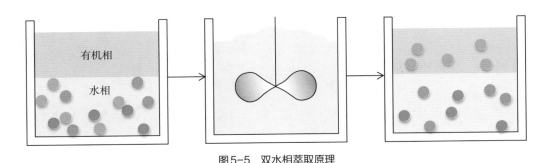

图5-5　双水相萃取原理

影响双水相萃取的因素如下：

（1）聚合物分子质量　对于给定的相系统，如果一种高聚物被低分子质量的同种高聚物所代替，被萃取的大分子物质，如蛋白质、核酸、细胞粒子等，将有利于在低分子质量高聚物一侧分配。

（2）pH的影响　改变两相的电位差，如体系pH与蛋白质的等电点相差越大，则蛋白质在两相中分配越不均匀。pH的变化也会影响磷酸盐的离解程度，导致组成体系的物质电性发生变化，也会使被分离物质的电荷发生改变，从而影响分配的进行。

（3）离子环境　在双水相聚合物系统中，加入电解质时，其阴阳离子在两相间会有不同的分配。同时，由于电中性的约束，存在一穿过相界面的电势差，主要影响荷电大分子的分配。

与传统的萃取方法相比，ATPE技术所形成的两相大部分为水，两相界面张力很小，为有效成分的溶解和萃取提供了适宜的环境，相际间的质量传递快、操作方便、时间短、条件温和、易于工程放大和连续操作，能较好保留产物的生物活性，且不存在有机溶剂残存等特点[35-38]，特别适用于料液浓度低、生物活性要求高的天然产物的分离提纯，是一种极具工业化应用潜力的生物分离技术。

刘晶晶等[39]采用酸性水溶液从甜菜块根中浸泡提取甜菜红色素，得到色素粗提液，然后调整pH，加入聚乙二醇和硫酸铵形成双水相系统，进行充分的混合萃取，静置后形成两相，甜菜红色素进入聚乙二醇上相，糖类杂质进入硫酸铵下相。上相采用超滤膜法将甜菜红色素和聚乙二醇分离开，甜菜红色素采用反渗透或纳滤膜进行浓缩，然后再真空浓缩至固含量20%以上，最后采用喷雾干燥的方法得到甜菜红色素产品。姜彬等[40]采用聚乙二醇（PEG）/盐双水相体系分离食用色素柠檬黄，最优萃取工艺为18%PEG2000、15%（NH$_4$）$_2$SO$_4$、pH=6，萃取率可达98%。

尽管双水相萃取还存在很多亟待解决的问题，但其操作简单、条件温和、选择性强，特别适用活性要求高、产物浓度低的天然产物分离，新型廉价成相系统的开发，以及与其他分离技术的融合，如与磁场、超声、胶体、色谱、电泳等技术融合，可以解决双水相高聚物回收、相分离时间长等难点问题，甚至能简化双水相分离过程、提高分离效率，因此具有很好的产业化应用前景。

十一、膜分离法

膜分离法是用天然或人工合成的高分子膜，以外界能量或化学位差为推动力对混合物进行分离、分级、提纯和浓缩的方法（图5-6）。与传统过滤不同在于，膜可以在分子范围内进行分离，在色素分离中，利用色素与杂质分子大小的差异，采用纤维超滤膜和反渗透膜，可阻留各种不溶性大分子如多糖、蛋白质等，膜分离法主要用于天然色素提取液的除杂及浓缩。

天然色素膜分离浓缩工艺流程：天然色素提取液→ 预处理 → 超滤膜分离 → 膜浓缩 →后续工艺。

天然色素膜分离浓缩：提取液通过预处理去除部分固性杂质（常用过滤方式有板框过滤/离心等），然后经过膜过滤，去除溶解性大分子杂质，彻底实现色素料液的澄清，然后进入浓缩膜截留色素，使灰分及其他小分子杂质透过，实现浓缩脱水以及除杂质的双重目的。

超滤膜分离：超滤用于生产色素的澄清，替代了传统澄清方法，它能将大分子悬浮物及蛋白进行有效截留而让澄清的色素提取液渗透通过膜进入渗透液侧，对于有些色素品种，超滤法可以提高3倍左右。

膜浓缩：膜浓缩常用于色素常温下的浓缩/除水，通常与蒸发器联用或取代蒸发器，过滤时，水及部分小分子杂质（如红曲红中橘霉素）通过膜而色素组分则被截留浓缩，达到浓缩色素的同时去除了小分子杂质，提高产品品质。

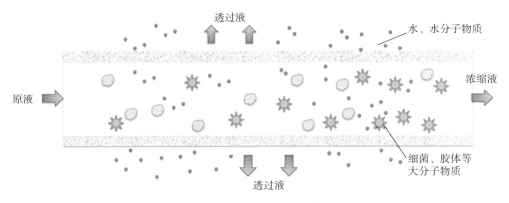

图5-6　膜分离技术原理示意图

该法工艺简单、效能高，可用于可可色素、红曲色素的分离。膜分离技术是近年来在全球迅速崛起的一项新技术，近半个世纪以来，膜分离技术得到了迅速的发展。与传统的分离操作相比，具有能耗低、分离效果高、无二次污染、工艺简单的特点。

天然色素膜分离浓缩工艺优势如下。

（1）超滤膜过滤精度高，彻底去除溶液中的大分子杂质，提高提取液的纯度；

（2）膜工艺可回收上清液中的剩余色素，提高收率20%以上；

（3）浓缩膜在常温的条件下进行预浓缩避免了升温蒸发对色素的破坏，提高成品质量；

（4）膜浓缩液浓度可达20%～30%，节省喷干成本（纳滤浓缩的除水成本在20~30元/t水，喷雾干燥除水成本在80～100元/t水）；

（5）膜工艺的应用色素的效价提炼收率将接近100%，且由于副产品的脱除成品色阶将比原工艺提高15%～30%；

（6）膜再生清洗容易，维护成本低，膜浓缩的成本只有热浓缩的1/5左右，极大的节省了企业的生产成本；

（7）膜浓缩的同时脱除小分子杂质，提高产品品质。

刘志强等[41]以花生衣的原花色素提取液为原料，研究不同孔径的膜组件纯化原花色素提取液的效果。张小曼等[42]以山竺果皮为原料，对山竺红色素提取、纯化工艺进行研究，应用膜分离技术对山竺红色素提取液进行除杂纯化，超滤液经蒸发、干燥可得到纯度较高的山竺红色素，其色价达22.15，为未经超滤提取色素色价的3.5倍。

十二、大孔吸附树脂分离法

吸附树脂（absorption resin）是近10年发展起来的一类新型非离子型有机高分子聚合物吸附剂，其原理是通过物理作用使被吸附物质与大孔树脂间形成范德华力和氢键，通过有选择的吸附有机物质，从而达到提取分离的目的。以大孔树脂为吸附剂，用静态吸附法选择出吸附和洗脱的最佳条件，再用动态柱层析，得到的色素杂质含量低、纯度高（图5-7）。

大孔吸附树脂的孔径和比表面积是影响大孔树脂对色素吸附的主要因素。大孔树脂比表面积越大，单位质量大孔树脂吸附的作用面积越大，单位质量大孔树脂吸附的有效成分就越多。而大孔树脂的比表面积还包括内孔网的面积。树脂孔径过小有效成分分子不能进入树脂内部，只能在树脂外表面吸附，相应的比表面积就比较小。因此选择的时候应该根据目标物

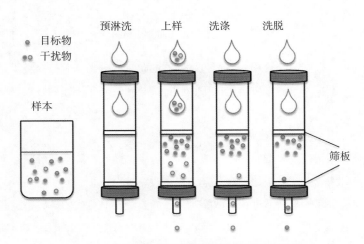

图5-7　大孔吸附树脂分离原理示意图

的分子质量选择合适孔径的树脂才能使吸附的有效面积增大。选择适合的树脂，采用合理的实验设计和工艺条件才能充分发挥大孔树脂的作用。要使大孔吸附树脂发挥最好的功能，需要正确选择大孔吸附树脂的吸附工艺，通常情况下，需要选择适合的上样液pH、盐离子浓度、吸附和洗脱温度、吸附和洗脱时间、上样液浓度、吸附速率、洗脱剂浓度等工艺条件。

大孔吸附树脂分离法具有物理化学稳定性高，吸附选择性强，不受无机物存在的影响，再生简便，解吸条件温和，使用周期长，宜于构成闭路循环，节省费用等诸多优点，避免了用有机溶剂提取分离造成的有机溶剂回收难、损耗大、成本高、易燃易爆、对环境污染严重等缺点，现已广泛用于有机物浓缩、分离、制备与提纯等方面[43-45]。吸附树脂对物质的吸附作用不仅同树脂的物理和化学性质有关，而且同吸附物质的性质、介质的性质及操作方法等因素有关。此项技术多用于提取花青素类色素，它是将植物用酸性溶液浸提后过滤，滤液用大网络吸附树脂吸附后再用合适的溶剂洗脱，将洗脱液浓缩或喷雾干燥即得最终产品。经过大网络吸附树脂的处理，色素得到了纯化。

胡迎芬等[46]用AD-50大网络吸附树脂提取精制紫叶小檗叶红色素的最佳条件为：AD-50树脂在50℃、吸附液pH 3～4时对紫叶小檗叶红色素的吸附能力较强，以95%乙醇作为解吸剂，20℃以下洗脱效果最好。秦俊哲等[47]比较了DA201、DM301、DS401、D101、D101-1等5种大孔吸附树脂对桑黄多糖提取液中色素的吸附与解吸效果，结果表明DA201树脂吸附色素较多，洗脱效果最好，蒸馏水和50%乙醇洗脱解吸效果均较好。

第三节　常见天然色素的提取技术

一、辣椒红色素

辣椒是常用的辛香调味料，它不仅集色、香、味于一身，而且有很高的营养价值和药用价值。辣椒红色素（capsanthin），别名辣椒色素，是一种存在于成熟红辣椒果实中的四萜类橙红色天然类胡萝卜素，其中极性较大的红色部分，主要是辣椒红素（capsanthin）和辣椒玉红素（capsorubin），占总量的50%～60%；而极性较小的黄色部分，主要是 β -胡萝卜素（ β -carotenone）和玉米黄质（zeaxanthin）占总量的20%～30%[48]。纯的辣椒红色素为深红色黏性油状液体或深胭脂红色针状结晶，熔点175℃左右，易溶于极性大的有机溶剂，不溶于甘油和水。有较好的分散性、耐热、耐寒、耐酸碱，对可见光稳定，但在紫外光下易褪色耐光性差。

辣椒红色素具有色泽鲜艳、着色力强、稳定性好、原料易得等特点。且具有营养保健作用，被现代科学证明有抗癌功能。辣椒红色素被广泛应用于食品、医药、化妆品等领域。如在食品领域，因其色泽鲜艳，多用于油性食品、调味汁、水产品加工、蔬菜制品、果冻、冰淇淋、色拉、调味酱、米制品、烘烤食品等。各国对开发辣椒红色素都非常重视，而且市场规模及使用范围逐年扩大，现世界每年对辣椒红色素的需求量约8000t，国际市场潜力很大[49]。

（一）辣椒红色素提取

对于辣椒红色素的提取常见的方法一般包括油溶法、溶剂法、超临界CO_2萃取法、超声辅助提取法、微波辅助提取法和酶法等提取。目前国内普遍采用有机溶剂提取辣椒色素，同时辅以超声或微波能够提高提取率。

1. 油溶法

常温条件下，用油浸泡红辣椒果皮，使辣椒红色溶解，再通过一定的工艺流程，从油中提取出辣椒红色素。这种方法的缺点是：提取率低，油与色素分离难，难得到色价高的红色素。

2. 超临界CO_2萃取法

孔令忠[50]研究了超临界CO_2萃取辣椒红色素的工艺，研究了萃取压力、萃取时间、萃取温度、分离温度的改变对辣椒红色素的色价和萃取率的影响，优选出辣椒红色素的最佳提取工艺条件。结果显示：超临界CO_2萃取辣椒红色素的最佳条件为：干红辣椒粒度为60目、分离温度50℃、萃取温度40℃、萃取压力15MPa、CO_2流量10L/h、萃取时间3h，辣椒红色素的色价和萃取率分别为173.8和4.68%。

3. 超声辅助提取法

用超声波提取过程产生强烈的震动、空化、搅拌，与传统提取方法比较具有收率高，生产周期短，无须加热，有效成分不被破坏等优点。乐龙等[51]以辣椒红色素的色价为考察指标，对超声提取辣椒红色素的工艺进行优化。利用响应面法得到超声提取辣椒红色素的优化工艺条件为：提取功率441W、提取温度41℃、超声时间23min、料液比9.4mL/g、97%乙醇、粒径40目，在此条件下辣椒红色素的色价为83.27。

4. 微波辅助提取法

该技术可克服传统提取方法的缺陷，表现出良好的发展前景与巨大的应用潜力，缩短生产时间，降低能源溶剂的消耗，提高收率和提取纯度，且环保。刘立业等[52]以红辣椒为研究对象，探讨微波辅助提取法提取辣椒红色素的提取工艺。分别考察不同提取溶剂、微波功率、提取时间、提取温度、提取次数以及液料比对辣椒红色素提取率的影响，并进行优化设计。结果表明，最佳提取溶剂为95%乙醇，提取次数为2次，优化提取工艺参数为：液料比6∶1、提取时间15min、微波功率300W、提取温度55℃，在此条件下得到的色阶为73.0。因素的影响顺序为：液料比＞提取时间＞微波功率＞提取温度。

5. 微波协同超声波辅助提取法

田艳等[53]采取微波协同超声波辅助溶剂（乙酸乙酯）提取辣椒红色素，能提高辣椒红色素得率，其最佳工艺条件为：超声温度50℃、超声时间30min、超声功率190W、料液比为1∶8（g/mL）、微波功率500W、微波时间10min。在该工艺条件下，辣椒红色素提取得率达4.78%。高经梁等[54]采用溶剂法、超声波辅助提取法、微波辅助提取法、超临界CO_2萃取法对提取的辣椒红色素色价、产率进行了对比。结果显示，超声波辅助提取法（4.3%）、微波辅助提取法（4.5%）、超临界CO_2萃取法（5.3%）明显优于丙酮溶剂法（3.8%）。超临界CO_2萃取法提取率高于超声辅助提取法和微波辅助提取法；超声波辅助提取法、微波辅助提取法具有选择性高、耗时少、能耗低、排污量少等优点，与超临界CO_2萃取法相比，适用面更广，且设备投资低；超声辅助提取法与微波辅助提取法相比，超声波辅助提取法不需要加热，不会破坏有用的成分，利用率高。

（二）辣椒除辣

辣椒中的辣味是各种辣椒碱（俗称辣椒素）的总称，其中辣椒碱（$C_{18}H_{27}NO_3$）占69%，二氢辣椒碱占22%，降二氢辣椒碱占7%，高辣椒碱占1%。辣椒碱属酰胺类化合物，其中辣椒碱的结构如图5-8所示。

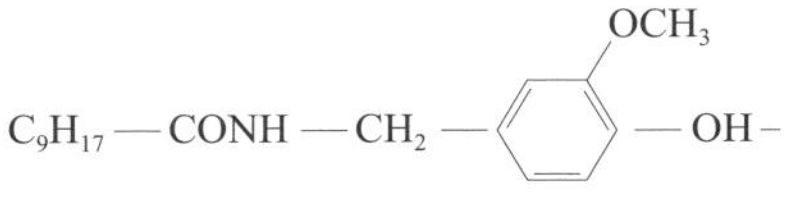

$$C_9H_{17}—CONH—CH_2—\underset{}{\bigcirc}—OH-$$

（图中苯环上带有 OCH₃ 取代基）

图5-8　辣椒碱的结构[48]

由于辣椒中含有强烈辛辣味的辣素，在提取分离过程中不易除去，影响辣椒色素的质量和适用范围，所以脱除辣味问题就成了提高色素质量的关键。脱除辣味常采用两种方法：水溶法和水蒸气蒸馏法。经实验证明，这两种方法对辣素的脱除率不彻底，得到的辣椒色素口感有较强烈的辣味。刘振华等[48]采用碱液浸泡辣椒粉去除辣素的方法，选择NaOH水溶液作为脱辣浸泡液。将辣椒碱转变成其钠盐形式（图5-9），溶于碱性水溶液中，后经过滤、漂洗可被除去。在碱液除辣过程中，植物细胞壁受到一定程度的破坏，加上油脂的水解皂化，使得色素更易被有机溶剂萃取。结果显示最优条件下不仅在感官指标上为除辣效果最强，而且得率也明显高于其他脱除辣味的条件。所以用碱液预处理有脱除辣椒辣素，提高色素得率的双重效应。

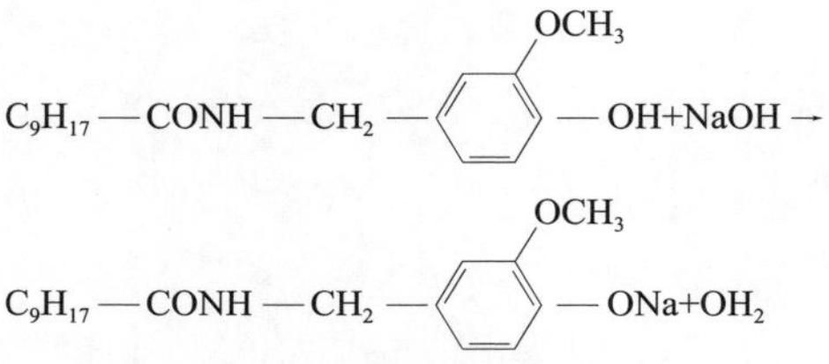

$$C_9H_{17}-CONH-CH_2-\overset{OCH_3}{\bigcirc}-OH+NaOH\rightarrow$$

$$C_9H_{17}-CONH-CH_2-\overset{OCH_3}{\bigcirc}-ONa+OH_2$$

图5-9　辣椒碱与强碱发生反应[48]

二、番茄红素

番茄红素（lycopene）是成熟番茄的主要色素，为一种不含氧的类胡萝卜素。自然界中，番茄红素主要存在于番茄、西瓜、李、桃和番木瓜等水果中，人和动物体内不能合成番茄红素，只能通过膳食摄取[55]。番茄红素特殊的化学结构，决定了其具有猝灭单线态氧、清除自由基、抑制脂质过氧化等多种生理功能活性，番茄红素清除自由基的功效远胜于其他类胡萝卜素和维生素E，其淬灭单线态氧速率常数是维生素E的100倍。它可以有效地防治因衰老、免疫力下降引起的各种疾病。因此，它受到世界各国专家的关注。

（一）番茄红素的提取

目前，番茄红素提取主要以番茄、圣女果、西瓜和南瓜等为原料。提取方法主要有：有机溶剂萃取法、酶解辅助萃取法、超声波辅助提取法、微波辅助提取法和超临界CO_2萃取法。

1. 溶剂萃取法

有机溶剂萃取法是提取番茄红素最基本和简便的方法，它是利用相似相溶原理及番茄红素不溶于水，难溶于甲醇、乙醇，可溶于脂类和非极性溶剂的性质，采用一些有机溶剂将番茄红素从原料中提取出来。包括一系列步骤：首先精选优质番茄，经过打浆粉碎、去除表皮、种子、纤维等残渣等工序后生产的番茄原酱，再经过溶剂萃取，将提取液浓缩，最终得到粗产品。常用的提取剂有丙酮、石油醚和乙酸乙酯等以及它们的混合溶液[56]。有机溶剂萃取法具有操作简单、成本低、易于实现工业化等优点，但也存在产品提取率低、纯度差、提取周期长、溶剂易残留、有安全风险等问题。因此，尽管目前该方法研究较多，但有被淘汰的趋势。

2. 酶解辅助萃取法

基于番茄红素大多以与脂蛋白结合形式存在于色素母细胞中[57]。酶解辅助萃取法就是利用特定酶来分解细胞壁或细胞膜中的糖蛋白、果胶、纤维素和半纤维素，使番茄红素从细胞中释放出来。常用的酶有纤维素酶、果胶酶、半纤维素酶和胃蛋白酶等。酶解辅助萃取法能提高提取率，提取条件温和，利于保持番茄红素活性，产品纯度较高，较适合番茄红素这类热敏性物质的提取，极具开发前景和应用潜力，但也存在成本高、代价较大的问题。Zuorro等[58]用体积比为1：1的果胶酶和纤维素酶辅助萃取番茄渣中的番茄红素，在液料比为60：1（mL/g）的条件下，通过响应面法优化得到最优工艺参数为：温度30℃、萃取时间3.18h、酶与原料质量比16%，提取率为67.87%。

3. 超声波辅助提取法

超声波辅助提取法具有节约能源、提取时间短、提取温度低、提取率高以及环保等优势，较适合番茄红素等热敏性物质的提取，在番茄红素提取中得到研究较多，具有发展、应用前景。目前在国内外报道中，考察因素主要有提取温度、提取时间、混合萃取溶剂比例、超声波强度以及超声波频率等[59]。Zhang等[60]以番茄渣为原料，用乙酸乙酯作提取剂，在超声波功率50W、频率40kHz的条件下，通过响应面法优化得到的最佳条件为：提取温度86.4℃、液料比为8：1（mL/g）、提取时间29.1min，番茄红素提取率为89.4%。

4. 微波辅助提取法

微波辅助提取番茄红素具有提取效率高、溶剂消耗少、提取率大的优点，但是由于番茄红素在较高的温度下易发生异构化反应和氧化降解反应，而且微波对极性物质具有选择性加热效应，因此采用微波辅助萃取时要尽可能选择介电常数小的溶剂。陶婷婷等[61]使用微波法从新鲜番茄中提取番茄红素，以乙酸乙酯作提取剂，通过响应面法优化得到的最佳提取条件为：微波功率500W、时间160s、液料比8.2：1（mL/g）、提取3次，番茄红素得率为3.047mg/g干基。

5. 超临界CO_2萃取法

超临界CO_2萃取法是一种环境友好的绿色提取分离技术，具有方法简单、使用溶剂少、提取效率高、节约能源等优点，缺点是设备成本高。市场上已有不少规格的工业生产设备。由于番茄红素在CO_2中溶解度有限，需使用夹带剂来提高萃取率[62]。Shi等[63]以番茄皮为原料，研究了不同夹带剂对超临界萃取番茄红素的影响，得出夹带剂对提取率的影响由大到小顺序为橄榄油＞乙醇＞水；最佳提取条件为：温度75℃、压力35MPa，夹带剂为乙醇（10%）和橄榄油（10%）混合物，提取率为73.3%.

（二）番茄红素稳定性的改善技术

尽管番茄红素对人体健康发挥着重要的功能，而且它的提取纯化方法有很多，但将其广泛应用于食品工业的各个领域，并非是件易事，因为番茄红素属于直链不饱和烯烃化合物，这种结构决定了其性质的不稳定性，如水溶性较差、对光和热以及一些金属离子敏感等。针对部分问题，可采取常规技术来解决。如在使用过程中避免接触铜，铁，并于低温避光的条件下保存[64]。而有些问题如需要增强其水溶性，则必须采取高新技术来满足需要。

1. 微乳化技术

番茄红素的微乳化技术是指将水相、番茄红素、表面活性剂及助表面活性剂按照一定的比例混合，形成具有各向同性、透明、热力学稳定性好的一种纳米级别的小液滴的过程。如此一来（助）表面活性剂的存在可以降低O/W体系的界面张力、甚至降为负值，进而导致界面不断扩张，最终使得番茄红素均匀地分散于混合体系中，水溶性及稳定性得到很好的改善。

2. 微胶囊技术

对番茄红素进行微胶囊处理，即以合成的或天然的高分子成膜材料作为壁材，将其包覆形成微小颗粒的过程。其中壁材对芯材中的番茄红素可以起到保护的作用，避免其被氧化及遇光分解[65]；而且成膜材料还具有缓释功能，进而延长番茄红素在体内发挥作用的时间；另外，微胶囊化使物质方便携带并提高了其稳定性[65, 66]。

3. 纳米处理技术

纳米处理与微胶囊技术在本质上是一致的，但前者可以将体系缩小到纳米级别，使材料获得了纳米的一些特性，如体积效应、表面效应及尺寸效应等。这项技术有许多种形式，如材料可被加工成纳米囊、纳米球、纳米脂质体、分散液等。经过纳米处理，番茄红素的溶解性、稳定性、靶向释放性进一步增强，极大地提高了其生物利用度[1, 67]。

三、紫甘薯色素

紫甘薯是从番薯属植物紫甘薯的块根和茎叶中提取精制而成的一种花色苷类色素。其作为一种新型天然色素，具有色泽鲜亮、无毒、无异味以及兼具多种营养、药理和保健功能等特点，是一种理想的天然食用色素[68, 69]。紫甘薯花青素的主要组成成分是矢车菊素和芍药素。由于紫甘薯花青素分子结构中具有多个酚羟基，因此与红球甘蓝、紫葡萄、紫玉米等植物所含的花青素不同，是一种水溶性色素。同时，紫甘薯花青素含有酰化基团，比一般无酰化基团的花青素对光、热等具有更好的耐热性和耐光性[70]，性质稳定。这些性质对紫甘薯花青素的提取及生理活性的发挥具有重要意义。

（一）紫甘薯花青素的提取

紫甘薯花青素主要提取方法包括溶剂浸提法、酶水解法、树脂法、超声波辅助提取法、微波辅助提取法、超滤法、吸附法等。

1. 溶剂浸提法

目前大多采用溶剂浸提法。所用提取剂有醋酸、盐酸、硫酸、甲酸、柠檬酸、乙醇等。由于食品色素要求安全性高，而柠檬酸是食品工业中常用的酸性介质，故使用柠檬酸作为提取剂比较合适。王玲等[71]以紫甘薯为原料，分别研究了其天然红色素的提取方法、工艺以及该色素在不同环境条件下的稳定性。结果表明，紫甘薯天然红色素的最佳提取条件为：0.8%的柠檬酸溶液作提取剂、料液比1∶50、温度60℃、时间4h；提取后的天然紫甘薯红色素在酸性条件下较稳定，有着较好的耐热性和光稳定性，随着pH升高，稳定性下降；对抗坏血酸较敏感，使用时应尽量在低酸性环境下及避免高温和长时间的受热。

2. 发酵法

发酵法提取是将一定量的紫甘薯洗净，蒸熟后冷却、粉碎，与一定量的米调制的一次醪混合，发酵几天，调制二次醪，过滤二次醪，减压浓缩，可得浓缩色素液。

3. 微波辅助提取法

余凡等[72]研究了紫甘薯色素的提取方法及其稳定性。采用微波提取法，选取溶剂比例、时间、温度、料液比作为提取因素，进行单因素实验和$L_9(3^4)$正交实验，探讨紫甘薯中色素的提取工艺，考察了pH、温度、不同金属离子、氧化剂还原剂、不同的食品添加剂等因素对紫甘薯色素的稳定性的影响，并对紫甘薯色素的抗氧化性进行了研究。结果表明：紫甘薯色素在450nm处有最大吸收峰，当用质量分数10%的柠檬酸溶液提取、温度30℃、功率75W、时间15min、料液比1∶15时，紫甘薯色素的提取率达到较高值。此时，紫甘薯色素有较好的稳定性，且具有较强的抗氧化活性。

4. 酶–超声波辅助提取法

将超声波技术应用于天然活性成分的提取具有明显的优势。张慢等[73]采用酶–超声波法对紫甘薯花青素的提取效果进行研究，通过Box-Behnken试验设计和响应面分析，获得最佳提取工艺条件，为紫甘薯花青素的生产以及紫甘薯资源的综合利用提供参考依据。结果显示，酶–超声波辅助提取最佳工艺条件：体积分数0.1%的$HCl-C_2H_5OH$为溶剂（酸醇比为50∶50）、纤维素酶提取温度51℃、料液比1∶20、酶添加量54U/mL、超声功率100W、时间33min，此条件下花青素得率可达到（3.581±0.016）‰。酶–超声波辅助提取法与传统的有机溶剂浸提法相比，缩短了提取时间，花青素得率提高了2.73倍；与微波法、超声波法相比，花青素得率分别提高了32.4%和17.8%。

（二）紫甘薯色素的纯化

紫甘薯色素粗提取液需经过纯化处理，将其中蛋白质、淀粉等大分子物质以及溶液中大部分糖类、金属离子等小分子去除[74]。常用纯化方式主要如下：

（1）树脂法　将色素粗提取液经阳离子交换树脂处理去杂，经盐酸化乙醇交换和浓缩制得色素纯品。

（2）超滤法　用柠檬酸的粗提液，经树脂纯化，乙醇洗脱后，将色素液用超滤膜处理除去蛋白质、淀粉等杂质胶体物质，最后再用反渗透膜浓缩得到色素纯品。

（3）醋酸铅沉淀法　粗提取液用少量水溶解后，加5%醋酸铅搅拌使色素物质沉淀，将沉淀物用盐酸化食用酒精溶解后，过滤除去白色氯化铅沉淀，将红色溶液蒸馏后干燥，得精制产品。

（4）分级醇沉法　即多次反复调整乙醇浓度，使大分子物质如多糖、淀粉和蛋白质等沉淀、过滤得到较纯的紫甘薯色素溶液。分级醇沉比一次醇沉所得的产品纯度高，然而分级醇沉法过程中会伴有吸附和包夹，致使色素有不同程度的损失，真空冷冻干燥可减少色素的损失。

（三）影响紫甘薯色素稳定性的因素

由于其所具有的酰化基团，紫甘薯色素与其他花色素苷类色素相比，具有较好的耐热性和耐光性。

1. 加热对色素稳定性的影响

实验表明，将紫甘薯色素配制成色素溶液，置于90℃的水浴中加热3h，取出后快速冷却至室温，其特征吸收峰处的吸光度值变化不大，表明它对热具有较好稳定性。但该稳定性与溶液pH有关，当pH=3时，该色素对热表现出相对稳定性；当pH>6时，色素的热稳定性明显下降，受热温度越高、时间越长，色素的稳定性则越低。因此，为减少对色素的破坏，使用时，应尽量避免高温和长时间受热。

2. 光照对色素稳定性的影响

将配制的紫甘薯色素溶液（pH=3），置于不同光照条件和不同时间进行处理，其表现出光稳定性好的特性，与紫葡萄、紫苏、黑米等植物所含的红色素比较，紫甘薯色素的光稳定性最好。另外，氧化剂或还原剂存在时，颜色变化不大，但光密度有所变化，添加还原剂$NaHSO_3$光密度增加1.3%；而增加氧化剂H_2O_2，其光密度则减少8.2%，可初步确定该色素抗氧化性较弱，而抗还原性较强。

3. 金属离子对色素稳定性的影响

Fe^{2+}、Al^{3+}、Fe^{3+}、K^+、Cu^{2+}、Mg^{2+}、Ca^{2+}等常见金属离子对紫甘薯色素没有显著影响，所以在实际生产中可以不用考虑所用容器的材质。但是，当加入铁溶液呈紫褐色，但是不能得出铁可以增强紫甘薯色素颜色的结论，因为Fe^{3+}本身也有颜色。

4．食品添加剂对色素稳定性的影响

在pH=3时，添加山梨酸钾对该色素的颜色及吸收峰均不会造成影响，光密度变化也极小，这说明防腐剂在食品使用浓度范围内对色素的稳定性几乎不造成影响。紫甘薯色素在氧化或还原剂存在时，颜色变化不大，但是光密度有所变化。添加$NaHSO_3$时，颜色变化小，但光密度有所增加；添加还原剂H_2O_2时，同样，其颜色变化不大，但光密度却有所下降。由此可见，紫甘薯色素抗氧化性较弱，而抗还原性较强。

5．NaCl对色素溶液颜色和稳定性的影响

由于盐可以防止新鲜原料腐烂，故在实际生产中常有使用。研究发现，随NaCl浓度的增加，紫甘薯色素的最大吸收峰吸光强度也增大。

第四节 天然食用色素的化学改性

一、醇溶性栀子蓝的制取

栀子蓝是一种分子极性较强的水溶性色素，在水和浓度为70%以下的乙醇中有较好的溶解性，但不溶于浓度为80%的乙醇和无水乙醇中，更不能溶于植物油中，杨志等[75]采用乙酸酐酯化处理水溶性栀子蓝色素，制备了醇溶性栀子蓝色素。

（一）反应原理

栀子蓝化学主体结构主要连接—CH_3、—$COOCH_3$和—CH_2COOH等三种基团，其中—CH_2COOH水溶性最好，通过以浓盐酸为催化剂，采用乙酸酐酯化处理形成酯，降低了栀子蓝分子的水溶性。这在反应前后产物的红外光谱图中得到了证明[75]。还有另一种说法，乙酸酐是一种脱水剂，在加热时自然分子中的两个相邻的羧基发生脱水反应，形成环状的酸酐，降低了水溶性。目前对自然的具体反应机制尚无定论，还在继续研究中[76]。

（二）制取工艺及反应条件

（1）将栀子蓝和冰醋酸按栀子蓝：乙酸酐=1g：20mL的比例溶解，在常温下反应4h后过滤得滤液。

（2）在滤液中加入乙醚，反应产物析出后过滤除去溶剂得粗品。

（3）经过乙醚洗涤、真空干燥等步骤后得到醇溶性产品。

（三）醇溶性栀子蓝产品的特征

1. 溶解性

水溶性和醇溶性栀子蓝的溶解性见表5-1，结果表明乙酸酐处理后产品能很好溶解在无水乙醇中，但仍不溶于丙酮、氯仿、乙酸乙酯，如果要进一步提高其油溶性，仍需进一步处理。

表5-1 水溶性与醇溶性栀子蓝的溶解性对比[75]

溶剂	水	70%乙醇	80%乙醇	无水乙醇	丙酮	氯仿	乙酸乙酯
水溶性	+	+	−	−	−	−	−
醇溶性	−	+	+	+	−	−	−

注：＋表示可溶解，－表示不可溶解。

2. 可见光吸收特性

将乙酸酐处理前后的栀子蓝分别溶于无水乙醇，可见光谱扫描图谱显示[75]，处理前后的栀子蓝在无水乙醇中最大吸收峰位于595nm，而且可见光吸收图谱的走向趋势基本未变，这也说明经过一段跟处理后的色素总体结构并未发生明显改变。

3. 红外光谱吸收特性

将乙酸酐处理前后的栀子蓝分别溶于无水乙醇，可见光谱扫描图谱显示[75]：相对于1634cm^{-1}的吸收，乙酸酐处理前后的栀子蓝在1723cm^{-1}处的羰基伸缩振动峰明显增强，说明栀子蓝已引入乙酰基形成酯键；醇溶性栀子蓝在3424cm^{-1}和1049cm^{-1}的吸收峰明显减弱，说明乙酰化反应封闭了部分亲水的羟基。

二、耐酸性胭脂虫红酸的制取

胭脂虫红酸在酸性时虽然稳定，但色调受pH影响，当pH<6时，胭脂虫红酸的色调开始变为枯黄，当pH=2时色调变为淡黄，无法使用。胭脂虫红铝在酸性条件下会沉淀，这使胭脂虫红的应用受到限制，但Schul Jose通过化学改性的方法可获得在不同酸碱度下色调稳定的色素，可在酸性条件下使用不含铝的胭脂虫红色素。

（一）反应机制

将胭脂虫红酸在有机酸（如富马酸、柠檬酸、酒石酸、苹果酸、丙酸、山梨酸、乳酸琥珀酸等）中和含氮化合物（如氢氧化氨、碳酸氢氨、氨基酸化合物）加热发生反应，胭脂虫红酸和有机酸都能和氢氧化氨反应形成酰胺。它在酸性或碱性条件下比较稳定，要想导致酸水解或碱水解反应的发生需要非常剧烈的反应条件，这就是耐酸胭脂虫红酸形成的机制[77]。

（二）制取过程及工艺条件

按胭脂虫红酸∶有机酸∶（NH₄）OH=1∶0.4∶3.0，按比例将三种原料均匀混合加热至80~120℃反应10~60min，再将最终产物喷雾干燥的产品。例如，6%胭脂红酸、7.2%的柠檬酸和20%的（NH₄）OH反应，温度115~120℃，时间40min，所得产品良好。

（三）耐酸胭脂虫红酸产品性质

将按上述条件反应所得的产品和未处理的胭脂虫红酸、胭脂虫红铝在不同pH下，测定最大吸收波长。改性后的耐酸胭脂虫红产品在pH 9.5和pH 1.74时其最大吸收峰都在560~567nm，溶液呈现红紫色。而未处理的胭脂虫红存在pH 9.5时最大吸收波长为560nm，但在pH 1.74时最大吸收波长为493nm，此时溶液呈橙黄色，而胭脂虫红铝在pH 1.74时产生沉淀，无法检测，说明经过处理后的胭脂虫红酸在pH 1.7左右时使用也能保持较好的红色[78]。

三、黄酮类化合物化学改性

天然植物中的黄酮类化合物一般以游离态或糖苷形式存在。黄酮类化合物分子中的苯环为疏水基团，酚羟基为亲水基团，但大多数黄酮化合物在水中和油中的溶解度都不高。所以对黄酮类化合物分子的修饰大多是为改善其在水中或油中的溶解性能，或赋予黄酮类化合物特殊的功能，例如提高稳定性、抗氧化性及其他生理功能等。

（一）增强黄酮稳定性的化学改性

花青素是黄酮类化合物中的重要分支，是深受消费者喜爱的天然食用色素。花青素化学性质极为活泼，分子结构不稳定，在食品加工和贮藏过程中容易受光、氧、温度、pH、金属离子等外界因素的影响而发生变化，因此花色苷类色素稳定性研究是能够使其广泛应用的关键问题。目前人们通过各种化学修饰的方法提高花色苷的稳定性。

1. 花青素酰基化改性的原理

许多研究表明，酰基化的花青素其稳定性要比花青素提高很多，同时发现花青素一般在pH 2~3最为稳定，但是酰基化的花青素即使在pH提高到中性时仍比酸性具有更高的稳定性[75]。

花青素在酸性溶液中存在着四种花色苷结构的平衡。在碱性条件下，由于温度升高，氧的作用或酶的催化都可能导致黄羊盐离子进一步由于水合作用而形成无色的假碱，假碱以缓慢的速度与开键的无色查尔酮趋于平衡。但是如果花青素分子中有酰基存在，会有效地阻碍这几种结构的转化。分子中的糖基就像一条带子，将折叠好的酰基缠绕在2-苯基苯并吡喃骨架的表面，这种堆积作用不仅对花青素具有保护作用，而且对系统色泽的稳定性具有积极作用。酰基化作用还能较好地抗激亲水攻击和其他类型的降解反应。

2. 花青素酰基化改性方法

（1）对现有花青素进行化学修饰，通过人工酰基化已使花青素酰基化取得一定进展。Dougall和Vogelien[79]利用胡萝卜细胞进行培养生产花青素，培养过程中向培养液滴加苯乙酸稀酸和其他芳香酸，结果得到了14种新型的单酰基花青素。酰化反应一般都发生在原来花青素C6位置上，这些酰基化的花青素在pH=6的稳定性比pH=2时好。苯乙烯酰化所得的酰化花青素的稳定性要超过其他的芳香酸。

（2）通过植物细胞培养的方法，Hoskawa[80]体外培养风信子花朵，并提取其中酰基化花青素时发现酰基化青素产量受赤霉酸和培养基中蔗糖含量及温度的影响。实验表明，当培养基中含有1mg/L的赤霉酸和30g/mL的蔗糖，15℃培养三周，该花朵中酰基化花青素含量最大，是一般未处理花朵含量的1.2倍以上。两种方法都是通过培养条件提高原料中酰基化花青素含量，方法可行但过程较长，条件难以控制。

（3）基因工程改造　Luo[81]确定了3种花色苷的酰化转移酶的编码基因，酰化转移酶成为花色苷基因工程的重要工具，扩大了花色苷的应用范围。

（二）改善黄酮水溶性的改性方法

1. 糖基化

糖基化作用主要是增加黄酮类化合物的水溶性和稳定性，降低其细胞毒性，赋予其新的生物活性和功能。黄酮的糖基化通常由植物或微生物中的糖基转移酶（glycosyltransferases）催化，糖基转移酶将活性糖基从糖基供体转移到各类黄酮受体，并形成糖苷键，生成多种多样的黄酮糖苷类化合物[82]。糖基活性供体分子大多为尿核苷二磷酸（uridinediphosphate，UDP）活化的含糖基化合物，包括UDP-葡萄糖、UDP-葡萄糖醛酸、UDP-鼠李糖、UDP-戊糖和UDP-半乳糖等。以UDP-葡萄糖为供体，其糖基转移酶称为UDP-葡萄糖基转移酶（UGTs）。

（1）黄酮的葡萄糖基化修饰　黄酮的葡萄糖基化是目前研究最多的一类，以UDP-葡萄糖作为糖基供体，在不同特异性糖基转移酶的催化下，可形成黄酮–3–O–葡萄糖苷、黄酮–7–O–葡萄糖苷、黄酮–4′–O–葡萄糖苷以及黄酮–C–葡萄糖苷等葡萄糖基化修饰的产物。

Suzuki等[83]运用环麦芽糊精葡聚糖转移酶和根霉葡萄糖糖化酶，制备出了水溶性芦丁衍生物。经产物纯化和结构鉴定，该芦丁衍生物为4G–$α$–D–吡喃葡萄糖–芦丁，实验表明该化合物在水中的溶解度比母体芦丁高近3000倍。Ko等[84]利用基因工程技术使$Escherichia$ $coli$ BL21中表达出了UDP–糖基转移酶（BcGT–1），经纯化处理后，用来催化黄酮类物质的糖基化反应。BcGT–1可将尿苷二磷酸活化的糖基转移到染料木素、槲皮素等多种黄酮苷元上。在该糖基化反应中，葡萄糖基优先转移到3–羟基上，也可以转移到7–羟基上。根据高效液相色谱结合紫外光谱分析，坎非醇和槲皮素的糖基化产物分别是3–O–葡萄糖苷和7–O–葡萄糖苷，其中3–O–葡萄糖苷是主要产物；而芹菜素、木犀草素、柚皮素、染料木素的糖基化产物为7–O–葡萄糖苷和4′–O–葡萄糖苷，其中7–O–葡萄糖苷是主要产物。另外，还有研究发现大肠杆菌所表达出的糖基转移酶（XcGT–2）可以作为肽硫转移酶的融合酶。这种酶可以催化黄酮类化合物的结构修饰反应[85]。

黄酮类物质一般是以O–糖基化衍生物的形式在植物中积累，但有些物种合成的主要是黄酮糖苷，这种糖苷在植物学上和膳食组分中都有一定的活性，并且能够稳定水解。有学者在研究中发现了一种葡萄糖基转移酶（OsCGT），并从大米中将其克隆了出来。这种酶能够优先催化UDP–葡萄糖与2–羟基黄烷酮发生C–葡萄糖基化反应，其催化O–葡萄糖基化反应的能力甚微。Cao等用该酶催化2–羟基黄烷酮生成C–葡萄糖苷，但此产物不稳定，能够自发地脱水形成C–6和C–8葡萄糖基衍生物，因此可以再用一种脱水酶2–羟基黄烷酮–C–葡萄糖苷专一性地转变成黄酮–C–6–葡萄糖苷。

（2）黄酮的鼠李糖基化修饰　黄酮–O–鼠李糖苷类通常以UDP–鼠李糖或TDP–鼠李糖作为糖基供体合成。这类化合物展现出良好且多种多样的生物活性，例如，山柰酚–3–O–鼠李糖苷可以抑制乳腺癌细胞增殖，槲皮素–3–O–鼠李糖苷可以抑制酪氨酸酶活性，防护紫外线损伤，从而抑制黑色素细胞合成，美白皮肤等。在植物中，UDP–鼠李糖可以直接通过内源多功能酶催化UDP–葡萄糖获得，然而，在微生物内源途径中则是通过TDP–葡萄糖合成：TDP–葡萄糖在dTDP–葡萄糖4，6–脱水酶（rfbB）dTDP–4–脱氢鼠李糖3，5–异构酶（rfbC）和dTDP–4–脱氢鼠李糖还原酶（rfbD）的连续催化下合成TDP–鼠李糖，从而作为糖基供体，合成鼠李糖苷类。同时，也可直接引入植物源UDP–鼠李糖合成酶基因，催化UDP–葡萄糖合成UDP–鼠李糖，作为糖基供体。

Kim等[86]将拟南芥中糖基转移酶AtUGT78D1引入大肠杆菌中，利用大肠杆菌内源的TDP–鼠李糖，实现了以槲皮素为底物，同时合成槲皮素–3–O–鼠李糖苷（槲皮苷）和山柰酚–3–O–鼠李糖苷。当共同表达鼠李糖合成基因rhm2时，可以将槲皮素–3–O–鼠李糖苷和山柰酚–3–O–鼠李糖苷提升到160%。另外，拟南芥中UDP–鼠李糖合成酶基因（MUM4）和鼠李糖基转移酶基因RhaGT经过优化引入大肠杆菌后可实现槲皮苷的生物合成。在大肠杆菌中表达两个不同的糖基转移酶可生成黄酮双杂糖苷。第一个糖基转移酶AtUGT78D2催化槲皮素3–OH葡萄糖基化，形成槲皮素–3–O–葡萄糖苷；然后在第二个糖基转移酶AtUGT89C1的催化下，将其7–OH鼠李糖基化，最终合成槲皮素–3–O–葡萄糖苷–7–O–鼠李糖苷。

（3）黄酮的戊糖基化修饰   植物产生两种黄酮–O–戊糖苷，分别是黄酮–O–木糖苷和黄酮–O–阿拉伯糖苷。在植物中，UDP–葡萄糖醛酸是UDP–木糖合成的直接前体，UDP–葡萄糖在UDP–葡萄糖6–脱氢酶的催化下生成UDP–葡萄糖醛酸，然后再经过UDP–木糖合酶（UXS）催化生成UDP–木糖，UDP–木糖在UDP–木糖异构酶（UXE）的催化下进一步生成UDP–阿拉伯糖。Oka等[87]在酿酒酵母中合成UDP–葡糖醛酸和表达拟南芥UDP–葡糖醛酸脱羧酶（AtUXS3），实现了UDP–木糖的合成。同样，在大肠杆菌中表达棘孢小单孢菌UDP–葡萄醛酸脱羧酶（calS9）和植物UDP–木糖合酶，合成UDP–木糖，在此基础上表达UDP–木糖异构酶，合成UDP–阿拉伯糖，然后再在糖基转移酶的催化下，实现以UDP–木糖、UDP–阿拉伯糖作为糖基供体的糖苷类天然产物，如槲皮素–3–氧–木糖苷、槲皮素–3–氧–阿拉伯糖苷的生物合成。

（4）黄酮的半乳糖基化修饰   大肠杆菌内源UDP–葡萄糖4–异构酶（galE）催化UDP–葡萄糖和UDP–半乳糖的相互转化，但大肠杆菌BL21（DE3）缺失galE基因。Kim等[88]在大肠杆菌BL21（DE3）中表达了大肠杆菌DH5α的galE基因和黄酮3–O–半乳糖苷转移酶PhUGT，实现了槲皮素3–O–半乳糖苷的合成。水稻OsUGE基因具有galE功能，大肠杆菌BL21（DE3）中表达OsUGE优于galE基因，槲皮素3–O–半乳糖苷产量增加1.9倍，最终经过60h的生物转化，产量达到280.4mg/L。

2. 磷酸化

黄酮磷酸化修饰还可改变其母体分子的某些物理和化学性质，增强或减弱分子间相互作用，因此黄酮磷酸化修饰可提高水溶性和生物利用度。黄酮的磷酸化修饰已经引起药物化学家的重视。

有研究指出，运用化学的方法使肌醇–2–磷酸酯分子上的羟基与槲皮素结构上的3–C–OH或5–C–OH发生反应，该反应过程是通过琥珀酸作为反应桥梁而实现的[89]，其反应过程如图5–10所示。

3. 磺酸化

槲皮素等黄酮类化合物分子经引入磺酸基后水溶性大幅度提高[90]。陈平等[91]发现橙皮苷与浓硫酸的磺化反应机制为黄酮类化合物的芳环亲电取代反应，橙皮苷骨架B芳环上的

OH可使B环活化，故可发生磺化反应。按以下方法得到磺化橙皮苷：称取1g橙皮苷，快速搅拌时加入6mL浓H_2SO_4，常温120r/min搅拌反应2h，立即倒入30mL饱和NaCl溶液中，析出沉淀，静置2h，过滤。用饱和HCl溶液洗沉淀至中性，将沉淀溶于10mL蒸馏水中，过滤，沉淀于40℃真空干燥48h，得固体粉末。称量并测定溶解度，得溶解度2.78。据橙皮苷磺酸的红外（IR）和质谱（MS）分析结果，推测橙皮苷磺化后结构式如图5-11所示。

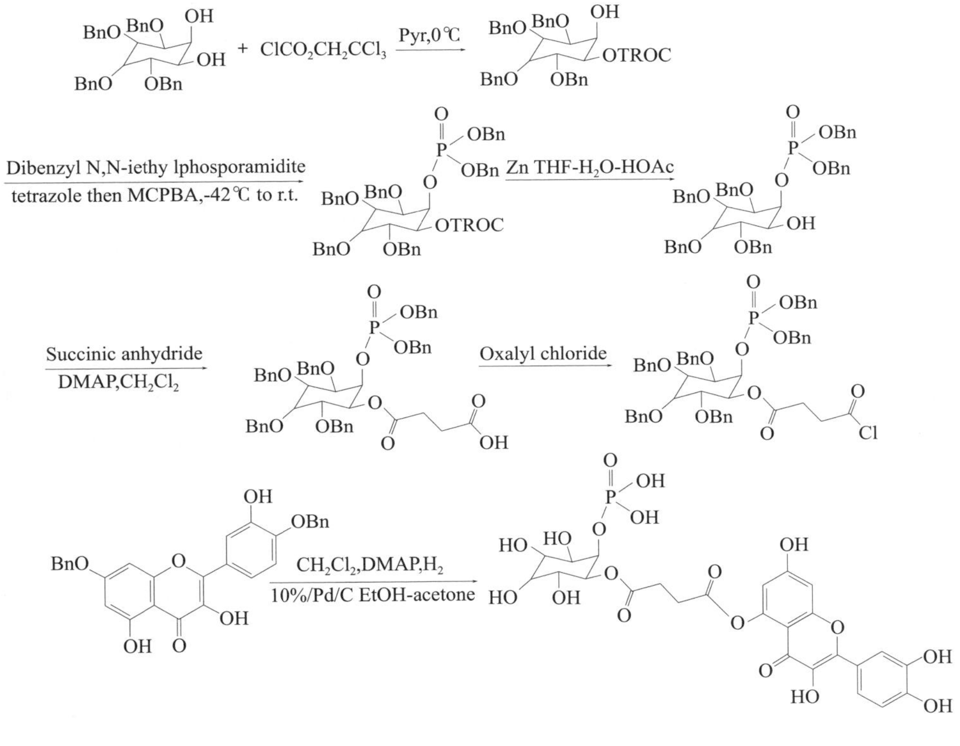

图5-10　槲皮素5-位琥珀酸肌醇磷酸酯衍生物的合成

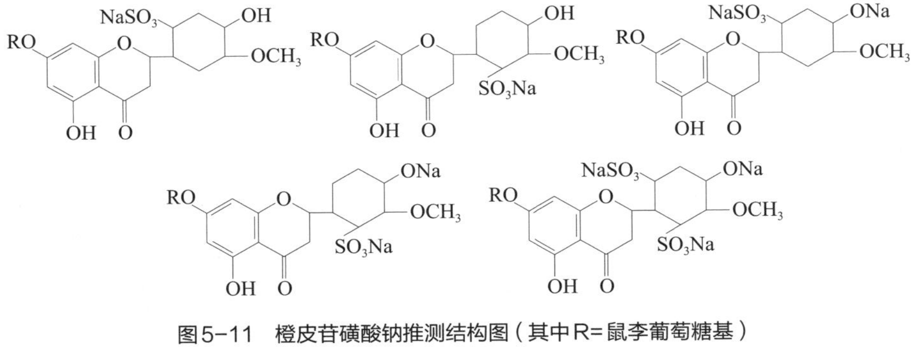

图5-11　橙皮苷磺酸钠推测结构图（其中R=鼠李葡萄糖基）

4. 其他改性方法

刘慧等[92]以黄酮中的槲皮素为反应起点，在一定pH条件下，与卤代烷发生反应，制备了多种7-O-脂肪胺基烷氧基槲皮素衍生物，如图5-12所示；该过程引入了脂肪氨基，该基团为亲水基团且具有一定药效，增强了槲皮素的水溶性，使有效成分的吸收和药效的表达更加容易。

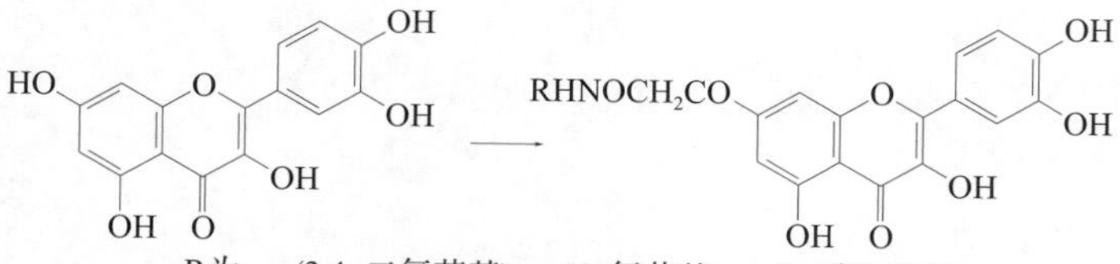

R为：–(3,4-二氯苯基)；–(4-氯苯基)；–(2-硝基苯基)；
–(4-溴基苯基)；–(4-甲基苯基)。

图5-12　7-O-脂肪胺基烷氧基槲皮素的合成

在一定pH条件下，由脂肪胺基取代制备的卤代烷与槲皮素发生缩合反应，合成多种4'-O-脂肪氨基烷基槲皮素衍生物，通过引入脂肪胺基，提高槲皮素的水溶性；另一条途径是脂肪胺基与有机酸或无机酸成盐来提高分子的水溶性；取代氨基烷氧基在许多药物中都是药效基团，不仅提高了分子的利用率，而且增强了其药效的发挥，为新药的研发提供了必要的依据，如图5-13所示。

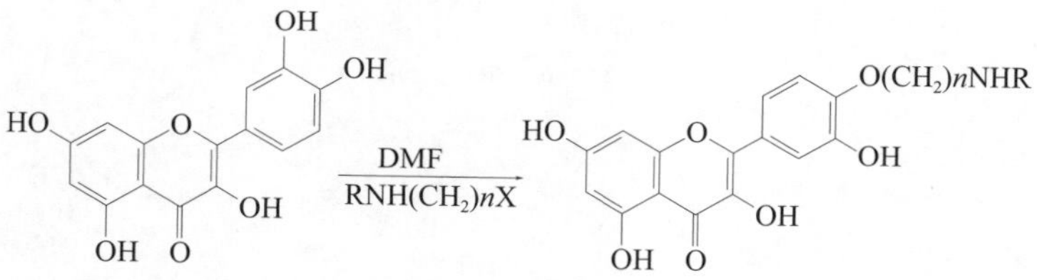

图5-13　4'-脂肪氨基烷基取代槲皮素衍生物的合成

（三）提高黄酮油溶性的分子修饰

1. 去糖基化

天然黄酮类化合物多以糖苷类形式存在，即通过O—糖苷键或C—糖苷键与糖基相连，由于糖的种类、数量、连接位置及连接方式的不同，可以组成各种各样的黄酮苷。研究发现，一些黄酮类化合物（例如槲皮素、柚皮素、根皮素、5，7，4'-三羟基黄酮等）的糖苷和苷元的生物利用率明显不同。因此通过去糖基化过程，能够提高部分黄酮类物质的生物利用效能，进而改变其生物活性。目前，去糖基的方法主要有化学法（主要为酸碱水解法）和酶法。

（1）化学法去糖基　化学修饰法主要为酸碱水解法。目前有较多报道针对大豆异黄酮开展了化学法去糖基的相关研究。研究结果显示经酸催化处理后，糖苷型大豆异黄酮的转化率可达90%[95]；经酸碱两步法水解后的大豆异黄酮，其异黄酮苷元的含量明显提升[96]。刘亚男[97]等对蜂胶黄酮苷进行酸解实验。结果发现经过酸水解后，蜂胶中的芦丁水解转化率达59.1%，山奈酚、异鼠李素含量增加2～4倍，酸解产物抗氧化作用明显提高。Grohman等[98]研究了稀硫酸水解橙皮素–7–葡萄糖苷的工艺条件。研究发现当温度达到120℃或更高时橙皮苷水溶性增加。

尽管化学修饰法能够对部分黄酮苷实现去糖基化，但化学法选择性差，反应不易控制，反应产物多为混合物，需要复杂的后续分离，同时排出大量的废液，给环境造成极大的污染。

（2）酶法去糖基　与化学法相比，生物酶法具有更好的安全性和选择性。Nielsen等[99]和Mandalari等[100]分别研究了橙皮苷酶、果胶酶、纤维素酶对橙皮苷等黄酮苷（柑橘汁和佛手柑中）的水解能力。结果发现，柑橘汁经橙皮苷酶处理后，橙皮苷脱掉了一个鼠李糖转变成橙皮素–7–葡萄糖苷；果胶酶能够很好的水解橙皮苷，但水解黄酮醇糖苷（芦丁）的能力相对较弱，纤维素酶单独使用时对黄酮苷没有脱糖基作用，但将这两种酶复合使用时，高达90%的黄酮苷被水解成苷元。

此外，β–葡萄糖苷酶也可用于水解部分黄酮苷。例如，Chuankhayan等[101]运用β–葡萄糖苷酶酶解大豆异黄酮，结果表明：经过一定时间的反应几乎全部大豆苷、黄豆黄苷、染料木苷、乙酰基大豆苷、乙酰基染料木苷、丙二酰染料木苷均被β–葡萄糖苷酶水解。张红城等[102]也研究了β–葡萄糖苷酶对蜂胶黄酮苷的水解能力，分析发现酶解产物中杨梅黄酮、槲皮素、芹菜素、松属素等黄酮苷元的含量均明显提高。Turner等[103]也同样用β–葡萄糖苷酶水解洋葱加工副产物中的黄酮糖苷，经酶解处理后槲皮素（苷元）含量明显提高。

总之，酶法结构修饰专一性强，反应条件也比较温和，不需要基团保护，可以定向地断开黄酮类物质的糖苷键，是一种非常好的黄酮类化合物的改性方法。

2. 酰基化

黄酮类化合物含有多个酚羟基，亲油性较差，因此提高黄酮类化合物的脂溶性可以使其更容易进入细胞膜内。酰基化修饰就是利用生物或化学合成的方法，将黄酮分子结构某些部位的羟基酰化或酯化，使得新构成的分子由水溶性变为脂溶性的过程。研究表明酰基化修饰后，黄酮类化合物的脂溶性明显提高，并能促进脂肪及类脂代谢。

目前，酰基化修饰黄酮类物质最普遍的方法是酶法。在酶法修饰中主要使用的酶是南极假丝酵母（Candida antarctica）脂肪酶和枯草杆菌蛋白酶，酰基化部位主要是黄酮糖苷上的糖基的伯羟基。多位研究学者利用南极假丝酵母脂肪酶为催化剂，以黄酮苷物质（芦丁、柚皮苷、金圣草黄素糖苷、鼠李素糖苷）为底物，以脂肪酸为酰基供体，制备了一系列酰基化黄酮苷并探索了其中的反应过程[104-108]。结果还表明脂肪酸的种类会对酯化反应速率及酰基化黄酮的生物活性产生显著影响。

还有部分研究采用其他种类酶对部分黄酮进行酰基化修饰。Sakai等[109]利用由 *Streptomyces rochei* 或黑曲霉中获得的羧酸酯化酶合成3-*O*-酰基化儿茶素。所得产物油溶性良好，抗氧化诱导时间也与对照组相比延长近了1倍，可应用于油脂抗氧化领域。Patti等[110]从不同来源的多种脂肪酶中筛选出 *Mucor miehei* 脂肪酶来制备3-*O*-酰基化儿茶素，该方法也提高了酰基化儿茶素的产率。

除了酶法，化学法也可应用于黄酮酰基化，例如梁燕等[111]利用化学酰基化法将脂肪酸引入儿茶素分子中，将油酸和SOCl₂反应制备油酰氯，再加入溶于丙酮中的儿茶素，进行酯化反应，使儿茶素带有长链脂肪烃，其油溶性大大增强。

（四）增强黄酮生理活性的化学改性

1. 增强抗菌活性

Babu等[112]对千层纸素进行了5位和7位结构修饰，得到了5位取代和7位取代的千层纸素的衍生物，抗菌活性显示，5位取代的千层纸素的衍生物有中等强度的抗菌活性，7位取代的千层纸素的衍生物具有很好的抗菌活性。Babu对白杨素的结构修饰，得到了系列7位不同链长的杂环取代的黄酮衍生物，后续的抗菌活性测试发现，7位羟基被杂环取代后，杂环的位置和黄酮之间间隔是3个碳原子时具有的抗菌活性和青霉素活性相当。杂环的位置和黄酮之间间隔是6个碳原子时，其抗菌活性有所降低。

2. 增强抗炎活性

脂氧化酶抑制剂可以避免血脂因自由基引发的超氧化作用，起到抗炎的作用。研究发现很多天然黄酮类化合物对脂氧化酶有很强的抑制活性，如芦丁、槲皮素、白杨素、黄芩素等。

刘晓平等[113]利用经典的Baker-Venkataraman反应得到系列的6-羟基黄酮和7-羟基黄酮衍生物，并测定了这些黄酮类化合物的抗炎活性。实验结果显示，6-[2-（4-吗啉基）乙氧基]黄酮和2'-氟-7-（2-二甲氨基甲酰甲氧基）黄酮有很强的抗炎活性，这些黄酮对新型抗炎黄酮药物的开发有指导意义。Vasquez-Martinez等[114]在C环2、3位引入不同的烷基或芳香基的取代基团，在其他不同的位点引入羟基基团得到了一系列的异黄酮类衍生物（图5-14），后续做了体外抑制人脂氧化酶的活性测试。并进行了构效关系分析：黄酮基本骨架的芳香性以及氧化状态对抑制活性和选择性是至关重要的；环和环的邻苯二酚取代是抗炎活

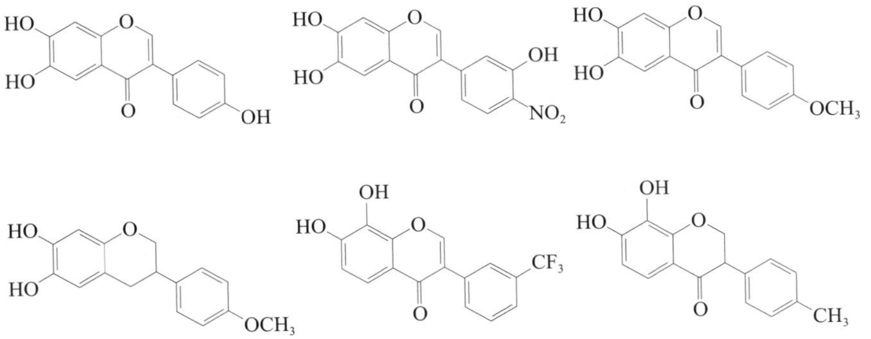

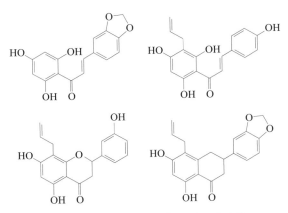

图5-14　抑制活性较强的改性黄酮化合物

性的必需基团；异黄酮和异黄烷酮都有很高的抑制倾向性。

3. 保护心血管活性

Dong等[115]全合成了一系列黄酮衍生物（结构如图5-15所示），并利用动物实验和测定了这些衍生物的血管舒张活性及其构效关系：C环位羰基和2、3位双键对血管舒张有促进作用；环都被羟基取代，对血管舒张活性有提高作用；取代糖基基团对扩血管活性有强烈的抑制作用；色原酮骨架的亚甲基、烯丙基或者亚甲二氧基等取代基团可以提高其生物活性。

图5-15　血管活性较强的改性黄酮化合物

4. 抑制肿瘤细胞

Dauzonne等[116]合成得到了系列氨基取代黄酮和硝基取代黄酮类化合物，并测定了这些黄酮衍生物对抗癌细胞增殖和抑制氨基肽酶的生物活性。实验结果显示，黄酮乙酸及其衍生物的抗癌活性与天然抗癌药物苯丁抑制素相当。Lee 等[117]对柚皮素进行结构修饰得到了一系列的单取代柚皮素衍生物，结构如图5-16所示。生物活性测试表明，对还原酶和酶活性有抑制。对直肠癌细胞、肺癌细胞等有促进其凋亡的作用。此外，柚皮素可与苯基丙氨酸、缬氨酸、丙胺酸、蛋氨酸等氨基酸脱水成酯。

　　Huang 等[118]通过结构修饰得到了 15 种新型槲皮素-3-O-氨基酸酯（结构如图5-17所示）。检测了槲皮素和槲皮素衍生物对于Src（抗癌药物靶标）和表皮生长因子受体（epidermal growth factor receptor，EGFR）的抑制活性，实验表明槲皮素衍生物对于Src的抑制活性比母体槲皮素显著提高，而其对于EGFR的抑制活性则比母体槲皮素有所减弱。同时，研究者还对槲皮素衍生物同Src蛋白之间可能的相互作用基团及位点进行了理论分析。

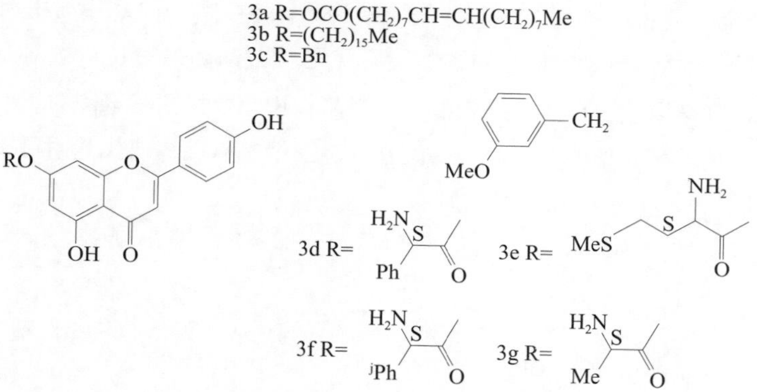

图5-16　单O取代抽皮素衍生物的化学结构

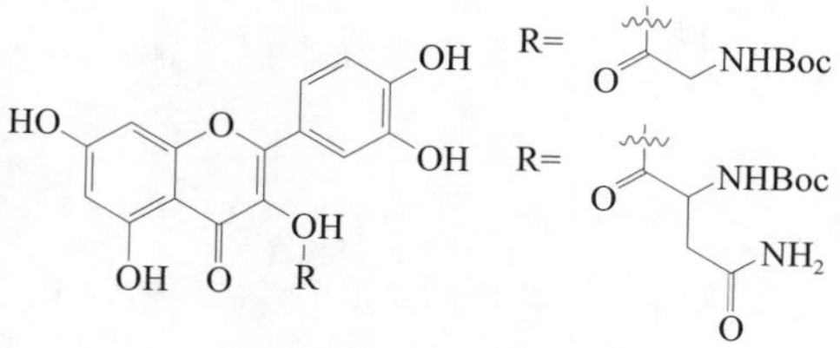

图5-17　槲皮素-3-O-氨基酸酯

四、姜黄素的化学修饰

姜黄素是从姜科等药用植物中分离得到的一类二芳基庚烷类化合物，其结构中独特的β-二酮结构以及酮-烯醇结构互变引起了研究者的极大兴趣。近些年，越来越多的姜黄素衍生物被合成，结构日趋复杂，生物活性研究也越来越深入，姜黄素结构修饰的多功能性和灵活性以及结构修饰对其理化性质和生物活性产生了影响。姜黄素的化学修饰方法有多种，根据使用的要求而选择。

（一）苯环取代基的修饰

1. 酚羟基修饰成酯和醚

Mohrik等[119]利用糖基化芳醛为分别合成了双糖基化以及单糖基化的姜黄素。这样的改性方式提高了姜黄素的水溶性及生物利用度。也有研究者将姜黄素苯环上的酚羟基修饰为甲氧基，实验表明转化后的产物具有抑制前列腺癌细胞的生理活性[120]。

2. 增加或改变酚羟基的位置

Venkate等[121]通过合成了一系列多羟基的姜黄素类化合物探讨了酚羟基数量对其抗氧化活性和细胞毒性的影响。测试结果显示，增加酚羟基的数目可以增加抗氧化活性，但酚羟基的取代位点对其细胞毒性有突出影响。

3. 去甲氧基或酚羟基

姜黄素类化合物在碱性溶液中不稳定，易氧化和降解。韩刚等[122]研究发现，双去甲氧基姜黄素、去甲氧基姜黄素的稳定性强于姜黄素。近年的研究还发现，去甲氧基姜黄素降血脂的活性明显高于姜黄素。防止细胞脂类过氧化物的形成，去二甲氧基姜黄效果优于去甲氧基姜黄素。

4. 活泼亚甲基的取代

姜黄素经活泼亚甲基取代后具有抗癌活性。Amolins等[123]和Ohtsu等[124]先后发现姜黄素亚甲基的取代衍生物在抑制乳腺癌细胞（MCF-7和SKBR3）和前列腺癌细胞（PC-3和UC145）方面有很好的活性，因此可考虑其作为相关癌治疗的新药。

（二）单羰基衍生物

一系列研究表明，姜黄素单羰基衍生物具有抗癌、抗炎的生物活性。

Lin等[125]以芳醛和丙酮合成了姜黄素单羰基衍生物，发现它们抗前列腺癌细胞和乳腺癌细胞的活性是姜黄素的2~50倍，具有最强的活性和选择性。Yadav等[126]发现姜黄素单羰基衍生物对乳腺癌细胞（MBA-MB-231）有细胞毒性，可抑制白血病细胞中NF-κB的激活，有望用于治疗乳腺癌和慢性白血病。结构分析表明，许多单羰基姜黄素衍生物同样具有多种生物活性，有些化合物的活性还要高于β-二酮姜黄素衍生物，酮结构并非姜黄素生物活性的必需基团。

Zhao等[127]报道姜黄素单羰基衍生物可显著抑制受内毒素刺激的老鼠巨噬细胞中肿瘤坏死因子-α和IL-6的释放，显示出良好的抗炎活性。

（三）姜黄素-多糖偶联物的制备

由于姜黄素本身结构上具有多个活泼基团如二酮结构，导致其体内外稳定性均不佳，生物利用度很低。姜黄素对温度、湿度、光照均敏感，对姜黄素体内外稳定性及其生物转化或降解产物的研究较多，结果也不尽相同。针对以上问题，有必要对姜黄素进行结构修饰以便提高其稳定性和溶解度。周建平等[128]通过二胺类连接臂将姜黄素接枝到大分子多糖上，能够改善姜黄素的水溶性及稳定性，同时增强了多糖的生物活性，得到相互增效的希夫碱衍生物，姜黄素-多糖偶联物可以用作高分子新药，也可用作其他具有药学活性或药理活性分子的口服吸收促进剂，还可用作注射或口服给药的药学活性或药理活性分子的载体。

1. 制备原理

在多糖分子链上引入疏水基团姜黄素，使其具有两亲性，在水介质中可自组装成纳米胶束，相对疏水的姜黄素聚集成内核，多糖分子亲水链形成高度亲水性外壳，具有稳定胶束、有效躲避生物体网状内皮系统的捕捉和蛋白质吸附的作用。因此这类姜黄素-多糖偶联物既是难溶药物的优良载体，又是一种良好的高分子前体药物，还可用作其他药学活性或药理活性分子的吸收促进剂。

2. 制备过程

多糖活性中间体的制备：将多糖溶于适当溶剂中，采用二胺类化合物为连接臂，1-乙基-（3-二甲基氨基丙基）碳二亚胺、羟基琥珀酰亚胺为活化剂进行缩合反应，反应时间为4~12h，室温反应至完全，反应终止后加入丙酮沉淀产物，抽滤得沉淀，加水复溶，透析2~3d，冷冻干燥得到游离氨基的多糖活性中间体。姜黄素-多糖类偶联物的合成：将姜黄素溶于适当有机溶剂中，直接加入上述多糖活性中间体粉末，加少量催化剂催化，避光条件下，超声回流，抽滤，滤饼用有机溶剂反复洗涤至滤液无色，以除去未反应的姜黄素及其降解产物，烘干，得橙黄色固体。

3. 产物性质

以亚烷基二胺、对苯二胺、间苯二胺、邻苯二胺或肼胺为连接臂，将黄酮类药物姜黄素接枝到大分子羧基多糖上，不仅增加了多糖骨架的药理活性，而且大大提高了疏水性药物姜黄素的水溶性和稳定性。

（四）高分子材料在姜黄素改性中的应用

姜黄素存在水溶性和稳定性差，体内生物利用度低的缺点，但通过对姜黄素进行高分子改性，可以有效地增加姜黄素的水溶性和稳定性，提高其生物利用度，调节释放速率。

1. 聚乙二醇类高分子材料

聚乙二醇（PEG）是 FDA 批准的能作为体内注射药用的聚合物之一，具有良好的亲水性和生物相容性。韩刚等[129]以 PEG 为载体制备的姜黄素–PEG 固体分散体，在固体分散体中姜黄素体外溶出度远远高于纯姜黄素，也高于物理混合物以及姜黄素与 β–CD 形成的包合物。Cur-PEG 固体分散体对小鼠肉瘤生长均有明显抑制作用，抑瘤率高于姜黄素，聚乙二醇的分子质量越大，抑制作用越明显。

厉凤霞等[130]采用二环己基碳酰亚胺/二甲氨基吡啶（DCC/DMAP）偶联法，分别将葡萄糖和姜黄素引入双端羧基化的 PEG 链两端，合成了葡萄糖–PEG–姜黄素前药，聚乙二醇支载的姜黄素水溶性明显提高，其中 PEG2000 支载的姜黄素水溶性最好，负载量最高。

2. 聚乙烯吡咯烷酮类高分子材料

黄秀旺等[131]以聚乙烯吡咯烷酮（PVP）K30 为载体，采用溶剂法制备 Cur-PVP 固体分散体，Cur-PVP 姜黄素固体分散体灌胃可显著增加姜黄素的生物利用度，血药浓度较高。韩刚等采用溶剂法制备的 Cur-PVP 固体分散体，口服 Cur-PVP 固体分散体的相对生物利用度 690%，Cur-PVP 固体分散体能显著提高姜黄素在大鼠体内的生物利用度。

3. 聚乳酸类高分子材料

可降解聚乳酸、聚乳酸–羟基乙酸共聚物负载姜黄素得到姜黄素纳米缓释微粒，该纳米微粒可较好分散于水中形成颜色均匀稳定的悬浮液，在磷酸缓冲溶液中可持续释放两周以上，姜黄素的生物利用度提高。姜黄素纳米微粒对肿瘤细胞存活性的抑制率较姜黄素高，同时作用时间长。

4. 聚氧乙烯类高分子材料

黄秀旺等[132]以 F68 为载体制备了 Cur-F68 固体分散体，较姜黄素原料药的溶解度提高 1688 倍，其增溶效果明显，口服生物利用度明显优于姜黄素。Kumar 等[133]采用熔融法制备了 Cur-F68 固体分散体，该固体分散体的溶解度比原料药明显提高，增加了 6910 倍。以 F68、吐温、聚氧乙烯蓖麻油为载体制备姜黄素脂质体，该脂质体可提高姜黄素载药量、包封率、稳定性和生物利用度，对动物脑缺血后再灌注后的神经元保护，维持血脑屏障的完整性具有良好的效果。

五、红曲色素的化学修饰

（一）水溶性红曲色素的化学修饰

作为食品添加剂，水溶性色素应用最为便利，因此众多学者开展了红曲色素水溶性技术研究。日本专利报道，将色素和水溶性蛋白质或核糖核酸作用后，再用蛋白分解酶或核糖核酸分解酶进行处理，或者用纤维素酶处理含有色素的菌体后用蛋白质处理均可以增加色素的水溶性。甘纯玑等[134]对红曲色素的成分分离、结构改性进行了大量系统研究，开发了不同溶解性的红曲色素衍生产品。该团队制备了水溶性红曲红素，证实碱解过程可使红斑素和红曲红素分子中的内酯键打开，生成羧酸盐，提高其亲水性。

1. 制备原理

由红曲霉产生的橙红色醇溶性红色素红曲红素和红斑素，通过碱解使其分子中的内酯键打开，生成羧酸盐，转化成水溶性红色素；通过与含氧硫化物反应，将环羰基还原成羟基，转化成黄色水溶性色素。

2. 制备工艺

制备过程中，将红曲霉产生的红曲红素和红斑素在碱性条件下与含氧硫化物反应，得到上述结构的色素。碱性条件可以由添加氢氧化物、碳酸盐、碳酸氢盐或者有机碱中的一种来实现。这些含氧硫化物是硫酸盐、亚硫酸盐、连二硫酸盐、连二亚硫酸盐、硫酸氢盐、亚硫酸氢盐、硫代硫酸盐或连四硫酸盐中的一种。将上述具有结构式（2）[图5-18（2）]的同系物构成的色素与含氧硫化物反应，也得到上述结构（3）[图5-18（3）]的色素。

在实际制备中碱性物质的添加量可在红曲红素和红斑素用量2%~50%范围内调节，含氧硫化物的用量则控制在红曲红素和红斑素用量的2%~80%范围内。反应温度应控制在10~100℃的范围内，反应介质可以是水或有机溶剂，反应时间可控制在10~180min。如图5-18所示，如果选用碱性物质水解红曲红素－红斑素混合物（1），则得到具有结构式（2）的水溶性红色素。它随后再与含氧硫化物反应，生成具有结构式（3）的水溶性黄色素。制备水溶性黄色素的另一种方法是，先通过红曲红素红斑素混合物（1）与含氧硫化物反应，形成水不溶性黄色素（4），接着再将其碱解成水溶性黄色素（3）。如图5-18所示。

3. 产物性质

产物红色素[图5-18（2）]可以作为食品的红色着色剂，尤其是在很多食品应用中代替胭脂红。在作为食品着色剂使用时，其用量在0.01%~0.5%之间，这取决于所要着色的食品和所要求的颜色强度。它们在光谱的紫外－可见部分显示出吸收，吸收值与浓度和溶剂有关。其水溶液的最大吸收波长为488nm。改变溶液酸碱度，不会改变色素的色调。这种色素还有较佳的光、热和金属离子稳定性。

产物黄色素［图5-18（3）］，可以作为食品的黄色着色剂，尤其是在很多食品应用中可代替日落黄。在作为食品着色剂使用时，其用量在0.021%~0.5%（重量）之间，这取决于所要着色的食品和所要求的颜色强度。它们在光谱的紫外–可见部分显示出吸收，吸收值与浓度和溶剂有关，其水溶液的最大吸收波长为476nm。改变溶液酸碱度，不会改变色素的色调。这种色素具有相当好的光、热和金属离子稳定性。

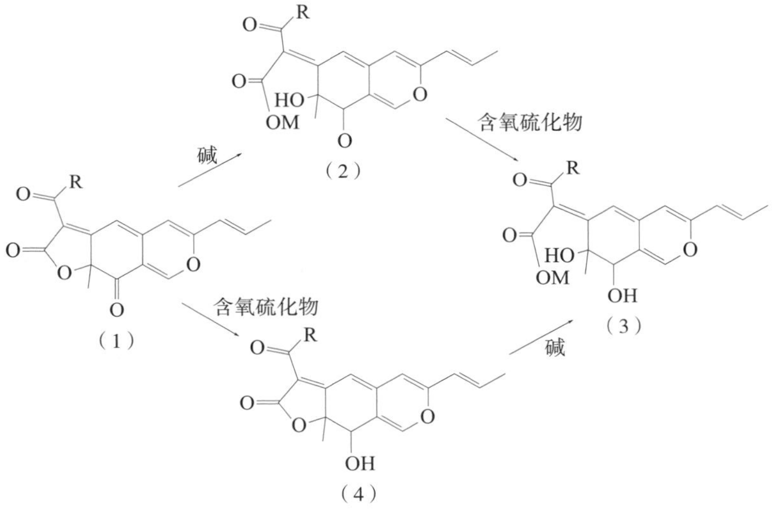

图5-18 水溶性红曲红素和红曲黄素的合成路径

（二）油溶性红曲色素的制备

一般方法生产红曲色素为醇溶性，不能在油脂中很好的溶解。通过对水溶性红曲红素和水溶性红曲黄素的化学修饰可以制得油溶性红曲红素和红曲黄素[135]。

1. 制备原理

利用水溶性红曲红素和水溶性红曲黄素为原料，在催化剂作用下，通过与二元酸内酐及有机醇反应，增长碳链，改变分子结构，降低极性，转化为油溶性红曲红素和油溶性红曲黄素。

2. 制备工艺

将1g红色素A于70℃加入6g邻苯二甲酸酐、20mL乙醇、0.3mL浓硫酸，搅拌使其充分混合；反应8h后置于真空浓缩0.5h，然后加入10倍反应物量的蒸馏水，离心，取沉淀物；然后，将沉淀物用石油醚抽取30min，最后将石油醚用真空浓缩法除去，即得油溶性红曲红素。

将1g黄色素A于70℃加入15g邻苯二甲酸酐、22mL乙醇、0.3mL浓硫酸，搅拌使其充分混合；反应8h后置于真空浓缩0.5h，然后加入10倍反应物量的蒸馏水，离心，取沉淀物；再将沉淀物用石油醚抽取30min，最后将石油醚用真空浓缩法除去，即得油溶性红曲黄素。

合成路径如图5-19所示。

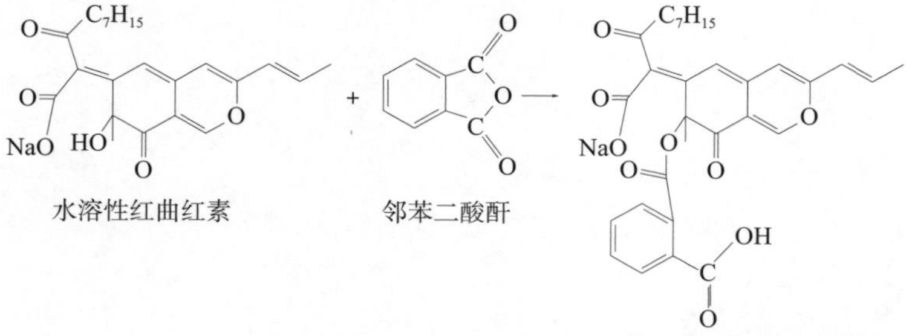

图5-19   油溶性红曲红素的合成路径

3. 产物性质

产物为天然色素，无毒、无副作用，可以作为食品的红色着色剂和黄色着色剂，直接溶于食用油以及蛋糕、冰淇淋、卤制品、肉制品、糕点、油炸、膨化、食用油、奶制品等含油脂食品。

在作为食品着色剂时，其用量取决于所要着色的食品品种和所要求颜色的色调和强度。它在紫外-可见光谱中显示出吸收，其水溶液的最大吸收波长为500nm。改变溶液的酸碱度，不会改变色素的色调。这种色素具有相当好的光、热和金属离子稳定性。本发明通过水溶性红曲色素与二元酸内酐及有机醇反应，在其侧链引入了两个酯键，增长碳链，极显著地降低了分子极性，使其转化为油溶性色素。

（三）耐酸型红曲色素的制备

水溶性红曲色素在酸性条件下一般不稳定，因此需要通过化学修饰的方法得到能够溶解于酸溶液且稳定存在的耐酸型红曲色素[136]。

1. 制备原理

在碱解的红曲红素分子中引入酯基，增加其酸溶性，再进一步与环氧化物反应，使其与碱解得到的红曲红素分子中的羟基反应，生成酯基和新的羟基，改善其在水中的溶解性，实现在较宽的范围内的溶解性。既溶于酸性溶液，又溶于中性溶液，进而改善其适用性。

2. 制备工艺

以红曲菌代谢产生的醇溶性红曲红素为原料，其主要成分为红斑素和红曲红素。制备流程为：①碱解：将上述醇溶性红曲红素加入特定的碱解剂中进行碱解反应，醇溶性，红曲红素与碱解剂的摩尔比为1∶1，反应温度控制在10~90℃，反应时间为（1∶1）~（1∶10），所用的碱解剂包括氢氧化物、碳酸盐、碳酸氢盐中的一种或几种的混合物。

②羟基酯化：将步骤①得到的产物与有机酸或其酸酐混合，进行羟基酯化反应，有机酸或其酸酐的添加量为碱解产物摩尔质量的1~20倍，加热，温度控制在10~60℃，反应完后加入蒸馏水搅拌，静置沉淀，过滤收集沉淀物，得到羟基酯化产物。所述的有机酸包括乙酸、丙酸、2-甲基丙酸中的一种或几种的混合物所述的酸酐包括乙酸酐、丙酸酐、2-甲基丙酸酐中的一种或几种的混合物。在羟基酯化反应过程中还可以加入催化剂，所述的催化剂为硫酸、浓盐酸、硝酸、对甲基苯磺酸或氯磺酸。

③羧基酯化：将步骤③得到的产物与环氧化物混合，环氧化物的添加量为上述产物的、倍摩尔量，温度控制在10~60℃，反应0.5~12h。所述的环氧化物包括环氧乙烷、环氧丙烷、环氧丁烷中的一种或几种的混合物。

④干燥：将步骤③得到的产物进行干燥和粉碎，得到的干燥粉末即为所制备的水溶性耐酸红曲红色素。

3. 产物物化性质

制备后的水溶性耐酸型红曲红素易溶于不同范围的水，以及乙醇、丙酮、氯仿、乙酸乙酯、乙酸丁酯等多种有机溶剂，具备良好的热稳定性，0~120℃环境下对色素无影响，色素在范围内具有良好的稳定性，氧化剂和还原剂对色素没有不良影响，葡萄糖和蔗糖溶液对色素没有影响，各种常见食品添加剂的使用基本不影响该色素的品质，且对金属离子稳定。

（四）红曲色淀的制备

红曲色淀是以红曲色素为水溶性染料采用多价金属盐沉淀法制备而成，制备方法包括配制沉淀剂溶液、配制红曲色素溶液、沉淀、过滤、去除游离水、干燥和包装。红曲色淀具有色光鲜艳、不溶于普通有机溶剂和水、有高的分散性、着色力和耐晒性等优点，作为食品添加剂使用安全无毒，是一种非化学合成的天然颜料。利用红曲色素分子结构含有的羧基与多价金属离子结合产生沉淀，较传统的色淀制备方法，具有工艺简单、生产成本低、产品安全等特点[137]。

1. 制备工艺

采用沉淀法制备红曲红色淀，包括以下步骤：

①配制沉淀剂溶液：在水中加入5%~85%沉淀剂，所述的沉淀剂是二价金属盐 Ca^{2+}、或 Mg^{2+}、或 Zn^{2+}、或 Ba^{2+}、或 Mn^{2+}，搅拌溶解，配制成沉淀剂溶液。

②配制红曲红素溶液：在水中加入2%~20%红曲红素，在50~80℃条件下搅拌溶解，配制成红曲红素溶液。

③沉淀：用盐酸或硫酸将红曲红素溶液酸化至pH1~2，按红曲红素溶液体积∶沉淀剂溶液体积为1.5∶1的比例加入沉淀剂溶液，然后用搅拌机搅拌1~2h，产生沉淀物，其分子结构如图5-20所示：

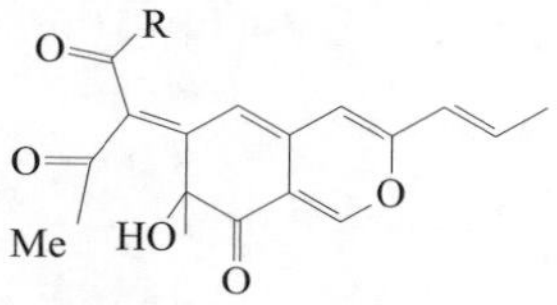

图5-20　红曲红色淀分子结构

其中，R为 C_5H_{11} 或 C_7H_{15}，Me为 Ca^{2+}、或 Mg^{2+}、或 Zn^{2+}、或 Ba^{2+}、或 Mn^{2+}。

采用沉淀法制备红曲黄色淀，包括以下步骤：

①配制沉淀剂溶液：在水中加入沉淀剂，即二价金属盐 Ca^{2+}、或 Mg^{2+}、或 Zn^{2+}、或 Ba^{2+}、或 Mn^{2+}，搅拌溶解，配制成沉淀剂溶液；

②配制红曲黄素溶液：在水中加入2%~20%红曲黄素，在50~80℃条件下搅拌溶解，配制成红曲黄素溶液；

③用盐酸或硫酸将红曲黄素溶液酸化至pH 1~2，按红曲黄素溶液体积∶沉淀剂溶液体积为1.5∶1的比例加入沉淀剂溶液，然后用搅拌机搅拌1~2h，产生沉淀物，其分子结构如图5-21所示：

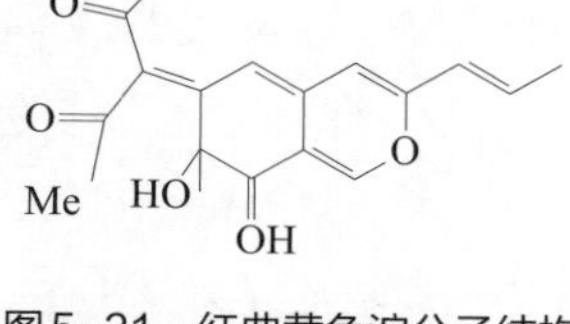

图5-21　红曲黄色淀分子结构

其中，R为 C_5H_{11} 或 C_7H_{15}，Me为 Ca^{2+}、或 Mg^{2+}、或 Zn^{2+}、或 Ba^{2+}、Mn^{2+}。

2. 产物性质

利用红曲色素分子结构含有的胺基与多价金属离子结合产生沉淀，比起传统的色淀制备方法，可以避免过多的金属离子进入产品而导致污染。采用二价金属盐作沉淀剂，不含重金属，安全无毒，同时也有利于简化生产工艺，降低生产成本，保证产品的安全性。红曲色淀是由水溶性有机色素制成的有色沉淀，色光鲜艳，不溶于普通溶剂，有高的分散性、着色力和耐晒性，特别适用于糖果类食品着色，也适用于油墨、文教用品、橡胶、塑料制品的着色。

参考文献

[1] Santos PPD, Flôres SH, Rios ADO, et al. Biodegradable polymers as wall materials to the synthesis of bioactive compound nanocapsules[J]. Trends in Food Science & Technology, 2016, 53: 23-33.

[2] 李传欣. 日本天然食用色素的应用及开发动向 [C]. 中国食品添加剂生产应用工业协会 2003 年着色剂专业委员会年会, 2003.

[3] 马自超, 陈文田, 李海霞. 天然食用色素化学[M]. 北京: 中国轻工业出版社, 2016, 480-488.

[4] 孙桃, 张凌, 张艳明, 等. 微波法提取菠萝蜜果皮中色素工艺研究[J]. 中国食品添加剂, 2017(10): 97-101.

[5] 李晓玲, 陈相艳, 王文亮, 等. 超微粉碎辅助超声 - 微波法提取玉米黄色素[J]. 中国食品学报, 2014, 14(8): 99-107.

[6] 张志健, 李新生. 橡子壳色素提取技术研究[J]. 中国食品添加剂, 2010(2): 105-110.

[7] 陈存社, 董银卯, 陆辛玫, 等. 食用天然色素的提取及其稳定性研究[J]. 天然产物研究与开发, 2001(6): 39-41.

[8] 孙雨安, 李彩云, 潘勤生, 等. 一种紫色菜苔天然色素提取工艺及其性质的研究[J]. 河南科学, 1998(1): 62-65.

[9] 丁纯梅, 陶庭先, 吴之传. 龙虾虾壳的综合利用(1)——虾壳红色素的提取及其性质研究[J]. 化学世界, 1995(8): 444-445, 434.

[10] 畅功民, 陕方, 刘森, 等. 天然辣椒红色素提取精制工艺研究[J]. 山西农业科学, 2001(2): 70-73.

[11] 薛伟明, 张效林, 亢茂德, 等. 红花黄色素的酶法提取应用研究[J]. 化学工程, 1999(1): 44, 46, 52, 6.

[12] 孙晓侠, 马龙. 纤维素酶法提取黑豆皮色素的工艺研究[J]. 食品工业科技, 2010, 31(10): 319-321.

[13] 俞俊棠. 生物工艺学 (上册)[M]. 上海: 华东化学学院出版社, 1994.

[14] 杨漓, 莫庆奎, 吴志宏. 水 - 醇兼溶植物色素的提取新工艺[J]. 食品工业科技, 1998(5): 34-35.

[15] 董汝晶. 多糖提取方法的研究进展[J]. 农产品加工 (学刊), 2014(8): 46-48, 51.

[16] 孙晨. 微波辅助提取食品有效成分研究进展[J]. 粮食与油脂, 2011(7): 5-7.

[17] 陈栓虎, 王翠玲, 董发昕, 等. 柿子红色素的提取及稳定性研究[J]. 西北大学学报 (自然科学版), 2004(6): 677-679.

[18] 姚中铭, 吕晓玲, 褚树成. 栀子黄色素提取工艺的研究—微波提取法与传统浸提法的比较[J]. 天津轻工业学院学报, 2001(4): 20-23.

[19] 邓宇, 张卫强. 番茄红素提取方法的研究[J]. 现代化工, 2002(2): 25-28.

[20] 陈海华, 李海萍, 王星明. 微波辅助提取红枣红色素及其稳定性的研究[J]. 食品研究与开发, 2009, 30(7): 181-185.

[21] Wang J, Sun B, Liu Y, et al. Optimisation of ultrasound-assisted enzymatic extraction of arabinoxylan from wheat bran[J]. Food Chemistry, 2014, 106(2): 804-810.

[22] Romdhane M, Gourdon C. Investigation in solid–liquid extraction: influence of ultrasound [J]. Chemical Engineering Journal, 2002, 87(1): 11-19.

[23] 郭丹钊, 马海乐, 曹颖, 等. 桑黄菌丝体活性物质的超声波辅助提取工艺[J]. 中国食品学报, 2015, 15(4): 87-92.

[24] 向洪平, 葛建芳, 张蓝月. 超声波辅助萃取功能性天然色素的研究与应用进展[J]. 江苏农业科学, 2010(3): 360-362.

[25] 黄丹, 方春玉, 周健, 等. 超声波辅助法在红曲色素提取中的应用研究[J]. 中国调味品, 2010, 35(4): 65-68.

[26] 薛敏敏, 邓学良, 李忠海, 等. 微波–超声波协同提取野生毛葡萄皮色素的工艺研究[J]. 食品与机械, 2010, 26(6): 141-143.

[27] 韦汉昌, 韦群兰, 何建华. 高压脉冲电场提取栀子黄色素的研究[J]. 食品工业科技, 2011, 32(8): 141-142, 146.

[28] 汪洋, 李焱. 超临界 CO_2 萃取在植物化学物提取中的研究进展[J]. 中国酿造, 2015, 34(7): 10-14.

[29] 李敏, 余小林, 辛修锋, 等. 天然色素的超临界流体萃取研究[J]. 现代食品科技, 2006(2): 275-277, 281.

[30] 罗金岳, 陈芳, 朱春雷, 等. 超临界 CO_2 从箬竹叶中提取叶绿素的研究[J]. 林产化学与工业, 2005(3): 81-84.

[31] 时海香, 仲山民, 吴峰华. 超临界二氧化碳萃取常山胡柚外果皮中天然色素的工艺研究[J]. 浙江林学院学报, 2008(5): 639-643.

[32] 张文成, 王磊. 纯天然番茄红素的超临界 CO_2 萃取研究[J]. 安徽化工, 1999(5): 23-24.

[33] 曾凡坤, 钟耕, 吴永娴, 等. 分子蒸馏法分离甜橙油中的类胡萝卜素对其香气成分的影响[J]. 食品与发酵工业, 1996(4): 62-64.

[34] 王芳芳, 江英, 苏丽娜. 应用分子蒸馏技术分离提纯辣椒红色素[J]. 食品科技, 2009, 34(2): 196-199.

[35] 曾云龙, 胡娅梅, 唐春然, 等. 微波辅助乙醇-K_2HPO_4双水相提取黄姜总皂苷[J]. 应用化工, 2012, 41(1): 13-15.

[36] Freire MG, Cláudio AF, Araújo JM, et al. Aqueous biphasic systems: a boost brought about by using ionic liquids. [J]. Cheminform, 2012, 41(14): 4966-4995.

[37] Asenjo JA, Andrews BA. Aqueous two-phase systems for protein separation: phase separation and applications [J]. Journal of Chromatography A, 2011, 1218(49): 8826-8835.

[38] 国大亮, 朱晓薇. 双水相萃取法在天然产物纯化中的应用[J]. 天津药学, 2006(1): 64-67.

[39] 刘晶晶, 任莉红, 郭仁红. 双水相萃取体系分离纯化甜菜红色素的方法: 中国, 201010105069[P]. 2010.

[40] 姜彬, 李冬梅, 冯志彪. PEG/盐双水相萃取食用色素柠檬黄的研究[J]. 中国调味品, 2014, 39(4): 98-101.

[41] 刘志强, 张初署, 孙杰, 等. 膜分离技术纯化花生衣中的原花色素[J]. 食品科学, 2010, 31(20): 183-186.

[42] 张小曼, 马银海, 李勇, 等. 膜分离技术提取山竺红色素的工艺优化[J]. 食品科学, 2010, 31(10): 133-136.

[43] 钱冬伟, 余琪, 周丹英. 大孔树脂精制栀子黄色素工艺研究[J]. 安徽农业科学, 2009, 37(8): 3754-3755, 3758.

[44] 王川丕, 计建炳, 王良华, 等. NKA 大孔吸附树脂分离栀子黄[J]. 化工进展, 2003, 22(6): 622-625.

[45] 张德权, 吕飞杰, 台建祥, 等. 超临界 CO_2 流体技术精制栀子黄色素的研究[J]. 农业工程学报, 1999(4): 226-230.

[46] 胡迎芬. AD-50 大孔吸附树脂对紫叶小檗叶红色素提取性能的研究[J]. 中国食品添加剂, 2002 (3): 31-33.

[47] 秦俊哲, 程伟, 杜军国. 大孔树脂对桑黄多糖提取液中色素的吸附与解吸特性研究[J]. 陕西科技大学学报 (自然科学版), 2013, 31(1): 73-77.

[48] 刘振华, 丁卓平, 董洺文. 辣椒中红色素的提取工艺研究[J]. 食品科学, 2006(12): 291-295.

[49] 武占省, 江英, 赵晓梅. 天然辣椒红色素的研究进展[J]. 中国食品添加剂, 2004(6): 22-25, 68.

[50] 孔令忠. 超临界二氧化碳萃取辣椒红素工艺及抗氧化性研究[D]. 南京: 南京农业大学, 2015.

[51] 乐龙, 覃艳, 王志祥. 响应曲面法优化超声提取辣椒中辣椒红色素的工艺研究[J]. 中国药科大学学报, 2011, 42(6): 573-577.

[52] 刘立业, 钟方丽, 娄大伟, 等. 微波辅助法提取辣椒红色素工艺研究[J]. 辽宁化工, 2015, 44(11): 1300-1302.

[53] 田艳, 廖泉, 赵玲艳, 等. 正交试验优化超声波和微波辅助溶剂提取辣椒色素的工艺[J]. 食品科学, 2013, 34(16): 38-41.

[54] 高经梁, 刘玉兰, 张惠娟, 等. 不同提取方法对辣椒红色素提取得率的比较研究[J]. 中国调味品, 2012, 37(10): 105-107, 112.

[55] 林泽华, 任娇艳. 天然番茄红素提取工艺研究进展[J]. 食品科学技术学报, 2014, 32(5): 50-55.

[56] 黄明亮, 孙颖, 王雪莹, 等. 番茄红素的提取工艺及在食品中的应用[J]. 中国调味品, 2012, 37(6): 106-110.

[57] Machmudah S, Zakaria, Winardi S, et al. Lycopene extraction from tomato peel by-product containing tomato seed using supercritical carbon dioxide [J]. Journal of Food Engineering, 2012, 108(2): 290-296.

[58] Zuorro A, Fidaleo M, Lavecchia R. Enzyme-assisted extraction of lycopene from tomato processing waste [J]. Enzyme Microb Technol, 2011, 49(6): 567-573.

[59] 王庆发, 吴彤娇, 梁铎, 等. 番茄红素提取纯化及稳定性改善技术的研究进展[J]. 食品工业科技, 2017, 38(21): 307-313.

[60] Zhang J, Hou X, Ahmad H, et al. Assessment of free radicals scavenging activity of seven natural pigments and protective effects in AAPH-challenged chicken erythrocytes [J]. Food Chemistry, 2014, 145(7): 57-65.

[61] 陶婷婷, 邱伟芬. 微波辅助提取新鲜番茄中番茄红素的工艺优化[J]. 食品与发酵工业, 2010, 36(3): 172-178.

[62] Kadam SU, Tiwari BK, O'Donnell CP. Application of novel extraction technologies for bioactives from marine algae [J]. Journal of Agricultural and Food Chemistry, 2013, 61(20): 4667-4675.

[63] Shi J, Yi C, Xue S J, et al. Effects of modifiers on the profile of lycopene extracted from tomato skins by supercritical CO_2 [J]. Journal of Food Engineering, 2009, 93(4): 431-436.

[64] 苏小华, 鲍波, 朱少平, 等. 番茄红素的功能与稳定性研究进展[J]. 生物技术进展, 2013, 3(1): 18-21.

[65] Rocha GA, Fávarotrindade CS, Crf G. Microencapsulation of lycopene by spray drying: Characterization, stability and application of microcapsules [J]. Food & Bioproducts Processing Transactions of the Institution O, 2012, 90(1): 37-42.

[66] Chen L, Jie W, Jing S, et al. Encapsulation of tomato oleoresin using soy protein isolate-gum aracia conjugates as emulsifier and coating materials [J]. Food Hydrocolloids, 2015, 45(45): 301-308.

[67]   Neethirajan S, Jayas DS. Nanotechnology for the food and bioprocessing industries [J]. Food & Bioprocess Technology, 2011, 4(1): 39-47.

[68]   Sui-Jian QI, Chen Q, Peng WL. The current status on the platinum-based antitumor drugs(Ⅱ)[J]. Acta Scientiarum Naturalium Universitatis Sunyatseni, 2000.

[69]   岳静, 方宏筠, 黄红光. 紫甘薯红色素的研究进展[J]. 辽宁农业科学, 2003(5): 22-25.

[70]   温桃勇, 刘小强. 紫色甘薯营养成分和药用价值研究进展[J]. 安徽农业科学, 2009, 37(5): 1954-1956, 2035.

[71]   王玲, 邓敏姬. 紫甘薯天然红色素的提取及其稳定性研究[J]. 食品科技, 2011, 36(4): 179-183.

[72]   余凡, 杨恒拓, 葛亚龙, 等. 紫薯色素的微波提取及其稳定性和抗氧化活性的研究[J]. 食品工业科技, 2013(4): 322-326.

[73]   张慢, 潘丽军, 姜绍通, 等. 响应面法优化酶-超声波辅助同步提取紫薯花青素工艺[J]. 食品科学, 2014, 35(10): 23-28.

[74]   肖素荣, 李京东. 新型天然色素—紫甘薯色素[J]. 中国食物与营养, 2009(6): 29-31.

[75]   杨志, 张芳, 林欣, 等. 憎水性栀子蓝色素制备的研究[J]. 河南工业大学学报(自然科学版), 2008 (4): 24-27.

[76]   马自超, 陈文田, 李海霞. 天然食用色素化学[M]. 北京: 中国轻工业出版社, 2016: 480-488.

[77]   张弘, 郑华, 陈军, 等. 胭脂虫红色素稳定性研究[J]. 食品科学, 2008, 29(11): 59-64.

[78]   张弘, 郑华, 郭元亨, 等. 胭脂虫红色素加工技术与应用研究进展[J]. 大连工业大学学报, 2010, 29(6): 399-405.

[79]   Dougall DK, Vogelien DL. Anthocyanin yields of clonal wild carrot cell cultures[J]. Plant Cell Tissue & Organ Culture, 1990.

[80]   Hosokawa K. Variations among Anthocyanins in the *Floral Organs of Seven Cultivars of Hyacinthus orientalis*[J]. 1999, 155(2): 285-287.

[81]   Luo J, Nishivama Y, Fuell C, et al. Convergent evolu-tioninthe BAHDfamily of acyl transferases: identificationand characterization of anthocyanin acyl transferasesfrom Arabidopsis thaliana[J]. Plant Journal, 2007, 50(4): 678-695.

[82]   张红城, 吴正双, 高文宏, 等. 黄酮类化合物改性方法的研究进展[J]. 食品科学, 2011, 32(3): 256-261.

[83]   Suzuki Y, Suzuki K. Enzymatic formation of 4-alpha-dglucopyranosyl-rutin[J]. Agricultural Biology and Chemistry, 1991, 55(1): 181-187.

[84]   Ko JH, Kim BG, Ahn JH. Glycosylation of flavonoids with a glycosyltransferase from Bacillus cereus[J]. Federation of European Microbiological Societies Microbiology Letters, 2006, 258(2): 263-268.

[85]   Kim HJ, Kim BG, Kim GA, et al. Glycosylation of flavonoids with E. coli expressing glycosyltransferase fromXanthomonas campestris[J]. Journal of Microbiology and Biotechnology, 2007, 17(3): 539-542.

[86]   Kim BG, Kim HJ, Ahn JH. Production of bioactive flavonol rhamnosides by expression of plant genes in *Escherichia coli*[J]. Journal of Agricultural and Food Chemistry, 2012, 60(44): 11143-11148.

[87]   Oka T, Jigami Y. Reconstruction of de novo pathway for synthesis of UDP-glucuronic acid and UDP-xylose from intrinsic UDP glucose in *Saccharomyces cerevisiae*[J]. Febs Journal, 2006, 273(12): 2645-2657.

[88]   Kim SY, Lee HR, Park K, et al. Metabolic engineering of *Escherichia* coli for the biosynthesis of flavonoid-O-glucuronides and flavonoid-O-galactoside[J]. Applied Microbiology and Biotechnology, 2015, 99(5): 2233-2242.

[89]   Calias P, Maxwell M, et al. Synthesis of inositol 2-phosphate-quercetin conjugates[J]. Carbohydrate Research, 1996(292): 83-90.

[90] 盛雪飞, 沈妍, 吴丹, 等. 橙皮苷改性技术研究进展[J]. 食品与发酵工业, 2008, 39(4): 109-112.

[91] 陈平, 樊瑞胜, 聂芊, 等. 水溶性橙皮苷的合成及结构表征[J]. 食品科学, 2007, 28(8): 143-147.

[92] 刘慧. 槲皮素衍生物的合成及抗肿瘤活性的研究[D]. 沈阳: 沈阳药科大学, 2000.

[93] Ratty K, Das NP. Effects of flavonoids on nonenzymic lipid peroxidation: Structure activity relationship[J]. Biochemical Medicine and Metabolic Biology, 1988, 39(1): 69-79.

[94] Wiczkowski W, Romaszko J, Bucinski A, et al. Quercetin from shallots(*Allium cepa* L. var. *aggregatum*)is more bioavailable than its glucosides[J]. Journal of Nutrition, 2008, 138(5): 885-888.

[95] 李珊珊, 吴彩娟, 苏宝根, 等. 固体酸催化水解糖苷型大豆异黄酮[J]. 中国油脂, 2004, 29(9): 28-30.

[96] 冯艳丽, 员明月, 夏艳. 碱法水解大豆异黄酮工艺研究[J]. 中国油脂, 2009, 34(4): 56-58.

[97] 刘亚男, 程艳华, 胡福良, 等. 蜂胶黄酮苷的酸解及酸解产物抗氧化性能的研究[J]. 食品科学, 2009, 30(3): 47-50.

[98] Grohmann K, Manthey JA, Cameron RG. Acid-catalyzed hydrolysis of hesperidin at elevated temperatures[J]. Carbohydrate Research, 2000, 328(2): 141-146.

[99] Nielsen IL, Chee WSS, Poulsen L, et al. Bioavailability is improved by enzymaticmodification of the citrus flavonoid hesperidin in humans: A randomized, double-blind, crossover trial[J]. Journal of Nutrition, 2006, 136(2): 404-408.

[100] Mandalari G, Bennett RN, Kirby AR, et al. Enzymatic hydrolysis of flavonoids and pectic oligosaccharides from bergamot(Citrus bergamia Risso)peel[J]. Journal of Agricultural and Food Chemistry, 2006, 54(21): 8307-8713.

[101] Chuankhayan P, Rimlumduan T, Svasti J, et al. Hydrolysis of soybean isoflavonoid glycosides by *Dalbergia* beta-glucosidases[J]. Journal of Agricultural and Food Chemistry, 2007, 55(6): 2407-2412.

[102] 张红城, 董捷, 李春阳, 等. β-葡萄糖苷酶酶解蜂胶黄酮苷的研究[J]. 食品科学, 2008, 29(11): 332-336.

[103] Turner C, Turner P, Jacobson G, et al. Subcritical water extraction and β-glucosidase-catalyzed hydrolysis of quercetin glycosides in onion waste[J]. Green Chemistry, 2006, 8(11): 949-959.

[104] Stevenson DE, Wibisono R, Jensen DJ, et al. Direct acylation of favonoid glycosides with phenolic acids catalysed by *Candida antarctica lipase* B(Novozym435)[J].Enzyme and Microbial Technology, 2006, 39(6): 1236-1241.

[105] Ardhaoui M, Falcimaigne A, Engasser JM, et al. Enzymatic synthesis of new aromatic and aliphatic esters of flavonoids using *Candida antarctica lipase* as biocatalyst[J]. 2004, 22(4): 253-259.

[106] Gayot S, Santarelli D, Coulon D. Modification of flavonoid using lipase in non-conventional media: Effect of the water content[J]. Journal of Biotechnology, 2002, 101(1): 29-36.

[107] Mellou F, Lazari D, Skaltsa AH, et al. Biocatalytic preparation of acylated derivatives of flavonoid glycosides enhances their antioxidant and antimicrobial activity[J]. Journal of Biotechnology, 2005, 116(3): 295-304.

[108] Katasouram H, Polydera AC, Katapodis P, et al. Effect of different reaction parameters on the lipase-catalyzed selective acylation of polyhydroxylated natural compounds in ionic liquids[J]. Process Biochemistry, 2007, 42(9): 1326-1334.

[109] Sakai M, Suzuki M, Nanjo F, et al. 3-O-acylated catechins and method of producing same: European Patent, 0618203A1[P]. 1994-10-05.

[110] Patti A, Piattelli M, Nicolosi G. Use of Mucor miehei lipase in the preparation of long chain 3-O-acylcatechins

[J]. J Mol Catal B: Enzym, 2000, 10: 577-582.

[111] 梁燕, 沈生荣, 杨贤强, 等. 脂溶性茶多酚抗氧化特性的研究[J]. 浙江大学学报(农业与生命科学版), 1999, 29(4): 455-460.

[112] Babu TH, Subba RVR, Tiwari AK, et al. Synthesis and biological evaluation of novel 8-aminomethylated oroxylin A analogues as a-glucosidase inhibitors[J]. Bioorg. Med. Chem. Left, 2008, 18: 1659-1662.

[113] 刘晓平, 于小风, 洪秀云, 等. 胡春黄酮衍生物的合成及其抗炎活性研究[J]. 中国药物化学杂志, 2009, 19(5): 340-344.

[114] Vasquez-Martinez Y, Ohri RV, Kenyon V, et al. Structure-activity relationship studies of flavonoids as potent inhibitors of human platelet 12-hLO, reticulocytel5-hLO-1, and prostate epithelial 15-hLO-2[J]. Bioorg Med Chem, 2007, 15: 7408-7425.

[115] Dong XW, Liu T, Yan JY, et al. Synthesis, biological evaluation and quantitative structure-activities relationship of flavonoids as vasorelaxant agents[J]. Bioorg Med Chem, 2009.17: 716-726.

[116] Dauzonne D, Folleas B, Martinez L, et al. Synthesis and in vitro cytotoxicity of a series of 3-aminoflavones[J]. Eur. J. Med. Chem. 1997, 32:71.

[117] Lee ER, Kang YJ, Kim HJ, et al. Regulation of apoptosis .by modified naringenin derivatives in human colorectal carcinoma RKO cells[J]. J. Cell. Biochem, 2008, 104: 259-273.

[118] Huang H, Jia Q, Ma J, et al. Discovering novel quercetin-3-O-amino acid-esters as a new class of Src tyrosine kinase inhibitors[J]. Eur J Med Chem, 2009, 44: 1982-1988.

[119] Mohri K, Watanabe Y, Yoshida Y, et al. Synthesis of glycosylcurcuminoids[J].Chem Pharm Bull, 2003, 51(11): 1268.

[120] Shi Q, Shih CY, Lee KH. Novel anti-prostate cancer curcumin analogues that enhance androgen receptor degradation activity[J]. 2009, 9(8): 904.

[121] Venkatesan N, Punithavathi V, Arumugam V, et al. Curcumin prevents adriamycin nephrotoxicity in rats[J]. Br J Pharmacol, 2000, 129: 121-234.

[122] 韩刚, 崔静静, 毕瑞, 等. 姜黄素、去甲氧基姜黄素和双去甲氧基姜黄素稳定性研究[J]. 中国中药杂志, 2008, 33(22): 2611-2613.

[123] Amolins MW, Peterson LB, Blagg BSJ. Synthesis and evaluation of electron-rich curcumin analogues electron-rich curcuminanalogues[J]. Bioorg Med Chem, 2009, 17(1): 360-367.

[124] Ohtsu H, Xiao ZY, Ishida J, et al. Antitumoragents. 217. Curcumin analogues as novel androgen receptor[J]. Bioorg Med Chem, 2003, 11(23): 5083-5090.

[125] Lin L, Shi Q, Su CY, et al. Antitumor agents 247. New 4-ethoxycarbony-lethyl curcumin analogs as potent agents[J]. Bioorgan Med Chem, 2006, 14(8): 2527.

[126] Yadav B, Taurin S, Rosengren RJ, et al. Synthesis and cytotoxic potential of heterocyclic cyclohexanone analogues of curcumin[J]. Bioorg Med Chem, 2010, 18(18): 6701-6707.

[127] Zhao C, Yang J, Wang Y, et al. Synthesis of mono-carbonyl analogues of curcumin and their effects on inhibition of cytokine release in LPS-stimulated raw 264. 7 macrophages[J].Bioorg Med Chem, 2010, 18(7): 2388-2393.

[128] 周建平, 姚静, 倪江, 等. 姜黄素-多糖类偶联物及其制备方法与应用: 中国, CN201210141117.2[P]. 2012.

[129] 韩刚, 张永, 孙广利, 等. 姜黄素滴丸的制备及体外溶出研究[J]. 中成药, 2006, 28(12): 1832-1833.

[130] 厉凤霞, 李晓丽, 李斌. 葡萄糖-聚乙二醇-姜黄素的合成及其对姜黄素性能的改善[J]. 合成化学, 2011,

19(1): 15-18.

[131] 黄秀旺, 许建华, 温彩霞. 姜黄素-聚维酮固体分散体的制备及溶出度的测定[J]. 中国医院药学杂志,
      2008, 21(8): 1819-1822.

[132] 黄秀旺, 许建华, 吴国华, 等. 姜黄素固体分散体在小鼠体内的药代动力学[J]. 中国药理学报, 2008,
      24(11): 1525-1527.

[133] Kumar V, Lewis SA, Mutalik S, et al. Biodegradable microspheres of curcumin for treatment of inflammation [J]
      Indian J.Physiol. Pharmacol, 2002, 46(2): 209-217.

[134] 甘纯矾, 彭时尧, 苏金为, 等. 水溶性红曲红色素和黄色素的制备: 中国, 96122279.4[P]. 1996.

[135] 甘纯玑, 简文杰, 洪惠娇. 等. 油溶性红曲红色素和油溶性红曲黄色素及其制备方法: 中国, 200510044946.9
      [P]. 2005.

[136] 甘纯玑, 谢苗, 杜佩云. 一种水溶性耐酸红曲红色素的制备方法: 中国, 201110140526.6[P]. 2011.

[137] 甘纯玑, 林燕, 谢苗. 红曲色淀及其制备方法: 中国, 200510043900.5[P]. 2005.

第六章

人工食用色素的化学合成

第一节　引言

食品色素分为天然色素和食用合成色素两大类。天然色素来源于动物和植物,一般比较安全。但是,天然色素价格高,在食品加工、贮藏过程中容易褪色和变色,其应用受到限制。19世纪合成有机染料工业的发展,为食品色素的使用提供了更经济的生产途径。由于合成色素色泽鲜艳、性质稳定、易于调色、着色力强、成本低廉、使用方便,已被广泛应用。了解食用合成色素的种类、性质、合成途径,正确认识食用合成色素的安全性与使用原则,将为我们安全规范的使用食用合成色素,创造绚丽多彩的食品加工产品提供科学支撑。

本章节将从制备目的、合成途径、产物性质、食用安全性等方面介绍合成色素以及改性天然色素的一系列发展过程,明确此类色素的优势及使用范围。为读者学习并有效利用该类食用色素提供理论参考。

第二节　常用的食用合成色素

一、常用食用合成色素的分类

食用合成色素多以苯、甲苯、萘等化工产品为原料,经过磺化、硝化、卤化、偶氮化等一系列有机反应化合而成。由于合成色素属于煤焦油合成的染料,不仅本身没有营养价值,而且大多数对人体有害,因此世界卫生组织对合成色素的使用种类、使用量具有严格的规定。根据我国《食品安全国家标准　食品添加剂使用标准》(GB 2760—2014)规定:我国允许使用的食用合成色素共有8种,包括日落黄、赤藓红、柠檬黄、胭脂红、苋菜红、新红、靛蓝、亮蓝以及它们各自的铝色淀[1]。从结构上分为偶氮类色素(苋菜红、胭脂红、日落黄、柠檬黄等)和非偶氮类色素(赤藓红、亮蓝、靛蓝等)。合成色素又可分为水溶性色素和油溶性色素。由于油溶性偶氮类色素不溶于水,进入人体后不易排出体外,因此这类色素的毒性较大,现在各国基本上已不再使用它们作为食品的着色剂。一般认为,在水溶性色素的结构中,磺酸基越多,排出体外越快,毒性也越低。

二、食用合成色素的理化性质

这些色素的相对分子质量为450～880，最大吸收波长为428～630nm。耐氧化还原性能均较差；耐热、耐光性能稳定（靛蓝除外）；胭脂红、诱惑红、日落黄、靛蓝在碱性条件下不稳定，赤藓红、靛蓝在酸性条件下不稳定。目前，我国允许使用的食用合成色素均是水溶性色素，不溶于油脂、醚和蜡，在乙醇中微溶或不溶。为了改善合成色素的溶解性，近年来，一类特殊着色剂色淀已投入生产。色淀是由可溶性色素沉淀在许可使用的不溶性基质（通常为氧化铝）上制备所得，对光、热稳定性提高，水溶性消失，被应用于粉末或油脂食品。

1. 胭脂红

（1）化学名称 1-（4'-磺酸基-1'-萘偶氮）-2-萘酚-3，6-二磺酸三钠盐。

（2）化学式 $C_{20}H_{11}O_{10}N_2S_3Na_3$。

（3）化学结构式见图6-1。

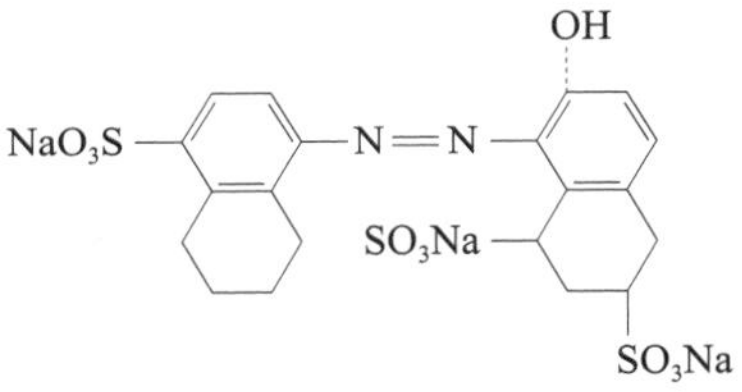

图6-1 胭脂红化学结构式

（4）理化性质 胭脂红为红色至深红色均匀颗粒或粉末，无臭。耐光性、耐酸性较好，耐热性强（105℃）、耐还原性差；耐细菌性较差。溶于水，水溶液呈红色；溶于甘油，微溶于酒精，不溶于油脂；最大吸收波长（508±2）nm。对柠檬酸、酒石酸稳定；遇碱变为褐色，着色性能与苋菜红相似[1]。

2. 苋菜红

（1）化学名称 1-（4-磺基-1-奈偶氮）-2-萘酚-3，6-二磺酸三钠。

（2）化学式 $C_{20}H_{11}O_{10}N_2S_3Na_3$。

（3）化学结构式见图6-2。

（4）理化性质 紫红色粉末，无臭，水溶液呈玫瑰红色。在水中的溶解度为17.2%（21℃）。最大吸收波长520nm，具有耐光、耐热、耐酸、耐盐性，对柠檬酸、酒石酸等较稳定，在碱性溶液中变成暗红色。氧化还原作用较敏感，不适用于发酵食品。

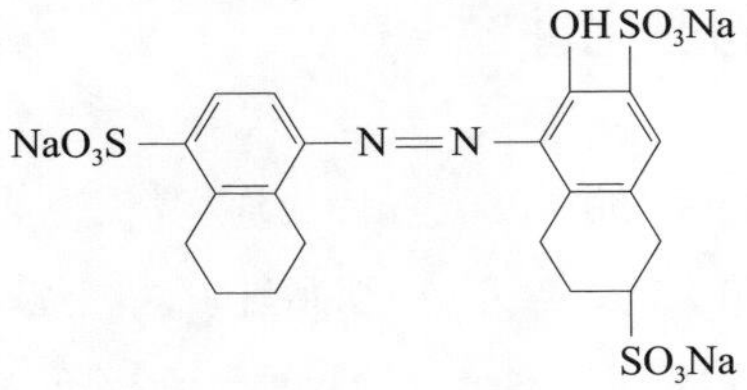

图6-2　苋菜红化学结构式

3. 酸性红

（1）化学名称　偶氮玉红。

（2）化学式　$C_{20}H_{12}N_2Na_2O_7S_2$。

（3）化学结构式见图6-3。

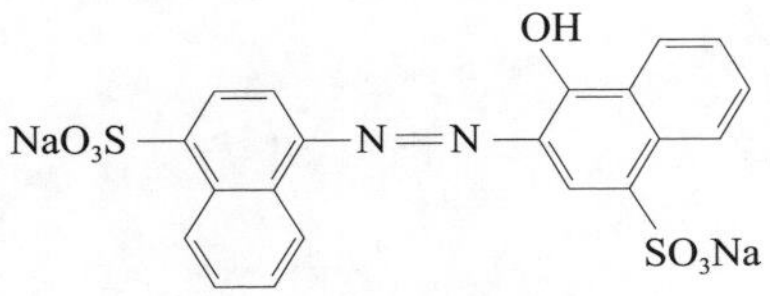

图6-3　酸性红化学结构式

（4）理化性质　红色粉末或颗粒，溶于水，微溶于乙醇。

4. 新红

（1）化学名称　2-（4′-磺基-1′-苯偶氮）-1-羟基-8-乙酰氨基-3，6-二磺酸三钠盐。

（2）化学式　$C_{18}H_{12}N_3O_{11}S_3Na_3$。

（3）化学结构式见图6-4。

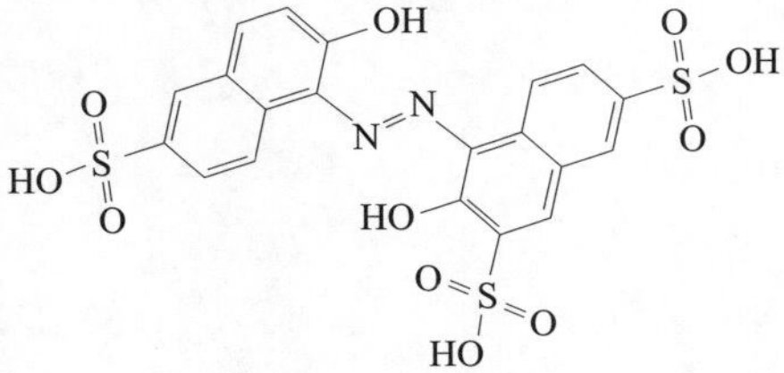

图6-4　新红化学结构式

（4）理化性质　新红为红色粉末。易溶于水，水溶液为红色；微溶于乙醇；不溶于油脂。

5. 日落黄

（1）化学名称　1-苯基偶氮-2-萘酚-6，8-二磺酸钠。

（2）化学式　$C_{16}H_{10}N_2Na_2O_7S_2$。

（3）化学结构式见图6-5。

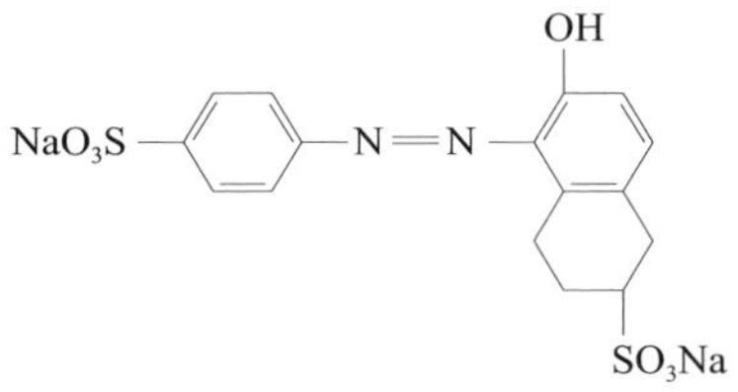

图6-5　日落黄化学结构式

（4）理化性质　橙黄色粉末，无臭。易溶于水，0.1%的水溶液呈黄色。21℃时在水中溶解度为25.3%。最大吸收波长482nm。具有耐热、耐光、耐酸碱性，但遇碱呈红褐色，还原时褪色。

6. 柠檬黄

（1）化学名称　1-（4-磺酸苯基）-4-（4-磺酸苯基偶氮）-5-吡唑啉酮-3-羧酸三钠。

（2）化学式　$C_{16}H_9N_4O_9S_2Na_3$。

（3）化学结构式见图6-6。

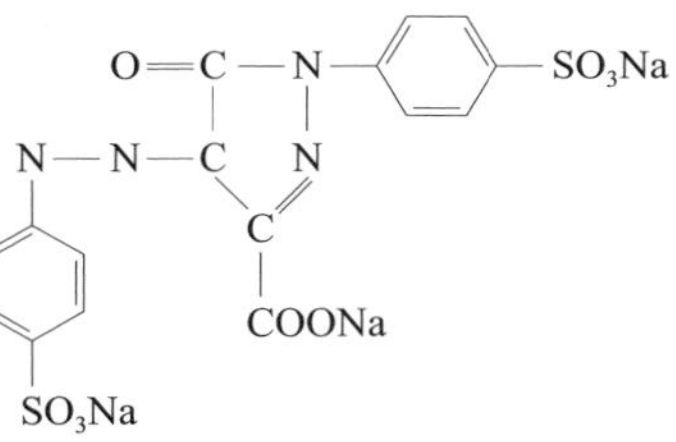

图6-6　柠檬黄化学结构式

（4）理化性质　橙黄色粉末，无臭，水溶液（0.1%）呈黄色。在水中溶解度21℃时为11.8%。最大吸收波长428nm。具有耐热、耐光、耐盐性，但耐氧化性较差，遇碱稍变红，还原时褪色。主要用于食品、饮料、药品及化妆品的着色，也可用于羊毛、蚕丝的染色及制造色淀。

7. 靛蓝

（1）化学名称　5，5-靛蓝素二磺酸二钠。

（2）化学式　$C_6H_8N_2O_8S_2Na_2$。

（3）化学结构式见图6-7。

（4）理化性质　蓝色粉末，无臭，水溶液（0.05%）呈深蓝色。在水中溶解度较低，21℃时为1.1%。最大吸收波长610nm。对热、光、酸、碱、氧化剂都很敏感，还原性褪色，对食品的着色力好。

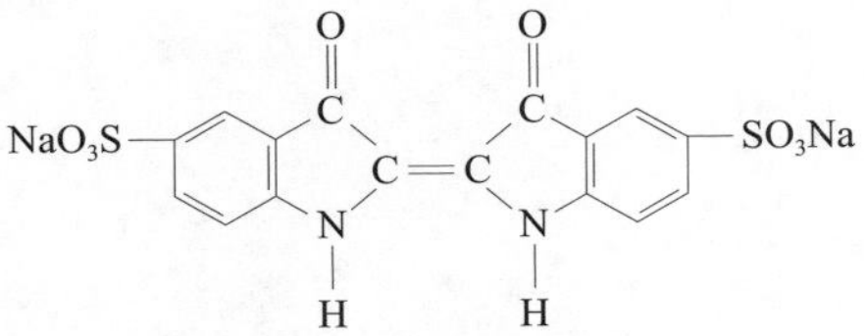

图6-7 靛蓝化学结构式

8. 诱惑红

（1）化学名称 羟基-5-（2-甲氧基-4-磺酸-5-甲苯基）偶氮萘-2-磺酸二钠盐。

（2）化学式 $C_8H_{14}N_2O_8S_2Na_2$。

（3）化学结构式见图6-8。

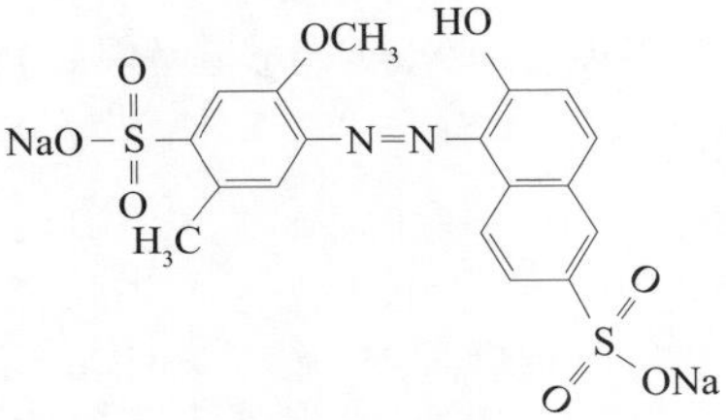

图6-8 诱惑红化学结构式

（4）理化性质 诱惑红为深红色均匀粉末，无臭。溶于水，着色牢度强，中性和酸性水溶液呈红色，碱性呈暗红色。可溶于甘油和丙二醇，微溶于乙醇，不溶于油脂。耐光、耐热性强，耐碱及耐氧化还原性差。性质类似于其他重氮型红色素。对含二氧化硫或氢离子（pH≥3）的水溶液耐受性佳。

9. 赤藓红

（1）化学名称 9-（O-羧基苯基）-6-羟基-2，4，5，7-四碘-3H-呫吨-3-酮二钠盐一水合物。

（2）化学式 $C_{20}H_6I_4Na_2O_5 \cdot H_2O$。

（3）化学结构式见图6-9。

（4）理化性质 赤藓红为红褐色颗粒或粉末状物质、无臭。易溶于水，水溶液为红色。对氧、热、氧化还原剂的耐受性好，染着力强。但耐酸及耐光性差，吸湿性差，在pH<4.5的条件下，形成不溶性的黄棕色沉淀，碱性时产生红色沉淀。

10. 亮蓝

（1）化学名称 双[4-（N-乙基-N-3-磺酸苯甲基）氨基苯基]-2-磺酸甲苯基二钠盐。

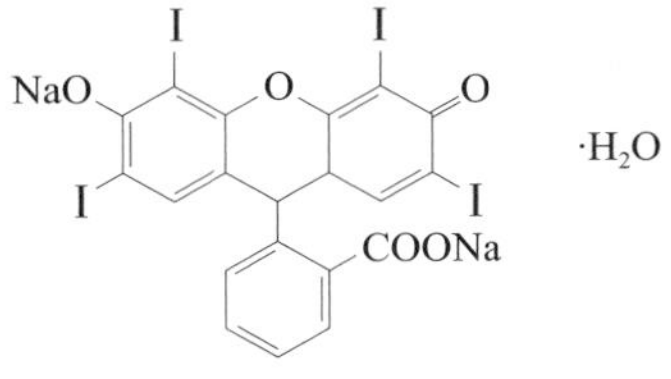

图6-9　赤藓红化学结构式

（2）化学式　　$C_{37}H_{34}N_2Na_2O_9S_3$。

（3）化学结构式见图6-10。

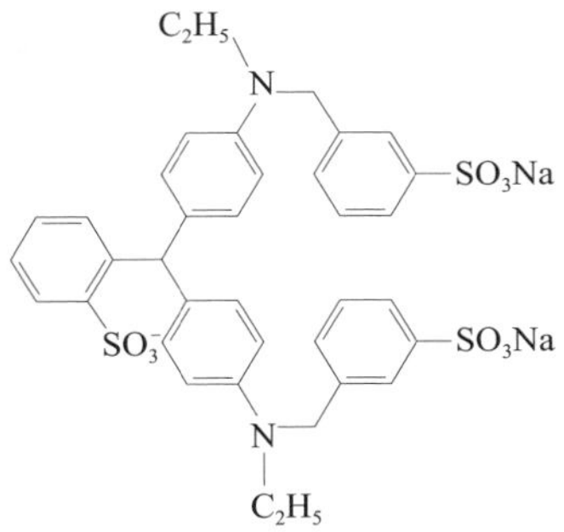

图6-10　亮蓝的化学结构式

（4）理化性质　　亮蓝为有金属光泽的深紫色至青铜色颗粒或粉末，无臭。易溶于水，水溶液呈亮蓝色；可溶于乙醇、丙二醇和甘油。耐光性、耐热性、耐酸性、耐盐性和耐微生物性很好，耐碱性和耐氧化还原特性较佳。弱酸时呈青色，强酸时呈黄色，在沸腾碱液中呈紫色。

几种合成色素的溶解度和坚牢度如表6-1所示。

表6-1　食用合成色素的溶解度和坚牢度

名称	溶解度			坚牢度						
	水/%	乙醇	植物油	耐热性	耐酸性	耐碱性	耐氧化性	耐还原性	耐金属性	耐光性
苋菜红	17.2	极微	不	1.4	1.6	1.6	4.0	4.2	1.5	2.0
胭脂红	23	微	不	3.4	2.0	4.0	2.5	3.8	2.0	2.0
柠檬黄	11.8	微	不	1.0	1.0	1.2	3.4	2.6	1.3	1.3
靛蓝	1.1	微	不	3.0	2.6	3.6	5.0	3.7	34.0	2.5

第三节　食用合成色素的合成途径

一、偶氮类色素的合成

1. 日落黄的合成

把对氨基苯磺酸加入，然后慢慢加入碳酸钠使其完全溶解，过滤；冷却至0~5℃，再加入对氨基苯磺酸1.5~1.8倍量（质量）的盐酸，搅匀静置，析出细微的1-萘胺-4-磺酸结晶，并冷却至5℃以下。在3~5℃下缓慢加入1：2（质量）的亚硝酸钠溶液进行重氮化，得重氮液。反应完毕后料液对刚果红试纸呈强酸性（显蓝色）。将2-萘酚-6-磺酸钠搅拌溶解于20倍量（质量）75~80℃的水中，再加入部分碳酸钠（总量的1/5），溶解后过滤。滤液投入反应釜，然后加入其余的碳酸钠，搅拌冷却至5~8℃；再在10~15℃和pH 8~9时，缓缓加入重氮液进行偶合反应数小时。

反应完毕后（2-萘酚-6，8-二磺酸钠略为过量），将其升温至50~60℃，加入精制氯化钠，搅拌，将其自然冷却至室温，静置析出结晶；将结晶搅拌溶解于15倍量（质量）70℃的洁净水中，加入适量的碳酸钠，使溶液呈微碱性，过滤后加入精盐，搅拌并用盐酸调pH至6.5~7.0。静置、结晶、分离、干燥得成品。

2. 柠檬黄的合成

柠檬黄又称酒石黄。化学名称为1-（4'-磺酸基苯基）-4-（4-磺酸基苯基）偶氮基-4，5-二氢-5-羟基吡唑-3-羧酸三钠盐。是世界上最常用、用量最大的一种合成食用色素，广泛用于糕点、食品、饮料，具有安全度高、基本无毒的特点。也用作医药和日用化妆品的着色剂，羊毛、蚕丝的染色及制造色淀。随着我国食品工业迅速发展，柠檬黄的需求量大幅度增长。通过工艺研发，减少产品中未反应的中间体和副染料等杂质含量，开发高纯度、高安全性的柠檬黄色素势在必行。

目前柠檬黄的工业制造方法主要有三种。方法一：使用苯肼-4-磺酸与双羟基酒石酸缩合得到；碱化后用食盐盐析，精制而得；方法二：使用苯肼-4-磺酸和草酰乙酸酯钠盐为原料，经缩合、闭环和水解得到羧基吡唑啉酮中间体，再与对氨基苯磺酸重氮盐偶合得到；方法三：以2-乙酰基丁二酸二甲酯（DMAS）为原料，与对氨基苯磺酸重氮盐生成羧基吡唑酮甲酯，再与氨基苯磺酸重氮盐偶合，水解得到。方法一和方法二使用的中间体原料生产成本高，国内生产企业已经停止使用。近几年国内企业自主开发了DMAS的生产工艺，生产成本大幅降低，使国内企业普遍使用方法三生产柠檬黄。

二、非偶氮类色素的合成

1. 赤藓红的合成

赤藓红（erythrosine）是人工合成非偶氮类色素中的一种，9-（O-羧基苯基）-6-羟基-2，4，5，7-四碘-3H-呫吨-3-酮二钠盐一水合物。由荧光素碘化而得。将间苯二酚、苯酐和无水氯化锌加热熔融，得到粗制荧光素。粗品荧光素用乙醇精制后，溶解在氢氧化钠溶液中，再加碘进行反应。加入盐酸，析出结晶，然后将其转变成钠盐，浓缩即得。

2. 靛蓝的合成

1865年德国科学家拜尔开始研究靛蓝，1880年拜尔申请了第一个合成靛蓝的专利，同年巴斯夫公司购买了拜尔的专利，经过长达17年的技术开发，于1897年实现了合成靛蓝的工业化生产。从此，合成靛蓝逐步取代了植物靛蓝。至今为止，合成靛蓝的生产路线已有30多条，其中可投入工业化生产并具有代表性的工艺有如下几种[2]。

（1）邻硝基苯基丙酸法　工艺路线如图6-11所示。

（2）均二苯硫脲法　工艺路线如图6-12所示。

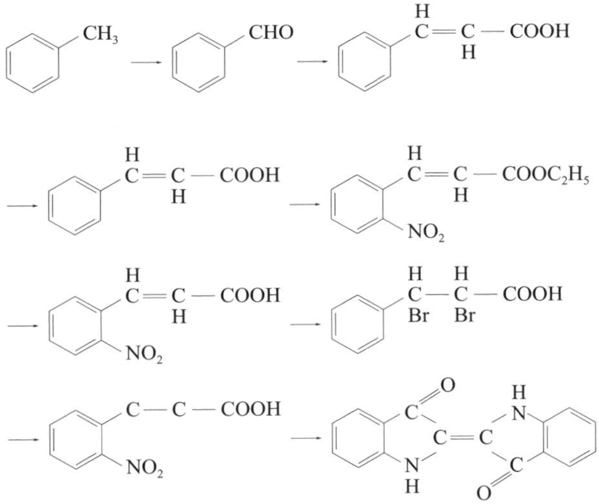

图6-11　邻硝基苯基丙酸法合成靛蓝

这种合成方法是1913年在瑞士投入工业化生产，时至今日，靛红类色素中间体也有很大一部分是利用这种方法合成的。

（3）邻基甘氨酸-邻甲酸法　工艺路线如图6-13所示。

在德国巴斯夫公司利用此方法合成靛蓝的基础上，1977年瑞士汽巴-嘉基公司研究出一

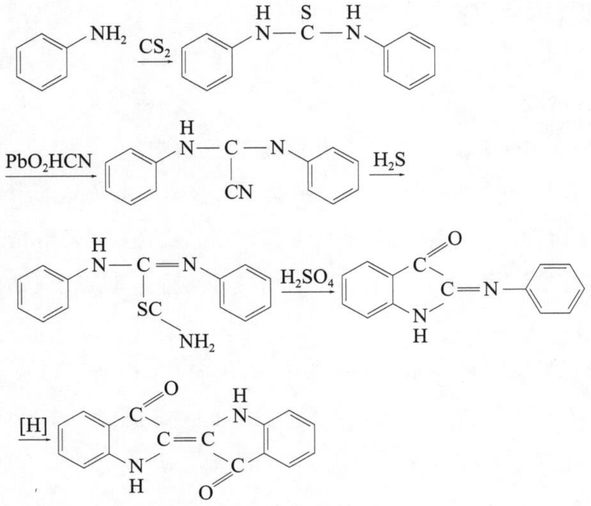

图6-12　均二苯硫脲法合成靛蓝

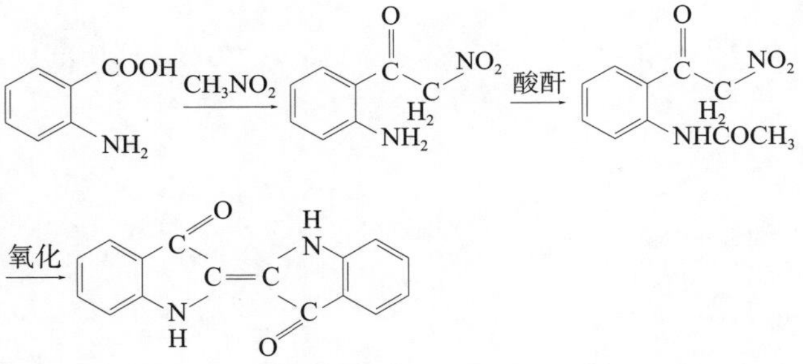

图6-13　邻基甘氨酸－邻甲酸法合成靛蓝

种利用硝基邻氨基苯乙酮制备成靛蓝的工艺路线，在不锈钢容器中隔绝空气的条件下，在220～230℃进行碱熔，再倒入水中氧化后制取的靛蓝，收率达到了90%。

（4）苯基甘氨酸法　工艺路线如图6-14所示。

利用该方法制得的苯基甘氨酸钾盐，且有氨基钠存在的条件下，用氢氧化钠和氢氧化钾混碱碱熔后再经氧化，即可制取靛蓝。生产工艺简单，且生产出来的产品纯度高，是目前世界上各大公司普遍采用的生产方法。

（5）生物合成靛蓝　1983年，科学家分析了生成靛蓝的基因，并发现靛蓝的生成是双加氧酶和色氨酸水解酶共同作用的结果，选育了产生靛蓝的菌株。1985年瑞士日内瓦大学Mermid找到了一种可以降解二甲苯酚的假单胞菌，利用二甲苯酚的作用将吲哚羟化成吲羟，经环化氧化后直接二聚成靛蓝。生物合成靛蓝的工艺路线如图6-15所示。

在此基础上，科学家们进行了更深入的研究，并找出了更多的生物合成靛蓝的方法。其

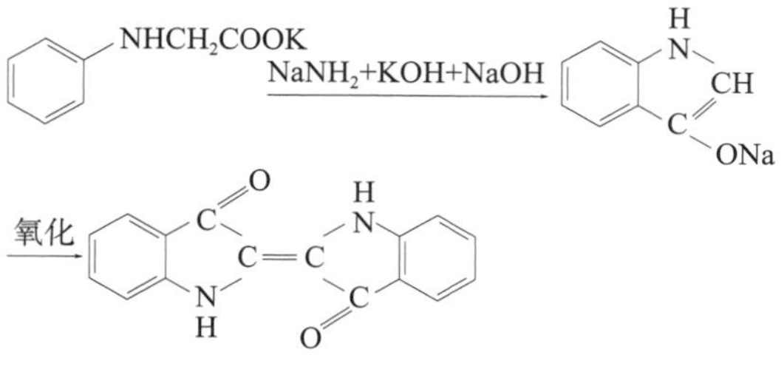

图6-14　苯基甘氨酸法合成靛蓝

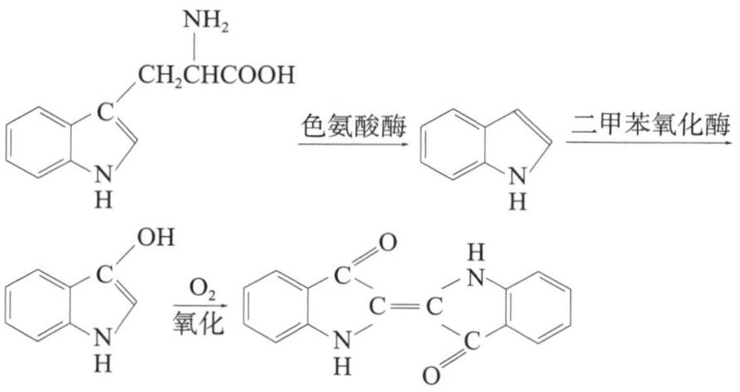

图6-15　生物合成靛蓝

中一种是利用活体植物的器官或组织的体外分泌物或组织的细胞破碎物的体外分泌物作为催化剂，在体外以吲哚为底物合成靛蓝。与传统的植物靛蓝相比，微生物合成具有不受自然环境因素的限制、效率高、周期短等优点。随着人们环保意识和健康意识的提升，生物合成靛蓝的方法越来越受到科学家们的关注。

第四节　食用合成色素的安全性与使用原则

一、食用合成色素的安全性分析

自年英国人Perkins合成第一个人工染料苯胺紫以后，人工合成染料借其特有的颜色艳、稳定性强、易于复配、价廉等优点很快替代了天然色素。化学合成色素最开始只用于纺

织业，以后发展用于食品工业、医药业和化妆品工业。20世纪初，随着毒理学和生物学研究的不断深入，发现原先曾允许使用的人工合成色素中，大多数种类对人体都有不同程度的伤害，尤其有致癌、致畸、致突变的后果[3-5]，这一点引起人们的高度重视，大部分具有一定毒性的人工合成色素已被淘汰使用。

目前，国际上允许使用的食用合成色素仅39种，其中最常用的有7种。由于各国对食用合成色素安全性试验结果不一致，对不少品种的安全性尚有争议。许多国家相继将不安全合成色素从食用色素名单中删去，有的国家甚至立法禁止在食品中使用任何合成色素[2]。美国从1976年至今只保留了9种；挪威废除使用苋菜红、胭脂红、日落黄、柠檬黄和靛蓝；欧盟国家允许使用胭脂红，但在欧盟关于食用色素的新法规中，严格规定了胭脂红的添加限量[6]。

近年来，我国食品结构发生了巨大变革，食用合成色素在食品工业中起的作用越发突出，每年食用合成色素的用量已增至800t左右。我国对人工合成色素的安全使用一直十分重视，现在我国批准使用的食用合成色素有日落黄、赤藓红、柠檬黄、胭脂红、苋菜红、新红、靛蓝、亮蓝等8种。使用范围限于饮料、配制酒、糖果、糕点、青梅等；我国明文规定合成色素禁止用于肉类、鱼类、水果及它们的制品（红肠肠衣除外）等。

二、食用合成色素的毒理学评价

1994年，联合国粮农组织（FAO）和世界卫生组织（WHO）食品添加剂联合专家委员会（JECPA）对某些着色剂公布了毒理学评价结果，提出了人体最大日摄入量（ADI）的参考值，国内的《食品安全国家标准　食品添加剂使用卫生标准》（GB 2760—2014）规定了各种合成食用色素的安全评价标准（表6-2）。对于食用色素的安全性的评价方法，现阶段包含3个方面：毒理学检测、有害微量元素检验、卫生检验。毒理学检测评价包含毒性剂量测定与毒性实验，前者为测定某种色素对机体造成损害的能力；后者为研究动物在一定时间以一定剂量进入体内所引起的毒性反应，它一般分为急性毒性实验、遗传性毒性实验、亚慢性毒性实验和慢性毒性实验（包括致癌实验）这4个阶段。决定某种色素是否能应用于食品，主要取决于毒性在现阶段生产和生活条件下是否可以被控制[7]。合成色素用于食品的着色已有相当长的历史，由于其本身的化学合成物及其代谢物的安全性和对人体健康的影响，毒理学界早已广泛关注，已有的危害性概括如下：

表6-2　食用合成色素的毒理学指标

色素种类	毒理学实验	最大使用量
	$LD_{50}/$（g/kg）	$ADI/$（mg/kg）
诱惑红	10.0	0~7.0
苋菜红	10.0（小鼠经口）	0~0.5
胭脂红	19.3（小鼠经口） >8.0（大鼠经口）	0~4.0
酸性红	>10.0（小鼠经口）	0~4.0
柠檬黄	12.75（小鼠经口） 2.0（大鼠经口）	0~7.5
日落黄	2.0（小鼠经口） >2.0（大鼠经口）	0~2.5
靛蓝	>2.5（小鼠经口） 2.0（大鼠经口）	0~-5.0
亮蓝	>2.0（大鼠经口）	0~12.5
新红	10.0（小鼠经口）	0~0.1
赤藓红	6.8（小鼠经口）	0~0.1

1．一般毒性

一般毒性作用是全身各系统对外源化学物的毒作用反应，又称基础毒性。一般毒性作用根据接触毒物的时间长短分为急性毒性作用、重复剂量毒性作用（短期）、亚慢性毒性作用和慢性毒性作用。食品添加剂中的食用合成色素等易引起不耐受。食物不耐受是机体对摄入食品、食品添加剂等所发生的一种异常生理反应，并表现为全身各系统的症状与疾病，主要是人的免疫系统对一些进入人体的物质产生过度的保护性免疫反应，并引起发生一系列的炎症反应引起的[8]。有研究表明每天摄入柠檬黄，会出现窒息、虚弱、热感觉、心悸、视力模糊、流鼻涕、瘙痒和风疹样感觉[9]。据统计，柠檬黄敏感的概率为万分之一，而且这一人群对阿司匹林也易敏感。柠檬黄、日落黄等是引起哮喘、风疹等食物不耐受反应的原因。由于食物不耐受导致的症状比较隐蔽，所有我们通常很难意识到它的存在，较难发现病因。

近年来的研究还发现引发儿童行为过激。科学调查研究证明，小儿多动症、少儿行为过激与长期过多进食含合成色素食品有关。对于处于身体成长时期的儿童来说，各种症状的发生率远比成人要高，危害性要大。由于他们的肝脏、肾脏和神经系统发育尚不完善，无法完全地发挥解毒、排泄等功能，若过多过久地进食含合成色素的食品，会影响神经系统的冲动传导，刺激大脑神经而出现躁动、情绪不稳、注意力不集中、自制力差、思想叛逆、行为过激等症状[10]。

2. 遗传毒性

遗传毒性是指有机体中遗传物质在染色体、分子和碱基水平上受到毒性损伤作用。一般包括对人体健康的致突变作用、致畸作用及致癌作用（即"三致"），是安全性评价的重要内容。遗传毒性试验是指用于检测通过不同机制直接或间接诱导遗传学损伤的受试物的体外和体内试验，这些试验能检出DNA损伤程度，而DNA损伤正是恶性肿瘤发展过程的环节之一[11]。

苏联在1968—1970年曾对苋菜红进行了长期动物试验，结果发现致癌率高达22%。美、英等国的科研人员在做过相关的研究后也发现，不仅是苋菜红，许多其它的合成色素也对人体有伤害作用，可能导致生育力下降、畸胎等，有些色素在人体内可能转换成致癌物质。关于遗传毒性研究已在国内外炙手可热，成为毒理学研究的热点之一，而且有研究表明合成色素的遗传毒性比其他的食品添加剂要强[12]。

微核试验是检测化学物质染色体损伤的基本方法。苋菜红、胭脂红、柠檬黄、亮蓝和日落黄五种色素能明显提高诱导紫露草四分体微核率及蚕豆根尖微核率，柠檬黄、胭脂红还会引起泥鳅微核细胞率和核异常率等遗传指标上升，达到一定的浓度和时间之后均具有一定的遗传毒性。

3. 致癌性

有些色素超标准使用可能会转换成致癌物质。关于致癌机制一般认为与它们属于偶氮化合物有关，通过动物实验已证明偶氮化合物中的一些物质可诱发癌肿瘤。苋菜红，被60多个国家列为法定食用色素，也在我国食用色素之列，多年来一直认为其安全性较高。但有研究发现，苋菜红会引起动物肿瘤和畸胎，致癌率高达22%，且会造成大鼠先天缺陷、死胎、不育和早期胚胎死亡和雌性啮齿动物自身胚胎吸收等危害[13-16]。

4. 联合毒性

联合毒性是指污染物之间发生交互作用，产生协同或拮抗或加和的效应，导致对生物体或生态系统的毒性与单独存在时不同的现象。食品中往往同时添加不同添加剂或几种色素，如同时添加防腐剂和色素、甜蜜素同时添加，或添加几种色素来调成某个颜色等，而他们相互作用，毒性也有可能受其影响而有所不同。即使单一添加剂是安全的，但如果几个安全的添加剂复配后也可能产生联合作用，从而导致食品的安全性限度降低[17-19]。

目前，已有研究者就柠檬黄、复合绿、日落黄与其他添加剂的联合作用做了相关研究[20]。有研究评估了四种常见的添加剂（亮蓝与L-谷氨酸，喹啉黄与阿斯巴甜）两两组合的可能潜在的联合作用的毒性[21]。亮蓝与L-谷氨酸，喹啉黄与阿斯巴甜表现出明显的协同作用。目前大多数研究针对的是色素与其他添加剂相互作用的毒性，但就色素之间的联合作用研究很少，值得在后续研究中重视[22]。

三、食用合成色素的使用原则

1. 一般性使用原则

目前冷冻饮品、装饰性果蔬、可可和巧克力制品、糖果、焙烤食品、饮料、配制酒、果冻及膨化食品是合成色素主要应用的食品范围。GB 2760—2014给出了我国对食用合成色素在这些食品中的最大使用量。

清凉饮料中通常要加入色素全面着色，以突出风味特征，使产品更具吸引力。需要注意的是，许多饮料是装在透明容器中，所以往往使用对光稳定性较强的合成色素。

硬糖、棒棒糖、糖衣巧克力等都有色彩引人注目的糖衣来吸引消费者。由于这类产品会暴露在阳光下，因此需要选用对光和氧化具有稳定性的水溶性色素。

在实际应用中，由于赤藓红耐热、耐碱，故适用于对饼干等焙烤食品的着色。但其耐光性差，不适用于在汽水等饮料中添加，尤其是赤藓红在酸性（pH=4.5）条件下易变成着色剂酸沉淀，不适用于对酸性强的液体食品和水果糖等的着色。而靛蓝色泽比亮蓝暗，染着性、稳定性、溶解度也比较差，实际应用的比较少。

肉制品中通常不使用合成色素，只有熏烤、烟熏、蒸煮火腿等西式火腿、肉灌肠和肉罐头类食品中允许使用诱惑红或赤藓红，其中西式火腿和肉灌肠类中诱惑红的最大允许使用量分别为0.025和0.015g/kg，肉灌肠类和肉罐头中赤藓红的最大允许使用量0.015g/kg。

2. 典型食用合成色素的使用细则

（1）日落黄　食品添加剂安全性评价的权威机构FAO和WHO的食品添加剂联合专家委员会对日落黄的安全性进行过评价，认为该添加剂的每日允许摄入量为0～2.5mg/kg体重。对于一种食品添加剂而言，每日允许摄入量是依据人体体重算出一生摄入一种食品添加剂而无显著健康危害的每日允许摄入量估计值。以一个体重为60kg的人的标准计算，日落黄每日允许摄入量为2.5mg/kg，这个人每日日落黄摄入量为：2.5mg×60kg=150mg。

尽管日落黄是我国批准使用的食品添加剂，但必须按照GB 2760—2014规定的使用范围和使用量使用（表6-3）。例如，用于果汁饮料、碳酸饮料、配制酒、糖果、糕点上彩装、西瓜酱罐头、青梅、乳酸菌饮料、植物蛋白质饮料、虾（味）片，最大允许使用量为0.10g/kg；用于糖果包衣、红绿丝，最大允许使用量为0.20g/kg；用于风味酸奶、风味炼乳、超高温风味奶，最大允许使用量为0.05g/kg；用于雪糕、冰棍、冰淇淋，最大允许使用量为0.09g/kg；用于固体饮料、膨化食品、油炸小食品、饼干夹心、话李、话杏等食品，最大允许使用量为0.1g/kg；用于果酱、水果调味糖浆、蛋黄酱、沙拉酱，最大允许使用量为0.5g/kg；用于固体复合调味料、固体方便汤料，最大允许使用量为0.3g/kg；用于果冻，最大允许使用量为0.025g/kg。此外，在食品生产加工过程中使用的日落黄的质量应达到相关标准。按照规定，牛肉、酱卤肉、鱼干等熟肉制品不允许添加日落黄。

表6-3　GB 2760—2014食用合成色素的最大使用量　　　　　　　　　　　　　单位：g/kg

食品分类	胭脂红	苋菜红	诱惑红	赤藓红	酸性红	新红	日落黄	柠檬黄	靛蓝	亮蓝
冷冻饮品	0.05	0.025	0.07		0.05		0.09	0.05		0.025
蜜饯凉果	0.05	0.05					0.1	0.1	0.1	
装饰性果蔬	0.1	0.1	0.05	0.1		0.1	0.1	0.1	0.2	0.1
可可制品、巧克力	0.05	0.05	0.3	0.05	0.05	0.05	0.1	0.1	0.1	0.3
糕点上彩妆	0.05	0.05	0.05	0.05		0.05	0.1	0.1	0.1	
焙烤食品馅料及表面用挂浆	0.05	0.05	0.1		0.05		0.05	0.05	0.1	0.025
果蔬汁饮料	0.05	0.05		0.05		0.05			0.1	0.025
碳酸饮料	0.05	0.05		0.05		0.05	0.1		0.1	0.025
风味饮料	0.05	0.05		0.05		0.05	0.1		0.1	0.025
配制酒	0.05	0.05		0.05		0.05		0.1	0.1	0.025
果冻	0.05	0.05					0.025	0.05		0.025
膨化食品	0.05			0.025			0.1	0.1	0.05	0.05

（2）苋菜红　苋菜红为红褐色或暗红褐色，呈均匀粉末或颗粒状，无臭，耐光、耐热性强，对柠檬酸、酒石酸稳定，在碱液中则变为暗红色，易溶于水，呈带蓝光的红色溶液，可溶于甘油，微溶于乙醇，不溶于油脂。苋菜红遇铜、铁易褪色，易被细菌分解，还原性差，不适用于发酵食品。

根据GB 2760—2014规定：苋菜红可在高糖果汁（味）或果汁（味）饮料、碳酸饮料、配制酒、糖果、糕点上彩装、青梅、山楂制品、渍制小菜中使用，最大允许使用量为0.05g/kg；用于红绿丝、绿色樱桃（系装饰用）的最大允许使用量为0.10g/kg。

苋菜红使用时的注意事项主要有以下五点：

①应采用玻璃、搪瓷、不锈钢等耐腐蚀的清洁容器具盛装。

②粉状着色剂宜先用少量冷水打浆后，再在搅拌下缓慢加入沸水。

③所用水必须是蒸馏水或去离子水，以避免由于钙离子的存在而引起着色剂沉淀。采用稀溶液比浓溶液好，可避免不溶的着色剂存在。采用自来水时，必须去钙、镁及煮沸赶气，冷却后使用。

④过度暴晒会导致着色剂褪色，因而要避光，贮于暗处或不透光容器中。

⑤同一色泽的色素如混合使用时，其用量不得超过单一色素允许量。用于固体饮料及高糖果汁及果味饮料时，色素加入量按产品的稀释倍数来决定。

（3）胭脂红　胭脂红又称丽春红，是目前我国使用最广泛、用量最大的一种单偶氮类合成色素，用于食品、饮料、药品、化妆品、饲料、烟草、玩具、食品包装材料等的着色。JECFA制订出胭脂红等偶氮类人工色素的每日容许摄入量为0~4mg/kg（bw），GB 2760—2014规定，胭脂红在食品中的使用量上限为0.05g/kg。胭脂红可严格限量用于果汁饮料、配制酒、糖果、冰淇淋等食品的着色，而不能用于红肠肠衣外的肉制品。

参考文献

[1]　中华人民共和国国家卫生和计划生育委员会. GB 2760—2014　中华人民共和国国家标准　食品添加剂使用标准[S]. 北京: 中国标准出版社, 2014.

[2]　姚继明, 吴远明. 靛蓝染料的生产及应用技术进展[J]. 精细与专用化学, 2013, 21(4): 13-17.

[3]　Chung KT, Stevens SE Jr, Cerniglia CE. The reduction of azo dyes by the intestinal microflora[J]. Critical Reviews in Microbiology,1992, 18(3): 175-190.

[4]　Chung KT, Cerniglia CE. Mutagenicity of azo dyes: structure-activity relationships[J]. Mutation Research, 1992, 277(3): 201-220.

[5]　Prival MJ, Davis VM, Peiperl MD, et al. Evaluation of azo food dyes for mutagenicity and inhibition of mutagenicity by methods using *Salmonella typhimurium*[J]. Mutation Research, 1988,206(2): 247-259.

[6]　Food additives in Europe 2000-Status of safety assessments of food additives presently permitted in the EU.

[7]　Singh S, Das M, Khanna SK. Comparative azo reductase activity of red azo dyes through caecal and hepatic microsomal fraction in rats[J]. Indian Journal of Experimental Biology, 1997, 35(9): 1016-1018.

[8]　Levine WG. Metabolism of azo dyes: Implication for detoxication and activation[J]. Drug Metabolism Reviews, 1991, 23(3-4): 253-309.

[9]　Brantom PG, Stevenson BI, Ingram AJ. A three-generation reproduction study of Ponceau 4Rin the rat[J]. Food and Chemical Toxicology, 1987, 25(12): 963-968.

[10] Phillips JC, Bex CS, Gaunt IF. The metabolic disposition of ^{14}C-labelled Ponceau 4R in the rat, mouse and guinea-pig[J]. Food and Chemical Toxicology, 1982, 20(5): 499-505.

[11] Gaunt IF, Farmer M, Grasso P, et al. Acute (mouse and rat) and short-term (rat) toxicity studies on Ponceau 4R[J]. Food and Cosmetics Toxicology, 1967, 5(2): 187-194.

[12] Allmark MG, Mannell WA, Grice HC. Chronic toxicity studies on food colours. Ⅲ.Observations on the toxicity of malachite green, new coccine and nigrosine in rats[J]. Journal of Pharmacy and Pharmacology, 1957, 9(9): 622-628.

[13] Brantom PG, Stevenson BI, Wright MG. Long-term toxicity study of Ponceau 4R in ratsusing animals exposed in utero[J]. Food and Chemical Toxicology, 1987, 25(12): 955-962.

[14] Mikkelsen H, Larsen JC, Tarding F. Hypersensitivity reactions to food colours with specialreference to the natural colour annatto extract (butter colour)[M]. Springer Berlin Heidelberg,1978(1): 141-143.

[15] Ibero M, Eseverri J,Barroso C, et al. Dyes, preservatives and salicylates in the induction offood intolerance and/or hypersensitivity in children[J]. Allergologia et Immunopathologia (Madr), 1982,10 (4): 263-268.

[16] Veien NK, Krogdahl A. Cutaneous vasculitis induced by food additives[J]. Acta Dermato-Venereologica, 1991, 71(1): 73-74.

[17] Izbirak A, Sumer S, Diril N. Mutagenicity testing of some azo dyes used as food additives[J]. Mikrobiyoloji Bulteni, 1990, 24(1): 48-56.

[18] Prival MJ, Davis VM, Peiperl MD, et al. Evaluation of azo food dyes for mutagenicity andinhibition of mutagenicity by methods using Salmonella typhimurium[J]. Mutation Research, 1988, 206(2): 247-259.

[19] Sweeney EA, Chipman JK, Forsythe SJ. Evidence for direct-acting oxidative genotoxicity by reduction products of azo dyes[J]. Environmental Health Perspectives, 1994,102(Suppl 6): 119-122.

[20] 林建城, 林素霞. 五种食用合成色素的遗传毒理学效应研究 [J]. 癌变.畸变.突变, 1993(2): 1-6.

[21] Agarwal K, Mukhe A, Sharma A. In vivo cytogenetic studies on male mice exposed to Ponceau 4R and beta-carotene[J]. Cytobios, 1993, 74(296): 23-28.

第七章

食品色彩的分析
检测与快速识别

第一节 引言

食品色彩是物体通过光的辐射，作用于人的感觉器官，经过视觉生理、视觉心理和心理物理等一系列过程，使人们通过颜色直接判断食品的优劣[1-4]。另外，颜色也反映着食品的新鲜程度、营养概况、加工工艺、包装贮藏是否妥善等方面[5-7]。颜色是物体的特定标志，也是该物体品质的评比表征。五谷由青至黄的色变，就可知其是否已成熟；肉类表面颜色若有些微差异，就可评出其新鲜程度。现代科学研究已表明，食品中呈色的类胡萝卜素、核黄素、黄酮、花青素和醌类化合物等是人们必需的维生素的来源，或参与生理代谢，具有抗菌、防治疾病的作用。

食品与色彩是密切相关的，评价食品的 4 个基本参数就是色、香、味、形，这 4 个基本参数构成食品感官的统一体[8-10]。在这 4 个基本参数中，颜色排在了首位。这是因为视觉是人接受信息的最重要来源，所以颜色对食品的影响最大，是评价食品的一个重要技术指标。人们在接受食品其他信息之前，往往首先通过色泽来判断食品的优劣，从而决定对某一种食品的"取舍"。它直接影响人们对食品品质优劣、新鲜与否和成熟度的判断。因此如何提高食品色泽特征，是食品生产和加工者首先要考虑的问题。符合人们感官要求的食品给人以美的感觉，提高人的食欲，增强购买欲望，生产加工出符合人们饮食习惯并具有纯天然色彩的食品，对提高食品的应用和市场价值具有重要的意义。

色彩是什么，怎样测量它？不是一个能够简单回答的问题。经过不断的研究和发展，形成了色彩测量科学，是建立在分析化学和现代仪器分析的基础上的综合性学科，也是一门仍在发展中的学科。食品色彩分析检测的方法主要有两大类，一是食品色彩成分的化学分析技术，用于专门研究食品呈色成分的化学检测方法及有关理论；二是食品色彩的色度学测定技术，依据食品整体的色彩属性进行定性测量或定量测量，使食品色彩的数字化成为可能。食品色彩的定性或定量描述，为色彩科学在食品领域的应用开拓了广阔的前景。

一、食品色彩成分的化学分析技术

食品的色彩是食品感官品质的一个重要因素。人们在制作食品时常使用一种食品添加剂——食用色素。使用的食用色素有天然食用色素和合成食用色素两大类。食品颜色成分的化学分析是专门研究各类食品中呈色成分的检测方法及有关理论，进而评定食品营养或品质的一门技术。食品颜色成分的化学分析，对食品工业生产中的物料（原料、辅助材料、半成品、成品、副产品等）的主要呈现成分及其含量进行检测[11-12]。其作用是：

（1）控制和管理生产，保证和监督食品的质量。分析工作在生产中起着"眼睛"的作用，通过对食品生产所用原料、辅助材料的检验，可了解其质量是否符合生产的要求，使生产者做到心中有数；通过对半成品和成品的检验，可以掌握生产情况，及时发现生产中存在的问题，便于采取相应的措施，以保证产品的质量。可为工厂制定生产计划、进行经济核算提供基本数据。

（2）为食品新资源和新产品的开发、新技术和新工艺的探索等提供可靠的依据。在食品生产中，为了改善食品的感官性状，或为改善食品原来的品质、增加营养、提高质量，或为延长食品的货架期，或因加工工艺需要，常加入一些辅助材料——食品添加剂。食用色素即能被人适量食用的可使食物在一定程度上改变原有颜色的食品添加剂。为明确食品中色素的含量，监督在食品生产中合理地使用食用色素，保证食品的营养性和安全性，必须对食用色素进行检测，这是食品分析的一项重要内容。

二、食品色彩的色度学测定技术

色、香、味是用来判断食物好坏的基本标准，而"色"是基本三要素中最重要的。食品色彩的变化直接影响着食品的品质和认可度。即使再美味的事物，再香气诱人，没了吸引人的色彩，无法让客户产生购买冲动，那也只是一款不成功的食品[13]。对食品的原料、半成品和成品等的色彩进行数字化的快速测定，更好地控制食品色彩、控制质量管理，提供食品色彩快速识别的解决方案。

随着色彩测量的基础理论研究和技术的进步，色度学应运而生并不断发展。色度学为研究色彩理论、人的色彩视觉规律、色彩测量理论与技术的科学，研究范围几乎涉及了可见辐射能的所有方面，是以物理光学、视觉生理、视觉心理、心理物理等学科领域为基础的一门综合性学科[14]。光是人们感知色彩的必要条件，光的波长决定了光的色彩，光的能量决定了光的强度。人眼中所反映出的色彩，不单取决于物体本身的理化特性和外观特征，而且还与光源的光谱成分及角度有着直接的关系。因此，人眼中反映出的色彩是物体本身的自然属性与照明条件的综合效果。

第二节　食品色彩的化学分析技术

食用色素有天然食用色素和合成食用色素两大类。天然食用色素是直接从动植物组织中提取的色素，一般来说对人体是无害的。天然色素多由天然呈色的植物制取，这些呈色的植物组分——皮、壳、叶、渣等往往以此作综合利用[15-16]。也有由动物制取的，如紫胶色素（胭脂虫色素），还有由微生物制取的，如红曲色素。制取方法除焦糖色系以糖类物质在高温下加热焦化而得外，多以水或相关溶液抽提，再进一步精制，浓缩干燥而成。也有将呈色植物组分经干燥、粉碎直接应用的。由动、植物组织以及矿物中提取的微生物色素、植物性色素及矿物性色素等天然色素，其中可供食用者称为天然食用色素。广泛用于药品食品中，允许使用的有虫胶色素、红花黄色素、甜菜红、辣椒红色素、红曲米、姜黄、β-胡萝卜素、叶绿酸铜钠盐、酱色等。人工合成食用色素是用煤焦油中分离出来的苯胺染料为原料制成的，故又称煤焦油色素或苯胺色素，如合成苋菜红、胭脂红及柠檬黄等。这些人工合成的色素因易诱发中毒、泻泄甚至癌症，对人体有害，故不能多用或尽量不用。在选用食用色素时，其色、香、味应该力求与天然产物或习惯相协调。随着食品业的不断发展和行业的推进，形成了一批食用色素的通行分析检测方法，部分已成为行业标准和国家标准。

一、分光光度法

分光光度法是一种通过测定某物质在一定波长范围内或者特定波长条件下的发光强度或吸光度，从而实现对该物质含量的定性和定量分析的方法。当一束白光通过一溶液时，如果该溶液对各种颜色的光都不吸收，则溶液无色透明[8]。如果某些波长的光被溶液吸收，另一些波长的光不被吸收而透过溶液，溶液的颜色是由透过光的波长决定的，所以看到溶液的颜色就是它所吸收光的互补色。用紫外光光源测定无色物质的方法，称为紫外分光光度法（200~400nm的紫外光区）；用可见光光源测定有色物质的方法，称为可见光光度法（400~760nm的可见光区）。它们与比色法一样，都是以朗伯-比尔定律为原理进行测定。

朗伯-比尔定律：当一束平行的单色光通过均匀、无散射现象的溶液时，在单色光强度、溶液的温度等条件不变的情况下，溶液吸光度与溶液的浓度及液层厚度的乘积成正比。

每一波长的入射光通过样品溶液后都可以测得一个吸光度A。以波长作横坐标，以相应的吸光度A作纵坐标作图，便可得到如图所示的吸收光谱图。现在很多仪器可以直接给出样品溶液在全波长或选定波长范围内的扫描图谱。

吸收光谱又称吸收曲线。由图7-1可以看出吸收光谱的特征：曲线1处的峰称为最大吸收峰，它所对

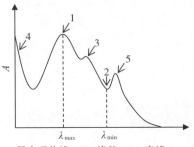

1—最大吸收峰 2—峰谷 3—肩峰
4—末端吸收 5—第二吸收峰

图7-1 吸收光谱示意图

应的波长称为最大吸收波长（λ_{max}），在峰旁边有一个小的曲折（3处）称为肩峰，很多物质是没有肩峰的；曲线2处的峰谷所对应的波长为最小吸收波长（λ_{min}）；5处为第二吸收峰；在吸收曲线波长最短的一端，吸收相当强而不成峰形的部分（4处），称为末端吸收。一个物质在吸收光谱上，因为特殊的分子结构，有些物质会出现几个吸收峰，在λ最大处是电子能阶跃迁时所吸收的特征波长，不同物质有不同的最大吸收峰，有些物质则没有吸收峰。光谱上的λ_{max}、λ_{min}、肩峰以及整个吸收光谱的形状，决定于物质的性质，其特征随物质结构而异，所以它是物质定性的依据。

（一）定性分析

紫外–可见吸收光谱可提供化合物的某些能吸收紫外–可见光的基团（大多是共轭的不饱和基团或含有芳香结构）的信息。紫外–可见分光光度法一般是根据吸收光谱、λ_{max}和ε三者的一致性来进行定性。由于所用单色光的纯度、样品的纯度、仪器的准确度、所采用的溶剂以及溶液的酸碱性等条件对吸收光谱的形状与数据都会产生影响，所以用分光光度法做定性分析时，要求仪器的准确度高、单色光性能好，试样的纯度要求经过多次重结晶，几乎无杂质，熔点敏锐，熔距短，另外还要求采用规定的溶液条件，这样所获得的结果才能可靠。

但可见光谱在定性检测方面有一定的局限性，所能提供的定性信息不如红外吸收光谱优越。尽管相同的化合物在同一条件下测得的吸收光谱应相同，但吸收光谱相同不一定为同一化合物。这是由于紫外–可见吸收光谱曲线吸收带不多，常常只含2~3个较宽的吸收带，光谱的形状变化不大，在成千上万种有机化合物中，若分子中发色团相同，而其他部分结构略有不同，则它们的紫外–可见吸收光谱常常十分相似。所以在得到相似光谱时，应考虑到有并非同一物质的可能性。为了进一步确证，有时可换一种溶剂或采用不同酸碱性的溶剂，再分别将标准品和样品配成溶液，测定光谱图做比较。

（二）定量分析

分光光度法适宜测定微量物质的含量，如果物质的量在300以上（即相当于浓度为10μg/mL的该溶液的吸光度$A_{\lambda_{max}}$在0.3以上），就可以进行定量测定。本法具有准确、灵敏、简便和具有一定的选择性等优点，故在定量分析中是应用比较广泛的一种分析方法。

可见分光光度法进行有色溶液定量分析时，其测定波长在可见光区。可见分光光度法具有高灵敏度，它的选择性也较高，常能在几种物质共同存在的情况下，无须分离或只做简单的处理，就可测定其中某种组分的含量，因而在定量分析中得到广泛的应用。对于部分化合物可利用其本身的颜色（如色素等），在其最大吸收波长处，直接测定吸收度，计算含量。用于含量测定的方法一般有以下几种：吸收系数法、标准曲线法、直接比较法（又称对照法）。

当今食品中色素较多采用分光光度法测定，此方法灵敏度高、选择性好、准确度高、适用浓度范围广、成本低，操作简单、快速，更好地帮助食品检测人员分析食品中色素的含量和种类，对于保证食品质量有着非常关键的作用。分光光度法广泛应用于测定食品色素，已成为食品安全国家标准或行业标准，部分标准测定方法如表7-1所示。

表7-1　分光光度法测定食品中颜色的部分相关标准

色素名称	标准代号	标准名称	适用范围
辣椒红	GB 1886.34—2015	食品安全国家标准　食品添加剂　辣椒红	以辣椒果皮及其制品为原料，经萃取、过滤、浓缩、脱辣椒素等工艺制成的食品添加剂辣椒红
甜菜红	GB 1886.111—2015	食品安全国家标准　食品添加剂　甜菜红	由红甜菜（紫菜头）用水抽提的提出物，经浓缩、喷雾干燥后所得的食品添加剂甜菜红
β-胡萝卜素	GB 28310—2012	食品安全国家标准　食品添加剂　β-胡萝卜素（发酵法）	适用于经丝状真菌三孢布拉霉（*Blakesleatrispora*）发酵而得的食品添加剂β-胡萝卜素
叶绿素铜钠	GB 5009.260—2016	食品安全国家标准　食品中叶绿素铜钠的测定	果蔬汁（肉）饮料、碳酸饮料、风味饮料、配制酒、糖果、罐头
叶绿素	GB/T 22182—2008	油菜籽叶绿素含量测定分光光度计法	本标准规定了用分光光度计法测定油菜籽中叶绿素含量的方法。本方法不适用于油脂中叶绿素含量的测定
叶绿素	SN/T 1113—2002	进出口螺旋藻粉中藻蓝蛋白、叶绿素含量的测定方法	本标准适用于进出口螺旋藻粉中藻蓝蛋白及叶绿素含量的测定
姜黄素	GB 1886.76—2015	食品安全国家标准　食品添加剂　姜黄素	以姜科类植物姜黄（*Turmeric, Curcuma Longa* L.）的根茎为原料，经有机溶剂提取精制而成的食品添加剂姜黄素
天然胡萝卜素	GB 31624—2014	食品安全国家标准　食品添加剂　天然胡萝卜素	适用于以胡萝卜、棕榈果油、甘薯或其他可食用植物为原料，经溶剂萃取、精制而成的食品添加剂天然胡萝卜素
紫甘薯色素	GB 1886.244—2016	食品安全国家标准　食品添加剂　紫甘薯色素	适用于以番薯属植物番薯（*Ipomoea batatas Lam*）中紫色的块根为原料，用含柠檬酸等酸的水或乙醇水溶液，经浸提、精制而成的食品添加剂紫甘薯色素

二、高效液相色谱法

高效液相色谱法（HPLC）又称高压液相色谱、高速液相色谱等。高效液相色谱法是20世纪70年代快速发展起来的一项高效、快速的分离分析技术。在经典的液体柱色谱法基础上，引入了气相色谱法的理论，在技术上采用了高压泵、高效固定相和高灵敏检测器，实现了分析速度快、分离效率高和操作自动化。高效液相色谱是色谱法的一个重要分支，以液体为流动相，采用高压输液系统，将具有不同极性的单一溶剂或不同比例的混合溶剂、缓冲液等流动相泵入装有固定相的色谱柱，在柱内各成分被分离后，进入检测器进行检测，从而实现对试样的分析。高效液相色谱法可用作液固吸附、液液分离、离子交换和空间排阻色谱（即凝胶渗透色谱）分析，应用非常广泛。

同其他色谱过程一样，高效液相色谱也是溶质在固定相和流动相之间进行的一种连续多次的交换过程，它借溶质在两相间分配系数、亲和力、吸附能力、离子交换或分子大小不同引起的排阻作用的差别使不同溶质进行分离。在高效液相色谱过程中的流动相是液体（溶剂），又称洗脱剂或载液。开始时溶质加在柱头，随流动相一起进入色谱柱（图7-2），接着在固定相和流动相之间分配。分配系数小的组分（如组分A），不易被固定相滞留，流出色谱柱较早；分配系数大的（如组分C）在固定相上滞留时间长，较晚流出色谱柱。若一个含有多组分的混合物进入色谱系统，则混合物中各组分便按其在两相间分配系数的不同先后流出色谱柱。不同组分在色谱过程中分离情况首先取决于各组分在两相间的分配系数、吸附能力、亲和力等的差异。不同组分在色谱柱中运动时，谱带随柱长展宽，展宽的程度与溶质在两相的扩散系数、固定相填料的颗粒大小、填充情况和流动相流速等

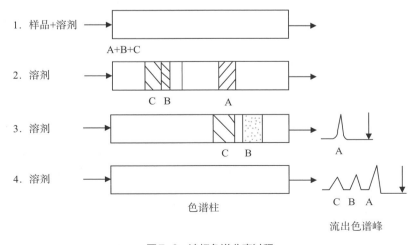

图7-2　液相色谱分离过程

有关。

高效液相色谱有多种类型，包括体积排阻色谱、离子色谱、反相色谱、疏水作用色谱和亲合色谱。其中

（1）体积排阻色谱（SEC）　是一种纯粹按照溶质分子在流动相溶剂中的体积大小分离的色谱法。

（2）离子色谱法（IC）　是20世纪70年代中期发展起来的一项新的液相色谱技术，主要用于离子型化合物的分析，目前已成为分析化学领域中发展最快的分析方法之一。按照分离机制的不同，离子色谱法可分为离子交换色谱（IEC）、离子排阻色谱（ICE）和流动相离子色谱（MPIC）。

（3）反相色谱（RPC）　是基于溶质、极性流动相和非极性固定相表面间的疏水效应建立的一种色谱模式。

（4）疏水作用色谱（HIC）　其原理与RPC相同，区别在于HIC填料表面疏水性没有RPC强。所用填料同样分有机聚合物（交联琼脂糖Superose 12、TSK-PW、乙烯聚合物等）和大孔硅胶键合相两类。

（5）亲和色谱（AC）　是利用生物大分子和固定相表面存在某种特异性吸附而进行选择性分离的一种生物大分子分离方法。常根据分离或检测对象的特性选择高效液相色谱的类型。

高效液相色谱仪的系统由储液器、泵、进样器、色谱柱、检测器、记录仪等几部分组成。储液器中的流动相被高压泵打入系统，样品溶液经进样器进入流动相，被流动相载入色谱柱（固定相）内，由于样品溶液中的各组分在两相中具有不同的分配系数，在两相中做相对运动时，经过反复多次的吸附—解吸的分配过程，各组分在移动速度上产生较大的差别，被分离成单个组分依次从柱内流出，通过检测器时，样品浓度被转换成电信号传送到记录仪，数据以图谱形式打印出来。

其中高效色谱柱是高效液相色谱的心脏，而其中最关键的是固定相及其填装技术。不同的液相色谱法所用的固定相不同。而流动相常称为缓冲液，它不仅仅携带样品在柱内流动，更重要的是在流动相与溶质分子作用的同时，也与固定相填料表面作用。正是流动相–溶质–填料表面的相互作用，使得液相色谱成为一项非常有用的分离技术。高效液相色谱中流动相通常是一些有机溶剂、水溶液和缓冲液等。在选用流动相时，溶剂的极性仍为重要的依据。例如，在正相液–液色谱中，可先选中等极性的溶剂为流动相，若组分的保留时间太短，表示溶剂的极性太大。接着可选用极性较弱的溶剂，若组分保留时间太长，则表明溶剂的极性又太小，说明合适的溶剂其极性应在上述两种溶剂之间。如此多次实验，以选得最适宜的溶剂。常用溶剂的极性顺序排列如下：水（极性最大）、甲酰

胺、乙腈、甲醇、丙醇、丙酮、二氧六环、四氢呋喃、甲乙酮、正丁醇、醋酸乙酯、乙醚、异丙醚、二氯甲烷、氯仿、溴乙烷、苯、氯丙烷、甲苯、四氯化碳、二硫化碳、环乙烷、乙烷、庚烷、煤油（极性最小）。为了获得合适的溶剂强度（极性），常采用二元或多元组合的溶剂系统作为流动相。通常根据所起的作用，采用的溶剂可分成底剂及洗脱剂两种。

在高效液相色谱中，常用的定性分析有下列三种方法：

（1）利用已知标准样定性　由于每一种化合物在特定的色谱条件下，有其特定的保留值，如果在相同的色谱条件下，被测物与标样的保留值相同，则可初步认为被测物与标样相同。如果多次改变流动相的组成后，被测物与标样的保留值还是相同，那么就能进一步证明被测化合物与标样相同。

（2）利用紫外或荧光光谱定性　由于不同的化合物有其不同的紫外吸收或荧光光谱，所以有些厂家设计了能进行全波长扫描的紫外或荧光检测器。当色谱图上某组分的色谱峰顶出现时，停泵，然后对停留在检测池中的组分进行全波长（180～800nm）扫描，得到该组分的紫外可见光或荧光光谱图。再用某一标准品，按同样方法处理，也得一个光谱图，比较这两张图谱，即可鉴别该组分是否与标准品相同。对于某些有特征光谱图的化合物，也可以与所发表的标准谱图来比较进行定性。

（3）收集柱后流出组分，再用其他化学或物理方法定性　液相色谱常用化学检测器，被测物经过检测器后不受破坏，所以可以收集各组分，然后再用红外光谱、质谱、核磁共振等方法进行鉴定。

在高效液相色谱分析中常用的定量分析方法主要是外标法和内标法。外标法是以被测化合物的纯品或已知其含量的标样作为标准品，配成一定浓度的标准系列溶液。注入色谱仪，得到的响应值（峰高或峰面积）与进样量在一定范围内成正比。用标样浓度对响应值绘制标准曲线或计算回归方程，然后用被测物的响应值求出被测物的量。内标法是在样品中加入一定量的某一种物质作为内标进行的色谱分析，被测物的克（摩尔）响应值与内标物的克（摩尔）响应值之比是恒定的，此比值不随进样体积或操作期间所配制的溶液浓度的变化而变化，因此得到较准确的分析结果。

在食品加工业中通常加入各种色素以提高食品的色泽，增加食欲。色素使用过程中添加过量、违规添加等现象时有发生，某些色素过量摄入会危害健康，因此，食品中色素的分析测定显得尤为重要。当前，高效液相色谱法已成为色素检测的最主要方法，已成为食品安全国家标准和行业标准方法，如表7-2所示。很多研究工作集中在建立能同时检测多种色素的高效液相色谱法。

表7-2　高效液相色谱法测定食品中颜色的部分相关标准

色素名称	标准代号	标准名称	适用范围
叶黄素	GB 5009.248—2016	食品安全国家标准　食品中叶黄素的测定	适用于婴幼儿配方奶粉、乳品、冷冻饮品、米面制品、焙烤食品、果酱、果冻和饮料中叶黄素的液相色谱测定
番茄红素	NYT 1651—2008	蔬菜及制品中番茄红素的测定　高效液相色谱法	适用于番茄、胡萝卜、番茄汁、番茄酱等蔬菜及制品中番茄红素的测定
花青素	NYT 2640—2014	植物源性食品中花青素的测定　高效液相色谱法	植物源性食品中的飞燕草色素、矢车菊色素、矮牵牛色素、天竺葵色素、芍药素和锦葵色素共6种花青素的高效液相色谱测定方法
辣椒素	NY/T 1381—2007	辣椒素的测定　高效液相色谱法	适用于辣椒以及其为原料生产食品中的辣椒素、二氢辣椒素含量的测定
芝麻素	NY/T 1595—2008	芝麻中芝麻素含量的测定　高效液相色谱法	适用于芝麻中芝麻素含量的测定
橘红2号	DBS 22/017—2013	食品安全地方标准　柑橘类水果及其饮料中橘红2号的测定　高效液相色谱法	适用于柑橘类水果及其饮料中橘红2号染料的测定。
合成着色剂	GB/T 21916—2008	水果罐头中合成着色剂的测定　高效液相色谱法	适用于水果罐头中柠檬黄、苋菜红、靛蓝、胭脂红、日落黄、诱惑红、亮蓝、赤藓红人工合成着色剂的测定
茶黄素	GB/T 30483—2013	茶叶中茶黄素的测定　高效液相色谱法	适用于茶及茶制品中茶黄素含量的测定，也适用于咖啡碱、儿茶素及没食子酸的测定
大红粉	DBS 50/015—2013	食品安全地方标准　食品中大红粉的检测方法　高效液相色谱法	适用于辣椒粉、辣椒酱、果酱、香肠、辣椒油、火锅底料及其类似食品中大红粉的检测
碱性橙染料	GB/T 23496—2009	食品中禁用物质的检测　碱性橙染料　高效液相色谱法	适用于食品中禁用物质———碱性橙染料的高效液相色谱法检测
红曲色素	GB 5009.150—2016	食品安全国家标准　食品中红曲色素的测定	适用于风味发酵乳、果酱、腐乳、干杏仁、糖果、方便面制品、糕点、饼干、熟肉制品、酱油、果蔬菜汁饮料、固体饮料、配制酒、果冻、薯片中3种红曲色素的测定

三、气相色谱法

气相色谱（GC）是色谱法中的一种，具有高效能、高选择性、高灵敏度、分析速度快、应用范围广等特点。气相色谱法是采用惰性气体（或称载气）作为流动相的色谱方法。色谱过程是通过气相色谱仪来完成的。图7-3是普通气相色谱仪的流程示意图。气相色谱的分离原理是利用不同物质在流动相和固定相两相间分配系数的不同，当两相作相对运动时，试样中各组分就在两相中经过反复多次的分配，从而使原来分配系数仅有微小差异的各组分能够彼此分离。

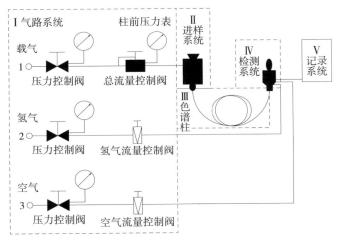

图7-3　普通气相色谱仪的流程示意图

气相色谱对多组分的分离依赖于核心装置——色谱柱。色谱柱主要分为两种类型，填充柱与毛细管柱，其内均填充具有一定特性的固定相物质。色谱分离过程实际上是不同组分与固定相发生相互作用的结果。

气相色谱法可以按不同的方法进行分类。

（1）根据固定相的不同　用固体吸附剂作固定相的称气–固色谱，用涂有固定液的惰性固体作固定相的称气–液色谱。

（2）根据分离的原理不同　可分为吸附色谱和分配色谱两种。吸附色谱是利用不同组分在固体吸附剂上吸附能力的强弱进行分离的方法，分配色谱是利用不同组分在固定液中溶解度的差异而进行分离的方法。

（3）根据色谱柱的不同　可分为填充柱色谱和毛细管柱色谱两种。

气相色谱法广泛应用于食品中脂肪酸、农药残留、毒害物质、香精香料、食品添加剂、食品包装材料中的挥发物等成分的分析中。

（一）定性分析

利用气相色谱法分析某一样品得到各组分的色谱图后，首先要确定每个色谱峰究竟代表什么组分，即进行定性分析。气相色谱法的定性方法很多，主要包括以下几种方法。

1. 用纯物质对照定性

（1）保留值定性　这是最简便的一种定性方法。它是根据同一种物质在同一根色谱柱上，在相同的色谱操作条件下，保留值相同的原理进行定性。

在同一色谱柱和相同条件下分别测得组分和纯物质的保留值，如果被测组分的保留值与纯物质的保留值相同，则可以认为它们是同一物质。

（2）加入纯物质增加峰高法定性　在样品中加入纯物质，对比加入前和加入后的色谱图，如果某一个组分的峰高增加，表示样品中可能含有所加入的这一种组分。

2. 采用文献数据定性

当没有纯物质时，可利用文献发表的保留值来定性。最有参考价值的是相对保留值。只要能够重复其要求的操作条件，这些定性数据是有一定参考价值的。

3. 与其他方法结合定性

（1）与化学方法结合定性　有些带有官能团的化合物，能与一些特殊试剂起化学反应，经过此处理后，这类物质的色谱峰会消失或提前或移后，比较样品处理前后的色谱图，便可定性。另外，也可在色谱柱后分馏收集各流出组分，然后用官能团分类试剂分别定性。

（2）与质谱、红外光谱等仪器结合定性　单纯用气相色谱法定性往往很困难，但可以配合其他仪器分析方法定性。其中仪器分析方法如红外光谱、质谱、核磁共振等对物质的定性最为有用。

（二）定量分析

在合适的操作条件下，样品组分的量与检测器产生的信号（色谱峰面积或峰高）成正比，此即为色谱定量分析的依据。一般定量时常采用面积定量法。当各种操作条件（色谱柱、温度、载气流速等）严格控制不变时，在一定的进样量范围内峰的半宽度是不变的。峰高就直接代表某一组分的量或浓度，对出峰早的组分，因半宽度较窄，测量误差大，用峰高定量较之用峰高乘半宽度的面积定量更为准确，但对出峰晚的组分，如果蜂形较宽或峰宽有明显波动时，则宜用面积定量法。

气相色谱分析操作简单，分析快速，选择性好，柱效能高，可以应用于分析气体试样，也可分析易挥发或可转化为易挥发的液体和固体，不仅可分析有机物，也可分析部分无机物。一般，只要沸点在500℃以下，热稳定性良好，相对分子质量在400以下的物质，原则上都可采用气相色谱法。目前气相色谱法所能分析的有机物约占全部有机物的15%~20%，而这些有机物恰是目前应用很广的那一部分，因而气相色谱法的应用是十分广泛的。

食品中的色素或主要呈色成分，一般不易挥发，但气相色谱法在食品色素的质量控制方面发挥着重要作用。如评价食品添加剂辣椒红色素的质量，气相色谱分析前期顶空处理样品的方法可以简捷快速而准确地测定出辣椒红色素中的甲醇含量；评价焦糖色素的优劣，应用顶空进样-毛细管气相色谱法检测饮料用焦糖色素中的4-甲基咪唑；应用气相色谱-质谱联用法的选择离子监测技术，测定调味品辣椒粉和腌料中的苏丹红Ⅰ、Ⅱ色素。

四、三氯化钛滴定法

三氯化钛滴定法作为仲裁法适用于苋菜红、胭脂红、柠檬黄、日落黄、靛蓝和亮蓝等（表7-3），分光光度比色法是食用合成色素的通用检测方法。

表7-3 典型食用合成色素测定的部分相关标准

色素名称	标准代号	标准名称	适用范围
苋菜红	GB 4479.1—2010	食品安全国家标准 食品添加剂 苋菜红	适用于1-萘胺-4-磺酸钠经重氮化后与2-萘酚-3，6-二磺酸钠偶合而制得的食品添加剂苋菜红
胭脂红	GB 1886.220—2016	食品安全国家标准 食品添加剂 胭脂红	适用于以1-萘胺-4-磺酸钠为原料经重氮化后与2-萘酚-6，8-二磺酸二钾盐偶合制得的食品添加剂胭脂红
赤藓红	GB 17512.1—2010	食品安全国家标准 食品添加剂 赤藓红	适用于荧光黄经碘化后而制得的食品添加剂赤藓红
柠檬黄	GB 4481.1—2010	食品安全国家标准 食品添加剂 柠檬黄	适用于由对氨基苯磺酸重氮化后与1-（4'-磺酸基苯基）-3-羧基甲（乙）酯-5-吡唑啉酮偶合并水解或由对氨基苯磺酸重氮化后与1-（4'-磺酸基苯基）-3-羧基-5-吡唑啉酮偶合而制得的食品添加剂柠檬黄
日落黄	GB 6227.1—2010	食品安全国家标准 食品添加剂 日落黄	适用于由对氨基苯磺酸重氮化后与薛佛氏盐偶合而制得的食品添加剂日落黄
靛蓝	GB 28317—2012	食品安全国家标准 食品添加剂 靛蓝	适用于以靛蓝为原料，经磺化、精制而制得的食品添加剂靛蓝
亮蓝	GB 1886.217—2016	食品安全国家标准 食品添加剂 亮蓝	适用于以苯甲醛邻磺酸与N-乙基-N-（3-磺基苄基）-苯胺为原料经缩合、氧化而得的食品添加剂亮蓝

三氯化钛滴定法步骤如下。

1. 试剂和材料

柠檬酸三钠、钢瓶装 CO_2。

三氯化钛标准滴定溶液：$c(TiCl_3)$ =0.1mol/L，现用现配，配制方法如下：

（1）配制　取100mL三氯化钛溶液和75mL盐酸，置于1000mL棕色容量瓶中，用新煮沸并已冷却到室温的水稀释至刻度，摇匀，立即倒入避光的下口瓶中，在二氧化碳气体保护下贮藏。

（2）标定　称取约3g（精确至0.0001g）硫酸亚铁铵，置于500mL锥形瓶中，在 CO_2 气流保护作用下，加入50mL新煮沸并已冷却的水，使其溶解，再加入25mL硫酸溶液，继续在液面下通入 CO_2 气流作保护，迅速准确加入35mL重铬酸钾标准滴定溶液，然后用需标定的三氯化钛标准溶液滴定到接近计算量终点，立即加入25mL硫氰酸铵溶液，并继续用需标定的三氯化钛标准溶液滴定到红色转变为绿色，即为终点。整个滴定过程应在 CO_2 气流保护下操作，同时做一空白试验。

（3）结果计算　三氯化钛标准溶液的浓度以 $c(TiCl_3)$ 计，单位mol/L，按如下公式计算：

$$c(TiCl_3) = \frac{c \times V_1}{V_2 \times V_3}$$

式中　c——铬酸钾标准滴定溶液浓度的准确数值，单位mol/L；

　　　V_1——重铬酸钾标准滴定溶液体积的准确数值，单位mL；

　　　V_2——滴定被重铬酸钾标准滴定溶液氧化成高钛所用去的三氯化钛标准滴定溶液体积的准确数值，单位mL；

　　　V_3——滴定空白用去三氯化钛标准滴定溶液体积的准确数值，单位mL。

计算结果表示到小数点后4位。以上标定需在分析样品时即时标定。

2. 仪器和设备

三氯化钛滴定法需用仪器设备包括：分光光度计、玻璃砂芯坩埚、恒温干燥箱、层析滤纸、层析缸、微量进样器、纳氏比色管、玻璃砂芯漏斗、比色皿（10、50mm）、超声波发生器等。三氯化钛滴定法的装置连接如图7-4所示。

3. 分析步骤

称取约0.5g试样（精确至0.0001g），置于500mL锥形瓶中，溶于50mL煮沸并冷却至室温的水中，加入15g柠檬酸三钠和150mL煮沸的水，振荡溶解后，按上图7-4装好仪器，在

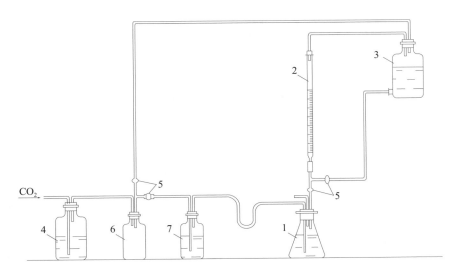

1—锥形瓶（500mL） 2—棕色滴定管（50mL） 3—包黑纸的下口玻璃瓶（2000mL）
4—装有100g/L碳酸铵溶液和100g/L硫酸亚铁溶液等量混合液的容器（5000mL）
5—活塞 6—空瓶 7—装有水的洗气瓶

图7-4 三氯化钛滴定法的装置图

液面下通入CO_2的同时，加热沸腾，并用三氯化钛标准滴定溶液滴定使其固有颜色消失为终点。

4. 结果计算

人工合成色素以质量分数w_1计，数值用%表示，按如下公式计算：

$$w_1 = \frac{V \times c \times M}{m \times 1000 \times 4} \times 100\%$$

式中 c——三氯化钛标准滴定溶液浓度的准确数值，单位mol/L；

V——滴定试样耗用的三氯化钛标准滴定溶液体积的准确数值，单位mL；

M——食用合成色素的摩尔质量数值，单位g/moL；

m——试样的质量数值，单位g；

1000——体积换算系数；

4——摩尔换算系数。

试验结果以平行测定结果的算术平均值为准（保留1位小数）。在重复性条件下获得的两次独立测定结果的绝对差值不大于算术平均值的1.0%。

第三节 食品色彩的快速测量技术

一、食品颜色快速测量的必要性和复杂性

颜色与食品质量安全关系非常密切，消费者可以通过颜色判断食品的质量，而食品生产商也需要非常注意添加剂的颜色以及每一生产环节中颜色的变化，然后通过各种方法来调整最终产品的颜色。食品的颜色不能仅通过肉眼做出简单的判断，迫切需要通过专门的颜色测量仪器进行检测判断，进行数字化的检测和评价。但食品种类多，形状复杂多样，有固体、液体，有小颗粒、粉末、不规则，因此快速识别食品颜色具有一定的技术难度。

人们对颜色感知在心理学上有颜色恒常、颜色联觉两个显著特点。颜色恒常是指在照明条件发生变化的条件下，人们对物体表色的知觉趋于稳定的心理倾向，颜色联觉是人的颜色感觉引起另一种感觉的心理活动，和食品相关的是色味联觉、色嗅联觉、色温联觉，如深褐色容易联想到烧焦味、橙色有柠檬香味；红色容易使人联想到炉火而感到温暖。研究表明，人们对颜色具有偏好的情感反应，很大程度上是取决于以往的生活经验中有关这一颜色的记忆[17-19]。食品的颜色结合人的心理感知，便蕴含了品质信息。

新鲜的食品颜色比较鲜艳夺目，但时间长了，就会颜色黯淡，甚至因变质导致颜色彻底变化，其本质是由物理化学性质变化引起，如水果表面的腐烂会变成深褐色；食品加工引起生熟转变也会导致颜色变化，如青灰色的生虾煮熟后呈现红色。不同光源色也会改变食品的颜色，如冷冻柜的背景红色光使得顾客观察到生肉的颜色要比自然光下显得新鲜，这种伪装色迎合顾客心理需要，诱发顾客购买欲望。因此，品质测评研究人员预先把握食品颜色的信息含义，有助于满足食品加工及销售的需要。

食品颜色是其品质重要的外在特征，颜色检测手段主要有传统的目视法、测色仪法和计算机视觉法三类，每种方法都有一定的适用性，但也存在着一定的局限性，中国食品品质检测技术水平正处于亟待提高的境地，急需对现有的相关技术进行较为全面的研究，有助于更多的研究人员推动感官品质检测技术的发展。

二、食品颜色数据化的理论基础

色度学是一门研究彩色计量的科学，其任务在于研究人眼彩色视觉的定性和定量规律及应用。彩色视觉是人眼的一种明视觉。彩色光的基本参数有明亮度、色调和饱和度。明亮度是光作用于人眼时引起的明亮程度的感觉[20, 21]。它反映的是亮度感觉。通常情况

下，彩色光能量越大则越亮，越小则越暗。色调反映的是颜色的类别，如红色、黄色、绿色等。彩色物体的色调取决于光照下所反射光的光谱成分。当发射光中的某种颜色的成分较多时，就显现出这种颜色，其他成分则被吸收掉。而对于透射光，其色调由透射光的波长分布或光谱所决定。饱和度是指彩色光所呈现出颜色的深浅或纯洁程度。同一色调的彩色光，其饱和度越高，颜色就越深，也就越纯；而饱和度越小，颜色就越浅，纯度就越低。当白光进入到高饱和的彩色光中时，可以降低彩色光的纯度或使颜色变浅，变成低饱和色光。所以饱和度是色光纯度的反映。100%饱和度的色光就代表完全没有混入白光的纯色光。色调与饱和度又合称为色度，它既说明彩色光的颜色类别，又说明颜色的深浅程度。

　　尽管不同波长的色光会产生不同的彩色感觉，但相同的彩色感觉却可以由不同的光谱成分组合。在自然界中所有彩色都可以有三种基本彩色混合而成，这就是三基色原理。所谓的三基色即是这样的三种颜色，它们相互独立，其中任意一种颜色都不能由其他两种颜色混合产生。并且所有其他颜色都可以由这三种基本颜色按不同比例混合产生。常用的三基色为红、绿、蓝。

　　根据颜色的成色原理，国际照明委员会（CIE）于1931年建立了两种颜色的表示系统，简称表色系。一种为CIE-RGB表色系统，一种为CIE-XYZ表色系统。其基本出发点是既然颜色可以由三个变量表示，那么矢量的方向就代表一切色光。如图7-5所示，矢量OC的长度表示色光的强度，也称为色度。矢量的方向代表颜色。矢量与坐标系的（1，1，1）平面交点S坐标表示为：

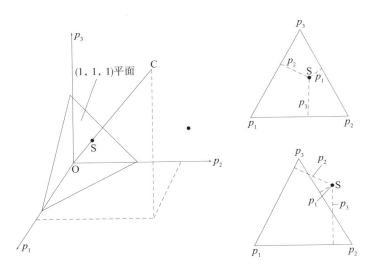

图7-5　色光矢量与色品坐标

$$s_1 = \frac{p_1}{p_1 + p_2 + p_3}$$

$$s_2 = \frac{p_2}{p_1 + p_2 + p_3}$$

$$s_3 = \frac{p_3}{p_1 + p_2 + p_3}$$

式中，p_1、p_2、p_3 为 C 点的坐标，s_1、s_2、s_3 为 S 点坐际，表示各单色光刺激在色光总刺激中所占比例，称为三色系数或三刺激值（trichomaticcofficients）。

1. CIE-RGB 表色系统

CIE 规定红（red）、绿（green）、蓝（blue）三原色的波长分别为 700、546.1、435.8，CIE-RGB 表色系统就是取三原色为色品三角形的三个顶点。对等能量单色光谱用标准观察值求出它们的同色光三刺激值曲线。CIE-RGB 光谱三刺激值是 317 位正常视觉者，用 CIE 规定的红、绿、蓝三原色光，通过对 380~780nm 的光谱色进行颜色混合匹配实验得到。把两个颜色调整到视觉相同的方法称为颜色匹配，颜色匹配实验是利用色光加色来实现的。实验时，匹配光谱每一波长为 1 的等能光谱色所对应的红、绿、蓝三原色数量，即为光谱三刺激值。

CIE-RGB 表色系统的光谱三刺激值是从实验得出来的，本来可以用于颜色测量和标定以及色度学计算，但是实验结果得到的用来标定光谱色的原色出现了负值，正负交替十分不便，不宜理解，因此，1931 年 CIE 推荐了另一个新的国际色度学系统——CIE-XYZ 表色系统，又称为 XYZ 国际坐标制。

2. CIE-XYZ 表色系统

CIE-XYZ 表色系统（图 7-6）与 CIE-RGB 表色系统相比，具有如下优点：①所有实际

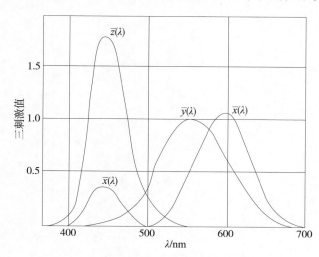

图 7-6　CIE-XYZ 表色的等色函数

颜色的色度坐标都是正值；②RGB表色系统的G最亮，其他原色亮度很低，XYZ表色系统纠正了这个缺点；在XYZ表色系统中，Y坐标代表明度，而X与Z和明度无关；③原色X、Y、Z等量时，也可以得到等能量光谱的白光。XYZ表色系统的等色函数如图7-6所示。等色函数也称作单位能量单色光分布函数。它是将每一个单色光对应的三刺激值绘制成的色品分布图。

在CIE-XYZ表色系统中，某色光的坐标位置为X、Y、Z时，其色员（各参考色）所占配比如果用x、y、z表示，则：

$$x = \frac{x}{x+y+z}$$
$$y = \frac{y}{x+y+z}$$
$$z = \frac{z}{x+y+z}$$

由上式可知，z=1-（x+y），所以可以用x、y表示所有颜色。将表示的所有颜色绘制在x、y为直角坐标的系统中，就得到了国际标准x、y色品图（chromaticity chart），又称为色度图，其外缘的单色光分布便是光谱轨迹，如图7-7所示。其中x、y称为色品坐标或色度坐标。

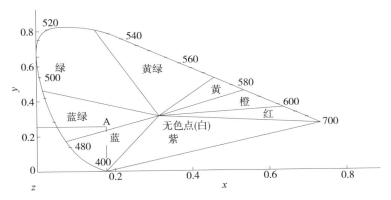

图7-7　CIE 1931年制定的x、y色品图

近年来，许多研究机构开始采用色差计测量目标物颜色信息。色差计又称光电光度计，能够快速、准确地将物体的颜色数字化，通常先获取三刺激值X、Y、Z，由此再转换为其他表示形式，如L*、a*、b*。色差计从上主要分为两种类型：分别是直接测定值和分光光度法。直接刺激值测定法，利用了仿生学的原理，模拟人眼获取物体颜色信息的机制，使用

三个光电传感器代替人眼的三种感光细胞获取三刺激值。分光光度法，首先使用标准光源照射样品并获取样品的反射或透射光谱，在可见光谱范围内计算反射率或透射率，最后结合标准光源功率分布积分得到三刺激值X、Y、Z。前者的出现时间较早，价格低，结构简单，体积小，但是由于其测色原理与人眼感应颜色原理相同，不能分辨出条件等色现象（在一种光源下观测两种物质的颜色是相同的，而在另一种光源下却出现明显的色差现象）。夏秋茶提取液的氧化过程时间短，需要精确测量其颜色变化，因此不适合使用直接刺激值法色差计。分光测色计由于是基于对物体的反射或透射可见光谱进行积分运算原理，不会受光源影响出现条件等色现象，能够准确有效分辨两种不同颜色的物体。

现有的分光测色计体积大、价格昂贵，一般都需要离线取样测定，多用于实验室研究。分光测色计是对物体的反射或透射可见光谱进行积分并进行一系列变换运算得到颜色值，而可见–近红外光谱仪可以获得物体的反射或透射光谱。而这种算法已经由国际照明委员会提出，在《物体色的测量方法》（GB/T 3979—2008）中有关于此算法如何由光谱计算三刺激值的描述。首先计算反射或透射率，然后计算380~780nm光谱反射或透射率与标准光源功率分布乘积的积分得到三刺激值X、Y、Z，再由三刺激值计算L^*、a^*、b^*值。

某个波长λ下的透射率$\tau(\lambda)$由波长λ下的白矫正值$W(\lambda)$、黑矫正值$D(\lambda)$、强度值$I(\lambda)$经过下式计算得到：

$$\tau(\lambda) = \frac{I(\lambda) - D(\lambda)}{W(\lambda) - D(\lambda)}$$

CIE-1931标准色度系统（2° 观察者）三刺激值X、Y、Z的计算按下式进行：

$$X = k \sum_{\lambda} s(\lambda)\bar{x}(\lambda)\tau(\lambda)\,\Delta\lambda$$
$$Y = k \sum_{\lambda} s(\lambda)\bar{y}(\lambda)\tau(\lambda)\,\Delta\lambda$$
$$Z = k \sum_{\lambda} s(\lambda)\bar{z}(\lambda)\tau(\lambda)\,\Delta\lambda$$

式中 k——归化系数，$k = \dfrac{100}{\sum_{\lambda} s(\lambda)\bar{y}(\lambda)\Delta\lambda}$；

$S(\lambda)$——标准光源（照明体）的相对光谱功率分布；

$\bar{x}(\lambda)$、$\bar{y}(\lambda)$、$\bar{z}(\lambda)$——CIE-XYZ表色系统中的色度函数；

$\tau(\lambda)$——样品的光谱透射比；

$\Delta\lambda$——波长间隔。

为了获取较高的测量精度，本研究采用的波长间隔$\Delta\lambda=5$nm，系统的照明光源是卤素灯，对应于标准照明体A，对应的加权系数$S(\lambda)\bar{x}(\lambda)$、$S(\lambda)\bar{y}(\lambda)$、$S(\lambda)\bar{z}(\lambda)$可以在GB/T 3979—2008中查到。

3. CIE-Lab 表色系统

为了得到与观察颜色更匹配的数值，与颜色知觉相当的理论体系被发展起来。CIE-Lab 表色系统是通常用来描述人眼可见的所有颜色最完备的色彩模型，CIE 在 1931 年建立了一种色彩测量国际标准，后来改进给予了更多的均匀颜色空间，在 1976 年修正为 CIE-L*a*b*。Hunter Lab 颜色空间及 CIE-L*a*b* 颜色空间（图 7-8）是当前最通用的测量物体颜色的色空间之一，可广泛应用于所有领域。CIE-L*a*b* 是在 Hunter Lab 颜色空间基础上略作改动的空间。在这一色空间中，L 代表颜色的明亮度，0~100，越接近 100 越亮，看起来越白；a 代表颜色的红绿值，+a 为偏红或少绿，-a 为偏绿或者少红；b 代表颜色的黄蓝值，+b 为偏黄或少蓝，-b 为少黄或偏蓝。CIE-L*a*b* 颜色空间如图所示。这个颜色单位在食品、农产品颜色测量中发挥了极其重要的作用。

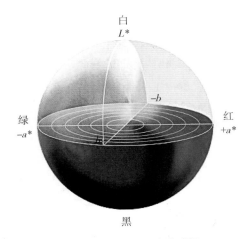

图 7-8　CIE-L*a*b* 颜色空间

$L*$、$a*$ 和 $b*$ 的值可以按下式计算：

$$L* = 116varX - 16$$
$$a* = 500(varX - varY)$$
$$b* = 200(varY - varZ)$$

式中：

$$varX = \begin{cases} \left(\dfrac{X}{X_n}\right)^{1/3}, & \dfrac{X}{X_n} \geq 0.008856 \\ 7.787\left(\dfrac{X}{X_n}\right) + \dfrac{16}{116}, & \dfrac{X}{X_n} < 0.008856 \end{cases}$$

$$varY = \begin{cases} \left(\dfrac{Y}{Y_n}\right)^{1/3}, & \dfrac{Y}{Y_n} \geq 0.008856 \\ 7.787\left(\dfrac{Y}{Y_n}\right) + \dfrac{16}{116}, & \dfrac{Y}{Y_n} < 0.008856 \end{cases}$$

$$varZ = \begin{cases} \left(\dfrac{Z}{Z_n}\right)^{1/3}, & \dfrac{Z}{Z_n} \geq 0.008856 \\ 7.787\left(\dfrac{Z}{Z_n}\right) + \dfrac{16}{116}, & \dfrac{Z}{Z_n} < 0.008856 \end{cases}$$

式中　X、Y、Z——CIE 1931 标准色度系统（2° 观察者）的三刺激值；

X_n、Y_n、Z_n——全反射漫射体的三刺激值X、Y、Z（对2°标准观察值）或$X_{10}Y_{10}Z_{10}$（对10°补充标准观察值）。

X_n、Y_n、Z_n的值根据照明光源、观察者角度的不同也不同。

三、食品颜色测量的方法

颜色的测量随被测颜色对象的性质不同而分为自发光体颜色的测量和物体色的测量。物体受到光源照明后经过自身的反射从而形成人眼观察到的颜色，这种颜色实际上是物体表面的反射光度特性对照明光源的光谱功率分布进行调制而产生的，因此物体表面色的测量主要是测定物体色的光谱反射率[22, 23]。概而言之，颜色的测量方法有目视法、光电积分法和分光光度法三种（图7-9）。

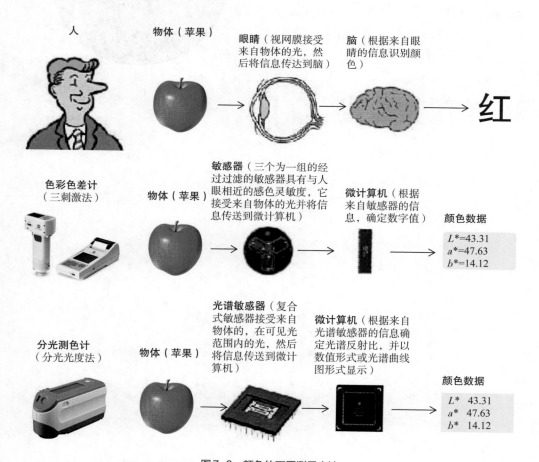

图7-9　颜色的不同测量方法

目视法是一种古老的基本方法，利用人眼的观察来比较颜色样品和标准颜色的差别，通常是在某种规定的CIE标准光源下进行，如标准光源A、D_{65}或"北窗光"等。这种测量方法需要借助于人眼的目视比较，要求操作人员具有丰富的颜色观察经验和敏锐的判断力，即便如此，其测量结果仍然包含了一些人为的主观因素。经过多年的日积月累，在人们通常的思维中，不同的颜色有了不同的象征意义，并对人的心理有一定的暗示作用，当人们看到某种颜色时，通常会产生不同的联想，如表7-4所示。随着颜色科学的发展和工业化水平的提高，这种工作效率很低的目视测色方法的应用已经越来越少了，取而代之的是采用仪器的物理测色方法。

表7-4　色彩对人思维的作用

颜色	色彩的联想	象征意义	运用的效果
红	果实、热烈、鲜花、甘美、成熟等	胜利、血、火	兴奋、刺激
橙	甜美、愉悦、活跃、芳香、健康等	美食、火、太阳	欢快、朝气蓬勃
黄	光明、希望、活跃、欢快、丰收等	阳光、黄金、丰收	华丽、富丽堂皇
绿	安全、舒适、青春、新鲜、宁静等	和平、春天、健康	友善、舒适
蓝	智慧、开朗、深邃、清爽、伤感等	信念、海洋、天空	冷静、智慧、深邃
紫	温柔、高贵、豪华、悲哀、神秘等	忏悔、阴柔	神秘、纤弱
白	纯洁、洁净、冰雪、清晰、透明等	贞洁、光明	纯洁、清爽
黑	成熟、安宁、庄重、压抑、悲感等	夜、高雅、稳重	高贵、典雅、深沉

光电积分法是仪器测色方法之一，通过把探测器的光谱响应匹配成所要求的CIE标准色度观察者光谱三刺激值曲线或某一特定的光谱响应曲线，从而对探测器所接收到的来自被测颜色的光谱能量进行积分测量。这种方法的测量速度很快，也具有适当的测量精度。采用光电积分法制成的测色仪器已广泛应用于现代食品工业生产和控制过程中。但是这类仪器无法测出颜色的光谱组成，因此这时应该采用分光光度法来进行颜色的测量。

分光光度法测量颜色主要是测定物体反射的光谱功率分布或物体本身的反射光度特性。然后根据这些光谱测量数据可以计算出物体在各种标准光源和标准照明体下的三刺激值。这是一种精确的颜色测量方法，由此制成的仪器成本也较高。通常分光光度法可分成光谱扫描和同时探测全波段光谱两大类。光谱扫描法是利用分光色散系统对被测光谱进行机械扫描，逐点得到各个波长对应的辐射能量，由此达到光谱功率分布的测量。这种方法精度很高，但测量速度较慢，是一种传统的分光光度测色方法。为了解决测量速度，提高测色效率，便出现了同时探测全波段光谱的新型光谱光度探测方法。为了同时探测全波段光谱能量分布，可采用多光路探测技术和多通道探测技术。

四、食品颜色快速测量的仪器

在现代光学分析仪器中，用于颜色测量的仪器严格说来可分为两大类：一类是光谱光度仪，另一类是光电积分测色仪器。使用具有特定光谱灵敏度的光电积分元件，直接测量检测物体的三刺激值成色品坐标的仪器称为光电积分测色仪器（图7-10）。常见的此类仪器有光电色度计和色差计等[24-26]。

CS-800台式分光测色仪

CS-10色差仪

CS-200精密色差仪

CS-650分光测色仪

CS-580分光测色仪

CS-210精密色差仪

CS-220精密色差仪

CS-600分光测色仪

CS-260潘通色卡读数仪

CS-610分光测色仪

CS-810透射液体分光测色

CS-812药品溶液色差计

图7-10　系列化的食品颜色快速测量仪器

（一）光谱光度仪

测色配色系统使用的光谱光度仪是测量物体光反射率的精密光学仪器，是颜色测量最重要的一类仪器。主要用来测量固体样品表面层在400~700nm（360~750nm）的可见光波长范围内的光谱吸收和散射的综合效果，并给出相应的各个波长下的光反射率即光谱反射因数 $R(\lambda)$。$R(\lambda)$ 是计算样品颜色色度参数三刺激值 X、Y、Z 必不可少的原始数据。

光谱光度仪的发展到现在大致经历三个阶段。第一阶段是经典的钨丝灯照明，单一光电倍增管扫描式光谱光度仪，其代表是 Hardy Spetrophotometer（美国），后来的 DI-ANO MatchScan 光谱光度仪（美国）是它的升级版。第二阶段是 Macbeth MS 2020 或 CE3100（美国）为代表的采用闪光氙灯和阵列硅二极管一次性检出光谱光度仪，它大大提高了测量速度。现在 Macbeth 的主要产品仍然是建立在这样的基础上。第三阶段的代表是 Datacolor（瑞士、美国）采用 MC-90 光电技术的系列光谱光度仪，MC-90 是光栅和双 128 元光电检出器高度集成在一起的器件，和光导纤维整合在一起使用，是目前国际上最先进的光电技术，它使光谱光度仪颜色测量的光谱测量点增加到 128 个，大大提高了可见光谱分析的波长精度，而同时具备极高的测量速度。

从传统意义上来讲，一台光谱光度仪除了微处理器及其有关电路外，有三个主要组成部分，第一部分是仪器内的照明光源及满足一定照明观察条件的几何光学结构；第二部分是分光单色器；第三部分是光电检出系统。其结构如图 7-11 所示。

光谱光度仪由于测量结果是有色样品的光谱反射率，因此不仅可以计算出所有的色度参数或进行色差评价等高等色度学计算，还可以在工业应用中广泛用于计算机自动配色。因此是颜色测量最基本和最重要的硬件工具。为满足不同场合的需要，光谱光度计仪器型号成系

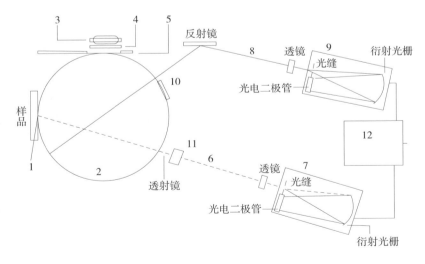

1—样品测量孔　2—漫反射积分球　3—脉冲氙灯　4—D65 滤光片　5—UV 滤光装置
6—样品测量光束　7—样品测量接收器　8—参比测量光束　9—参比光束接收器
10—镜面反射阱　11—透射样品放置槽　12—电子计算机

图 7-11　光谱光度仪内部结构示意图

列化。一方面往高精度发展，出现了前所未有的高精度高档型号仪器；另一方面向轻巧便携方向发展，出现了众多型号的手提式光谱光度计。测色用光谱光度计是一种精密光学仪器，这种仪器在国际市场上有很多品牌和型号，其质量、内部结构、测量精度、长期稳定性、可靠性和故障率均有很大差异，因此成本价格也相差很大。

颜色传递由实样向数字化过渡是当今信息时代不可逆转的趋势，这给测量颜色的光谱光度仪的仪器间测量一致性提出了很高的要求，一般来说，同一著名品牌的仪器即使型号不同也有良好的仪器间测量一致性。

（二）色差计

色差计是一种常见的光电积分式测色仪器。它利用仪器内部的标准光源照明检测物体，在整个可见波长范围内进行一次积分测量，直接测得透射成反射物体色的三刺激值和色品坐标，并可通过专用微机系统给出两个被测样品之间的色差值。这是一种操作简便，价格便宜，在工业生产、科研实验、质检、商检和计量部门有着广泛应用的光学分析仪器。

按照 CIE 推荐的测色原理，通过将若干颜色玻璃覆盖在探测器上的方法修正探测器的相对光谱灵敏度，使由仪器光源、光学系统和探测器组成的仪器光谱特性的综合响应等价于 CIE 标准照明体 D_{65} 与 10° 视场场色匹配函数或 CIE 标准照明体 C 与 2° 视场角匹配函数的乘积，这样就能用一次积分测量出被测样品的三刺激值 X、Y、Z。

色差计的测量精度还与光源、探测器的稳定性，系统的线性及满足色度学标准照明观测条件的程度密切相关。随着现代电子技术、计算机技术和测试技术的发展，对光源的相对光谱功率分布、探测器的相对光谱灵敏度和修正滤色片的光谱透射比等，均能做精确的测定；对探测器、滤色片等器件进行优选，大大提高了模拟程度。因此，目前高档次的色差计只用一块经过标定的标准白板校准仪器，就能满足测量要求。色差计一般由照明光源、探测器和样品室组成，按照 CIE 规定的标准照明观测条件安置，再附之以放大调节、模数转换、数据处理和输出显示等部分组成。

色差计是一种广泛应用于科研和生产的测色仪器。与光谱测色仪相比，它价格便宜，但准确度低些。色差计的测色准确度主要取决于符合卢瑟条件的程度。对那些符合程度差些的色差计虽不能准确地测出样品的三刺激值和色品坐标，却仍能准确地测出两个颜色相近（或者说光谱反射或透射特性相近）的样品间的差别。色差计的食品颜色测量如图 7–12 所示，可以按照不同的颜色空间输出颜色测定值。因而，只要配足能覆盖相应调色范围的专用工作色板，测得的数据仍有较高的可靠性。所以，针对不同行业和部门在颜色测量实践中对仪器的标准照明体、标准照明观测条件、标准色度观察者色匹配函数和测色精度的不同要求，选取有较高性能价格比的仪器，即是色差计的选用原则。

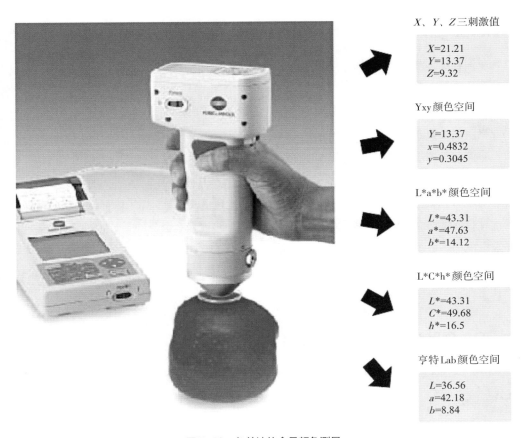

图7-12　色差计的食品颜色测量

　　我国的颜色测量起步较晚。20世纪70年代中期一些西方国家的光谱测色仪和色差计进入我国市场，同期我国的一些学者和少数几家企、事业单位开始研制国产色差计。进入20世纪80年代以来，科技进步、生产发展和进出口贸易等对产品的颜色质量提出了更高要求。国内先后有数十家科研单位和厂商研制和生产各种类型和牌号的色差计。目前国产色差计已形成了完整的系列，品质上完全可以与进口仪器相媲美，并以其价格优势和本土化服务成为市场的主流。我国的色差计生产总体上已达到了当前的国际水平，今后仍将朝着高精度、小型化、高速度、多功能、高性能价格比的方向发展。色差计已经并且将进一步成为食品科研和生产实践中广泛使用的光学分析仪器。

　　色差仪常见于测量牛排、猪肉、鸡肉、金枪鱼等规则和不规则肉类的颜色，在食品储存期监控肉类颜色变化，确保产品的质量。色差仪可以测量馒头、面条、面包、面片等面点表面，确定样品的色泽合理偏差，便于进行定性定量质量控制。利用色差仪测定液态食品的色泽，可以了解食品的纯净程度，也可判断是否变质。

（三）光电色度计

光电色度计是测量电光源、自然光和由仪器外部照明物体色的光电积分测色仪器。常见的有彩色亮度计和光源测色仪。常见的光电色度计使用三个或四个探测器。一般是光电池、光电管和光电倍增管。它们的光谱灵敏度都经过滤色器的修正，以模拟CIE标准色度观察者的光谱三刺激值曲线。

是否能准确反映颜色样品的实际三刺激值取决于仪器内光学器件综合的模拟总效应。因此它的测量准确度受到很大限制，不能用于测量结果要求很准确的场合，如微小色差的评价等。另一方面，测量观察条件采用2°还是10°标准色度观察，还有CIE标准照明体等，均只能在仪器制造时就单一地固定下来后，才能去模拟该测量观察条件下的三刺激值，因此是不可改变的。由于色度计的测量准确度往往低于人眼的判断，因此其应用受到很大限制。但人眼判断色差往往由于利益的驱使而带有主观倾向性，因而色度计的客观性和低廉价格，仍然使它在许多要求不高的场合有广泛的应用。

五、食品颜色快速测量的应用

（一）在葡萄酒颜色测量中的应用

葡萄中含有丰富的花色苷，以及总酚和单宁物质等，运用CIE-Lab表色系统参数可对所选干红葡萄酒进行系统分类；利用CIE-Lab表色系统采集所选酿酒葡萄品种及其品系在葡萄酒酿造过程中的葡萄酒颜色参数及变化，采用相关性分析、主成分分析挖掘颜色参数与多个理化指标之间的关系，挖掘对葡萄酒产品差异贡献显著的重要理化指标，表明总花色苷含量与颜色参数之间存在相关性。同时，添加制酒类单宁和过熟葡萄、杀真菌剂对红葡萄酒的酚类成分和颜色质量会有影响；不同品种葡萄在其成熟过程中葡萄皮的酚类成分具有差异性；在葡萄干燥过程中葡萄颜色和酚类化合物的变化。

颜色是决定葡萄酒质量的一项重要指标，与葡萄酒酿造工艺之间存在一定关系，通过采集葡萄酒样品的颜色参数可分析所选酿造工艺在不同葡萄酒产区的应用效果或不同品种葡萄酿造效果。研究葡萄酒酿造过程中颜色的变化规律，可探讨不同酵母和果胶酶对原料葡萄色素的浸提作用及引起颜色变化的影响情况。Santos等2015年通过加压处理红葡萄酒、加入40mg/kg二氧化硫的红葡萄酒样品、空白样，3个样在12个月后，高压处理样品CIE-Lab表色系统参数值（$a*$、$b*$和$L*$）更高，单体花青素含量较低，加压酒也呈现出更好的感官特性，使其有年份酒的特征[27]。CIE-Lab表色系统也可配以其他分析检测技术比较新橡木桶及使用过一年旧橡木桶陈酿对赤霞珠干红葡萄酒花色苷含量及颜色变化的影响。

（二）在甜椒粉颜色测量中的应用

甜椒粉是一种亮红色且几乎无辣度的研磨粉末，因其理想的颜色、风味和粉末度，且无所想的辣度而被应用于许多食品中，包括生产午餐肉、香肠、奶酪和其他乳制品、汤、酱汁和零食（如薯片）等。国内将CIE-Lab表色系统应用于甜椒粉中的研究较少，将$a*$值和总色差应用于热风干燥红甜椒粒前处理的护色研究，大多数研究主要将其应用于辣椒种子颜色与质量的关系、辣椒果实不同时期色泽变化检测、热风脱水红辣椒前处理护色技术。这可能与国人的饮食习惯有关，他们更喜欢中国传统的具有辛辣味的辣椒，将各类研究集中在辣椒上具有重要的现实意义。

国外将CIE-Lab表色系统应用于甜椒粉加工和储存过程的研究较多，并且较为深入。甜椒粉颜色可通过不同原料、不同调配方式实现，蒸汽处理亦可使其具有良好色泽，虽然有研究显示甜椒粉经高压蒸汽灭菌会有颜色损失且在长时间的贮藏期内会有自由基存在，但蒸汽处理仍是安全性最高最普遍使用的杀菌方法。Almela等[28]通过CIE-Lab表色系统的参数$L*$、$a*$、$b*$、$C*$、$H*$、$\triangle E*$，研究了高温短时杀菌（HTST）温度和处理时间对甜椒粉的影响，得出HTST处理的最佳条件以最小化颜色损失，他们还建议HTST处理的甜椒粉应冷藏保存。在甜椒粉加工和贮藏过程中温度和水分活度对甜椒粉颜色有一定影响，有研究显示一阶动力学模型可很好地描述热处理和贮藏期间的甜椒粉的颜色变化，褪色的所有颜色参数与温度的关系可用阿雷乌斯等式来表示，这些动力学方程均可在实际应用中用于控制甜椒粉的唯一颜色特征。此外，Shenoy等[29]以CIE-Lab表色系统为基础，配以数字色彩成像技术用于研究甜椒混合粉末的质量，混合粉末原料包括甜椒、盐、黑胡椒和洋葱，CIE-Lab表色系统参数用于描述样品的颜色，样品颜色方差用于测量混合物质量。CIE-Lab表色系统大多应用于甜椒粉研究，也少量应用于红辣椒的研究中。

（三）在水果颜色测量中的应用

人们主要基于果皮颜色对水果成熟度、质量等级进行分类，外观颜色也是水果在采摘、加工和贮藏过程中的一项重要指标。CIE-Lab表色系统主要应用于水果分级筛选及加工贮藏过程中，如运用于杨梅采摘后的筛选和加工贮藏、甜瓜研究、油桃在冷藏期间受静高压处理后的颜色变化。近年来，国外有研究将CIE-Lab表色系统与其他技术联用一同研究了杧果的分级，并得出基于这些技术有可能开发出有用的分类工具并应用于杧果加工、贮藏和分销过程中；CIE-Lab表色系统与计算机视觉系统一同研究了水分含量对脱水草莓彩色属性在贮藏期间的影响。CIE-Lab表色系统还可应用于不同光照条件对水果成熟度判断的影响，如光照对香蕉成熟度特征的影响，分析显示CIE-Lab表色系统的$a*$坐标受不同照明系统的影响，有可能在包装期间对香蕉分级产生影响。国内 Guo 等[30]研究比较了表面颜色对苹果品质预测模型的影响，建立了颜色补偿模型，指出在短波近红外波段，通过颜色补偿可以显著提高苹果品质的预测能力。

（四）在鱼类颜色测量中的应用

CIE–Lab 表色系统主要用于鱼类颜色数据采集，结合计算机视觉系统根据鱼肉颜色进行分级或用于判断鱼的新鲜程度。刘子毅[31]以 CIE–Lab 表色系统和其他颜色空间作为基础，结合计算机视觉与机器学习方法对大西洋鲑鱼肉色特征进行建模，将其运用于大西洋鲑鱼肉色自动分级及摄食活性测量研究。Dowlatia 等[32]则对养殖和野生乌颊鱼海鲷的新鲜度作了深入研究，他们采集了冰贮过程中乌颊鱼海鲷的眼睛和腮的 $L*$、$a*$、$b*$、$C*$ 和总色差（ΔE）参数，通过将回归分析和人工神经网络方法用于关联眼睛和腮的颜色参数与贮藏时间，研究者发现颜色参数与贮藏时间之间有很大的关联性，并得出鱼眼睛的颜色参数可以作为绿色、低成本和简单的方法用于快速、在线评估食品行业中鱼的新鲜度[32]。

（五）在其他食品颜色测量中的应用

CIE–Lab 表色系统作为一种广泛使用的颜色研究方法，不仅运用在葡萄酒、甜椒粉、鱼类和水果等研究中，还作为一种基础的数据采集和分析方法运用在橙汁、蜂蜜、生肉等研究当中[33-36]。橙汁为人们生活中常见饮料，可作为研究对象，研究颜色外观与预期水平的感官特性之间的关系、研究色差阈值以进行色彩训练。巴氏杀菌后的橙汁在贮藏过程中 CIE–Lab 颜色参数和类胡萝卜素含量明显变化，橙汁颜色越暗越有可能会更苦，而越红和越黄则更甜并且具有更强的风味，在 CIE–Lab 色差公式（ΔE）基础上提出的一种新的色差公式可有效地改善对酸味和新鲜度的预测性能。

蜂蜜分不同植物来源，不同品种蜂蜜间颜色也存在差异，包括物理化学特征、矿物质含量等，通过 CIE–Lab 表色系统颜色参数来区别不同品种蜂蜜间颜色的差异，将 CIE–Lab 表色系统的 $L*$、$a*$、$b*$ 颜色参数和其他参数结合可开发一种基于神经网络的工具来区分不同植物来源的蜂蜜。同时，CIE–Lab 表色系统应用于生肉的表观色泽研究，在红色值（CIE–Lab 表色系统的 $a*$ 值，CIE–RGB 表色系统的 R 值）的基础上研究鲜切肉的表面颜色变化，或是将 CIE–Lab 表色系统用于研究用羊肉替换猪肉后肉酱的表观颜色变化。此外，CIE–Lab 表色系统还被应用到橄榄油杂质含量、意大利面条属性以及食品包装纸印品的色差评价方面。

颜色与视觉相匹配的颜色体系得到不断地发展，它是用以描述食品外观颜色的方法，外观颜色又是食品的一个重要属性，影响着人们对食品质量的感知。用于描述食品颜色且适于测量颜色差异的 Hunter Lab 表色系统、CIE–Lab 表色系统和 CIE–LCH 表色系统，已经被广泛应用于食品工厂的颜色测量中。基于 Hunter Lab 表色系统的分析仪器主要用于质检、商检和企业质量检测以及科研实验中用于基础数据的采集和分析，此法可去除人为因素对测定结果的影响，使得颜色结果更加客观。

参考文献

[1]　Macdougall DB. Colour measurement of food: principles and practice [J]. Colour Measurement, 2010: 312-342.

[2]　何国兴. 颜色科学 [M]. 上海：东华大学出版社，2004.

[3]　邱小文，谢英彪. 食物颜色密码 [M]. 北京：人民军医出版社，2010.

[4]　滕秀金，邱迦易，曾晓栋. 颜色测量技术 [M]. 北京：中国计量出版社，2007.

[5]　薛朝华. 颜色科学与计算机测色配色实用技术 [M]. 北京：化学工业出版社，2004.

[6]　蔺定运. 食用色素的识别与应用 [M]. 北京：中国食品出版社，1987.

[7]　詹姆斯·约瑟夫，丹尼尔·纳杜，安妮·安德伍德，等. 有色食物吃出健康：吃的颜色密码 [M]. 北京：中国友谊出版公司，2003.

[8]　赵杰文，孙永海. 现代食品检测技术 [M]. 2 版. 北京：中国轻工业出版社，2012.

[9]　Wu D, Sun DW. Colour measurements by computer vision for food quality control—A review[J]. Trends in Food Science & Technology, 2013, 29(1): 5-20.

[10]　纪滨，许正华，胡学刚，等. 基于颜色的食品品质检测技术现状及展望 [J]. 食品与机械，2013, 29(4): 229-232.

[11]　雷用东，邓小蓉，罗瑞峰，等. 3 种颜色体系在食品应用中的研究进展 [J]. 食品科学，2016, 37(1): 241-246.

[12]　Lee SM, Lee KT, Lee SH, et al. Origin of human colour preference for food [J]. Journal of Food Engineering, 2013, 119(3): 508-515.

[13]　Shen M, Shi L, Gao Z. Beyond the food label itself: How does color affect attention to information on food labels and preference for food attributes? [J]. Food Quality and Preference, 2018, 64: 47-55.

[14]　Barrett DM, Beaulieu JC, Shewfelt R. Color, flavor, texture, and nutritional quality of fresh-cut fruits and vegetables: Desirable levels, instrumental and sensory measurement, and the effects of processing [J]. Critical Reviews in Food Science and Nutrition, 2010, 50(5): 369-389.

[15]　Spence C, Piqueras-Fiszman B. Food color and its impact on taste/flavor perception [J]. Multisensory Flavor Perception: From Fundamental Neuroscience Through to the Marketplace. Elsevier Inc. Academic Press, 2016 (298): 107-132.

[16]　Scotter MJ. Overview of EU regulations and safety assessment for food colours[M]. Colour additives for foods and beverages, 2015.

[17]　杜锋，雷鸣，闫志农. 颜色信息识别在食品工业中的应用 [J]. 食品与发酵工业，2003(3): 80-83.

[18]　Stich E. Food color and coloring food: quality, differentiation and regulatory requirements in the European Union and the United States [J]. Handbook on Natural Pigments in Food and Beverages: Industrial Applications

for Improving Food Color, 2016.

[19]   Ghidouche S, Rey B, Michel M, et al. A rapid tool for the stability assessment of natural food colours [J]. Food Chemistry, 2013, 139(1): 978-985.

[20]   Sant'Anna V, Gurak PD, Marczak LDF, et al. Tracking bioactive compounds with colour changes in foods— A review [J]. Dyes and Pigments, 2013, 98(3): 601-608.

[21]   Spence C, Piqueras-Fiszman B. Food color and its impact on taste/flavor perception[M]. Multisensory Flavor Perception: From Fundamental Neuroscience Through to the Marketplace. Elsevier Inc. Academic Press, 2016 (298): 107-132.

[22]   叶兴乾. 色度学原理及其在食品测色中的应用[J]. 广州食品工业科技, 1988(1): 19-23.

[23]   Shenoy P, Innings F, Lilliebjelke T, et al. Investigation of the application of digital colour imaging to assess the mixture quality of binary food powder mixes [J]. Journal of Food Engineering, 2014, 128: 140-145.

[24]   Kang SP, Sabarez HT. Simple colour image segmentation of bicolour food products for quality measurement [J]. Journal of food Engineering, 2009, 94(1): 21-25.

[25]   Spence C, Levitan CA, Shankar MU, et al. Does food color influence taste and flavor perception in humans? [J]. Chemosensory Perception, 2010, 3(1): 68-84.

[26]   张长新. HunterLab色差仪: 食品颜色的有效测量工具[J]. 食品安全导刊, 2009(3): 43.

[27]   Santos MC, Nunes C, Cappelle J, et al. Effect of high pressure treatments on the physicochemical properties of a sulphur dioxide-free red wine [J]. Food Chemistry, 2013, 141(3): 2558-2566.

[28]   Alcalde-Eon C, García-Estévez I, Ferreras-Charro R, et al. Adding oenological tannin vs. overripe grapes: Effect on the phenolic composition of red wines [J]. Journal of Food Composition and Analysis, 2014, 34(1): 99-113.

[29]   Shenoy P, Innings F, Lilliebjelke T, et al. Investigation of the application of digital colour imaging to assess the mixture quality of binary food powder mixes [J]. Journal of Food Engineering, 2014, 128: 140-145.

[30]   Guo Z, Huang W, Peng Y, et al. Color compensation and comparison of shortwave near infrared and long wave near infrared spectroscopy for determination of soluble solids content of "Fuji" apple [J]. Postharvest Biology and Technology, 2016, 115: 81-90.

[31]   刘子毅. 基于计算机视觉的大西洋鲑鱼肉色自动分级及摄食活性测量研究[D]. 中国科学院研究生院(海洋研究所), 2013.

[32]   Dowlati M, Mohtasebi SS, Omid M, et al. Freshness assessment of gilthead sea bream (Sparus aurata) by machine vision based on gill and eye color changes [J]. Journal of Food Engineering, 2013, 119(2): 277-287.

[33]   García-Marino M, Escudero-Gilete ML, Heredia FJ, et al. Color-copigmentation study by tristimulus colorimetry (CIELAB) in red wines obtained from *Tempranillo and Graciano varieties* [J]. Food Research International, 2013, 51(1): 123-131.

[34]   Kispéter J, Bajúsz-Kabók K, Fekete M, et al. Changes induced in spice paprika powder by treatment with ionizing radiation and saturated steam [J]. Radiation Physics and Chemistry, 2003, 68(5): 893-900.

[35]   Almela L, Nieto-Sandoval JM, Fernández López JA. Microbial inactivation of paprika by a high-temperature short-X time treatment. Influence on color properties [J]. Journal of Agricultural and Food Chemistry, 2002, 50(6): 1435-1440.

[36]   Topuz A. A novel approach for color degradation kinetics of paprika as a function of water activity[J]. LWT-Food Science and Technology, 2008, 41(9): 1672-1677.

U0174370

智能时代

理想的家

The Future
Home
in the 5G Era

王一同（Jefferson Wang）
[英] 乔治·纳兹（George Nazi）
[英] 鲍里斯·莫雷尔（Boris Maurer）
[英] 阿莫尔·帕德克（Amol Phadke） ○ 著

赵静文 ○ 译

中国友谊出版公司

图书在版编目（CIP）数据

智能时代理想的家 / 王一同等著；赵静文译. --
北京：中国友谊出版公司，2022.12
ISBN 978-7-5057-5576-5

Ⅰ.①智… Ⅱ.①王…②赵… Ⅲ.①智能技术—应
用—普及读物 Ⅳ.① TP18-49

中国版本图书馆 CIP 数据核字（2022）第 186976 号

著作权合同登记号　图字：01-2022-4369

Copyright © Accenture 2020

This translation of The Future Home in the 5G Era is published by
arrangement with Kogan Page through Andrew Nurnberg Associates
International Ltd.

Simplified Chinese translation copyright © 2022 by Beijing Xiron
Culture Group Co., Ltd.

All Rights Reserved.

书名	智能时代理想的家
作者	王一同（Jefferson Wang）
	【英】乔治·纳兹（George Nazi）
	【英】鲍里斯·莫雷尔（Boris Maurer）
	【英】阿莫尔·帕德克（Amol Phadke）
译者	赵静文
出版	中国友谊出版公司
发行	中国友谊出版公司
经销	新华书店
印刷	北京世纪恒宇印刷有限公司
规格	880×1230毫米　32开
	7.25 印张　148 千字
版次	2022 年 12 月第 1 版
印次	2022 年 12 月第 1 次印刷
书号	ISBN 978-7-5057-5576-5
定价	52.00 元
地址	北京市朝阳区西坝河南里 17 号楼
邮编	100028
电话	（010）64678009

如发现图书质量问题，可联系调换。质量投诉电话：010-82069336

目 录

未来智能家居生活的一天

超链接时代的消费者需求

从日常生活场景到商业模型

让家成为 5G 未来智能家居

隐私与安全：5G 智能家居的两大挑战

搭建互联家居生态系统

未来智能家居的新兴商业模型

激励未来智能家居生态系统发展

未来智能家居之路

各方赞誉

"这本书带读者深入分析当今社会主要的挑战之一，也就是像 5G、人工智能、eSIM 和边缘计算等新技术是如何影响家居生活并为人们带来全新的家居体验的。本书结合了真实案例、战略框架和引人深思的主题探讨，为未来智能家居中互联生态系统里的商业领导者带来全新视角。这是一本不容错过的好书。"

——维诺德·库马尔（Vinod Kumar），
跨国电信公司沃达丰集团（Vodafone）首席执行官

"随着 5G 和其他新技术不断改变着我们的生活和家居方式，这本书为各通信服务供应商如何在这片充满机遇与多方挑战的新领域中蓬勃发展指明了方向。对于商业领导者来说，本书提供了向潜力无限的未来智能家居市场前进的正确策略，是一张启发人心的路线图。"

——玛丽-诺埃尔·杰戈-拉维西埃尔（Mari-Noëlle Jégo-Laveissière），
法国电信运营商 Orange 公司副首席执行官、首席技术与创新官

"本书能够帮助业内领导者抓住快速增长的未来智能家居市场这一绝佳时机，是一本充满启发性的好书。作者就未来智能家居市场发展过程的障碍和挑战给出了独特的观点，并介绍了实际解决方案。"

——德克·沃斯纳（Dr Dirk Wössner），
德国电信理事会成员、总经理

"本书分析了5G等新技术对快速发展的未来之家的影响，内容全面，编写用心。本书谈到了精妙的战略框架，并以引人入胜的现实案例作补充，非常具有启发性和实用性。"

——埃里克·布诺（Eric Bruno），
加拿大罗杰斯通信公司内容和互联家居产品5G高级副总裁

"本书为高管在如何发展产品、服务和战略上提供了框架和思路，帮助他们在庞大且快速增长的市场中实现产品的蓬勃发展和创新。"

——克莱夫·赛利（Clive Selley），
英国网络基础设施公司（Openreach）首席执行官

"本书为新的超链接家居环境带来了新的见解。在未来智能家居中，设备和应用程序将无缝协作，响应客户的需求，甚至提前对客户的需求做出预测。本书有着扎实的研究和创新的思想，面对未来智能家居这一新兴且颇具潜力的市场，为相关领域的商业领导者提供了严谨的案例。必读。"

——巴巴克·弗拉蒂（Babak Fouladi），
荷兰皇家电信集团董事、首席技术与数字官

"这是一本充满启发性的好书。它告诉读者如何理解新的家居体验，公司如何抓住与这种新体验相关的巨大商机。新观点、新概念，书中意想不到的想法比比皆是。本书是5G时代有关未来智能家居的一本开创性的书。"

——本·韦华恩（Ben Verwaayen），
阿尔卡特-朗讯（Alcatel-Lucent）公司、BT集团前首席执行官

"是未实现的承诺还是未来的革命？互联家居一直是一个谜，直到本书出现。云端和5G连接技术最终将给世界带来期待已久的无缝平台——作者提出了这一观点并给出令人信服的答案。凭借他们在创业、企业、科技和多行业经验的背景，他们的想法和创新概念贯穿全书。"

——延斯·舒尔特-博卡姆（Jens Schulte-Bockum），
MTN集团首席运营官

"本书的问世恰逢其时。科学和新的数字技术在各个领域带来了颠覆性变革，几乎改变了每个人的（数字）生活。这本书里有精彩的故事、精心的研究和清晰的表述，是一本充满启发性的书。"

——鲍里斯·奥托（Boris Otto）教授、博士，
弗劳恩霍夫软件与系统工程研究所（Fraunhofer ISST）董事总经理

"随着5G时代的到来，体验将发生根本性的变化。本书经过深入研究，提出了有关5G实施的具体建议，这份宝贵的指南将帮助公司和领导者抓住新兴的数十亿美元市场的机遇。"

——伊戈尔·勒普兰斯（Igor Leprince），
WM5G董事会主席

作者介绍

┃ 王一同（Jefferson Wang）

埃森哲CMT战略实践部门董事总经理，埃森哲全球通信业务联合负责人，负责定义埃森哲的5G战略。在过去的20年中，王一同重点关注无线领域，与网络运营商、设备制造商、技术平台供应商、内容开发商和初创企业共同研究端对端的产品发展生命周期。

王一同牵头了埃森哲5G全球项目，该项目主要围绕后智能手机时代、发展策略以及5G运营商业化的应用案例。他的客户案例主要围绕战略、商业和科技的融合，涵盖未来智能家居、无人驾驶和智能城市生态系统。

王一同曾受邀参加美国有线电视新闻网（CNN）和全球移动直播，是移动世界大会的常邀嘉宾。《华尔街日报》《今日美国》《财富》《纽约时报》《华盛顿邮报》《连线》等媒体曾多次采访报道。

作为一名连续创业者，在加入埃森哲之前，王一同曾经是一家宽带、无线和媒体初创企业的高级合伙人，这家企业最终被成功收购。王一同是马里兰大学帕克分校机械工程专业的理学学士，目前定居于旧金山。

| 乔治·纳兹（George Nazi）

乔治·纳兹是埃森哲高级董事总经理，负责埃森哲全球传播和媒体业务（Communications and Media Industry）。他是公认的技术领导者，擅长将战略和实际运营相结合，既有执行敏锐度，又善于全球团队建设，并拥有超过25年管理、变革、运营大型团队的经验。

在加入埃森哲之前，乔治曾是阿尔卡特-朗讯（Alcatel-Lucent）全球客户服务部的执行副总裁，管理着超过4万名专家的团队。作为英国电信（British Telecom）网络与IT基础设施部的总裁，他最耀眼的成绩是曾帮助英国电信领导了"21世纪网络（21CN）改造项目"，负责重构资料、提升用户体验及修建下一代网络、运营支撑系统（OSS）和业务支撑系统（BSS）。他还曾担任英国电信全球服务部首席技术官及网络部的全球副总裁，负责在全球170多个国家设计和运营英国电信的全球IP/MPLS①网络。乔治经常负责编写通信媒体行业数字创新及发展领域的白皮书和文章。

乔治拥有塔尔萨大学电子工程和计算机科学的学士和硕士学位，目前定居于布鲁塞尔。

---

① 用于支持5G时代的业务承载，目前IP/MPLS技术比较成熟，已成为多数运营商的选择。

▌鲍里斯·莫雷尔 (Boris Maurer)

鲍里斯·莫雷尔是埃森哲董事总经理，负责欧洲的CMT战略实践。在过去的20年中，鲍里斯的客户主要集中于电信、能源和高科技领域，他也曾为客户在互联家居和生活空间等方面提供过咨询服务。

鲍里斯深耕于大规模改造、创新产品开发、管理、电子生态系统展示及市场开拓策略。他是一位专注于物联网和人工智能空间方面的资深企业家，曾经创建了包括WinLocal、yeru、smartB和connctd等在内的初创企业。

鲍里斯也曾在包括德国总理府在内的公共部门工作，协助地区政府、部门和机构的工作。他曾出版过关于增长、创新和如何赢得颠覆性改变的书籍和文章。

鲍里斯取得了波恩大学的硕士学位及曼海姆大学和图卢兹工业经济研究所的经济学博士学位，目前定居于柏林。

▌阿莫尔·帕德克 (Amol Phadke)

阿莫尔·帕德克是埃森哲董事总经理，负责全球网络服务业务，并在数字网络转型、网络经济和战略、5G、SDN/NFV、云端、新OSS系统、下一代运营及互联家居方面为首席体验官们提供解决方案。他还是Linux Foundation Networking（Linux网络基金会，简称LFN）的董事会成员。

阿莫尔目前定居于伦敦，是一位业内公认的领导者，有着超过二十年的国际行业经验，在网络IT、互联网和电信领域提供技术及商业领导力建议，包括战略定义、推动大型工程开发及组建全球跨学科团队。他曾发表过多篇关于网络转型的白皮书和文章，涵盖的话题有5G、软件定义网络和人工智能驱动的运营。加入埃森哲之前，阿莫尔曾担任阿尔卡特-朗讯亚太区网络专业服务的高级总监，曾在英国电信担任其IP及数据全球"21世纪网络（21CN）"平台的首席架构师。

　　阿莫尔取得了南加州大学的电信工程硕士学位，以及加利福尼亚大学洛杉矶分校和新加坡国立大学的双硕士学位。他还曾获行政工商管理硕士课程杰出学术成就奖项。

引言　5G 时代的未来智能家居

"家是心之所属。"这句古老的谚语所蕴含的深意与数字转型时代息息相关，它暗示"家"可以是任何地方，只要某一个特定的地点能给人们带来安全感就可以，而"家"的具体地理位置已经不再重要。

在科技发达的时代，"家"的感觉主要取决于环境中电子设备所提供的用户体验质量。比方说，如果服务能做到无缝衔接、流畅自如，用户就可以在卧室看电视，然后在不受任何干扰的前提下，无须切换屏幕，就可以边看电视边乘坐自动驾驶汽车前往朋友们的约会地点，和他们共进晚餐。这样一来，不管是身处室内还是交通工具中，都会有"家"的感觉。

本书的观点是："家需要一个固定住所"的传统观念将被彻底颠覆。"家无处不在"这一新理念将会兴起，其核心在于任何事物都可以让我们拥有家的感觉：从让我们感到舒适的室温、空气质量，再到我们喜欢的灯光亮度、娱乐设施、教育设备、健身器材、门窗安全设计、冰箱里装的食物，等等。在先进的、无缝的智能技术的帮助下，无论是在自动驾驶汽车中还是在度假酒店里，无论是处于放松的游玩中，还是在岳父母家短暂停留时，用户都能享受到优越的服务。未来，我们的家"能被装进信封，随身携带"。

目前点对点之间的连接已经实现，人类似乎正朝着超链接时代全速前进。广义的数字转型时代，意味着一波又一波的连接技术正将世界从一个个分散的普通物体转变为智能互联，也就是人们常说的万物互联。数字科技已经让"天涯若比邻"成为现实，并将给人类社会带来巨大便利，我们能够监测到千里之外他人的运动、心情和身体状况，还能和世界上任何一个地方的人一起工作或者谈恋爱。几百年来关于"家"的传统概念正逐渐过渡为一种流动的超链接生活方式，高度个性化服务在科技的帮助下即将成为现实。

未来之家：超链接生活的中心

我们创造了"未来之家"这一概念，用来更好地描述未来激动人心的新世界。未来之家是一个非常独特的表述，指的是能够提供无缝、优质的数字服务技术，真正提升家居生活的幸福感。

我们如何得出未来之家即将来临的结论呢？原因是，人工智能驱动技术不断发展且日益成熟，足以支持智能家居感知、理解、参与、预测、决定或提供有关的选择，而其中的中坚力量就是优势明显的5G无线电标准：实时反应（超可靠低延迟），超快速（加强移动宽带），几乎可以连接所有设备（大型物联网 IoT）。我们认为，5G 无线电标准的上述优势使其成为众多赋能技术当中推动未来智能家居发展的主要力量。值得一提的是，人工智能、边缘计算及高级数据分析在未来智能家居中发挥着巨大作用，创造无与伦比的用户体验。在 5G 连接的支持下，这些技术都将在未来智能家居中实现进一步突破。

"家"作为一种感受，永远与人有关。在技术的支持下，未来智能家居将会成为各行各业人士密集数字化生活方式的中心。在超链接的家中，人们可以与医生远程连线，利用全息影像和老师、同学们一起学习，利用手边的设备享受各种服务。先进的家居科技还能替用户未雨绸缪，比如：用户在日历上标注重要会议之后，它们会提前查好是否有道路维修等情况，确保用户能够按时赶到；智能厨房会在几天前准备好你的生日聚会，询问当天到场宾客的饮食习惯并根据回复自动准备食材，还能根据人数准备适量的个性化食物，以免造成浪费。

智能家居市场的发展蓝图和核心竞争力

本书在对未来智能家居的大胆预测中，列举了众多实用的商业策略，帮助家居设备价值链中的每一个企业在这一新兴市场里大展宏图。我们为行业参与者指出了未来需克服的困难，更与各位分享了市场发展蓝图，以及将新市场的发展机遇转化为价值和利润所需的核心能力。

对未来智能家居的展望是从"普通人"的一天展开的。读者将会在第1章中看到主人公在一天之内如何不断地接受电子设备的服务。这种精彩的体验更生动地阐述了我们的观点：不管用户身在何方，未来智能家居都将会是超链接生活方式的主要港湾。

接下来转换思路。我们在第1章设想了一种可能的生活方式，全面描绘了未来用户在先进家居技术的帮助下的生活状态。然后用整个第2章来讨论现代社会人口趋势和未来智能家居的用户心态，包括各种情景下的家庭、单身人士、年轻人或年长者。读者们会发现，这里有一个关键点：有意加入未来智能家居市场的企业的首要任务是关注用户的需求、愿望和梦想，而后才能创造出符合这些需求的技术产品。到目前为止，颇具潜力的技术往往把重点放在了如何解决用户遇到的问题上，但忽略了去满足用户的需求。本书的中心原则之一是坚守以人为本的态度，摒弃过去那种"不管用户是否需要，只顾强行输出新技术"的惯例。

在第3章中，我们把第2章里提到的两种心态细化：其一，可以深入了解家庭生活；其二，可以让我们对先进的智能家居关怀有大致的了解。读者会发现，未来智能家居技术要做的不仅仅是以智能的方式处理不同家庭用户的需求，更多的是与家庭环境之外的服务供应方和其他智能家庭之间的互动。

仍受困于技术发展的智能家居服务

当今互联家居（因技术发展，在这里使用"智能家居"这一词语不太恰当）中的用户体验仍然非常基础。在第4章中读者会了解到，目前的技术发展还远不能称之为"四处为家"，甚至这种原始落后的状态仍被"先有鸡还是先有蛋"的难题所困扰：没有丰富、优质，以体验为基础的用户服务，先进家居技术就没有市场，但如果没有需求，推动未来智能家居发展的商业案例也就不会出现。

从技术角度来讲，如今互联家居的最大阻碍是很多点对点设备在孤军奋战，没有共同合作，所有设备都急急忙忙地设置自己的系统。换句话说，完全没有能够真正帮到用户的互联互通的无缝服务。以生日烤肉聚会为例，厨房、日历和用户地址信息应作为整体协力工作。实际生活中，则频频出现脱节现象，不仅污名化了科技，还打退了用户的需求欲望。未来智能家居市场如果要实现发展，必须提高服务质量和技术之间的协作。

除了设备之间的孤立分裂及缺乏协作之外，阻碍未来智能家居时代到来的原因还有连接设备的高成本，以及Wi-Fi、ZigBee（也称紫蜂）、Z-Wave（Z波）、蓝牙和其他标准的连接设备碎片化。我们将向读者展示即将到来的5G无线标准作为一个强大的黏合剂，在高度商业化的未来智能家居市场中会带来怎样的改变。

数据安全：决定性要素

人类与科技互动最为紧密的场景莫过于家了。因此，由科技而生的智能科技所遵守的道德标准——如数据隐私、数据安全，都将在未来智能家居中达到前所未有的高度。我们将在第 5 章讨论这一话题。它不仅是时代性的重要话题，也是新兴未来智能家居市场中的决定性要素。数据外泄、丢失、被窃或其他数据事故能对用户的信任和接受先进技术的意愿带来巨大打击。数据安全、数据隐私以及机器智能所遵循的道德原则也就成了未来智能家居商业化的关键，成功与否在此一举。

假定用户应该对自己的数据具有绝对的所有权，通信服务供应商（CSPs）、平台供应方、设备生产方、云端供应方及未来智能家居生态系统中所涉及的第三方都应该按照全球通用的高级安全标准，加强家居技术对抗不良行为的能力。就消费者信任而言，像无线网运营商、传统的电话运营商或有线网络运营商等通信服务供应商，都已具备培养消费者信任的条件，是唯一掌握大量敏感用户数据但未出现重大泄露事件的"参与者"，同时也是逐步采用 5G 技术的使用方，势将控制未来智能家居赋能技术的发展。

家居互联科技中的指挥者

在如今杂乱无序的家居互联科技中，谁又最具备成为指挥者的潜力呢？我们在第 6 章给出了答案：仍然是通信服务供应商。没有任何一位未来智能家居参与者能具备如此高的信任度，与千百万的终端用户保持着良好的关系，还有运营关键通信基础设施的长期经验。

但在未来智能家居时代，通信服务供应商也不能再按照老办法来对待用户，而是要改头换面，对用户的需求有更灵活、更创新、更迅速的反应。否则像协调用户服务数据以提高用户生活质量这样的岗位，供应商们恐怕无法胜任。通信服务供应商不采取一些深入实际的改革，其他平台的"参与者"将会乘虚而入，抢夺市场。我们会在本书中介绍其深入改革需包含哪些内容。

克服心理惰性、技术障碍和陈旧观念

未来智能家居建立在大量的数据和无处不在的信息交流中，因此以家居技术为基础的公司需要开放系统，自行开创或与他人合作开创共享家居技术平台。一个平台只有积累起足够多的用户信息才能不断发展，而数据积累到一定程度后会形成观点，最后成为浇灌家居科技的源泉。

对于通信服务供应商和计划加入市场的参与者来说，这很可能是生死攸关的问题。传统定制化的互联硬件都是以垂直组织架构和固定单元组成的，大部分都无法在未来智能家居情境中胜任首席管理员或数据流量监督员的角色，仅凭在过去几十年中所做的控制数据基础架构还远远不够。我们将在第7章详细解释互联硬件作为智能家居指挥者的新角色的本质是什么。

总的来说，家居设备制造商对用户数据自持自用的现象是个大问题，直接导致设备之间无法共享必要信息，无法通过协作提供无缝服务，让整个家居使用场景中的设备无法通过学习智能发展，随时满足用户的需求。到目前为止，制造商们各自作战，阻碍了以体验为主的家居服务市场的发展。无论从哪个标准来看，我们还远未实现这一目标，但未来智能家居这个几十上百亿的商业发展机遇可以作为契机，让这一前景光明的市场中涌现出更多的协同协作。所有与未来智能家居相关的行业，所有加入这一生态系统的参与者都应具备放开标准化数据、共创家居解决方案的心态。

在本书的最后部分，我们探讨了如何克服传统技术障碍，怎样转变陈旧观念等话题。在第8章中我们主要讨论了通信服务供应商和其他生态系统成员如何打破未来智能家居设备与其他设备、硬件和相关的软件供应商之间的数据沉默，同时也借此强调联合创建标准化数据库的必要性。生态系统中的合作伙伴必须能够以这些数据库，来提供良好且丰富的家庭服务，从而改善用户体验。

最后在第9章中，我们简要地总结了在新兴未来智能家居市场中取得成功的最为关键的要素和技巧，方便各个行业从业者能够快速获取实用的参考建议。

除了通信服务供应商之外，本书也与未来智能家居生态系统的其他"参与者"息息相关：设备制造商、平台供应商、App设计师，还有为用户提供商品或服务的其他行业从业者，例如零售商、健康护理供应商和娱乐供应商等。

从本质上来讲，我们希望传达给所有行业人士：尽管当下互联家居市场前途未卜，但未来这一切都将被彻底颠覆。5G会带来未来智能家居市场的"蓝海"，但也意味着一大批人将会被淘汰。

这本书则要告诉你如何抢占蓝海，不被淘汰。

最近市场中出现了新动态。在本书英文版付印之际，通过IP建立的家庭互联项目问世了。这是一个全新的连接标准工作组，可以增加未来家庭产品之间的兼容性。作者们将定期对新动态展开讨论，部分精华内容可去埃森哲网站上查看。

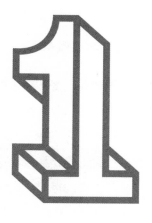

未来智能家居生活的一天

本章概览

本书围绕未来智能家居展开，这一理念和现在家庭中的数字化设备有着根本的区别。在不远的未来，智能科技将会在很大程度上影响人们的生活方式，对人们来说，"家"可以是任何地方，不管是准备餐食、照顾孩子还是远程工作，科技才是永恒的伙伴、一切的赋能者。这将会是一个前所未有的世界。在我们仔细分析其工作机制之前，先来简单了解一下未来智能家居的模样。本章将介绍5G时代的未来智能家居。

在北半球的某座大城市，星期二，早上6:30。距离约翰·A.森特平常起床的时间还有半个小时。约翰是一位41岁的高级白领，单身，在一家国际保险公司负责承保工作。他的卧室指挥系统早已处理好了今天的第一项任务：现在正让太阳能窗帘缓缓拉开。卧室中的内嵌光源能够随时根据室外的光线强度进行调整，此刻室内光正在逐渐加强。轻缓的音乐慢慢响起，音乐节奏正好与约翰的心跳频率相同，而且逐渐加快。约翰身着配备了传感技术的高科技睡衣，也逐渐从深度睡眠状态中醒来，在屋内倾泻的阳光中舒展出朦胧的笑容。

　　根据床、睡衣、佩戴设备所提供的数据，智能卧室已经计算出约翰理想的苏醒时间。计算过程中考虑了以下因素：快速眼动睡眠的最大值、人类最放松的睡眠阶段，以及刚刚从交通部获得的信息：约翰通常乘坐的无人驾驶公交车今天不工作。

生活问题再不用自己操心

　　以上只是未来智能家居帮助主人做出的众多决定之一。为了安全起见，系统把叫醒约翰的时间提前了半个小时，并且额外留出了换其他交通方式的时间：步行一小段距离之后到达市政地铁站，乘坐四站之后到达巴尔博亚公园站。在约翰起床眼睛瞟向窗外的时候，未来智能家居中心指挥系统已经自动将今天的天气、他的日程和出行安排以增强现实的形式覆盖到了玻璃窗上，其中还包括步行到火车站的视觉效果（AR）。约翰完全信任系统，接受了所有的决定，并把自己的精力放在重要的事项上。用户无须在诸多的选择中犹豫不决，也不用在未知的情况下慌忙做出决定，未来智能家居能够自行预测，将简单问题扼杀在萌芽阶段，当面对复杂问题时，积极提供相关的其他方案。这些都是约翰在搬入智能家居环境的两年后了解到的。

独自在家的同时与朋友相聚

　　现在是早上7:00，距离出门还有一个小时。约翰穿上运动服，戴上智能眼镜，与另外两位朋友加入了一场线上虚拟聚会。三个人都在同一个虚拟健身房，能互相聊天。为了增加竞争的激烈程度，每个人所消耗的卡路里都会显示在卧室的屏幕上，其他人也能看到。每个人都有量身定制的训练计划。约翰正处于手腕扭伤的恢复期，所以未来智能家居中的锻炼部门决定让他避免做俯卧撑，更多地关注下肢力量。约翰是今天的"卡路里消耗冠军"，系统还准备了一份他锻炼过程中的高光时刻集锦影片，只要约翰说一声"发送"，系统就会自动把影片发送到三位健身伙伴共同的社交媒体朋友圈中。

随时为你服务的私人助手

晨练结束后，约翰进入卫生间开始刷牙。未来智能家居系统将室温调高，并把淋浴水温调整到约翰喜欢的温度。体重感应器被安置在浴室地板上，其产生的数据会传送到浴室的部分系统中。约翰距离自己的减重目标还有一点距离，因此浴室系统谨慎地把这一数据传送给了自己的"同事"：厨房系统。在厨房系统中，算法会自动计算出约翰在本周晨间咖啡里应摄入的最大糖分，帮助他尽早实现理想体重。淋浴结束后，约翰的智能衣柜根据他今天的工作和私人行程，已经选择了两套着装。约翰可以一边选择服装，一边收听由播放器播放的早间新闻。

早上7:30，约翰进入厨房。机械臂（A robotic arm）已经准备好了他的早餐。考虑到约翰在上周末沙滩游后略有发福，早餐充分考虑了营养和卡路里摄入的均衡，帮助他恢复体重。约翰的视觉私人助手利用模式匹配、机器学习和自然语言处理技术，已经准备好了他所需要的资料。通过研究他的行为，机器已经自动设定好在合适的时间把约翰今早第一个会议要见的客户资料发送给他，这位客户想要购买一份涵盖地震的保险。之后，虽不情愿，但约翰还是出于健康考虑，喝下了这杯无糖的咖啡。此时，上个月与这位客户的会面以全息影像的方式展现在他面前，按照约翰办公室的面积比例缩放录制。人们可以在勾选隐私协议之后，选择用电子方式取代传统的会议纪要。

空无一人的房子自己做家务

早餐结束后，家具功能会重新配置，房间设置也会随之更改，厨房变成了客厅。其中一面墙壁会亮起来，约翰的电子助手会罗列出今天需要做的家务清单。第一项：自动吸尘器会清理地毯和瓷砖。第二项：植物都配备了自动浇水系统，除此之外还有每月一次的施肥护理。第三项：洗衣篮快要满了，未来智能家居建议使用视频分析将不同类型的衣服分类、清洗、烘干并自动折叠、收纳，但家居系统也提出，电费在晚上9点之后会更低一些，因此约翰决定把所有的家务延迟到这个时间点之后进行。第四项：今天是开春第一天，花粉含量会逐渐升高，新的过敏药已自动下单，当天会送到。第五项：约翰离家之前，系统提醒他记得服用今天的维生素和血压药物。

健康系统会确认他是否按时服药，并把这一信息发送给约翰的医生和保险公司，保险公司还会因此按月返还保费。

通勤之路也是家

早上 8:15，约翰关上家门，家庭安保系统开启，房门自动上锁，房子进入节能模式。约翰走在上班的路上，未来智能家居已经帮他计算出这段路程需花费 10 分钟，赶 8:30 的地铁时间非常宽裕。播客节目自动播放，导航系统也自动在他鼻端的智能眼镜中开启。增强现实功能可以把最快的路线与道路实景实时覆盖在一起，帮助他导航到地铁站。

到站之后，智能眼镜会引领他来到正确的站台，甚至会带他去有空座位的车厢前候车。约翰上车坐定之后，播客节目继续播放。但今天的节目略显无聊，约翰把眼镜推起，镜头转黑，瞬间转换成了沉浸式的虚拟现实设备，周围的环境都已屏蔽。约翰进入了自己卧室的复刻场景中，悬挂在虚拟墙壁上的大屏电视中配备多功能视频，他打起了游戏。今早和约翰一起运动的朋友们此时也正在自己的无人驾驶交通工具上玩着游戏。与此同时，他们还能一边和对方交流，一边讨论明天应进行哪些项目。这时候，屏幕左下角突然蹦出一个小人，提醒约翰目的地巴尔博亚公园站即将在两分钟后到站。于是约翰把眼镜拉回鼻尖，屏幕转亮，又重新变回了正常的阅读模式，但可在必要时随时开启增强现实功能。约翰下车，走向办公室。

办公地点也是家

共用办公桌已经成为公司里的新常态。在智能眼镜的带领下，约翰来到了今天的办公区——一个全透明的10平方米的办公区域。不仅仅是共用办公桌，像约翰这样的保险经纪人，办公区都是每天轮换的。员工们可以根据浮动租金选择最经济实惠的办公区域来减少开支。

当约翰走进办公区，一切已经准备就绪。未来智能家居系统已经安排好了一切——在约翰出门时，家居系统已经了解了他的位置和安排。约翰的办公区瞬间转换为熟悉的居家办公环境，桌子上摆着他已逝父亲和他的爱犬贝多芬的照片。电脑系统也已经准备就绪，在约翰把西装外套挂起来的同时，第一位客户见面的资料信息已经准备在桌面上了。整个办公区中，显示器、键盘、办公桌的位置都是不固定的。虚拟墙壁和玻璃窗将会根据约翰所需的文件情况准备好相关的PPT和电子表格，以供他参考对照。只需几个简单的手势，约翰就能关闭表格或随意移动PPT。

今天的第一个会议进展顺利。到了中午12点的午餐时间，约翰的午餐已经按照他日常的均衡营养搭配准备好，但考虑到他今天多走了10分钟的路程，所以额外添加了一些精瘦蛋白质（lean protein）。未来智能家居已经安排好了一切。匆匆吃了几口后，约会软件提醒约翰有人对他有好感，希望能够一起在线上喝咖啡。约翰点击了同意，而这都是由他的多功能智能眼镜来安排的。虽然今天穿着正装，但这并不会影响他参加线上约会，虚拟咖啡时间的约翰只是一个和他身形一致的双胞胎，所以可以任意选择着装。约翰决定穿着一条米色斜纹棉布裤、运动鞋和一件合身的深蓝色衬衣。约翰和约会对象的线上交流很愉快，约定之后线下见面。满心愉悦的约翰又回到了工作中，继续处理今天的事项。

零距离互动

下午6点半，约翰回到自己的公寓。太阳落山了，这时他接到了母亲的视频电话，约翰再次把设备调至虚拟现实模式。母亲有点感伤，因为今天是约翰父亲患癌逝世20周年的忌日。她问约翰能不能陪她散散步。即使母亲在距离约翰几百千米之外的家中，而他坐在自己客厅的沙发上，但在全息影像电话中，母亲和儿子都来到了约翰儿时长大的林荫路上，周围的一草一木都完美地还原了当时的景象。看到母亲十分思念父亲，约翰提出一起看一段父亲的录像，其中父亲的形象是完全与真人等身的。母亲同意后，两人一起观看了一段父亲生前与母亲在一起的虚拟全息影像。看着影片，约翰深深地感慨命运无常，身边深爱的人随时会离我们而去，虽然身居两地，但现在仍然有机会陪陪母亲，约翰感到很幸运。

超链接时代的消费者需求

本章概览

通过人们对未来智能家居生活的展望，我们可以了解到，5G驱动的未来智能家居，其核心不是科技，而是人类的需求和愿望。而科技正不断满足用户的需求。但考虑到家庭角色和所处年龄段的不同，用户的生活习惯和偏好也会有所差别。因此，将身处超链接时代，不同社会背景、不同年龄段的消费者的生活方式分类后进行分析非常有必要。在本章中，我们列举了影响未来超链接时代生活方式五大趋势，以及可能的八类用户心态。

在数字转型时代，"家"这个字被赋予了很多的情感色彩，含义丰富。不管被赋予哪种含义，"家"总能和"日常生活的港湾"这一概念牵扯在一起，是一个充满了个人情感的积极词语。这也正是激发我们思考的根本原因——未来的家可以不再受到传统物理空间的局限，处处都可为家。

"超链接时代"生活方式的五大趋势

为了加深对未来智能家居所涉及的概念、物理空间和科学技术的理解，我们提取了五大趋势。掌握这些趋势非常有必要，它们很可能将决定人与未来智能家居之间的关系。有关5G技术赋能未来智能家居用户案例和商业模型的初始想法可以先忽略，我们会在本书的后半部分详细讲到。

趋势 1：日常生活中的超链接和超个性化

在未来大规模数字转型的背景下，人们的日常生活也在快速地变化。随着科技的不断进步，人们也不断和周围的人或事物实现超链接。我们已经开始和汽车、灯泡、家用电器、税务所，甚至脑电波有着越来越紧密的联系，超互联的名单长到看不到尽头。在这一时代，人与物之间的互联网络层层叠叠，紧密相交。根据国际数据公司（International Data Corporation）的数据，截至2025年，将会有416亿个互联IoT设备，所产生的数据高达79.4泽字节（计算机存储容量单位，简称ZB）。[1]

物联网时代不仅深深地影响着生活的方方面面，也影响着工作和休闲方式。虽然居家生活、健康保健、工作、交通等各个方面与人们的联系越来越紧密，但彼此缺乏互动。从技术的角度来看，这些领域都是在孤立发展，消费者常常会被淹没在一堆毫无关联的设备中。为了能更好地互联，真正为用户带来以体验为主的超互联生活方式服务，设备之间需要由5G、边缘计算、eSIM以及人工智能这样的技术来实现和谐统一，目前这些技术正处于开发的过程中。

超链接碰撞过程

以用户为中心、紧密连接的生活方式

图2.1 设备之间的连接——以用户为中心

随着超互联生活方式的逐渐兴起，人们在不同空间中移动的频率也大大提高。不管是为了工作还是娱乐，我们总是在不停地转换地点：在不同的工作地点之间，在家里的不同房间之间，在不同的建筑、城市、地区、国家甚至大陆之间转换。在这一过程中，通常会有一个小设备来协助我们：一台笔记本电脑、一部智能手机或者一块智能手表。很多人开始把它们视为某种形式的家，毕竟便携的智能设备已经是很多人日常生活的控制中心。

年青一代每年外出的时间约35天，[2]因此在他们身上更能体现这一趋势。久而久之，家的概念逐渐模糊，它不仅仅是几面固定的墙壁和一片私人的区域，更多的是由互联数字科技赋能的工作和娱乐环境。

趋势2：新用户的崛起

第二大趋势是新用户的崛起，即出生于1980—2000年的千禧一代，甚至更年轻的Z世代用户。他们对用户体验、消费习惯和技术偏好有着全新的理解。这两代人有着明确的个人偏好、迁徙模式、特定的技术能力和居家设备，即将成为未来智能家居的主要的设计师和建设者。

在2019年的美国，千禧一代凭借8000万的庞大群体，数量上已经超过婴儿潮一代，成为最大的成人群体。[3]从全球范围来看，这一数据更为夸张：目前全球有大概14亿千禧一代，已经成为自1994年以来全球最为庞大的年龄群体。[4]

除了规模之外，这一年龄群体在社会经济方面的主要特点是：很大一部分的千禧一代和Z世代都更喜欢居住在城市，并即将成为最大的消费群体。全球现在有1860座城市，每个城市中有至少30万个居民。[5]在千禧一代以大城市为主的定居理念的影响下，这一数字正在不断扩大。目前有着1000万以上居民的超大城市有33座，截至2030年，这一数字将会变成43座。[6]

每平方米面积上的人越多，就越需要彼此之间更灵活、可靠的合作，而这一趋势也自然而然地为更多家居科技奠定了基础。将来会有更多人居住在公寓楼、单元房当中，会和更多的人共享公共服务设备，比如取暖、用水、电力及网络。因此，优秀的家居技术解决方案不仅仅要适合单独住宅，还要适合多人共享同一个屋顶的单元房住户或者城市住宅小区。在很多案例中，未来智能家居技术也将不可避免地与智能城市技术重合。

那么年青一代的消费能力呢？在美国的劳动力市场中，千禧一代在2016年已成为主要的消费群体。[7]其他国家也显现出了同样的趋势。根据世界数据实验室预测，千禧一代的消费能力将超过所有其他年龄段群体，[8]而这一群体也必将成为影响未来智能家居科技发展和商业模式的主力军。[9]

作为影响未来智能家居发展的主力军，千禧一代和Z世代的第三个特点是他们在不同程度上都是数字原住民，当第一款大众智能手机iPhone在2007年1月问世的时候，最年轻的千禧一代还是小孩，所以面对家居技术和服务时，也是从数字角度出发的。比方说，利用虚拟现实技术，很多人买房可以不用实地看房，之后办理贷款也可以轻松地在手机上进行，无须再与经纪人面对面地交流。[10]

新一代消费者在服务质量方面比以往的人都要挑剔。埃森哲曾对来自26个国家的2.6万位消费者进行调查，结果发现，在那些有计划购买互联家居设备的消费者中，71%的人希望从通信服务供应商那里购买互联家居解决方案，[11]55%的人因为之前家里的固定网络连接性差，计划明年更换通信服务供应商。[12]这表明供应商们为了留住客户，必须更好地了解新一代消费者。

未来智能家居有着巨大的市场潜力，可以满足千禧一代和Z世代消费群体对互联甚至医疗保健领域的要求。在埃森哲的一次调查中，有49%的被访者表示他们会选择通信服务供应商提供的家居医疗健康服务，[13]30%的被访者对将来可应用于未来智能家居中的虚拟医护表示期待，对远程监控和视频咨询服务也很感兴趣。[14]年青一代消费者也很有可能会选择能提供强大数字能力的医疗服务商，能够让用户在移动设备或线上途径查询检查结果（44%千禧一代和29%婴儿潮一代选择）、可更新电子处方（两个群体的选择比例分别是42%和30%），能在线上预订、更改预约、取消预约的服务商更受欢迎。除此之外，千禧一代和Z世代更有可能抛弃当下流行的初级护理医师和面对面的医疗咨询，转向非传统的医疗模式，比如远程医疗咨询和治疗。新一代消费者已经在尝试新的常规医疗服务形式，例如连锁诊所（41%受访者选择）和虚拟医疗护理（39%受访者选择）。[15]

新一代消费者在需求上的转变远不止这些。比如，他们很可能会更多地关注工作之外的时间。根据美国白宫[16]的一份有关年青一代的报告显示，与X世代和婴儿潮这一代相比，新一代消费者中有很大一部分人会更重视生命的意义，比如有自己娱乐放松的时间或者能够体验新事物。换句话说，他们追求生活和工作之间更好的平衡，其中放松时间，更多地放在了体验和社交媒体上。千禧一代和Z世代是社交媒体（例如Instagram、Facebook、YouTube、微信、Snap等）的第一代原住民，很多人的成长过程离不开这些平台的陪伴。

和前辈们相比，千禧一代和Z世代作为消费者的期待会更具备流动性。在对全球超过60家零售商进行的调研中，有近四成的受访者表示最大的担忧是千禧一代消费者忠诚性的缺失，[17]但在深入了解之后，我们发现，只要商家能够用心地对待消费者，提供个性化的服务，千禧一代和Z世代也可以是忠实的消费者，他们所追求的不过是能够与供应商和品牌之间更便捷的沟通，最好是在社交媒体上或通过发信息就能实现。这种沟通方式更有可能在各种各样的未来智能家居服务供应商和零售商中实现。

在未来20年中，我们的家将会成为各种服务的超链接港湾，除了传统互联家居服务之外，还将涉及养老医疗护理、社交沟通、社区关系、购物、旅行、儿童托管和工作。

趋势3：加速老龄化的社会和居家养老的心愿

随着教育、生活质量和医疗水平的不断提高，人们的寿命也在延长。根据联合国2019年全球人口预测，超过65岁的全球老龄人口占比将从2020年的9.3%上升至2050年的15.9%。[18] 也就是说，2020年全球将有7.27亿65岁以上的老龄人口，相当于全球第三大人口大国，仅次于中国和印度。更令人震惊的是，截至2050年，这一数字还将再增加15亿。

考虑到以上这些因素，再加上目前已经非常饱和的医疗系统，居家养老对所有人来说都是一个理想选择。居家养老是指老年人能够在家中或者其他自行选择的住处度过余生。美国退休人员协会在2018年进行的一项调查显示，有76%的老年人群希望能在现在的住所安享晚年。[19]

要适应当前人口组成结构的变化，全球的医疗健康和社会系统面临着巨大的挑战。因此，由数码设备提供的针对老年人的健康生活服务就显得越发重要，也必将为相关供应商带来更多发展机会。和我们之前所讨论过的社会发展趋势一样，居家养老也将成为家居科技发展的主要动力。未来很大一部分的医疗健康也将是在家中进行，这也和我们之前讨论过的年青一代消费者的偏好一致。居家养老想要成功，需要把指标监测、情绪安抚和医疗服务融入老龄群体的家中，使之成为未来智能家居。届时它们能做的不仅仅是赋能远程医疗或远程护理，还可以帮助老年人和远方的亲人保持联系，增强每日思维训练，保持脑细胞活跃，甚至还能帮助老年人继续为社会做出贡献，重新确立生活的目标。

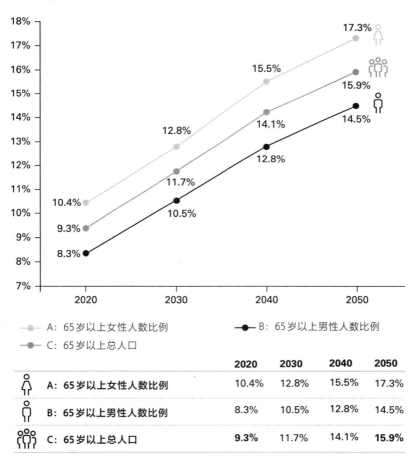

图2.2　世界正在老龄化[20]

趋势 4：DIFM 的兴起与 DIY 的衰落

人们现在经常使用的数字服务，比如语音助手、各种应用、应用程序的接口、人工智能和手机互联等都在不断地改进，预测人们需求的能力越来越强，用户体验也越来越丰富和亲密。但随着网络速度不断提高、延迟性和设备密度都有所改善之后，行业标准也逐渐抬高。结果就是，用户们越来越挑剔，需求更加难以预测，对服务的要求也日益提高，特别是在家居服务领域。

与此同时，还有一部分消费者的心态正在从自己动手（Do It Yourself，简称DIY）向替我做事（Do It For Me，简称DIFM）发生转变。我让全自动吸尘器替我做事；我多付了一部分钱，让家具公司送货上门，替我组装；我订购了一份送餐上门的服务；我在手机应用上找人替我遛狗。根据英属哥伦比亚大学和哈佛商学院进行的一次实验结果显示，消费者用40美元购买服务所节省的时间，要比把同样的金额花在物质消费上更快乐。[21]

但现在的互联家居更多还是为"自己动手"群体设计的，没有考虑到未来"替我做事"的趋势。在安装一个互联恒温器之前，用户需要先花15分钟观看安装视频，再花30—60分钟动手安装。我们得花时间仔细研究密密麻麻的说明，才能判断购物车里这款新型互联门锁能不能和之前买的智能扬声器兼容。用户必须下载另一个App，设置好互联照明设备，为的是能在停电时重新输入Wi-Fi密码。

5G时代的未来智能家居要实现大众化，这一点必须改进。5G未来智能家居要做到即到即用，"替我做事"型消费者希望毫不费力地就能把设备安装好，即刻享受无缝流畅服务。用户无须再进行任何操作——不用组装配件、无须复杂的验证过程，同时用户也期待未来智能家居能够预测自己的需求，提前给予相应的帮助。当然有些用户会更加注重价值，愿意从实践中学习。但未来智能家居想要实现大规模的应用，首要考虑的应该是"替我做事"型消费者。

趋势5："独自在一起"

"独自在一起"，这句话是自相矛盾，还是真实的生活？人类从本质上而言是社交动物，我们与他人的关系都是建立在良好的沟通基础之上的。但沟通说到底，就是一方发出信息后，他人能够接收、聆听，最重要的是理解这条信息。所以在现实中，人类是社交动物，但最重要的是，我们只是想被聆听、被理解。

每个人都有要倾诉的故事，却苦恼于身边常常没有可信任的听众。没有人能够认真地聆听你的故事，理解你的想法，还能做到不随意地评头论足，而科技却能实现"天涯若比邻"，让人们与千里之外的人也能交流，不再受到空间的限制，但这也意味着与此同时，我们与周围人之间的沟通越来越少。

科技却与这一人类本质相向而行，让我们与朝夕相处的人的交流越来越少，却与网络另一端的人交流甚欢。我们有多少次与家人朋友共处一室，目光却紧紧地黏在自己的手机上？这就是"独自在一起"的时光。即使有人陪伴，如果没人与你交谈，无人可以倾听，我们还是会感觉孤单的。科技或许能帮人们实现远距离沟通，但也取代了与周围人的真实对话。长此以往，这将是另一种孤单流行症。

如果能创新性地利用未来智能家居中的用户体验和服务设计，让科技扭转这一趋势的话，将会产生巨大的社会价值和经济价值。试想未来智能家居能够监测"独自在一起"的时长，用各种办法促进家庭成员之间的交谈，甚至带来缓解家庭间的矛盾的效果。

从广义的角度来看，我们的下一代将倾向于认为智能家居对社交生活有推动作用，而不是我们通常认为的——智能家居彻底取代了人际交流。未来智能家居要在传统居所的基础上，为居住者带来社交意义，最终会表现在我们与家人、朋友、其他人之间的互动增加，亲密关系不断深入。这正是我们在对家和居住者的调查之后所得出来的发现。

人们对家的真实想法和感受：
八种用户类型

前面讲到了当下以科技为主导的 DIY 和部分互联家居生态，以及未来以用户为本的 DIFM 未来智能家居，接下来的关键是了解即将面对的挑战，以及迎接挑战所需要的能力。

埃森哲未来智能家居团队将用户置于核心位置，并以此为基本原则，展开了对未来智能家居的调研。2018 年，埃森哲旗下的设计与创新服务部门 Fjord、埃森哲研究和埃森哲旗下主要的跨领域研究与孵化中心 Accenture Dock 调研了来自 13 个国家（美国、巴西、英国、瑞典、丹麦、法国、德国、意大利、西班牙、中国、印度、日本和澳大利亚）的 6000 多位用户。[22]研究的目的是了解人们在家居中看重哪些方面，从互联家居现状中能分析出哪些新的用户习惯模型，以及如何更好地理解住户与"家"之间的关系。

我们从调查中发现，根据对家和科技的看法不同，可以将用户分为四大类。[23]了解用户分类能帮助我们理解不同用户群的需求，以及需求未来的走向，进而帮助公司更好地为未来智能家居市场精准地量身定制服务和产品。

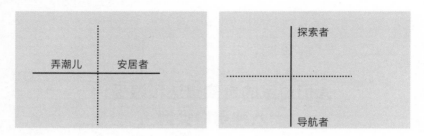

图2.3 对家庭和科技的四种态度

根据调查结果，我们将对家持有不同态度的人群在X轴上分别展示出来。其中一端所代表的是"弄潮儿"，他们认为家是自我个性的展示，是一个能够让自己心满意足、让客人印象深刻的空间。而坐标的另一端则是更为冷静、理智的"安居者"，他们的主要诉求是为家人提供一个舒适、具备功能性、安逸而又安全的空间。

除了横轴之外，我们用纵轴代表人们对于新技术的感知和接纳程度，其中位于顶部的是"探索者"，他们是产品和技术的最先拥趸，永远站在新科技的前沿。而另一端的"导航者"只会在看到别人成功的使用经验之后才愿意入手新科技。

研究人员后续又根据有孩子和没孩子的用户，把用户心态和用户行为分成了八种类型。

我们先从整体上了解一下有孩子的用户的四类心态。

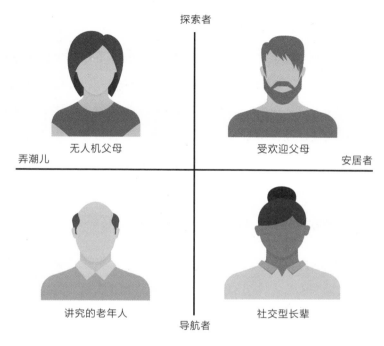

图2.4 有孩子的四种不同心态[24]

类型1：无人机父母（Drone Parents）

无人机父母更注重有一个弄潮儿类型的家，他们也是新科技的最早拥趸，希望来客一进门就能"哇"地发出赞叹。之所以称之为无人机父母，是因为这类父母非常重视控制、效率、便利和隐私，深知技术能为家人带来更便利、更安全的家居生活。这样的父母更容易"独自在一起"，比如在餐厅里，一家人虽然坐在一起，但是父母和孩子都沉浸在自己的电子设备中，享受着自己的兴趣，或在和自己的朋友聊着天。

典型的无人机父母，其选择的科技装备基本上是为了让家更好掌控、更安全、更有隐私。他们用送货上门服务点餐，购买杂物，使用智能对讲机，利用远程技术控制家居，监控家人。能赢得这类客户青睐的设备或技术方案的特点是方便安装，可控制孩子的屏幕时间，可解决"独自在一起"的问题，保证隐私。

类型 2：受欢迎父母（Hip-happening Parents）

受欢迎父母与无人机父母相反，是实用主义的安居者，自然而然的社交家，平易近人的沟通者，但有一点和无人机父母相同：面对科技，他们也具备探索者或先行用户的心态，能发掘科技中的乐趣，希望自己的家充满创新而又时尚的氛围。一切能让家时髦起来的元素都是他们所追求的。这样的用户享受DIFM的便利，但也希望确保别人上门安装时，家里的安全能得到保障。

受欢迎父母希望自己充满社交性和创新性的家能成为家人交流和放松自我的港湾，特别是在不用照顾孩子的时候可以静下来，享受一杯鲜榨啤酒或品尝一杯康普茶。如果科技能帮助他们在日常生活中放松身心，惬意地观看网上直播或娱乐节目，这就是好技术。

能够提高受欢迎父母生活质量的应该是科技赋能，方便使用，能够打破家中实体墙壁的有趣空间，能监督孩子屏幕使用时间，以及能提供无缝流畅用户体验的电子设备。

类型 3：讲究的老年人（Savvy Seniors）

讲究的老年人与无人机父母有一点类似，他们都喜欢让自己的家成为话题的中心。无人机父母会用几年的时间把自己的家打造成能够体现自身形象的空间。但讲究的老年人的不同点在于，他们在面对新科技时是谨慎的导航者。这群年长用户的主要目标是让技术遍布高端的家，但作为住宅的主人，他们又不愿意过于依赖技术。他们喜欢的科技是既具备功能性又具备奢华度。

讲究的老年人对家居的要求是必须能使人印象深刻、高端上档次，还能触发人的灵感。在这样的家中居住，主人会时不时地对自己过往的人生发出感慨。

同时，讲究的老年人对安全性也有要求，他们时常担心如何时刻和外界保持联系，但同时不影响自己享受人生。这类用户会利用技术保证家居安全，检测身体状况，提高生活质量，非常重视与居住在其他地方的家庭成员保持联系，特别是自己的孙辈。

在对科技的依赖中，这类用户的生活会达到更好的平衡，并且越来越精细的医疗技术也会在未来智能家居中更加普遍，降低去医院就医的频率。

类型 4：爱线上社交的老年人（Social Grandparents）

这类用户是上了岁数的独居的爷爷奶奶。他们是科技上的谨慎导航者，也是理性的安居者。他们对家的要求是要有安全感和舒适感，看待科技的角度也更理智、更注重功能性。比如会先去观察他们信任的人的使用情况。虽然年岁已长，但这类用户还是闲不下来：在家中使用科技，与亲朋好友保持联系，和外界保持同步。

爱线上社交的老年人常常自己在家，担心无法掌控生活，因此居家养老非常必要。他们需要有安全感：不管是通过随时和他人保持联系，邻居时不时登门拜访，还是养一条狗。他们不介意让年轻的家庭成员通过远程摄像机和传感器监控自己的生活。这类爷爷奶奶也会使用健康监测设备照顾自己的生活。他们还会听广播，使用科技或者社交媒体紧跟时代。

让老年人保持与外界的沟通，想办法去除他们社交媒体上的无用广告，自动启动家用电器，例如吸尘器清洗地毯或者擦地，以帮他们解决日常家务问题等，都能提高他们的生活质量，而省下来做家务的时间，老人们可以用在社交网络上，更好地与世界联系。

接下来我们要聊的是没有小孩的四类用户心态。（图2.5）

图2.5　没有小孩的四类用户心态[25]

类型 5：氛围引领者（Ambience Leaders）

氛围引领者希望每个来到家里的客人都能对他们的精心设计赞叹不已。作为科技上的探索者，氛围引领者以最先购买并使用全新的技术产品为傲。他们想要超链接、高度个性化，并且要求在生活场景，例如家居、交通、医疗健康和工作等不同的生态系统中实现相互连接。这类用户心态开放，注重感官体验，他们的目标是打造一个能够激发灵感、具备美学价值、令人心旷神怡的家，住进去会从各种感官的维度上获得享受。同样地，氛围引领者非常重视可以带来幸福感、提高生活质量的科技产品，他们愿意在这方面花相当多的时间。举个例子，他们会用智能氛围灯光来改善睡眠模式，用私人检测设备和App来保持身体健康。如果能有更多沉浸式的新科技助力，帮这类用户实现对理想家居的梦想，他们的生活质量还能再提高一大步。

类型 6：繁忙都市客（Wired-up Urbanites）

在新技术面前，繁忙都市客是一个热切的探索者。但在家居领域，他们更多的是理性的安居者。常常忙于工作让这类用户希望技术能让生活更便捷，保证自己与外界的互联。但回到家里之后，繁忙都市客希望能彻底放松，舒适度是第一位的。质量上乘、设计精良的产品和服务是他们所需要的。

繁忙都市客热爱运动健康解决方案，如果能以更便捷的方式直接入户更能受到他们的青睐。理想的家应该是静谧、整洁、入时，点缀以奢华的家居产品，当然也包括能提高生活质量的设备。繁忙都市客想要的是DIFM服务，让家居用品可以隐身起来，使整个家看上去干净整洁。能够赋能家居服务和高质量用品的技术能进一步提升这类用户的居家体验。

类型 7：较真儿控制狂（Conscientious Controllers）

作为导航者型用户，较真儿控制狂在技术方面通常会落后一些，但在家居整洁方面又是佼佼者，他们的家通常收纳有序，能最大化地提高效率。这类用户理想中的家应该是根据自己的健康和生活方式的需要而高度定制化的地方，同时还要整洁有序高效，能够监测住户的身心状态和室内状况。

较真儿控制狂早已利用语音助手协助管理，同时还有健康运动App和其他任何能让居家办公更灵活的科技助手。他们的家中一般都会有一个办公室，即使把物品放置在家也不会担心有人乱动。无缝的技术融合、睡眠和健康助手，以及所有能帮助用户实现工作和娱乐平衡的技术都将赢得较真儿控制狂的喜爱。

类型 8：杂乱的创意工作者（Chaotic Creatives）

最后我们来聊聊杂乱的创意工作者。在技术面前，他们是谨慎的导航者，在打造一个温馨舒适的家的时候，他们是理性的安居者。这类用户一般都会居住在私密性很强但杂乱无章的家中，虽然会使用技术让生活更便利，但他们却往往懒于投资。杂乱的创意工作者通常会沉浸于工作中不可自拔，如果没有客人拜访等特殊情况，一般想不起来打扫。

不管是有形的还是无形的，他们都很看重家的安全性。这类用户心目中理想的家应该是舒适且友好的，满足他们对个人生活和爱好的需求。有了科技，杂乱的创意工作者可以在家办公、点外卖、尽情地刷剧。能够进一步提高他们生活质量的产品有：日常事项提醒、自动清洁整理工具、可满足不同功能需求的灵活空间以及任何能帮用户保持工作、生活平衡的工具。

三个核心主题

在讨论过以上八种用户心态之后，我们希望，接下来要谈到的三种社会心理方面的话题，能够引起未来智能家居市场的技术、服务和产品供应商的注意。第一点是影响着家居定义的"身份"；第二点是"空间革命"，重点在现代家居中的多功能性与向四处即可为家的演进；第三点是"技术革命"，关注用户如何适应全新的技术革命趋势。

核心主题 1：身份

人们对于自我的认知总是离不开"家"这一元素。从八种用户类型的心态可知，家对于每个人的意义和感受各有不同。从家的安全性、舒适性，以及我们对家的掌控能力等角度出发，每个人都有各自的看法。商业机遇则是指如何通过设计让未来智能家居满足不同的用户心态需求，根据用户人生阶段的改变随之而变：有了小孩、换了工作、半退休状态，或成为祖父母、外祖父母。

家的第一要义是舒适。舒适可以是轻而易举地随手拿起与朋友的合影，或者有一个随心做自己的空间。对于无人机父母来说，舒适的家里要有必备的一切物品，私密、安全；对于讲究的老年人来说，家是一个充满着回忆，赢得别人认可的地方，所以要陈列出一生的荣誉；对于氛围引领者来说，家是能够放松和充电的快乐老家；对于社交型长辈来说，家是在一天的忙碌之后可以放松身心的温柔又自在的地方。

"安全"，是描述八种用户类型时频繁出现的字眼。有安全感并不一定意味着大门挂着门闩或家里配备高科技安保系统。有时身处在心仪的环境中，被心爱的人或事情围绕着，安全感就会油然而生。受欢迎父母认为配备了安全系统，家人们都聚在一起，这就是安全；但无人机父母认为安保系统、一氧化碳报警器、火警检测器加在一起才叫安全；讲究的老年人和社交型长辈觉得安不安全还是要看房子的位置和社区的情况。

不同的用户类型对家的掌控能力也有着不同的理解。有些人认为App和设备可以作为赋能的工具；有些人则认为对家的掌控力体现在保持家中的干净整洁，能按照简单的生活节奏生活。对于社交型长辈来说，掌控力更多地体现在能够让他们与朋友和家人保持联系的这部智能手机上；杂乱创意工作者的答案可能是一边浏览喜欢的网站，一边按照惯例喝上一杯咖啡；氛围引领者面对这一问题时，大概会给出提高效率的语音助手这样的答案。

核心主题 2：空间革命

随着家中的科技含量越来越高，传统家居里的空间利用观念也逐渐隐退。开放式的多功能空间慢慢普及，可以作为用餐、锻炼、休息、工作或者其他活动的区域。越来越多的人在工作中开始处于"随时待命"的状态，居家办公也成为趋势，办公室和家之间的界限已经开始模糊。

为了满足时代变化的需求，家也变得更为流动和灵活。科技灌溉下的空间革命不再需要明确的物理边界，家居情境中的互联设备可以让人们虽处于一个空间，却能通过社交网络或者体积相同的数字孪生，同时身处其他的空间中。

在实现和谐、现有的空间逐渐多功能化之后，未来智能家居将会进入第二阶段：家中的各个部分、所有空间都会成为盈利资产（monetizable assets），可在一定的期限内出租给他人。

而未来智能家居的第三及最后一个阶段是"四处为家"，住户不再受到墙壁的局限，真正实现超链接生活。你可以把私人的照片和物品带进每日通勤的自动驾驶汽车，也可以在长时间出差的时候把房子在共享经济中租赁，即使是住在宾馆，还是能利用投射的方式把家的感觉在酒店中复现。身份的主题在这一刻最能凸显其重要性：

利用真实的人类感知去引导5G、大数据分析及边缘计算等人工智能技术，这也意味着我们能够把家的身份概念和用户自己的身份概念随身带到任何一个空间中去。

核心主题 3：技术革命

技术的快速发展会带来诸多的益处，家居生活也会更灵活，但很多人还是会选择固守原有的生活习惯，无视科技的快速发展。我们的生活习惯通常是传统的，科技含量很低：被千篇一律的闹钟吵醒、在灶台边冲咖啡，乘坐火车、地铁、公交车或骑自行车去上班，下班回家，遛狗、修剪花草、跑步、看电视节目，等等。

太多的科技、前端中区指挥中心让人感到焦虑不安，很多人已经被家中数不清的设备搞晕。我们建议任何利用5G技术制造产品或提供服务的公司都应该意识到用户的焦虑，并努力解决它，但同时不忘继续让科技改善人们的日常生活习惯。

有了科技和社交媒体，大家都能随时与外界取得联系，其中聊天小组、监测App和视频电话帮了大忙，但人们也逐渐与自己所居住的社区或街角的邻居越来越疏远。我们需要退后一步，认真反思技术设备给用户和家庭带来的矛盾，如果能实现和其他家居活动之间的平衡，家居科技供应商将会因此受益，各方可以一起努力消除"独自在一起"的现象。

安全和隐私也值得我们深思，特别是涉及家中众多的互联设备，这是技术供应方与终端用户之间需解决的一个主要的信任问题。

本章中提及的趋势、不同人格和主题是未来智能家居商业模式需要思考的基础话题。

划 重 点

1.超链接生活方式的出现、精通科技的年青一代用户、居家养老和"替我做事"态度等主要趋势，将是决定未来智能家居市场的主要因素。

2.未来智能家居用户的不同心态可以归纳为"弄潮儿""安居者""探索者"和"导航者"。

3.以未来智能家居为发展方向的公司，应该从社会心理学角度出发去思考技术解决方案，而不是反着来。

从日常生活场景到商业模型

本章概览

我们已经了解到未来智能家居中家庭社会学的复杂多样性。不同的社会群体需要不同的技术来满足他们的个性化需求。因此，我们需要再讨论两种不同的家庭日常生活场景：一种是不再局限于个人，而是考虑整个家庭的生活场景（受欢迎父母）；另一种则需要考虑到居家养老和老年护理场景（无人机父母和爱线上社交的老年人）。

以上场景对未来智能家居技术提出的要求是：智能识别不同家庭成员、满足他们的个性化需求，同时还要能够和家庭外部的服务供应方沟通，甚至能够与其他未来智能家居系统沟通。这两种用户案例目前仍然只停留在埃森哲5G未来智能家居团队的会议板上，但我们相信，它们很快就能走进千家万户，成为实际的商业案例。

生活场景 1：受欢迎父母的家庭生活

日落时分，位于郊区的独立式住宅中住着保罗和苏珊夫妇，以及他们的三个孩子：温妮（2岁）、埃森（6岁）和凯瑟琳（10岁）。房间外的草坪上，全自动除草机正在安安静静地工作着，年轻的爸爸保罗也因此有时间和2岁的温妮度过宝贵的时光。此时，他正在教女儿数数，温妮已经能轻松地掌握1—5这5个数了，但6—10数起来还是有些困难的。

为照顾孩子提供智能协助

苏珊站在走廊入口处叫丈夫帮忙。保罗让智能熊猫玩具陪伴温妮："继续教她数6—10，谢谢。"可爱的熊猫机器人马上变身小老师，对着小女孩说："你好，温妮。"之后给她播放教学视频。视频中每次会蹦出一个彩色数字，背景播放的是数字歌。

即插即用的新科技

6岁的儿子埃森前段时间把球砸到了天花板上，打坏了烟雾报警器和摄像头。电子助手听到了声响，发现烟雾报警器和摄像头掉线了，自动调取数据进行分析，发现是有一个球高速冲向了镜头。电子助手随后向苏珊发出询问，问她是否需要购买替换配件。在征得女主人同意之后，两个全新的设备就在下单一小时后被无人机送至家中。"家里所有的设备都互联在5G无线网络中，所以我们不用再看说明书，也不用检查设备是否匹配。真庆幸我们选用了未来智能家居服务。"保罗一边听，一边扶着梯子，看着妻子轻松地将新设备插入原来的位置。

整个过程只用了45秒。根据苏珊的描述，新设备简单、易操作，即插即用。未来智能家居系统瞬间识别了两款新硬件，与网络连接之后，把它们加入了月度未来智能家居服务账户。自加入的那一刻起，替换设备就与所有的硬件和软件交换了信息，明确了自己的职责，以便更好地向家庭提供服务。而这一切能成行的前提是硬件配备智能算法，且遵循整个硬件行业中公认的标准协议。保罗和苏珊愿意付款购买先进技术，让自己免去麻烦，省去了研究产品说明书的时间，也不用手动将设备连接到Wi-Fi路由器，或者通过复杂的设置程序和其他的设备互联了。

了解每一位家庭成员

这时候，老大凯瑟琳正在公共区域，电子助手识别到了她的行动，也知道她已经完成作业，因为凯瑟琳刚刚就是在电子助手的帮助下把作业传到学校云端的文件夹的。电子助手通过带摄像头的语音功能和大女儿交流："放学后你在无人驾驶校车上用智能手机玩了游戏，现在要不要继续？"凯瑟琳点了点头，游戏开始。在家里，无须接电视的设备盒子，不用电线，不用设置，四面的墙壁自动变成游戏的显示屏幕，让用户享受着沉浸式的体验。

保罗这时正在厨房，从冰箱里拿出一盒牛奶，把最后的一点儿都倒在了自己的杯子里。他知道冰箱里的光感应器连接着未来智能家居视觉数据中心，已经自动把牛奶加到购物清单中，晚饭前即可送达。随后，未来智能家居安保系统发出通知："一只流浪猫偷偷潜入了后院。"冰箱上的视频监视器显示流浪猫正准备用刚种下的花坛当作自己的厕所。未来智能家居发出了驱赶的噪声，成功赶跑了流浪猫，保罗收到了系统通知："流浪猫已被赶出。"

健康检查

苏珊正忙着每年的例行健康检查。她走入未来智能家居中一间指定的小屋里，关上了门。她的医生出现在互动墙壁上："苏珊，你好！"医生向她打了个招呼。重要检查项目实时进行，医生能随时在电子健康记录上查看数据：体重由地板压力传感器测量，心跳和血压则由智能手表负责，体温由室内传感器测量。保罗和苏珊是从通信服务供应商处购买的这款基本服务，它是未来智能家居整体服务的一部分。"远程医疗基础套餐"是通信服务供应商和家庭医疗保险合作推出的产品，如果用户的健康状态良好，可拿到保险回扣。医生在检查完之后说："一切都好！接下来我会帮你订购维生素D，用无人机送至你家。一年后见！"

随身携带你的家

在家即可完成的健康检查能够节省出更多时间陪伴家人。保罗和苏珊决定带孩子们去一个新主题公园。在帮温妮准备出门时，保罗看到智能熊猫已经将教学视频切换到10—15了，这说明温妮已经熟练地掌握了6—10的数数。"温妮真棒！你很快就能数到爸爸的年龄啦！"保罗说道。

教导完在家里玩球的埃森之后，苏珊又把沉迷于游戏的凯瑟琳叫来，一起上了自动驾驶汽车。未来智能家居注意到全家人离开后自动完成上锁。"晚上见，房子和花园已上锁。我看到流浪猫正试图从浴室进来，请放心，我会紧密关注的。"当全家正驶向车道时，系统还会向大家告别。未来智能家居的沟通能力让保罗大加赞叹，甚至有时还会被它的幽默感逗笑。

后座上，温妮正在用覆盖在车玻璃上的增强现实玩一款定位型的游戏，它能教温妮如何去数建筑物的数量，如何拼写刚数过的事物，比如门、窗户和建筑。凯瑟琳则继续沉浸在有多名玩家共同参与的直播视频游戏中。在保罗和苏珊浏览主题公园的介绍信息时，自动驾驶汽车正带着这家人安全前行。

家庭和睦

20分钟后，未来智能家居注意到，各位家庭成员已经在各自的屏幕前停留了足够长的时间，这也是保罗和苏珊之前所设定好的。这时，未来智能家居在车窗上准备好了全家都可参与的游戏，四个座椅都掉转了方向，在车内打造出了客厅的感觉，全家人参与到一款简单的棋盘游戏中。

生活场景 2：先进的居家医疗护理

无人机父母家庭的明腾和王素梅有三个孩子，他们每周末都要上很多的课外活动班，例如钢琴课、足球训练课和戏剧课。夫妻俩本来工作就很忙，再加上孩子们周末排得满，很难腾出时间去看望明腾的妈妈——家中唯一还在世的老人。

奶奶玉佩住在500千米外的郊区已经一年多了。这位上了岁数的老人独自居住在家，且刚刚得过一次中风，才从医院回来，左侧身体只有70%的部位可以动。中风出院后，奶奶住进了亚急性疗养中心，继续对大肌肉群进行物理治疗，对小肌肉群进行专业护理，为回家做好准备。

让老人居家养老

考虑到孩子不能常来探望，玉佩也想"居家养老"，就是在自己的房子里养老而不是被送去养老院，未来智能家居能帮这对"无人机父母"解决这个问题。玉佩是爱线上社交的老年人，很倔强，精神头也很足。"我要自己在家，靠自己学习利用从头到脚剩下70%的身体机能。"她在中风之后说道。

明腾和王素梅详细地把母亲玉佩的情况介绍给了通信服务供应商：互联生命（CTL，Connect to Life）。对方回复说，当地亚急性疗养中心能够提供一份带有保险补贴的"5G未来智能家居之居家养老"解决方案，将由通信服务供应商收费、安装和管理，其中收取的费用保险公司也会抽取一部分。未来智能家居会按照健康恢复的标准检测相关数据，并提供给当地亚急性疗养中心进行每日检测。

居家健康方案和CTL会把月度账单分别发送至无人机父母的账户，并要求这对夫妇和社交类长辈共同签署隐私及安全协议书。之后社交类长辈家中会收到一份"替我做事"（DIFM）的"5G未来智能家居之居家养老"方案入户安装预约。在这一切就绪后，玉佩奶奶之前居住的普通房子已经升级为5G未来智能家居。

让旧房子满足新需求

这一方案中包括配备有传感器的机器人助手、带有视频分析功能的摄像头、麦克风、智能药物分配器、运动镜和互联电视集成。玉佩奶奶每天起床时，行动助手机器人会帮助她慢慢地起床，这款机器能够利用计算机视觉功能和人工智能技术，在5G技术的帮助下，根据社交型长辈的行动实时做出反应。

玉佩奶奶的左腿目前只恢复了70%的功能，她还需要花一些时间适应。但明腾和素梅也不用过多担心，奶奶摔倒的概率很小，就算跌倒，周边的恢复中心也会马上收到通知并派人来救助。

在最近的每两周一次的视频通话中，医生对家人们说："她进步很大！前两天还自己成功去附近的超市买东西了。"无人机父母和负责医生会收到一份根据老人的每日步行距离、稳定性及步幅频率而生成的报告。这些数据会迅速反馈给未来智能家居系统，行走助手会根据反馈重新设定，随着玉佩奶奶逐渐恢复，助手所提供的协助也会越来越少。

用科技与老人保持联系

玉佩奶奶称呼她的机器人行走助手为"管家"。每天早上"管家"都会帮她穿衣,脏衣服都已经在前一晚洗好、熨烫、折叠完毕。奶奶梳妆时,未来智能家居会把过去24小时中所有社交媒体上的动态都投射到浴室的墙上,只需要通过手势和语言,奶奶就可以点赞、评论或单纯浏览家人们的新动态,也能分享自己的近况。"我今天还跟'管家'说,我可能很快就不需要它了,这几天就准备解雇它。"玉佩奶奶通过语音发了一条这样的动态,还配上了自己和机器人助手的合影。"但我也跟它说了,我不会赶它出门。"

随时监控健康状态

在测量过玉佩奶奶的健康数据、协助她来到卫生间进行洗漱之后,系统中的传感器还通过检验奶奶的唾液分析她的整体健康情况,检测有无疾病征兆。数据也会传送到当地恢复中心进行自动检测。

与此同时,厨房正在按照奶奶所需的营养构成烹制定制化早餐,每天如是,风雨无阻。带视频分析功能的摄像头每天都会跟踪玉佩食用的食物量。系统还利用5G和边缘计算技术实时监测她左侧的咀嚼和吞咽动作,以防出现第二次中风等疾病。

早餐后,系统提醒玉佩及时服用高血压和血液稀释药物。所有的用药都是由智能药盒负责的,随时检测药量以确定继续保持或减少用量,并把信息发送至医生、保险公司或药房,获取每月折扣激励。当玉佩看向智能运动镜的时候,私人教练会通过语音指导她进行常规中风恢复训练。智能镜子会根据训练的数据和结果通过共同的云端账户与专业治疗、身体治疗和认识测试实现共享，以上这几方能根据进度分析调整训练进度和内容。训练结束后，镜子又会自动成为她与家人互动的渠道，玉佩能看到无人机夫妇家中的图片、视频和直播，也能看到移动设备和无人驾驶汽车，孙子和孙女们的手机也能和奶奶实现共享。

划 重 点

1.在繁忙的现代生活中，人们迫不及待地想要实现日常事务自动化：解决眼前的问题、预测未来的风险。为满足这种需求，家居科技必须为顾客的需求提供量身定制的方案才能帮助他们提高效率。

2.便利和即插即用的免安装产品将带来最优用户体验。

3.使用得当的技术能让人们在居家环境下联系更紧密，不必再"独自在一起"。

让家成为 5G 未来智能家居

本章概览

本书第1章和第3章列举的生活场景，展示了未来智能家居技术将为不同类型的用户带来极大的便利。但要让愿景成为现实，各公司在互联家居领域的尝试中面临的挑战必须一一克服。硬件配置和软件标准中普遍的碎片化、点对点架构建筑和大量数据不互通的谷仓效应仍然让实现的进程举步维艰。不久之后，eSIM、边缘计算和高级分析法等这些与5G相结合的技术将成为解决问题的答案，推动未来智能家居市场大跨步向前。

在本章中，读者将了解到为什么5G相对之前的蜂窝技术是具有跨时代意义的大跨步，并改变人们的生活方式和整个行业格局。本章将会涉及较多的科技专业知识，相信能帮助读者们更好地理解5G在未来智能家居中所能带来的独特价值。

过去10年，数字家居技术的发展是一段不断失败的历史——意图打造一种面面俱到的、适合大众消费者的互联家居体验，但是信息技术架构及其互联性一直以来饱受诟病，设备安装仓促，只能针对某一问题提供单一的解决方案，无法打造出吸引大众消费者或者能够满足消费者"替我做事"的用户体验的基础设施。

是的，现在的恒温器能够自我学习，帮助消费者节省资源；可视视频监控门铃也能保证安全；互联家居助手对讲机让住户间沟通更方便。一些家居互联中心解决方案也将几款无线技术运用在了家居中并受到一些好评。但我们需要清醒地认识到，设备之间可以互相协作，更高效地在未来智能家居中打造出真正令人赞叹的效果，提升居住体验。

互联家居的技术发展举步维艰

纵观未来智能家居市场中的几位主要"参与者":通信服务供应商、平台、手机应用供应商和硬件制造商,目前还没有人能克服在通往未来智能家居大众化之路所面临的挑战。

通信服务供应商就踩过不少雷。家居市场亟须改变,各位在进入之前可以借鉴前者的经验教训。很多供应商还没找到合适的合作方就匆忙发布自己的家居产品。未来智能家居市场本身就是从赋能的角度出发,通信服务供应商作为连接距家"最后一英里"路程的供应商,具备巨大优势,在家和宽带数据之间的价值链上占据着最后一环。通信服务供应商也有直接客户,经销能力不容小觑,消费者对它们的可靠度和安全性也是赞不绝口。[1]但缺少了平台合作伙伴,通信服务供应商也很难获利。而像硬件制造商等合作厂家们又仍处于初步发展期。要想打造一个真正和谐统一的未来智能家居方案,没有通信服务供应商的助力,几乎不可能。

当平台方和App开发者准备进入早期科技家居市场大显身手时,

靠的是硬件取得的成果。最初硬件的重点是在现有的家居设备，比如在门铃的基础上增加互联功能，或者是开发出如通过互联对讲功能来激活电子助手等。其实谷歌/Nest的恒温器或者亚马逊的Alexa就是成功的案例，它们专注解决家庭中具体的小问题，但硬件不是主要的目标。平台供应方利用新硬件在早期家居市场中收集更多的数据，应用于自己的核心业务模型：数据货币化。从本质上来说，这些平台依赖大量的用户数据才能更好地理解使用场景，为用户提供建议。

但平台方和App开发者，要想开拓像家居技术这样的新领域，成本是很高的。要想成功，他们必须投入大量的资金自主开发，或收购硬件开发。亚马逊建造了Lab126，谷歌非常具战略性地以32亿美元收购了家居技术专家Nest。[2]但不管是自己培养能力还是战略性收购，公司仍然需要合作伙伴赋能设备开发流程，比如硬件设计与工程、软件开发与集成、直接客户准入制度（direct customer access）、经销渠道和网络等。最重要的是，如果没有达成合作，平台方就无法获取其他设备或其他生态系统中的数据。早期的时候，平台提供方重视靠产品研发赢取市场份额，这样一来，与别人分享信息的意愿也越来越小。

最后谈一谈硬件制造商。在现在的互联家居市场中，单纯只负责制造硬件的公司在苦苦挣扎。通常来说，传统家居设备都越来越商品化。在这个成熟市场中，价格只是区分因素之一。面对不断锐减的利润，纯硬件制造商的选择很少，所以开始利用现有的硬件吸引特定的消费者群体——增加了个性化定制以及附加性能，例如：通过互联解锁新的使用场景（可视视频监控门铃）；或开拓全新的市场（互联对讲机等）。但硬件制造商面临的问题仍然是传统制造商自身不具备强大的软件开发或生态开发能力。

除了通信服务供应商和硬件制造商之外，涉及的还有平台创建方和App及内容管理方，两者都依赖早期家居技术市场中所能收集的数据，但数据非常有限。为什么？因为设备制造商采取的专有模式和点对点解决方案决定了它们几乎不与其他平台分享任何数据。

昕诺飞公司（Signify），原名为飞利浦照明，是一家生产发光设备、LED灯的企业，可以称之为少有的愿意把数据分享给第三方使用（这也是企业策略之一）的硬件制造商。昕诺飞还是为数不多的能够开发软件、搭建数据平台的传统硬件制造商之一。公司在其搭建的生态系统中提供数据，帮助第三方应用的开发，并搭载于昕诺飞的硬件中。从原则上来说，该硬件可以与其他所有设备互联并分享数据，几乎可以与有"多面手"之称的安卓操作系统相提并论——安卓系统全方位地提供数据，保证所有互联设备之间互用互通。[3]

硬件制造商的另一条路是模仿苹果公司。苹果所采取的策略是自己作为指挥者，有权决定谁能获取并使用数据。或者硬件制造商们可以使用区块链技术搭建一个平台机制，所有的原始数据供应方可以通过自行选择第三方合作对象，决定未来谁能够进一步使用数据。

不管通信服务供应商、平台方和硬件制造商的出发点如何，所有互联生态系统中的参与者仍然需要共同面对"前5G时代"（pre-5G era）互联领域的挑战。在大多数家庭中，Wi-Fi一直都是主要的无线连接标准。类似的未经许可的私人领域网络技术，例如紫蜂或Z波也纷纷涌现。但除了Wi-Fi网关之外，还需要另一个网络中心，前者已经占了家里的一部分空间了，硬件制造商尝试过从这一角度入手，在互联方案中，他们做出的"最大努力"是提供低功率的私人领域网络。虽然以Wi-Fi为基础的技术价格较低，但其可靠性和安全性并不足以为家庭提供滴水不漏的私密空间和安全保障。

碎片化的互联性常常会阻碍数据的流动和普及性。在预判用户行为时，数据普及性是影响其效果的关键因素。具体而言，家居环境只有在达到一定程度的内部互联时，才能够从数据驱动下的"观察"中得出相应推论。举个例子，为什么今天吸尘器不应该像往常一样在早上8点钟开始工作？因为未来智能家居整合了几方面的数据：淋浴没有在往常的时间点打开，恒温器的温度设定比往常高了几摄氏度，监测到有人半夜时在卧室内走动，有人曾询问互联语音助手有关肌肉酸痛的问题，智能药盒发现布洛芬片曾被取走，健康部门曾报道家附近的小学区域暴发了流感。从以上信息中未来智能家居得出结论：家中住户今天要在家卧床休息，吸尘器工作时会发出噪声打扰家人，可以等两天之后再工作。这样一来，用户不必担心房间会发出噪声，也可以安心享受这难得的休息时光。但如此高水平的数据分享与互联，需要标准化、商业模式激励和价值链的共同合作才能落实到应用层面。

除了通信服务供应商内部的碎片化之外，硬件制造商和平台供应方在开发新技术的时候也面临了一些初期的困难：智能门铃误将被风吹起的落叶当成前门有人出现，结果正在开重要会议的主人不停地收到风吹树叶的视频；又或者智能语音误将电视里的声音作为用户的指令而做出回应，结果吵醒了刚刚入睡的婴儿。

互联家居技术和服务供应商们要满足用户的需求，成功搭建互联性强的未来智能家居市场，除了以上四种结构性障碍之外，要克服的困难还有很多。为了更好地理解如何在5G的协助下迈过这些坎，我们要从细节处一一分析。

互联家居设备价格过高

第一道坎就是初始成本。互联与非互联设备之间的价格差异很大，具体请见表4.1。

表4.1　互联与非互联设备之间的价格对比[4]

家居设备	非互联设备	互联设备	大概价格差异	价格高出幅度
冰箱	$ 2,000.00	$ 3,500.00	$ 1,500.00	75%
门锁	$ 35.00	$ 150.00	$ 115.00	329%
灯泡	$ 2.00	$ 10.00	$ 8.00	400%
门铃	$ 16.00	$ 130.00	$ 114.00	713%
吸尘器	$ 50.00	$ 500.00	$ 450.00	900%
电子开关	$ 1.00	$ 15.00	$ 14.00	1400%
恒温器	$ 14.00	$ 250.00	$ 236.00	1686%

总的来说，从电冰箱到恒温器，根据硬件类型的不同，互联设备平均要比非互联设备的价格高出150%至2000%。人们一般认为这样的价格差异是合理的，毕竟互联设备搭载了例如处理器、感应器和人工智能软件等一系列前沿技术，每项技术本身都价值不菲。

但后续推出的互联设备可能就看不到如此大的价格差异了。等消费者意识到互联家居的价值所在之后，需求会迅速上升，规模经济也开始发挥作用，价格顺势走低。比方说，上面的表格中就不包括电视，实际上现在要买一台非互联的电视反而非常困难。如果真的能买到非互联电视的话，其价格和互联款也不会差很多。

但实现规模发展所需的明确价值主张（value propositions），取决于是否有高效的指挥者来协调各个设备提供的服务，这样一来互联设备将会首先成为智能家居的一部分，其次是自动家居，最后是未来智能家居——一个能预判用户行为、替主人着想、让住户随处感受家的温暖的家居科技。

不现实的设定程序

未来智能家居要面临的第二个障碍是不现实性。在现在的家居科技世界中，为用户打造一款定制化方案并不简单。每个设备都需要不同的设定程序，即插即用的梦想暂时还未照进现实。

根据艾可欧电子（iQor）的消费者和用户体验360调查，一般来说，用户们用在启动应用和寻求客户服务上所花费的时间是2.5小时，还要跟三个不同的人交流来解决互联家居的设置问题。[5] 互联家居应该让生活更便利，但家居设置的过程却成了极其复杂的DIY（自己动手）项目。市场调研机构Parks Associates发现，28%的智能家居设备用户认为设置的过程"比较难或非常难"。[6] 同一份报告中还显示，当用户们被问及未来希望怎样安装设备时（不考虑成本），41%的用户倾向于可以获得某些形式的技术帮助。

换句话说，相比起DIY，人们更喜欢DIFM，特别是在未来智能家居领域。我们在第2章中曾提到过，埃森哲公司曾对来自13个国家的6000多人进行调研，仅有25%的互联家居产品消费者认为自己是探索者，也就是在新技术、新产品和新服务面前勇于积极尝试的人。在同一调查中，63%的用户是"赶不上潮流的跟随者"类型，即只有操作流程简单、易上手，别人曾成功试验过且不用自行安装的未来智能家居，他们才愿意尝试。[7]

因此，目前的互联家居市场还停留在技术采用曲线的早期先锋阶段，很难被大众所接受。

碎片化

未来智能家居市场实现繁荣发展的第三大拦路虎是技术碎片化。家居互联自始以来就是为了解决具体的使用案例。在混乱的游击式扩张中，大量技术和标准涌入家居市场。不同的设备遵循不同的标准、频谱频带（spectrum frequency bands）和数据率（data rates），传播的距离不同、用电量不同，整合的成本也不尽相同。

在当今的互联家居中，很多无线电标准都在没有互联的情况下一起工作：Wi-Fi标准、紫蜂标准、Z波标准、蜂窝标准等。太多的通信标准，却从未彼此交流过，这在很大程度上阻碍了流畅的未来智能家居方案的普及。

由此，想让用户们对商家所宣称的价值主张买账变得很难。要想获得优秀的用户体验，家居技术必须做到感知一切、理解一切，在未来智能家居中学习一切、执行一切，这就意味着人工智能这样的先进技术不可或缺。这本书所讨论的人工智能指的是能够赋能技术或系统，使之感知、理解和行动的所有技术。这些人工智能科技包括但不限于基本模式的匹配、机器学习、计算机视觉、自然语言处理以及应用分析。但这些先进技术需要的是广泛数据流通以及能够获取大量的原始或已加工过的数据。

不难发现，普及性的互联互通是基本要求，在5G新无线电和独立标准中已成为事实。当所有的设备和服务供应商都能任意地沟通、交换数据，互联家居成为未来智能家居也将在不远的未来成为现实。

Wi-Fi 的缺点

家庭环境中的Wi-Fi无线标准是阻碍未来智能家居市场发展、普及的第四个障碍。目前家庭付费宽带连接中最为常见的就是这种免插电式的无线接入技术，也就是所谓的宽带入户的"最后一英里"，通常包括同轴电缆、光学纤维和铜底非对称数字用户专线（ADSL），所有的部分最终都会连接到一个主网络上。

Wi-Fi架构的固有缺陷导致其技术和5G相比，可靠性和安全性还有所欠缺。比如说，它可任意接入未经认证的频谱，这一点在人口密集的城市内或公寓社区里就成了缺陷，大家疯抢Wi-Fi信号，抢占可用频道，导致整个系统速度放缓，不同用户设备之间产生干扰。即使是在最新的Wi-Fi 6和Wi-Fi HaLow标准中，拥堵和互相干扰的情况也时常发生。比如说Wi-Fi HaLow与其他家居设备，如无线电话、照明控制或增强现实设备共享带宽（bandwidth），很容易互相干扰。

总体来说，Wi-Fi本身的缺点还有很多。例如，在停电之后，用户无法确定在来电之后Wi-Fi设备能否自动连接，因为互联设备都是由不同的厂商生产的，其设计结构、天线配置和零部件的质量都千差万别。即使在5G技术覆盖的区域中，如果停电后没有重新设定的话，我们也无法百分之百保证设备能在来电之后自动连接。

Wi-Fi的另一个缺点是辐射距离太短。上文提到过，Wi-Fi使用的是未经许可的共享频谱带宽，一般是在2.4GHz至5GHz。从实用层面来讲，Wi-Fi信号仅能在短距离内传播，结果就是有很多Wi-Fi覆盖不到的"死角"，家里部分区域的信号非常弱。一旦5G小基地台设施铺开，这些都将不再是问题。除此之外，Wi-Fi宽带的调制解调路由器几乎不会与最新硬件或软件保持同步更新，从而导致硬件很快落伍，配套数据安全遭受威胁。

在Wi-Fi网络下，数据只在设备和路由器之间传输，之后传送至固线网络中。固线网络一般速度较慢，特别是如果最后一米的连接采用的还是传统电话线（copper bottleneck）。在草坪上工作的园丁就有可能一不小心损坏你的宽带线。有时候设备上显示的还是满格Wi-Fi信号，但实际上网络连接已经不可用了。

最后一点，Wi-Fi的反应时间相对较长。打个比方，每个网络服务供应商要接入网络，要么自己搭建或者租赁，要么和长距离光纤网络供应商或互联供应商合作。大部分的Wi-Fi家居方案，其控制开关要么是触碰智能手机图标，要么用声音操控语音助手。这一信号需要再经过很多中转才能到达互联家居设备上，这也是为什么传统Wi-Fi连接常常会延迟。延迟是指刺激发出和回应产生之间的时间差，也就是说，我们按下按钮后到设备给出反应之间的时间。大家可能都好奇过，为什么每次让互联语音助手开灯的时候总要隔几秒才有反应，其实就是每一个命令要经过多个关卡之后才能达成执行。图4.1展示的就是在典型Wi-Fi家居中可能会出现连接失败的环节。

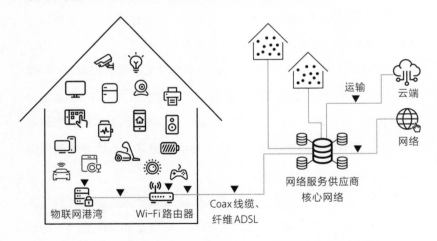

▼ 可能出现的连接失败：未经许可和共享的频谱可能导致干扰和拥堵。

图4.1　典型Wi-Fi、紫蜂、Z波可能出现的连接失败的环节

对比Wi-Fi和特许蜂窝技术（licensed cellular technologies）（比如当下流行的4G LTE蜂窝手机标准，详见表4.2），在网络可信度、安全性、可移动性和漫游方面，蜂窝技术具有明显优势。仅仅是信号覆盖这一点就有着压倒性优势：Wi-Fi最多覆盖到50米，蜂窝最远覆盖16千米。

但Wi-Fi技术有一点非常重要——成本低。从用户角度来讲，作为一个可自由接入的频谱，Wi-Fi要比5G更容易在市场上进行推广，它常常以移动手机统一费率，或包月流量包或按照使用流量收费或收取连接费来分享数据。

表4.2　Wi-Fi和4G LTE的对比[8]

	2.4GHz Wi-Fi	5 GHz Wi-Fi	4G LTE
技术标准	802.11b/g/n	802.11b/g/n/ac/ax	3GPP Releases 8 – 15
频谱带宽	2.4—2.5 GHz	5 GHz	Sub 6 GHz
最高数据传输速率（下载）	450—600 Mbps	可达1300 Mbps	约1000 Mbps
覆盖范围	约40米（室内）	15—20米	3000—16000米
可靠性	中	中	高（99.999%可靠）
安全性	中	中	高（加密）
移动性	低（米）	低（米）	高（千米）

5G 如何将互联家居改造为未来智能家居

大概每10年，蜂窝技术都会出现新一代的突破。5G是第五代移动通信技术的简称，是最新一代蜂窝移动通信技术。目前的3GPP[①]发布了15个标准，5G有望在前代4G的基础上实现三大重要突破：

- 加强移动带宽（eMBB）下10 Gbps峰值数据率
- 大规模物联网（mIoT）可实现每平方千米100万个链接
- 高可靠低延迟式通信（URLLC）[9]实现1毫秒延迟

从理论上来说，5G的这些性能提升为相关产业，特别是未来智能家居生态系统相关企业带来了巨大的商机。

图4.2中列举的历代蜂窝标准的性能，无线互联一直以来都是用于语音和文本流量。从大概2019年移动网络开启后，数据容量越来

---

① 编者注：3GPP（3rd Generation Partnership Project），第三代合作伙伴计划，是权威的3G技术规范架构。

越高，速度也越来越关键，5G将会更加助力两者的发展。

图4.2　每代蜂窝技术的性能都在不断提高[10]

全新频谱创造高速度

目前市场上全新的频谱带和其特殊的构成是让5G无线技术如此强大的原因。在前几代，例如1G、2G、3G和4G中，还没有24到300GHz这么高的频谱。这种也被称为毫米波（mmWave）的新频谱的可用性及数量正是5G能带来超越4G的巨大速度优势的基础。

虽然高频谱能提高带宽、速度和容量，却是以牺牲传输距离为代价的。所以成功的5G体验需要三种频率的频谱带：高频带、中频带和低频带，每种都有自己不同的波长。

高频带频谱容量高、速度快，但是波长比较短，只能在几百米的短距离内传播。低频带频谱刚好与高频带相反，波长长，能传播几千米，但无法满足高速度的要求。或许你已经猜到，中频带就在速度和覆盖距离上实现了很好的平衡。

　　不同的频谱带适用于不同的用途，让5G更加灵活。高频带适用于大城市，容量大，满足设备之间发送和接收信息的短距离覆盖范围；中频带在2G、3G和4G中曾被广泛使用，最适合用于移动流量，比如自动驾驶汽车和体育场馆；低频带的穿透力更强，覆盖面积最大，因此适合家居场景和狭窄山谷区域。图4.3体现的是不同频谱带各自的优势。

图4.3　5G中采用多种频谱的重要性

在未来智能家居中，越来越多的物品将实现互联，甚至不需要Wi-Fi提供的相同带宽，因此未来智能家居将需要从低功率设备和传感器中传输数据。第三代伙伴合作计划明确了5G标准，指出另外一种指定频谱——窄带物联网（Narrow Band Internet of Things，NB-IoT）也将作为5G标准的一部分，支持低功耗广域技术（Low power wide area，LPWA）。窄带物联网专注于室内应用，成本更低，且功耗低，延长了电池寿命。窄带物联网是一种能够在长距离内传输小型数据包的技术。

5G 速度更快、更可靠

从经济角度来讲，5G技术另外一个吸引点在于它能让未来智能家居应用实现低延迟、快速反应。比如说，满载的4G LTE网络的延迟时间大约为80毫秒。但直播类的设备，例如虚拟现实、增强现实或头戴式显示设备则要求更低的延迟率，在20—50毫秒，才能消除晃动带来的不适。这对于5G来说，完全没问题，因为理论上5G能够将延迟时间控制在1毫秒之内。图4.4通过5G和其他低延迟技术以及自然反应的对比，体现1毫秒的延迟率的优越性，5G也将带来焕然一新的前沿数字应用。

眨眼睛	人类通常反应时间	4G移动网络	VR中的光子延迟	5G网络+边缘计算
约300毫秒	约200毫秒	约80毫秒	小于50毫秒	小于1毫秒

图4.4　5G在延迟率方面的优越性

　　5G能够与其他技术一道，将Wi-Fi速度和紫蜂、Z波标准中的低功耗融合至一个无线技术标准中。这样能够让所有的5G设备都享受到5G蜂窝的可靠性，远超过Wi-Fi、紫蜂或Z波中设备的性能。人们将蜂窝技术设计为可用时间高达99.999%，这意味着5G蜂窝技术每年平均只有约5.26分钟会发生宕机。这种水平的可靠性对于远程手术和自动驾驶等极为重要的通信场景是非常重要的，对于家居环境中的医疗监测操作也是如此。

5G 连接的设备数量

　　5G技术的另一重任是提供互联家居急需的基础平台，解决互联碎片化问题，实现向未来智能家居的转变。它能够将用户数据集中到一处，让生态系统更便捷地感知、理解、执行并从中学习，让未来智能家居带来真正以体验为主的服务。

接下来我们通过一组数据来了解一下5G将带来的商业机遇：截至2034年，全美65岁以上的老龄人口将达到770万，而18岁以下的总人口则为765万。[11]届时，美国将实现历史上首次老龄人口数量超过儿童数量。我们在前面讨论过，居家养老将会是未来数十年中日常生活的最大特色之一，越来越多的人希望在老年时仍能过独立的生活。

让不在身边的家人朋友放心并不是一件容易事。我们在第3章中曾讨论过，如果想要对居家养老的亲人进行不间断远程监控，获得值得信赖、安全、可预测用户行为等性能的服务，甚至更多，或许需要高达100台互联设备才能实现。为什么？我们来具体分析一下。

这样的家要确保安全的话，需要多达10台设备，从高分辨率的安保摄像头，到烟雾和二氧化碳监测器，再到互联门铃。另外十几台设备和感应器需要用来监测营养和体重，包括互联冰箱、互联餐饮室感应器、能够帮助食物补仓的摄像头和互联浴室体重秤。

据估测，为了监测老年人的健康情况，还需要20个感应器和设备。互联药盒、运动跟踪摄像头、马桶和淋浴、互联血压腕带、氧气检测仪、恒温器等都属于这一范畴。

此外，还需要大概50个科技产品来监测日常生活及周围的情况，从互联恒温器到智能灯泡插座，从互联语音助手再到房间中的空气质量、湿度和运动传感器，还包括例如互联电视等娱乐设施，以及其他例如笔记本电脑和平板等互联移动设备。

想要顺利完成如此复杂的设置，Wi-Fi和4G LTE技术还面临着诸多局限。尽管从理论上来说，一个标准版本的Wi-Fi路由器就能同时连接以上这么多设备，但由于设备非常密集，所有设备都必须通过仅有的几条通道，难免会互相干扰，影响效能。

即使是4G LTE无线标准，也容易在互联设备密度较高的情况下，在某些设备或感应器密集区出现问题。以现在的美国平均房子面积大小举例，每平方千米可以容纳4360个家庭，如果每个居家养老的家庭中配备了大约50个互联设备或感应器，每平方千米就会出现21.8万个互联设备，这一数字已经是现有4G LTE能承载的设备数量的两倍。

与之相对，5G在同样的情况下却不会遇到任何问题，它能在每平方千米承载100万个设备，远远超出了最新居家养老家庭对设备数和感应器密度的需求。[12]

5G 技术的赋能者

虽然5G能帮助现在的互联家居解决技术数据碎片化的问题，但要将各种数据传输标准统一成一个安全可靠的标准，还需要其他补充性的技术，其中最重要的是 eSIM、边缘计算和高级分析。

eSIM 解决尺寸问题

为了让 5G 实现普遍互联，每台互联家居设备都需要一个用户识别模块（SIM）卡和在智能手机中用来识别身份、让设备联网的卡片。传统 SIM 卡能够储存号码和相关的密钥，以识别和验证用户。即使是目前市面上最小的 SIM 卡，对于未来智能家居中的设备来说还是太大了。[13]

因此，人们采取所谓的"内置 SIM"或者 eSIM 卡，这种可调节的 SIM 卡直接焊接至设备中，无须配备 SIM 卡槽。eSIM 卡由全球移动通信系统（Global System for Mobile Communications Association，简称 GSMA）[14] 研发，允许同一互联设备中存储多位用户资料。

边缘计算清除网络里程

最近，大部分的算力都已经转移到了云端，远程和核心计算能力在未来将通过有线或无线连接的方式接入。

集中式云端计算能做很多事情，例如大规模数据处理和大数据储存与分析。但在未来智能家居场景中，这一技术仍面临诸多局限性：延迟率高、传输成本高、依赖大规模数据量。

下面谈谈边缘计算。简而言之,它就是分散式处理能力的文艺复兴。这是以小型的本地数据中心为基础,同时利用集中式云端计算的几大优势,比如处理能力和储存能力,并且延迟率非常低,这是最为关键的。云端越能做到本地化,响应速度越快、延迟率越低。

还记不记得我们在本章开头提到过的通过互联音响来开灯的例子?之所以会出现反应速度慢、延迟时间长等问题,是因为开灯的请求会通过 Wi-Fi 传送至路由器,之后又通过宽带连接到达核心网络,最后才到达远方的数据中心。数据中心会处理"开灯"这一指令,然后再沿着刚才复杂的路径传递至各个灯泡上。而与之相对比的 5G 和边缘计算则会简单地在本地附近的边缘计算中心处理好一切,速度更快——毋庸置疑,这种设置也适用于 Wi-Fi 和边缘计算的结合。

高级数据分析让设备更聪明

能够传输大量数据这一点固然很好,但要真正利用好这一点,我们还需要高级数据分析。

现在的互联家居方案已经有能力处理大量数据以匹配不同的使用模式,但在实际应用中,却往往不能让用户满意。打个比方,卧室的恒温器通过模式匹配了解到你在冬天时通常会在早上 8:30 离家出门,因此设备会自动在你离家后调低温度节省电费。但如果有天你生病了在家卧床休息，又不想起床把温度调高呢？模式匹配就略微让人失望。

这时我们需要高级分析工具的帮助，通过识别具体的环境来推荐相应的操作。简单来说，当主人没有遵循日常作息，需要居家的时候，系统必须可以辨别出来。

高级数据分析能够提供一系列数据驱动型技术，以事实为准进行分析，根据场景做出决定，完全能满足以上的需求。只有当5G的低延迟率和高数据储存率与高数据容量配备上高级数据分析时，你家的恒温器（或其他设备）才能根据场景做出回应。

攻克四大挑战

在本章结束之前，我们一起来回顾阻碍未来智能家居和能够给行业中各参与者带来利益的5G赋能未来智能家居市场的四大挑战。

挑战 1：搭好生态系统，降低设备成本

行业内各"参与者"必须共同协作，搭好未来智能家居生态系

统。在理想状态中，这一系统应该包括连接协议和家居科技设备数据交换流程，从而大大提高未来智能家居设备的销量。邀请更多的合作伙伴加入，打包销售，提供更准确的未来智能家居预测，再加上商家长篇的购买承诺，这些都能帮助硬件制造商迎来销量大增，促进单价降低。

挑战 2：利用 5G 解决设置问题

各参与者需要更深入地了解未来智能家居的消费主力军——他们是更看重价值，还是更在乎价格，抑或是更看重便利，比如愿意多花钱来节省时间？

答案是后者。我们之前提到过，未来智能家居的主力军将是千禧一代和 Z 世代，和 DIY 相比，他们更倾向于选择 DIFM，愿意多花一些钱，少一些麻烦。

各商家当下的机会就是简化家居设备的设置流程，利用 5G 打造出不管走到哪儿，都可以实现打开设备自动注册，即插即用的未来智能家居，就像我们现在打开智能手机就能自动连上蜂窝网络一样。消费者愿意通过多付钱来换取便利中的主要部分。

但关键是，不要给未来智能家居服务定价过高，也避免选错商业模式。消费者不愿意再为新加入未来智能家居的每台设备支付额外的每月订购费。虽然通信服务供应商花了几十亿收购 5G 频谱执照，想要尽快为这份巨大的投资回收成本的心情也能理解，但还要谨记，即使用户体验一流，初始价格过高，仍会打击消费者的热情。

挑战 3：利用 5G 解决碎片连接问题

5G能够将当前互联家居中碎片化的无线技术实现统一，克服无线技术的局限性。它能够将不同的无线电标准，比如无线网状标准紫蜂和Z波，Wi-Fi（需要很多功率）或者蓝牙（仅支持一定数量的设备连接）融合到同一个无缝可靠的互联方案中。5G也不再需要实物的调制解调器、网管或路由器盒子。

挑战 4：整合信息池

这一行业要求未来智能家居的各个企业能够与各商业模型和合作伙伴共享数据使用。5G互联能让所有的家居设备联合起来，甚至帮助过滤信息池中的数据，从家居外界的环境中获取更多贴合语境的信息。所有的数据和信息都会进入一个共同的"信息源"。相互信任的合作伙伴们可以自助式地从这个大型数据湖中获取所需的信息，为家居用户提供更高水平的个性化服务。这个统一的信息池对于未来智能家居进入第二阶段"四处为家"有着至关重要的意义。

划 重 点

1. 如今的互联家居港湾中有很多互不相连的设备、协议和无线标准，未来的5G技术能让它们实现统一。

2. 5G及其部分频谱能够顺利地平衡速度、数据容量和覆盖面积，因此在理想状态下，它能支持未来智能家居中能想到的所有设备。

3. 5G如要实现所有潜力，需要借助其他辅助型技术，例如eSIM、边缘计算和人工智能。

隐私与安全：5G 智能家居的两大挑战

本章概览

消费者最初接触未来智能家居时，隐私和数据安全可能是购买时的两大顾虑。如今的互联家居确实在听人们说话，但未来智能家居将会在这一基础上再进一步：不仅要聆听用户，还要理解用户才能更好地替他们思考，为他们服务。要做到这一点，未来智能家居需要掌握、处理、储存并且保护好大量的个人数据。而随着5G的发展，互联碎片化逐步修复，繁杂的设置程序逐步简化，数据谷仓被打破，这些都将让未来智能家居设备数量暴涨。

但随之而来的关键问题是，我们是否有足够的隐私、安全和规则标准来应对物联设备的爆发？市面上的人工智能技术能否从用户的利益角度出发，遵循相应的"道德"规范呢？我们认为，在所有的使用案例中，用户对数据的所有权永远都应该是未来智能家居价值链供应商所要考虑的第一要务。作为受客户信任的品牌、未来智能家居的主要指挥方，通信服务供应商是处理搁置已久的隐私和安全问题的最佳人选。

前文已经探讨过，消费者对未来智能家居的需求已经发生了巨大转变，八种全新的用户心态也在不断改变，再加上社会经济背景趋势越来越明显，这些因素都为未来智能家居新的商业模式提供了新的参考。作为未来智能家居及补充技术的核心赋能者，5G无线标准将会带来互联设备数量和新商业机遇的双重爆发。根据预测，截至2030年，物联网（IoT）将会为全球经济带来14万亿美元的贡献值，在新未来智能家居市场中占据主要份额。[1]放眼全球，千百万个家庭将会在现有的互联设备的数量上再购买更多设备，包括全天待机的麦克风、感应器、视频摄像头以及数据收集和分享设备等。

如果用户希望通过未来智能家居节省时间，让系统根据每位家庭成员的习惯来决定下一步操作，让供应商装配设置好生态系统后直接使用时，问题就出现了：我们需要有能够处理大量敏感数据的能力。未来智能家居用户和服务供应商之间最重要的是信任，这一点我们已经强调多次，任何数据隐私或数据安全问题都会导致信任瞬间瓦解崩塌，大量的商机也随之流失。快速增长的设备数量和它们分享的数据也会引发数据泄露，带来不负责任的人工智能技术和网络攻击。因此，数据安全、隐私和道德管理的标准应该设定得非常高，如果能在这一方面赢得用户的信任，就等于奠定了未来智能家居的可信赖度的根基。

在解决这一问题时，我们需要明确的是：数据隐私、数据安全和"具备道德感的AI"虽然联系紧密，但三者之间还是有着根本的区别的。

· 数据隐私是指用户有管理个人信息和身份的权利，包括在超出用户控制范围之外的其他方管理和使用数据的方式。

· 数据安全是指如何保护私人信息不会被他人从未授权渠道获取。

· 有道德感、负责任的AI是指未来智能家居中的设备按照一定的道德边界思考和行动。

这三个概念之间关系紧密，我们稍后会详细讨论。最后一点的关键在于用户能否顺利地做出决定，而不受到歧视或其他利益方的影响。所有由机器做出的思考、采取的行动都要便于理解且能解释得通，每一个推荐、每一次操作的背后都要有充分的理由支持。机器绝不能脱离用户需求，擅自做出非重复性或者高价值的决定，而应该通过提供信息，让用户在做决定和执行的时候更加明智。同时机器在用户需要时也能随时将决定权移交给用户。

未来智能家居的悖论：数据必须分享，但也需要保护

对于用户来说，未来智能家居的迷人之处在于，可以根据不同的情景和用户需求提供高度个性化服务。但这一便利的代价则是用户必须放弃个人数据，也就是说，要用隐私换便利和经济利益。互联网行业常有这样的说法：我们在用自己的数据来"购买"便利。而对于开发者和其他以数据为主的公司来说，在他们所处的价值链中，用户数据就等于金钱。

在一项针对来自26个国家的2.6万名消费者进行的调研中，埃森哲发现，约有73%的消费者认为隐私问题是未来智能家居发展的障碍。[2]各家服务供应商或任何其他未来智能家居生态系统的合作伙伴应如何解决这一问题？第一，在未来智能家居消费者对数据隐私表示担忧的前提下，能否找到收集处理数据同时提升用户个性化服务之间的平衡呢？第二，各公司如何平衡竞争压力和有道德感的人工智能/机器学习（AI/ML）之间的关系，保证用户的利益呢？后一个

问题比较困难，因为目前对人工智能技术的投资和知识都集中在少数公司和少数国家手中，竞争非常激烈。

即使是对数据的态度相对开放的千禧一代，他们对隐私和责任感也有很高的要求。千禧一代和Z世代也即将经历X世代和婴儿潮一代走过的人生阶段，他们也将有小孩，租房或买下自己的房子，肩上的责任越来越重，对于数据的态度也逐渐趋于保守。以数据换取便利、获得体验或节省成本的买卖，在不同人生阶段的消费者会有不同的看法，这一点也是各5G时代未来智能家居市场参与者需要牢记于心的。数据隐私和道德规范应该是未来智能家居市场中数字服务的永恒目标。如果要让消费者的信任不流失，供应商们就需要长久提供不间断的分析维护服务，其实眼下就已经有能够着手去做的地方——现在的互联家居用户的数据已经被不明确的相关方窃取利用了。

其实，数据安全可以说是未来智能家居市场起步的先决条件，如果消费者对于家庭中的安全标准没达到的话，这样的市场也无法发展起来。消费者的需求其实很简单：家里的东西只能留在家里，在没有得到用户的同意下，任何外部人士都不允许进入家门，拿走任何资产——不管是物理上的实际物体还是数据。让我们来看一下细节。

当前互联家居的数据分享

现在的互联家居中，语音助手全天候地在偷听用户、家人和朋友的对话。一旦听到之前处理并储存下来的词汇短语时，语音助手就会被激活。

当你打开语音助手的移动应用程序，你或许可以听到之前的语音请求音频，实际上，这已经不是什么新鲜事了。用户可能会以为这没什么大不了的，觉得平时的语音对话不过是一些像询问天气或播放音乐这种零碎的小事。但设备所收集的个人数据会越来越多，有些甚至会被不小心地永久性储存下来，而其中有些数据的安全和敏感性可能要比你想象中高得多。比如在对设备进行初始设置的时候，为了计算出你每天通勤的时间，你已经在设备中输入了自家的地址。是不是工作地址在你不经意间也"交代"了呢？同时，我们还训练了语音助手，让它能够从家中其他成员或同居室友的说话声中迅速地分辨出你的声音和要求，并且很可能在不经意间，你的生日也透露了。为了获取具体的信息，我们还可能已经把自己的财物状况或个人健康情况也和盘托出。甚至有时候语音助手和用户调情，开一些无伤大雅的玩笑时，人们还会觉得很有趣。但有没有想过，如果在未来的AI/ML中，这类操纵性的行为或带有歧视色彩的言语实际上是让人完全无法接受的。这个问题的关键不在于AI学到了什么（虽然也很关键），而在于AI如何学，习得了哪种行为习惯。

当用户为了让工作生活更加便利高效、更节省时间，在家里放满了语音助手等电子设备时，其实也赋予了家更深入地"偷听"你的能力，哪怕是在我们与家人交谈，无意泄露数据的时候，这些信息已经被悄悄地窃听走了。再强调一遍，很多互联音响电子助手等设备都会无限期地储存收集来的数据，根据用户行为不断调整所给出的推荐或回应动作，它们可以在很短的时间里做到比你的任何一位朋友都了解你。

为了提高用户体验和个性化的程度，所收集到的声音数据都用于训练自然语言处理（NPL）系统和人工智能。数据能够储存多长时间是一回事，谁有权使用这些数据又是另外一回事。比如说，司法部门就曾经要求过数字平台和数据服务方提交智能音箱和电子助手中所收集的声音数据，理由是怀疑其中包含潜在的犯罪信息。新泽布什尔州高级法院就曾要求亚马逊公司提交其智能Echo speaker中的录音。[3]公司拒绝这样的命令并不容易。即使服务提供商试图通过端到端加密保护用户身份信息，阻止其他人识别用户数据，美国政府和司法当局也试图强制访问数据价值链，成为隐私和安全方面的巨大威胁。

　　强行获取数据的例子并不罕见。仅在 2017 年 1 月至 7 月，Facebook 公司就收到来自美国执法部门 32716 次要求公布信息的命令，谷歌公司收到了 16823 次，推特公司收到了 2111 次。其中八成左右的命令中，各家公司都或多或少提供了部分信息。[4] 来自政府部门的类似命令在全球范围内都非常普遍。2017 年的上半年中，亚马逊就收到了来自美国之外的 75 个信息公布的请求，其依据均为双方法律协助计划。[5]

　　偷偷收集并储存用户个人数据的互联家居设备可不只有智能音箱和电子助手，互联恒温器在我们起夜时也会跟踪你的行动，随之调整自己的反应；卧室的互联灯光根据开灯和关灯的时间可以记录用户的作息；互联吸尘器利用自身的摄像头和感应器能勾画出家里地板平面图；互联门锁知道你何时在家，几点出门。虽然很多相关设备和服务公司都出台了隐私政策规定私人数据的储存时间，但如果用户想要提前删除的话，只能自己手动删除或要求内存停止下载。

　　供应商的目标是通过个性化服务来提升用户体验，但促成个性化服务的数据也在这个过程中被保留下来。海量数据如被不当使用，几乎等于把自家的钥匙交到了别人手中，外人能够避开家中的安保系统甚至直接将其关闭，还知道家中哪个环节能最轻易地击破。

　　正因如此，生态系统和用户在数据隐私、安全和储存问题上必须明确立场。用户对于自己的数据必须有完全的控制权，有权决定谁可以使用数据。在涉及谁使用了数据、如何使用的、储存周期是多长、如何确保私人数据不被非法使用等问题上，用户必须有绝对的知情权，各供应商需要在获得许可之后才能继续推进。

这些问题不应该被塞进密密麻麻的一行行的法律须知里。相反，未来智能家居行业必须为用户提供公开透明的非强制性设置选项，并附以清晰的法律条款帮助用户理解。在隐私条款中，未来智能家居必须清晰地阐明如何确保数据安全，绝不能让用户认为自己受到了利用，所有的隐私数据必须完全由用户直接管理。

在未来智能家居中，基本商业模式中的用户数据也需要重视。互联网行业扩大用户群体最常用的商业方法就是向用户提供"免费的"、不需要直接花钱购买的服务。但事实上人们的使用数据已经被平台抓取并通过比如广告的形式卖出去。未来智能家居中还有其他可利用的商业模式，直接购买服务能够降低平台兜售数据的动力，哪怕是未来智能家居生态系统中的各个合作方之间的等值交换也可以作为销售数据的替代方案。商业模式可以呈现多元形态，并随着时间不断改变，理解这一点非常重要。如果未来智能家居想要从根本上提高用户生活质量，保持与时俱进的话，以下几点是关键因素：能够提升数据安全的正确商业模式，未来智能家居生态系统中的数据分享，遵循道德标准使用数据。

通信服务供应商在这一方面占据了有利地形。与规模驱动型的供应商相比，前者不依赖广告，并且作为终端用户的指挥者和看门人，本身也不用靠贩卖数据盈利。这一点同样适用于家居互联设备供应方，例如路由器、机顶盒和智能手机，它们也能在设备上提供身份管理、加密数据信息的服务，这样一来只有在用户许可的前提下，传输数据才能与用户联系起来。

数据安全的三大触点

近年来，安全技术和数据保护方面都取得了长足的进步，但各公司的数据泄露率却有所上升，平均每家上升27%。在敲诈勒索类的安全问题中，黑客能掌握正在进行中的财务交易数据，仅这一类安全问题发生的频率就比之前增加一倍，从13%上升至27%。[6]难怪65%的千禧一代担心互联设备收集的数据没有得到妥善处理，害怕自己会成为安全事故或数据泄露事件的受害者，担心私人信息可能被贩卖给第三方。[7]

数据显示，在当前技术水平的前提下，如果未来智能家居设计不当，图谋不轨者完全可以借助黑客或者已售出数据进入用户家中。分析之前的案例可以看出，数据入侵者可以拿到用户家里详细的平面地图，侵入大门的互联门锁或者车库门开关，顺便关掉家里的安全警报器和外面的安保摄像头，其危险性不容小觑。虽然人们常觉得这种事发生在自己身上的概率很低，但在现实中的真实案例也佐证了安全系统的脆弱性。美国北部一家赌场就曾发生过这样的袭击案，作案手法完全可以从赌场复制到私人家中。这家赌场中有一个互联鱼缸，每天自动给鱼喂食，监测鱼缸环境。黑客在成功进入鱼缸监测器之后，将之作为破解公司系统的入手点，并将窃取的公司数据发到了芬兰。[8]

这些安全袭击案件是我们在第1章讨论过的观点的最佳印证：互联家居中常见的技术碎片化为隐私泄露和安全问题提供了土壤。在这两个案例中，由几个大型未来智能家居指挥者从端到端用户角度出发，按照可信任的数据安全标准执行的必要性不言而喻。但是，从最近的数据中可以看出，各公司所预期的风险程度和实际所处网络安全中所呈现的风险水平之间的差距越来越大。[9]简单来说，实际情况的复杂性已经超出了人们可控制的能力范围。我们距离全自动家居服务时代越近，服务供应方就会越来越意识到自己目前的能力还无法提供必要的安全标准。从图5.1中可知，就所有未来智能家居相关的技术来说，保护措施目前赶不上当前风险水平所要求的保护程度。

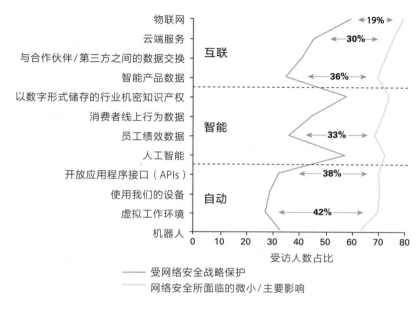

物联网

云端服务　　　　　　　　　互联

与合作伙伴/第三方之间的数据交换

智能产品数据

以数字形式储存的行业机密知识产权

消费者线上行为数据　　　智能

员工绩效数据

人工智能

开放应用程序接口（APIs）

使用我们的设备　　　　　自动

虚拟工作环境

机器人

受访人数占比

—— 受网络安全战略保护
—— 网络安全所面临的微小/主要影响

图5.1　越来越多的风险和网络安全保护之间的差距[10]

　　因此，消费者担心隐私和数据安全问题无可厚非，互联后的潜在风险也不容忽视。随着科技的应用越来越广，家庭内外的互联设备技术已经被列为网络安全风险中最值得关注的领域。从这个角度来讲，数据安全是一个真正从用户角度出发的技术问题。这就回答了我们提到的三个触点，服务供应方抓住了触点，能为消费者和整个生态环境带来更多利益。

互联设备的跨行业安全认证

当消费者在网上购物，创建线上账户或通过互联设备获得某种服务时，其间发生的不仅仅是数据交换、产品运输或服务供应，同时在进行交换的还有另一个关键要素，也就是网络世界里的终极货币：信任。在以上每一个交易点，公司都有机会证明自己、赢得信任，借此加深与消费者之间的关系，让产品和服务不断满足用户的需求。当然，信任在这过程中被毁于一旦也是有可能的。

大家现在已经了解到，未来智能家居中的新智能互联设备能够获取更多类型的数据，远超于过去的水平。设备越多意味着连接越多，数据和观点的交换也就越频繁。随着信息交流的激增，服务供应方不得不尽快挑起这一重任，保护用户信息和数据安全。在现在的互联家居和5G生态系统下的未来智能家居中，各公司不仅要保护好自己设备和服务的安全，也要考虑到合作伙伴及合作公司发生数据泄露的风险。最重要的是，如果消费者不信任整条价值链的话，这一生态系统也不能发挥出其最高水平。[11]

很可惜，并不是所有公司都准备好来应对数据安全泄露危机的可能。在埃森哲最近一份跨行业报告中，能够识别出数据泄露事故中76%—100%的风险率的公司数量增加了23%。并且有24%的公司表现得不尽如人意，只能识别出不到一半的泄露风险。[12]这与5G时代未来智能家居的要求相去甚远。互联家居的价值由其最弱的一环决定，而供应商们在数据安全问题上摇摆不定的姿态也不能产生任何积极的作用，只能阻碍未来智能家居市场的发展。

针对电子产品、设定程序及服务所设计的验证框架，或许能够成为解决这一问题的答案，可以以Wi-Fi认证的结构作为参考。Wi-Fi认证是全球通用的产品认证，通过这一认证意味着产品或服务的互操作性、安全性和应用特定协议已经达到行业公认的标准。[13] 这样的跨行业标准将会推动确立新的行业触点，推动生态系统内各参与者之间实现标准一致，甚至能够保证供应链内的统一，完善安全管理。对于一般的数据，国际公认的ISO 27001规定了四种安全等级。任何跨行业标准都可以以此为基础，将所有用户控制范围之外、由机器产生的数据和具体的风险联系起来。[14]

统一标准能够让消费者更好地了解自己所面临的风险及对应的保护措施，如果有一个值得信赖、公正不阿的服务供应商在对各个设备之间的必要安全性问题实行监督，消费者在挑选众多厂商提供的终端产品时也可以更放心。

持续不断的监测

仅仅是技术合规，就算有最为严格的规定，也无法保证数据泄露事件不会发生。哪怕就一次最大限度地损害了数据安全的网络袭击，消费者的信任和公司的声誉也会因此而瞬间瓦解。未来智能家居的网络安全系统必须是全年无休，24小时在岗的。

要是认为仅靠防病毒软件就能保证消费者不会受到网络袭击和数据泄露之扰，那可就大错特错了。随着网络犯罪的手段不断提高，哪怕是不断利用线上软件补丁也并不能够保护未来智能家居的安全。设备间的互联互通性增强，其脆弱程度也随之攀升。一个受病毒影响的互联设备很可能也会让另一个失效，整个家陷入混乱。

行业内公认的安防措施再加上新的互联设备，是肯定能抵抗住部分风险的。设备架构在设计时应该尽量保证其灵活性，这样将来家中安置新设备时，软件可以随之更新。除此之外，5G未来智能家居还要引入全天候不间断的设备和服务监控机制，确保如果某一个设备或服务对安全构成威胁时，其余各方可以明确职责，知道如何应对。在这种情形中，我们还需要一个能够与消费者直接沟通的渠道，最好是有设备来承担这份工作，并且当场汇报。这就要求设备能够远程遥控，把威胁因素挡在家门外。

有没有"安全即服务"的产品呢？有的！埃森哲调查发现，约有80%的消费者希望委托一个供应商来承担他们所有的电子需求。[15]也就是说，他们也愿意将所有的安全服务委托给一位供应商。

但如果想要吸引顾客，供应商需要做到在网络安全风险不断攀高时，能够不断提高服务，满足客户要求。也就是说，供应商在面对更高级的网络攻击时可以随时拿出更新后的解决方案，且操作敏捷。这样的供应商依赖全新的加密技术，数据账本都储存在所有的分布式服务器上，确保最准确、最新的交易数据能保存下来。

而这样的服务也还能促进网络安全教育。除了设备和数据保护之外，服务供应商还要让消费者知晓自己在未来智能家居中所面临的安全威胁以及如何化解风险。通过向用户提供指导，服务供应商能够以简单易懂的方式让消费者知道应该在网上做什么和不应该做什么，让大家更熟悉诸如网络诱骗或者社交媒体诈骗等风险，督促消费者谨慎上网，让人们知道在可疑行为出现后如何行动。

此外，各供应商还可以根据不同年龄群的使用习惯、电子设备中的内置信任机制和低龄用户的偏好，推出成人版使用模式和幼儿版使用模式。在设计过程中可以考虑到比如低龄用户经常会在无安全防护的直播网站上观看视频、习惯性储存密码和登录信息、注册社交媒体账户等高风险上网行为。

培养年轻用户群体的信任度和品牌忠诚度

在本书的开篇我们提到过，大部分读者可能还记得亲历互联网飞速发展的感受，但实际上，年青一代就生长于数字时代，从小精通网络技术，在生活的各个维度中都运用过数字渠道和设备。心怀"替我做事"的态度，这一代人更倾向于利用这些方式获取服务，丰富自己的日常生活。

年青一代更容易在最初与品牌接触时培养起对它们的信任。但即使是享受着最高忠诚度的品牌以及一些行业的后起之秀，都不敢放松警惕，坐享其成。它们甚至距离被消费者抛弃也就一次数据泄露或者一次不良用户体验之遥。相反，研究显示，如果有其他供应商乘虚而入，挽救局面，用户反而会对这个后来者产生更强烈的依赖感和绝对的忠诚，甚至还会身体力行地为第二家供应商做宣传。

千禧一代和Z世代习惯了将通信服务供应商作为无线连接或家庭宽带的供应商，每月付相应的费用，他们认为通信服务供应商的商业模式中不会包括贩卖用户数据这一环。通信服务供应商的核心业务模式是培养年轻消费者信任与忠诚度的绝佳起点。

通信服务供应商在数据安全上遥遥领先

平台供应方值得我们注意，他们很有可能在通信服务供应商抓住终端用户之前就抢先将之夺为己有。我们在第4章中介绍过eSIM技术，以此为例，有了这种内置技术，消费者可以自由地选择其互联供应商，也让通信服务供应商们维系直接客户关系更加困难。但这项新技术很可能会改变人们的想法，目前已经有33.3%的消费者知道eSIMs的存在，68%的用户很期待使用这一技术。[16]

但通信服务供应商也有自己的独特优势。前文提到过，他们的王牌是巨大的客户信任以及良好的隐私和数据安全记录。我们将在下一章中详细介绍通信服务供应商如何利用自己的优势来做好未来智能家居的指挥家。在第2章中，我们曾介绍道，71%的埃森哲调研受访者表示他们会选择自己的通信服务供应商作为互联家居服务的主要供应商。[17]通信服务供应商能够也应该利用自己长久以来的客户关系，在内部系统中运用高级分析技术，更好地了解个人家庭用户，并以此作为其未来优秀的超个性化服务的基础。

在当前的应用中，互联家居生态系统各厂商所采用的都是未经验证的技术，在点对点连接和专有连接标准的影响下，所有的互联设备都很脆弱。[18]但5G就像家中的统一互联标准，能够让所有不同的标准融合为一，大大减少安全风险。作为能够提供5G网络及其新技术机遇的供应商，通信服务供应商可以说已经一只脚踏进了门，通信服务供应商接下来还可以为未来智能家居中的所有数字化需求提供支援，当然这也就要确保用户只是使用能保证数据隐私和数据安全的家庭设备和服务。

划重点

1.在当今的技术水平下，图谋不轨的人可以很容易地通过黑客或者非法兜售的数据进入互联家庭。

2.未来智能家居行业和用户必须明确对标准的要求：保护储存用户的私人数据，并且用户对其有绝对的控制权。

3.通信服务供应商的王牌是消费者的信任和多年来在数据隐私和数据安全方面的良好声誉，因此在这方面很有优势。

搭建互联家居生态系统

本章概览

不管通信服务供应商提供的是固线连接、无线连接，还是两者皆有，他们都将在5G时代的未来智能家居市场中起到重要作用。新市场的崛起让这些参与者不再满足于向家庭或公司提供传统的静态的网络服务，而是着眼于利用新兴未来智能家居服务市场，以动态的形式抓住机遇，实现盈利。

通信服务供应商要想承担起未来智能家居系统中建筑师、搭建者和运营者的重任，有三大因素非常关键：信任、用户经验和搭建重要基础设施的能力。除此之外，通信服务供应商要想提供全新的互联服务，还需要在六大关键领域对自己的业务设置和价值链进行变革。

正如我们在本书的开头所探讨过的，未来智能家居将成为个人实现真正互联生活的基础和开端，对人类社会影响深远。在这个时代，我们将见证传统以砖瓦为界的家不断扩展，突破实体的局限。在未来智能家居中实现超链接生活方式，生态系统中的合作伙伴与同盟需要联合起来，不论是以传统固线宽带、天线、卫星为基础，还是运用5G无线技术或各种各样的组合，一起再创新，重新设计未来智能家居产品和服务，并将配套的技术、平台和协议等加以完善。

现在摆在通信服务供应商面前的是一个巨大的机会。到2023年，互联家居服务市场有望从现在的200亿美元增长至373亿美元。[1]其中大部分市场增长将由通信服务供应商带来，通信服务供应商为家庭和企业所提供的数据驱动型体验在人类历史上是绝无仅有的，这也意味着他们要做好充足的准备，为消费者提供与之相匹配的绝佳服务质量。

从智能家居、安保监控到远程医疗、沉浸式娱乐和游戏、食物运输等大量的服务，都可以放心地建立在统一的新技术标准之上，而新商业案例也会应运而生，层出不穷。而当这些不同的价值池装满之后，发展势头不会就此打住。在数据驱动的视角和设备控制的赋能下，服务将会更加精细化、个性化，从而带动未来智能家居服务水平实现新的突破。通信服务供应商作为指挥者、未来智能家居的守门人，也将从中收获经济利益。

虽然听起来距离所描述的未来还有点远，但不妨停下来想想当前互联家居和市场现状，或许能够更好地帮助我们理解前方机遇的潜力有多大。

现在，用户的家里是由零零散散的20—30个科技产品和解决方案组合而成的。消费者们自主决定从哪个照明品牌中购买哪款灯具，自行在家居安保方案中选择产品，在琳琅满目的消费者电子厂商中选择智能设备。对于家庭娱乐设施而言，我们同样是与各种各样的资源端合作，如线性广播、电视点播、视频流或游戏。配送方式也是自行决定的，用户可以在四五个不同的供应商之间做出选择，满足不同的需求。

很多平台将不同的设备连接在一起，都在跃跃欲试着想成为家居科技的港湾，因此在硬件、软件、使用协议和数据的设计上也更加灵活多变。

简单来说，现在大部分的互联家居提供的都是各自为政的解决方案——由几个独立的设备凑在一起，组成临时方案，因而无法在彼此之间保持同步。这种割裂的碎片化状态根本不能被称为系统，更不用说是生态系统。

现状如此，严重阻碍了各供应商的业务发展，也让整个家居科技市场无法取得长远进步。即使是现在，当家庭中点对点解决方案数量不断增加，消费者和供应商也逐渐意识到设备和服务方面不容忽视的碎片化现状。越来越多的人希望能有人真正以"替我做事"的方式带自己走出这片丛林。

指挥者这一角色，亟须有人来承担。超链接家居技术的不断发展，现实中的家居解决方案却仍旧是不合标准的点对点应用，两者相遇成倍增加了丛林竞争的规模性和复杂性。换句话说，也会有一名或多名商家因此被迫承担起指挥者或者规则制定者的责任，支持新技术和新设备，帮助数据在设备与设备、孤立的控制中心之间流动，从而让未来智能家居成就21世纪前所未有的用户体验。只有这样做，才能让未来智能家居更加无缝紧凑地为消费者服务，不仅仅插上电源后即可享受便捷的互联服务，还可以做到真正体现用户价值，丰富他们的每日生活。

两个基本问题也出现了：谁才是指挥者这一位置的合适人选？要成为未来智能家居首席设计师和指挥者，需要具备哪些技能？

选择通信服务供应商的三大理由

任何互联设备工作的前提都是无线或者固线宽带连接，而能够提供这种宽带连接服务的通信服务供应商顺势占据了有利地位，开启真正智能的未来家居服务，成为整个生态系统的核心指挥者、赋能者。

不过，虽然现在互联家居市场中的各参与者没有实现和谐统一，却都有可能成为未来的领导者。我们接下来重点讨论一下通信服务供应商作为指挥者的最优选择的三大理由。

老口碑带来新信任

我们之前提到过，未来智能家居的基本要求是用户要对它有百分之百的信任。这一要求无可厚非，毕竟数量如此巨大的设备要事无巨细地参与用户日常生活的方方面面，数据量之大绝无仅有。

当前个人数据的管理仍然比较松散。第三方机构、政府部门或其他人常常能够在未取得用户同意的前提下获取其数据。获取数据的方式可能合法，也可能是非法窃取或数据泄露。在这种情况下，通信服务供应商虽然不完全可靠，但还是以其强大的数据隐私保护标准脱颖而出。

在所有的互联家居产品和服务供应商中，通信服务供应商凭借着扎实的信用记录赢得最高信任值。在有些国家，家庭宽带缴费收据甚至可以在其他敏感数据或敏感身份信息（如银行卡账户）被窃取后，作为用户的家庭住址的证明材料。难怪在埃森哲 2019 年消费者调查中，[2] 固线和无线手机服务供应商在可信任度排名上分别名列第二和第三位，仅次于银行。未来智能家居中的其他参与者的排名明显靠后，比如社交媒体、搜索引擎和数字语音助手品牌等。

生活中互联互通性的日益提升也带来了更多的要求，在管理和使用个人信息时需要更注意安全，更强调信任。从近年来频频爆出的数据隐私丑闻中不难看出，除了通信服务供应商多年来遵循"珍惜消费者的信任能够带来更多的信任"这一原则，从一众竞争者中脱颖而出，并不是所有的数据相关供应商都具备这种意识。第2章中提到，49%的千禧一代愿意接受通信服务供应商作为自己家居医疗健康服务的供应商。[3]

客户服务经验

前面我们介绍过八种不同的用户心态，每种都有着不同的用户体验和服务要求，通信服务供应商的第二大优势也在于此。他们能够结合独有的运营知识、相关人力和技术，在未来智能家居场景下提供流畅、符合世界标准的用户体验。优秀的用户体验应该为消费者提供从头到尾，从实体商店到服务再到技术支持的全个性化服务。也就是说，通过一个跨平台的全数字化接口，消费者只需在购买过程中轻轻点击屏幕即可完成全流程；一些线下店铺，不仅能够完成全新未来智能家居的教学展示，还能作为部分线上购物的配送中心；具备跨学科知识背景的现场工作人员不仅能配送订单货物，帮助设置较为复杂的设备，还能完成机器的组装；通信服务供应商可以通过设立操作中心实现简化下单、激活、实时处理用户在社交媒体或官网客服提交的投诉。总原则是将问题扼杀在萌芽状态。具备数据分析能力的故障预测系统就能做到这一点。

在管理大型的运营团队和应对庞大的消费者群体时，通信服务供应商有着丰富的经验。可以说在这一方面，通信服务供应商的成熟度和他们在消费者中的口碑一样高，更是遥遥领先于未来智能家居生态系统中的其他竞争者。

而其他的竞争者，例如平台供应方或设备制造商往往都已经具备了前沿的技术能力和解决方案。一般来说，这些参与者在数字时代一开始的时候常常在先进的数字产品、服务和与消费者相处的经验方面颇有优势，但缺乏最为关键的管理未来智能家居生态系统的专业知识和竞争力，也不具备快速解决数十万消费者提出的具体问题的能力。

这正是将来会落在指挥者肩上的责任：解决消费者提出的涉及未来智能家居整个生态系统方方面面的问题。不论是家里的智能照明系统突然不工作了，还是说车内、家中或酒店之间的数据传输失败，能否迅速解决这些问题是判断指挥者工作成功与否的关键。

责任虽重，但它带来的优势也很明显：指挥者能够将生态系统的巨大利润变现。除此之外，作为未来智能家居系统的看门人和主要指挥者，统领全局的人还能在系统相关方之间建立互利互惠的合作伙伴关系。

当然了，要想成功，必备因素是与众不同且难以复制的核心竞争力和员工的职业能力。但对于通信服务供应商来说，这些技能与生俱来。

关键基础设施

通信服务供应商作为家居技术的统领全局者的地位是我们考虑的第三点原因。他们是让家庭、住户、设备、自动驾驶汽车和整个社会连接起来的独家供应商，不用等到连接失败、服务停止、生活一团混乱时人们才会意识到这一角色有多么重要。

通信服务供应商作为指挥家和领导者的过硬资质已经显而易见，没有他们就不会有未来智能家居。网络，作为最基本要素，让人与人之间不可或缺的沟通成为可能，还有保证沟通顺利进行的设备和服务都是由通信服务供应商提供，没有这些，互联家居体验也无从谈起。对于通信服务供应商来说，承担起未来智能家居生态系统中指挥者的重任义不容辞。

最后需要强调的是，这一行业也需要相关部门的监管，因为他们关注的不仅仅是行业内部竞争有序，也要确保网络连接全天候稳定可靠，就像医院或道路一样可靠。政府部门要求通信服务供应商确保基础设施能够正常运作。换句话说，监督通信服务供应商运转的不仅有市场的力量，更有政府方面作为双重保障。

市场会继续推动行业发展，消费者们的需求还是"得有人把家里连接碎片化的问题解决掉"。如果通信服务供应商不介入的话，其他的数字行业巨头很可能会直接要求监管方把连接服务卖给未来智能家居，如果这一天真的到来，行业将会损失一个重大机遇。

六大领域开启未来智能家居

通信服务供应商应该如何对互联服务和能力赋能呢？答案是，各参与者除了重新发明、激活整个价值链之外，别无他法。成功的关键因素在于整体再创新，扭转整个架构和流程。

埃森哲一直在深入分析通信服务供应商价值链，包括现有产品及服务的开发和经销方式、售货服务、产品及服务的运送方式、终端用户的运营管理和维护等。在这个基础上，我们还列出了六大领域供运营方参考，以下领域所构成的发展蓝图不仅能让运营方赋能未来智能家居，还能从中获利。

领域1：以数字化的方式重塑前端系统

通信服务供应商通过前端系统——浏览器或智能手机与顾客互动，但前端系统所代表的不仅仅是运营商为顾客提供服务。为了满足未来智能家居全新的应用场景，通信服务供应商和消费者之间的每一次互动都必须具备实时性和主动性，让消费者感觉自己拥有控制权。

经预测，消费者和通信服务供应商之间的互动频率将会在未来几年之内大幅上升，推动以上转变的发生。考虑到未来将会有越来越多的"流动"消费者的出现，重新改造也显得颇有必要。这类消费者会越来越没有耐心，如果对商家失望，或因为服务回应不及时而不满，他们随时会投入另一家服务供应商的怀抱。

从更实际的角度来说，在构建未来智能家居时，前端系统的首要功能将在几乎实时的情况下，为消费者开启全套的极佳的智能家居体验。因此，消费者界面将要大幅转变，必须是可进行双向交流的沟通面板，能够快速处理不同类型、不同难度的需求：从智能恒温器到冰箱内食材的自动更换，乃至家用或商用车辆的沉浸式仿真会议技术……所有的智能家居技术，用户希望能够一手掌握。

但这样的面板目前尚未问世。考虑到其巨大的商机，对于任何通信服务供应商来说，这都是一个紧急的任务。从纯技术的角度来讲，他们要重新改造前端系统，让消费者根据自己的需求与供应商沟通。通信服务供应商需要运营维护这样一个由人工智能赋能、数据智能驱动的用户体验层。这与经营商几十年来构建和维护的传统客户关系管理和业务支持系统有着根本上的不同。

这一转变尤为重要的另一个原因是，在智能家居中，即使用户群体数量已经达到百万级，通信服务供应商也必须单独处理每位用户的需求。自动化，包括借助聊天机器人实现的消费者服务自动化是解决问题的唯一办法。在这里为大家举一个实际的应用案例：埃森哲为瑞士电信（Swisscom）[4]安装了数字化运维中台（DOCP），帮助增强其在全渠道（线上、线下、电话中心、手机App和社交媒体）为消费者提供服务的能力。

领域 2：后台再创新

在讨论通信服务供应商前端能力技术时我们已经提到过，后台技术、结构和流程的再创新也必须跟上，涵盖未来智能家居网络管理系统中的方方面面和随之而来的数据流动。

很多通信服务供应商目前的运营支持系统仍然是孤立而传统的，且灵活性很低。后台必须根据消费者的需求，向更灵活、回应更快的方向发展，成为前端积极灵活的合作伙伴。因此，运营管理和顾客售后服务流程将是最基础的环节，还需要相应的工具和技术来支持人与人之间的交流。如果没有这些环节，谈互联业务中的消费者留存度就是空中楼阁。

通信服务供应商可以采用的实际措施是迁移至智能网络运营，这种自动化系统通过大量使用人工智能来预判用户或者内部员工的期待和需求，在此基础上提供无缝服务，让通信服务供应商的传统运营模式转化为向消费者提供更优价值的数字平台组织，管理新功能的安装，使其逐步成为生态系统内的核心服务供应商。后台运行的效率将会提高，且更灵活，支持创新动态的业务模式，高频地与消费者互动。

以机器人流程自动化的引擎运营作为解决方案的一部分为例。以下内容将包含部分技术内容：它们能够自动出票，告知消费者所提出的问题已被记录、正在处理或正在诊断，同时进行消费者影响分析，监督工作进展直至问题解决。算法机器人自动化引擎在被唤醒之后能够完成诊断检查，并且自动把受影响的消费者填入消费者关系管理系统中。

如果上面的内容太复杂，接下来我们用一个例子来介绍实际生活中这个引擎是如何工作的。世纪电信（世纪互联，CenturyLink）是美国的一家电信用户，他们使用一个名为安捷（Angie）的人工智能助手与销售总监一起，寻找最具有发展潜力的客户。智能安捷通过与客户邮件沟通，解读互动内容来确定哪个客户应该继续跟进，哪个应该放弃。这样一来，销售总监每个月可以确定40个炙手可热的潜在用户。为系统投入1美元，即可带来新合同中20美元的收益。[5]

西班牙的通信服务供应商——西班牙电信（Telefónica），在使用新技术方面也是一个很好的例子。在直接与消费者沟通和选择市场领域，公司采用了以AI为基础的认知型助手Aura协助，Aura由用户的语音启动。持续不断的语言输入能够让系统也不断学习，Aura最后将成为个性化极高的语音助手。这类的科技应用不仅能大幅提高用户体验，也因为算法在工作时的准确度更高，并且和人类操作员相比，没有时间限制，内部流程运行的效率更高。[6]由Aura生成的数据结果也提高了预判型维护和网络优化的质量。

通信服务供应商的服务也因此更能做到以用户为中心。不同的生态系统中的大型网络系统端对端执行（End-to-end execution）的主要目标是满足消费者的预期，提供无缝流畅的用户体验。

领域 3：员工赋能

员工是将各部分灵活机动地连在一起的黏合剂，这个理念已经重复多遍，但很少有人能够在实际中落实到位，这点必须改进。在未来智能家居不断发展的过程中，通信服务供应商需要多样化的员工才能做好生态系统建设者的角色。幸好，通信服务供应商的领导们都意识到了这一点，数字技术已经重新定义了人们工作的方式，供应商也必须因此改变。

像人工智能这种推动变革的主要因素，目前也在推动着通信服务供应商从业者实现新一层级的数字转型，其中的细节值得深入讨论。即使作为主要技术之一，人工智能也代表着巨大的系统变革。现在我们所关注的重点是团队成员和客服部门执行任务的情况，以及如何加快组织变革和价值创造的步伐。比如埃森哲的客户爱立信公司就利用超过100个自动化机器人流程，每年自动完成超过40万小时的工作，处理超100万次的交易。电信设备制造商也借此了解到在不同部门和业务领域成本、质量、消费者满意度、交货时间等各方面的改善。[7]

人工智能还能大大改善员工与消费者的关系，提高灵活度，增强协作与个性化程度，让决策制定过程更加高效。对于通信服务供应商来说，人工智能将会带来新的岗位和机遇，让智能员工发光发热。实际上，63%的通信服务领导者都期待智能技术能在未来三年内带来净就业的增长。面对未来发展的可能性，行业从业者都很期待，也做好了应对改变的准备，其中82%从业者表示已经准备好和智能科技一起工作。[8]

但是在目前技术能力的水平上，通信服务从业者平均年龄是45—50岁，公司如果要想开发未来的技能，培养相关人才，需要对现有的员工进行适当的调整和轮岗。经验丰富的员工凭借智慧和经验将在组织中发挥作用，也要让更多数字化年轻血液加入到团队中。

具体来说，通信服务供应商需要数字化经验更丰富的员工来提升自身的竞争力，包括在基础设施、通信、软件、设计、服务设计和设计思维技巧等方面，争取在各个流程和与消费者互动的各方面都能将用户体验摆在最核心的位置。

公司不可能在招聘市场里轻轻松松找到这样的人才，更不可能从毕业生里发掘到，需要做的是在未来几年内努力去培养，通信服务供应商要积极地通过开设内部学院等培训项目，为自己所在的业务领域培养人才。

领域 4：快速启动产品研发

在传统通信服务供应商架构里，研发新产品和新服务并不只是说说而已。就未来智能家居市场来说，在短短几周甚至几天内推出新产品极具挑战。现在的情况是，很多通信服务产品的开发和测试周期通常是几个月，有些甚至是几年。作为整个系统的看门人，通信服务供应商要做到的是争取成为所有参与者中反应最快、最具备创新精神的角色。这并不是争夺荣誉，而是从实际应用角度来说，通信服务供应商不仅要向消费者，还要向系统里的合作伙伴提供设备，他们自己绝不能成为"瓶颈"，也绝不能对消费者食言，要履行对消费者做出的每一项服务的承诺，特别是对消费者就隐私、安全与道德安全和道德人工智能方面的承诺。近年来技术变革的速度飞快，通信服务供应商也需要改变自己的工作方式，适应时代的发展。

为了实现以上的目标，通信服务供应商需要在收集的使用数据的基础上，与终端用户（消费者）合作，打造以用户的信任为基础的灵活发展路线，同时与生态系统中的合作伙伴一道研发和测试产品。即使在没有完全成熟的商业案例，没有对成功清晰的预期，也看不到回报率的前提下，通信服务供应商还是必须这样做。消费者的偏好将直接实时反馈到通信服务供应商，指明其未来发展路线。而通信服务供应商需要在消费者的新要求出现之前，尽可能快地给出解决这一问题的方案。只有在设备安装好，解决方案实施之后才能讨论盈利。通信服务供应商不再直接销售服务和基础设施，而是根据每一位消费者的具体情况收款。

这种快速出击型产品的开发文化非常接近典型的"快速失败"的初创企业心态，而不是像传统的行业从业者们一样，在产品或服务上线之前进行严谨的市场接受度测试。

如果进展顺利的话，这一全新的盈利模式将会成为未来智能家居市场内所有参与者的主要特点之一，消费者根据自己所购买的不同服务而付款，每个人都尽可能享受到最高程度个性化的服务。而这一切的关键因素在于上文我们所讨论过的速度、反应速度和灵活程度。

领域 5：改进技术平台

通信服务供应商的技术平台也需要快且狠的改变。要想成功扩大经济规模，他们需要开放能够连接消费者和供应商的平台，并且"以服务"的形式供应。

平台和传统模式有两点不同：由于获客成本低，且受到网络效应的影响，平台能够以前所未有的速度扩大规模。而加入平台的公司也能够快速实现创新，提升性能，其速度也是传统模式无法比拟的。平台上的公司并非单枪匹马，在整个未来智能家居生态系统的环境中，它们还可以不断地吸收，无缝融入整个大环境的扩张节奏中。

前文提到，未来智能家居生态系统需要做到无缝添加新设备和新服务，与消费者的需求一起增长，和快速发展的技术变革共同进步。在通信服务供应商运营的平台上，设备的安全性和使用便捷性能够得以保障。通过结合消费者数据分析和数字中心，再利用商用供应商生态系统，通信服务供应商还可以为各厂家个性化定制服务交流中心。

但从定义来讲，这些平台上需要有多位供应商，并且保证资源开放。随着系统中的参与者越来越多，平台能够容纳大家，并且和诸多厂家共同发展。创新的速度不断加快，技术贬值与变革的速度也在加快，灵活性的重要意义不言而喻，这需要平台方保持开放，让解决方案完全软件化并且以API（应用程序编程接口）为驱动，再加上在不同的标准下与不同合作伙伴协作的程序化交互页面的能力，打造出业界最优秀的多供应商解决方案。

建造这样的服务驱动型解决方案还需要实现在技术平台搭建方面的思路转变。通信服务供应商已经在逐渐远离传统的、高度结构化、瀑布式的层级模式，转向一种更灵活的研发驱动型文化，我们在前面第四点中讨论过。但其重点和应用也要加速，满足不同网络、系统、流程和用户之间端到端的需求，不能只停留在IT层面。除此之外，出色的架构视角和执行能力也很重要，才能让设计出的平台更安全，更有担当，更能在设计环节就实现对隐私的高度尊重。

如果发展顺利，软件和通信平台在搭建方式上的差别将越来越模糊，而随机产生的新的重合领域将推动互联家居体验的问世。

领域 6：激活普遍连接层

在第 4 章中我们讨论过，在与一系列补充性技术，例如 eSIM、边缘计算和高级分析等共同部署5G的过程中，未来智能家居需要的指挥者应具备怎样的素质。而在这场转变中，起到最重要的支柱作用的一代应该是内置普遍连接层，它能够将所有元素结合起来，实现互联家居所需要的普遍连接性。在这本书的开头我们就谈到过，5G以其前所未有的速度、规模和低延迟性，逐渐成为未来智能家居规模互联的黏合剂。

但要搭建起5G时代的未来智能家居，通信服务供应商处理连接的方式还要转变，埃森哲认为以下四大领域将是转变的重点：

1. 搭建智能网络运营，这一部分在领域2中有所涉及。
2. 搭建能够适配于所有平台的程序化网络平台。
3. 拓展网络服务，让服务能够被更高层级的服务使用。
4. 在家庭中按需搭建基础设施，需要有足够的灵活性和足够的空间来吸收更多的服务：要有全新的带宽、成本优化及盈利模式，并且在网络经济中要有全新的展现模式。

通信服务供应商要做的不仅是保住现有的有利地位，还要有应对其他虎视眈眈、试图夺取未来智能家居市场中心位置的竞争者的资本。但我们也再次强调，新的安全标准也意味着企业追求增长和发展的过程将会是一场艰辛而漫长的旅程，并非一日之功。

随着变革的步伐不断加快，科技日新月异，我们也都认同5G赋能的未来智能家居将会一路跟随，消费者也会逐渐适应互联互通带来的便捷，观念也会随之而改变。现在用户会认为互联是一个"保健因素"，认为使用互联技术能够避免"不满意"的情况，同时也对"满意"不抱有什么期待；但未来用户不仅能解锁"四处为家"的未来智能家居体验，也能全方位地利用技术丰富自己的生活。

图6.1　打破CSP价值链，开启未来之家的六大领域

划重点

1.在未来智能家居这一赛道中，通信服务供应商因其结合了较高的用户信任和密切的用户关系以及看门式的互联基础设施而享有先发优势。

2.通信服务供应商需要变革其工作方式，前端和后台实现数字化，为新的服务市场培养新人才，更快地适应产品发展周期。

3.通信服务供应商首先需要做到的是搭建灵活的平台业务，满足生态系统中广大合作伙伴的发展需求。

未来智能家居的新兴商业模型

本章概览

为了抓住新兴未来智能家居市场的机遇，通信服务供应商需要不断更新现有的垂直整合服务模式，将自己打造成未来智能家居中的平台指挥者和协调员，积极参与到消费者的日常数字生活中。这一举动可以带来巨大的商机，也意味着掌控数据流的控制权，而不仅仅是提供连接的基础设施提供商。

作为一种全新的商业模式，它具备更快速、更灵活、覆盖面更广的特点，也需要与之前完全不同的设置流程，其中不仅是内部设置，也涉及外部不同的利益相关方：设备生产商中的技术专家、App开发、人工智能能力和边缘计算，还涉及广义范围内的服务供应商，比如非技术领域的健康、财务和娱乐等。在通信服务供应商努力成为系统内的指挥者时，所有的合作方都要找到适合的位置。

未来智能家居的发展将会以新的生态系统合作伙伴价值链为核心，这一新兴市场带来的发展机遇会吸引众多供应商前来加入并从中分一杯羹。价值链中的所有成员都要为未来智能家居解决方案做出自己的贡献，为优质的用户体验出一份力，所涉及的领域包括多媒体游戏直播、用电管理、远程家居医疗和沉浸式娱乐。灵活多变的合作关系能够让通信服务供应商在新的商业模式中更好地承担起运营的职责。

通信服务供应商在传统家居服务中
收益有限

　　在更为灵活的未来趋势面前，大部分通信服务供应商希望保持当下数据独奏者的位置，对指挥一堆拼凑起来的设备兴趣不大，大部分时候他们主要的目标仍然是销售精心挑选出的互联家居服务套餐，有时候只销售互联设备，对于数百万的消费者来说，通信服务供应商只负责提供传统的宽带连接服务，很多通信服务供应商目前仍然沿用这一模式。从美国有线电视、宽带网络及IP电话服务供应商康卡斯特的Xfinity Home和德国电信公司的Magenta Smart Home模式来看，虽然有些问题尚未解决，比如合作规模扩大时这一商业模式能否赚取更多利润，但目前策略还算成功。

我们在第4章中讨论过当前的互联家居。简单回顾一下，互联家居的核心在于连接中心的硬件，处理不同的无线电标准，担当着不同设备的通用连接器的角色。用户可以在设备应用中管理或提取自己的数据，管理电量使用和互联可视门铃所生成的视频等，但其实以上这些并没有真正地为通信服务供应商或其他厂家带来新的利润增长点。虽然大家都承认管理电量使用、控制灯光或在主人离家后帮忙看管房子确实能带来一些价值，但因为各项服务都是独立运作的，用户和供应商所能享受到的红利非常有限。

有些通信服务供应商已经对蜂窝互联设备收取服务费来弥补前期的投资，提高每用户平均收入（ARPU，一个时间段内运营商从每个用户那里得到的利润）。当然，到目前为止也不算成功。即使在已经付费的用户中，也只有很少的一部分真正激活了蜂窝网络并使用了此服务，风险由此而来，通信服务供应商并没有按照承诺每月向客户提供相应的服务，当消费者发现自己一直在为一项没有履行的服务付费时，通信服务供应商整个经销商网络的声誉会受到严重打击。所以通信服务供应商很难在其传统的商业模型中展开互联家居业务并盈利。

音控制平台设备：通往未来智能家居之路

在通信服务供应商开始推广实体家居服务时，像亚马逊的Alexa和Google Home这样的首批支持语音的环境设备已经进入市场，让一款小小的智能设备，一个私人家居助手，在人们的咖啡桌或壁炉上安家，这种渗透程度是之前的智能家居系统从未实现过的。虽然很多用户对此类语音设备的隐私性和安全性表示担忧，但在过去的几年内还是有数百万家用户逐渐接受。

语音助手的核心点在于语音控制，能大大提升实用性。但最重要的是，它们的关注点不是连接家居设备，而是解决问题：对于用户来说，语音助手能够提供有趣、实用的服务；第三方也可以通过向助手设备添加服务项目，让服务领域逐步扩大。很多通信服务供应商也已经加入进来，法国电信运营商Orange公司和德国电信都推出了自己的语音助手，和前面提及的几款产品不同，通信服务供应商的语音助手在处理私人数据方面更注重安全和隐私。[1]目前，不论是语音助手领域的先行者推出的产品，还是通信服务供应商版本的语音助手，都采用了相同的风格：开放的多边平台。

多边平台如何打破垂直综合服务

除了以上特例之外，传统通信服务供应商的角色定位还是孤立的垂直领域的综合服务供应商。我们都说通信服务供应商应该警惕亚马逊和谷歌在这一领域所取得的成功，应该利用平台模式获利，或者与平台合作改善现有的商业模式，为终端用户提供切实的利益。发展潜力是巨大的，但关键问题是通信服务供应商能否抓住机会，争取到未来智能家居市场中的盈利地位。

为什么现在是各通信服务供应商应该认真考虑做出改变的最佳时机呢？首先，纵向综合服务一直都被视为较容易击破的一环。通信服务供应商从很早之前就在不断地以基础设施供应商的身份为基础，补充更多服务项目，他们曾在最早期的时候引入门户网站和独家内容，培养用户的忠实度、吸引新用户、减轻在竞争市场中的价格压力。但这也形成了"围墙花园"（walled garden）[①]。通信服务供应

---

① 编者注："walled garden"一词最初来自美国有线电视教父约翰·马龙（John Malone）。与"完全开放"的互联网（Garden）相对，"围墙花园"把用户限制在一个特定范围内，只允许用户访问或享受指定的内容、应用或服务，禁止或限制用户访问或享受其他未被允许的内容。

商提供特有服务，思维比较僵化和局限，几乎不去与其他伙伴或平台中其他服务供应商合作。这种做法虽然在短时间内保证了一定的市场占有率，却阻碍了经济效益的增长。

近年来，通信科技的发展已经给长期纵向综合服务发出了警告：总会有另一个平台出现夺走你现有的业务，或早或晚。以移动电信门户 i-mode、Terra 或 T-Online 为例，它们的电脑业务首先被谷歌搜索抢夺，之后在智能手机市场上又被安卓打击。谷歌和安卓都自认为能成为移动电信和互联网操作系统的供应商，为第三方 App 提供平台。双方通过直接合作和附加值业务盈利，甚至不需要购买任何平台上的内容。[2]

5G 无线标准很可能会给通信服务供应商的综合业务模型带来更多威胁。大部分服务供应商的主要收入来源都集中于传统的实际网络领域，以资产为导向的金融投资，实体资产是其唯一的防御资本，重要性也正在被数据流软件的发展一步步削弱。毕竟 5G 本身自带的低延迟、高速度和大数据容量的特点，能够让多个数据直接接入到同一网络，让未来智能家居的接入和数据流动都集中到无线传输渠道，结果是家居服务设备可以更多地依赖可配置的软件，提高服务质量，更贴合家居用户的生活。通信服务供应商如果能贡献出最为核心的部分，让未来智能家居的贴合度和规模化程度更高，凭借其多年的经验和消费者的信任，就能做到核心位置。

服务生态系统中的终端用户

为了能给自己带来真正的经济价值，也给消费者提供丰富的用户价值，通信服务供应商必须更加贴合未来智能家居消费者的日常数字生活习惯，而做到这一点，各位供应商需要开放心态，与其他形式的生态系统融合在一起，这不仅仅包括对前端和后台能力的再创新，还涉及上一章中提到的创新性技术和能力。直面挑战的各供应商将成为用户和消费者所在生态系统中的指挥者。

脱离传统的综合服务模式则前进了一大步，但平台和以生态系统为基础的市场这两者间，各自成功的要素和所需的关键能力有很大区别。表7.1就展示了两种商业模式下的巨大区别，其中资本支出、关键绩效指标和提供好的消费者体验这几点尤其明显。在传统孤立、垂直的内部结构中，通信服务供应商必须对整个未来智能家居生态系统负责，承担起保护数据流动的责任，不仅仅要服务用户，还要为整个生态系统提供辅助。

表 7.1　新旧通信服务供应商对比：纵向综合 vs 生态系统平台

		纵向一体化服务供应商	生态系统平台参与者
	控制点	合同、实体控制点、消费者服务	管理身份、安全、隐私、数据储存及流动
	关键绩效指标	每用户平均收入	触达（Reach）
	业务重点	绑定服务	相关性 围绕着具备交易属性的信息和数据的生态系统
	消费者参与度	减少互动	开放无缝的全渠道体验
	市场进入策略	依靠自己或第三方渠道	与全生态系统结为同盟
	投资组合	80%+ 网络基础设施资产	软件能力 利用生态系统进行基础设施投资
	产品和服务	通信服务和绑定内容	赋能以生态系统为基础的服务
	平台	围墙花园为基础　闭合	以生态系统为基础　开放
	人才管理	拥有整条传输链和供应商管理系统	经验丰富 善于利用生态系统技能

数据守门人攻克新控制点

自从 Alexa 在 2014 年 11 月发布，之后的 5 年中，亚马逊已经卖出了超过 1 亿台设备，第三方开发商已经研发出超过 10 万项 Alexa 功能，平均每天就有 150—200 项新功能加入。亚马逊组织了开发者社区，目前已经有数十万的开发者加入。[3] 通信服务供应商也可以复制这样的成功模式，但需要从其现有的商业模式的另一个角度入手，他们应该想办法利用开发者社区来处理在发展规模上的挑战。

为了实现这一目标，通信服务供应商需要从当前主流智能手机操作系统的成功经验里找到方向。安卓拥有雄厚的开发者基础，每天都在不断地吸引着更多的新应用加入，现在在语音赋能平台中也呈现出类似的趋势。

采用这种方式后，数据控制点可以安置在互联设备上，例如路由器、机顶盒和语音赋能设备等。5G 技术将会在未来智能家居中发挥越来越重要的作用，之后的数据控制点可以直接来自通信服务供应商的网络。因此我们建议通信服务供应商找到获取和控制数据流的方式，代表消费者的利益进行直接管理。考虑到未来这一位置的供应商将会承担起保护消费者数据的责任，管理未来智能家居第三方设备中的数据，我们建议通信服务供应商利用自身在信任、安全，可靠性和安全性上的优势拉开与其他竞争者的距离。

数据控制点越多，平台所有方能在系统内赋权的用户交易就越多，给自己带来的价值也就会越大。

图7.1展示的是围绕家居5G互联场景所提供的服务里，通信服务供应商可开拓的价值领域。

■ 实体控制点
▬ 核心服务
▬ 以控制点为基础的服务

图7.1　通信服务供应商平台生态系统中潜在的数据控制点

从图中可以看到，有很多控制点可供通信服务供应商利用，并从中获取相关的用户数据。通信服务供应商与上亿的终端用户之间有业务；通信服务供应商通过路由器和机顶盒为众多家庭提供实体互联服务；通信服务供应商有着可植入设备的 SIM 卡。除此之外，通信服务供应商早就具备通过网络接入互联设备的能力，并随着 5G 技术的发展，也在不断增加控制点的数量。

优质的用户体验是通信服务供应商控制数据的资本

上文提及的发展战略要面对的主要挑战是：通信服务供应商无法在用户所信任的未来智能家居生态环境中任意使用网络数据或把数据转换为可交易的资产。为了能在用户可接受的范围内使用数据，通信服务供应商需要提供优质服务。用户从未来智能家居中所收获的净收入，需要高于他们预期中失去部分个人及使用数据之后所带来的损失。

没错，通信服务供应商也要证明自己不会滥用数据。没有好的用户体验，只有对隐私和数据安全性的承诺也远远不够。很多研究显示，高质量的产品和服务对用户来说意义重大，不仅能赢得更多的用户信赖，而且有助于供应商维系与用户之间的长期关系。网络服务的爆炸式发展和未来智能家居之外的移动应用的发展就是证明：如果能获得真正有价值的服务，消费者是愿意牺牲自己的数据隐私的。

用户更愿意信任贴近自己的生活方式，能提高生活质量的服务。瑞士电信最近推出了一款全新的全渠道平台（OCE，Omnichannel Customer Experience），重点关注用户而不是产品。[4]瑞士电信能够借助平台深入了解每个用户，具体到哪个家庭使用了哪项服务，这是一个前所未有的大突破。2019年3月，瑞典运营商Telia推出"Telia智慧家庭"概念来协助家庭用户的日常生活。[5]但是对于大部分运营商来说，要做到如此贴近用户的生活还有很长的一段路要走，即使是上文提及的这些已经引入平台概念的运营商，将这些新能力转化到提供给用户的新价值的道路上也才刚刚起步。

合作伙伴平台

过去通信服务供应商是将服务和产品融为一体，综合打包出售，因此整条价值链成功与否都取决于捆绑销售的表现，但其中所产生的价值规模并不大，后续会由通信服务供应商分配给各经销商，所以整个生态系统完全依赖通信服务供应商。

与之形成鲜明对比的是，未来智能家居将会由开放平台主导，由消费者根据平台供应的各项服务，自行搭建专属的家居模式，不会再有捆绑销售的形式。平台需要吸引更多类型的合作伙伴入驻才能有可持续发展和成功，互联设备和服务是首先需要被引入的，但不会作为捆绑销售的一部分，而是直接或通过向其他应用提供数据和功能的方式为消费者服务。

通信服务供应商需要逐渐将各个领域的合作伙伴全部引入平台中，例如医疗健康、健身、金融、保险、消费者商品、零售、食品运输等。

接下来是开发者这一群体。目前全球活跃的开发者人数总计有2500万，其中750万位于欧洲和亚洲，500万位于北美，剩下的开发者分散在世界的各个角落。65%的开发者为兼职，希望从应用开发中盈利或看到自己的想法付诸实践。[6]他们希望劳动成果发布在覆盖面更广的平台上。

最后一部分是其他服务供应商，通信服务供应商需要他们在解锁边缘计算、大数据分析、人工智能、机器为基础的洞见、可执行的分析、安全服务、支付及运输服务方面的支持。

要吸引到这样的合作伙伴，通信服务供应商要拿出具备更优秀的价值主张的新平台，不能再借助过去绑定媒体内容中的传统平台。成功的关键在于如何能够在不抛弃旧模式中盈利部分的同时，找到向更具有吸引力的新模式转型的方式。

通信服务供应商作为国内昔日的垄断企业，只有扩大规模和覆盖面才能吸引开发者加入。举个例子，加拿大的人口只有美国的10%，并且只能通过特定通信服务供应商提供的特定数据协议才能接入。在这种情况下，一个新加坡的家居服务 App 开发者又怎样才会意识到加拿大的某家通信服务供应商是未来智能家居解决方案中的理想合作伙伴呢？

答案是：国际标准。通信服务供应商们几乎没有在共同搭建国际化规模平台解决方案的实践中成功过，但现在的关键在于，通信服务供应商需要至少向一个国际标准看齐。举个例子，各通信服务供应商曾同意遵守全球 GSM 无线标准，此举为自己、用户和整个社会带来了无限的新增价值。现在大家只需重复历史即可。

应用程序远远不够

大部分运营商都尝试过靠家居自动应用程序在竞争中获胜。康卡斯特使用的 iControl 和德国电信采用的 Qivicon 都是早期成功的尝试。[7]至少 iControl 提供的 DIY 风格的家居安全解决方案比其他竞争者的价格都要低。但不管从哪个角度来看，这一优势都值得继续弘扬发展。

不管是使用智能手机还是家居，真正需要的不是让用户能够激活某一场景的 App，而是无数个能够提高生活质量的小细节，还有充满创造力的开发者们向用户源源不断地提供的创新服务。

在第 2 章中我们分析过八种不同的用户人格，以及未来智能家居应如何应对。一个 App 不可能满足所有人的要求，也没办法吸引到所有不同类型的用户。通信服务供应商不仅可以继续推出自己的 App（当然了，他们肯定也会这么做），还要面向第三方推出一个开放应用程序接口（APIs），让更多开发者能够为用户提供自己的服务。如此一来，各运营商可以收获更多的控制点，生成更多数据，并将之转化为可交易的资产，这样通信服务供应商、生态系统合作伙伴和消费者均可受益。

协调平台中各方利益

所有的系统中合作方都有自己不同的利益，通信服务供应商要认识到这一点并尽可能地协调。任务的关键在于创新盈利方式，让所有相关方都受益。

有些设备制造商可能并不期待从用户接入设备这一举动中获取额外的利益，他们只关心在未来智能家居中自己的产品是否贴合用户生活，是否具有吸引力。其他行业伙伴可能已经身处服务行业，或正在努力将自己的硬件业务转变为服务产业。所以有些企业可能想靠自己来搭建起更全面的商品种类组合，依赖家居硬件向用户提供以创新为基础的服务。

开发者追求的是占有率、盈利机会，以及在平台中能带来的用户体验。而服务供应方追求的既不是通过向运营商出售商机来提升平台的能力，也不是与他们联手向住户、互联设备制造商或行业伙伴出售附加值服务，例如提高家里宽带覆盖面的服务、防火墙或其他安全解决方案或具体的提高服务质量等。

所有的合作伙伴都会预判与通信服务供应商合作之后的规模和覆盖范围，并以此作为评价这一合作的标准，同时也会评估在未来智能家居平台上获得增值性服务收入的难易程度。如果通信服务供应商平台能够带来更大的覆盖面，让搭建商业模式更方便的话，以上各方肯定会大受鼓舞。

如何吸引到新的生态系统合作者

通信服务供应商向终端用户提供的服务种类是否具有吸引力、是否便捷，也会影响其能否吸引到第三方合作者。运营商的服务包括身份管理、服务探索、围绕着服务交付的相关项目（通知、任务执行、保险、账单）以及持续学习的机会和用户反馈。只有当通信服务供应商能够紧跟行业最高标准提供服务，合作伙伴才愿意忠诚地与之合作，乐意在自己的未来智能家居系统中使用通信服务供应商平台。

因此，作为指挥者，运营商可以利用基础服务来吸引合作伙伴，当第三方在平台上提供服务时，通信服务供应商可以借助基础设施控制点，管理终端用户的信息。又因为在研究用户行为中获得的大量用户信息，通信服务供应商可以向生态系统中的合作方提供建议，推进服务逐渐完善，更安全、更优化。最后一点，通信服务供应商还可以为合作伙伴们提供用户反馈。

现在的通信服务供应商主要通过向终端用户提供连接服务收取订阅费的方式来盈利。在未来智能家居中，所有的辅助性服务都能联合起来创造新的营收流，让通信服务供应商逐渐成长为获利颇丰的生态系统指挥者。

划 重 点

1.多边平台是亚马逊成功的核心，因此目前仍处于内部孤立分化状态的通信服务供应商需要利用这一模式的优势。

2.开放、控制、数据管理才能让通信服务供应商创造更先进的未来智能家居数据管理服务，而不是传统的基础设施，并在通信服务供应商和值得信赖的合作伙伴中创造更多的价值和利润。

3.任何仍然沉浸在"围墙花园"中的通信服务供应商都应该清醒了：改变刻不容缓，必须以贴合度、规模化、经验和信任为基础，成长为开放的生态系统指挥者。

激励未来智能家居生态系统发展

本章概览

　　未来智能家居如果想要在5G时代及之后的发展中赢得消费者，现在就需要与各行业一起进行大刀阔斧的改革重建，而家居中除了技术碎片化之外，还有诸多障碍亟待解决，主要的一点是让一直以来互相孤立的数据能够在设备、服务供应商、硬件制造商和开发者之间自由地流动，提高用户体验的质量。如果没有足够强大的刺激因素打破现有的数据壁垒，即便在尊重彼此的数据所有权和使用权，让所有的生态系统参与者加入同一个数据库的前提下，发展未来智能家居的努力也都将是徒劳。搭建一个由行业内第三方控制的核心数据处理机构可能是解决这一问题的答案。

未来智能家居在满足一定的前提条件下才能发展起来，最重要的一点是家庭环境中的资源（互联设备和合作方的服务）必须能带来丰富的用户体验。只有这样，家庭用户才会让数字服务协助自己的日常生活，接入互联家居。

　　尽管未来新科技的出现肯定会降低一部分难度，但仍然还有一些障碍。即将来临的5G时代和它特有的低延迟、高数据传输的特点能解决很多问题，比如遗留的大量无线电标准和现在互联家居设备中互相独立的点对点设置。5G会给未来智能家居解决方案带来变革，提高服务质量，让消费者更乐意接受。有些通信服务供应商会追随Telis Smart Family和前文提到的康卡斯特的Xfinity模式，以消费者体验为中心，用户至上，并且将宽带基建和媒体内容捆绑在一起。比如Xfinity允许每位消费者在每个账户中再邀请最多六位其他用户，这一规定受到了家庭消费者的欢迎。其他通信服务供应商则努力转变为平台运营方的角色，我们在前几章也提到了这一点。

　　那为了让平台运作起来，供应商要如何去吸引消费者和重要的合作伙伴呢？

未来智能家居是先发制人的多面手

　　要了解未来智能家居平台成功的要素，首先要了解的是超互联家居能够为用户带来什么。未来智能家居将满足家庭型用户和个人用户日常数字生活的需要。今天我们日常生活中的核心任务处理器是智能手机，但在未来数字生活中，用户将逐渐不再依赖某一台设备。不管是在家里还是在外面，未来智能家居将会以用户为中心，从具体情境出发，从消费者的角度给出建议，管理服务，以低调但却带有前瞻性的服务引领着用户生活。

　　理想状态下，未来智能家居能够做到未雨绸缪，预测到用户的需求。在一定的硬件和软件仿真型"大脑"的合作下，未来智能家居能预测出哪种服务和互联设备应该联合起来随时为特定的用户提供满意的服务。毫无疑问，这是一个高难度的任务，未来智能家居必须非常智能，足够了解消费者某一动作所发生的背景以及他们的想法，才能从人类的思想和动作角度出发做出预测。

试想一下，要让下面这个简单的用户体验成为现实，需要多少内部数据交流才能实现：某一未来智能家居住户明早需要按时上班，但是他/她起晚了半个小时。未来智能家居的任务是尽可能地简化用户晨间流程，去掉一些步骤，或加快某些步骤的速度，或找到一条更快的上班路线来确保用户不会迟到。未来智能家居需要处理的程序有卫生间洗漱、选择今天要穿的衣服、收拾好公文包、吃早餐、约出租车、选择更快的上班路线，以及一系列可能耽误通勤时间的事件。

要提供真正能帮到用户的服务，未来智能家居系统显然需要处理很多复杂的任务，解决诸多问题。系统需要理解什么是"不会迟到"，是说赶得上打卡时间，还是说赶得上用户日程表上第一个会议的时间？也就是说未来智能家居要能读懂用户的日程表，熟悉不同的通勤方式以及如何去使用，最关键的是要让晨间流程作为一个无缝的整体，更加流畅地运行起来。

高效智能家居所具备的五大特质

将一系列的事件与设备的功能无缝衔接在一起并给出极佳的用户体验。坦白地讲，这一目标过于高远。

第一，我们需要所有的设备和服务都配备流畅的连接。5G能帮助提升互联性能，但通信服务供应商的任务是为未来智能家居提供所有的赋能型服务，这一点上一章有提及。值得注意的是，未来智能家居连接的不仅仅是互联设备，还有现有的外部网络和它所需的应用。除此之外，为了管理开放应用程序接口，它还需要自行连入大量设备的标准通信协议。

第二，要做到未雨绸缪、先发制人，平台必须能理解用户动作的情景及含义，这就需要找到能帮助它解读用户意图的服务和互联设备。系统必须能在大量的服务和互联设备中搜索到自己需要的能力，比如会影响用户出行选择的交通信息。简而言之，未来智能家居需要在用户环境中识别出语义信息。

第三，未来智能家居需要具备认真解读人工智能和机器学习优化的能力，才能提供真正的无缝服务。我们在第5章和第6章中提到过，未来智能家居生态系统已经学会根据情景去解读用户的意图，调整所给出的推荐。这样系统能判断出晨间活动中哪一项最为重要，哪一项可以往后排，第一杯咖啡是不是更重要，晨间新闻是否可以略过，还是换成全自动驾驶汽车能更节省时间。未来智能家居将能够对这些事项进行评估并给出建议，如果用户没有听取，系统会自动跳转到第二推荐方案。

第四，在支付等场景中，未来智能家居必须有使用用户身份和验证的权利。之前讨论过，数据隐私和安全将会是决定未来智能家居成功与否的关键要素之一，平台需要有权获取家中所有互联设备和服务。利用之前用户预设的信息和数据，未来智能家居必须能够识别并验证所有家庭成员，甚至在一些情况下能以用户的名义进行支付，比方说在冰箱里的牛奶喝完之后自动补货时。要做到这一点，未来智能家居要能够获取所有信息，这就要求整个平台的数据隐私、安全、道德和管理等方面都无懈可击。在没有用户的许可下，任何数据不得泄露。这同时也会对记录管理提出要求，比如需要分布式记账本和区块链技术支持。

第五，未来智能家居生态系统需要应对的这一大挑战和第四点的联系很紧密：在生态系统中，很多自动获取数据的决定、服务的执行都将是以用户的名义发出的，如果没有用户的许可，以上这些都不可能实现，这就要求用户自主设定平台的角色、接入权和使用权，随时保留否定的权利。

数据谷仓如何破坏生态系统

以上五点中，所有需要数据去处理的任务、需要执行的指令在目前的数据谷仓（data silos，指数据存储在不同的仓库中，相互之间没有联系和沟通）中都无法完成。如果不做改变，未来智能家居平台甚至没有咖啡机的使用权，更不用说在手机或者其他设备上给出建议，也不可能在其他场景，比如轿车服务、打开音乐播放列表或在 Outlook 邮箱中检查明天的日程规划中给出推荐选项了，一直以来的数据谷仓现象导致系统从未接触过任何复杂的情景，因此也无法根据语境理解用户，更不可能给出好建议。

很多需要根据情景工作的潜在合作方在被要求向谷仓外分享数据时会犹豫不决，这一点更糟糕。他们会先询问在这些商业案例中是否有可盈利的用户体验，得到肯定回答后，合作方才愿意加入。

当商业框架搭建起来，各参与方的要求都得到满足之后，技术和数据也就不再能构成威胁。因此，搭建协同框架，帮助不同的数据间彼此理解与合作是必经的一步，生态系统中各合作方也都已做好利用数据的准备。这一框架还能实现对数据接入权、使用权和所有权的管理，提供数据抽象化与正常化的工具，提供更优质、更受欢迎的用户体验。

在前面的章节中，我们已经讨论过各运营商应如何改进自身的商业模式，成为更值得信赖、更可靠的用户守门人和数据使用方，以及如何借此优势成为未来智能家居生态系统中最核心的管理者。

但如果数据谷仓不解决，以上的设想全都是泡影。大量的通信协议并不能开口交流，在默认设置中，互联设备只向仅与自己互联的应用分享数据。结果就是用于提升家居服务的新应用却不能和其他设备共用统一的由大量数据作为基础的平台。理想情况中，平台所收集的数据反过来可以作为新设备和服务发展的基础，获取新的洞见，提升用户体验。简单来说，如果应用和设备没办法互相交流，就无法真正满足用户多变的需求，无法随情景而动。我们在本章第一部分描述过的晨间活动的例子，还有更多的使用场景就无法成为现实。

打破智能家居的数据谷仓

为了打破数据谷仓，人们曾做过多次尝试。在开源社区中，像Eclipse基金会就曾在博世和德国电信这样的工程专家的支持下，尝试围绕自己的家居自动化平台openHAB[①]搭建一个开放框架。[1] 但这一标准并未赢得广大开发者的追捧，因此也宣布失败。为什么？这难道不是一个注定成功的平台吗？这的确是一个平台，也确实能把不同设备之间通信协议翻译到共同的语言框架中，但是它没有，也做不到真正地实现设备之间的数据传递，而这一点恰恰是未来智能家居生态环境中指挥者最重要且必须具备的特质，也是好的用户体验的保障。[2]

Alljoyn，这家由高通支持的企业与其他集团还有标准联合会oneM2M[②③]都曾经尝试过制定联盟标准，实现不同互联设备间的和

---

① 智能家居是当下流行趋势，openHAB全称为open Home Automation Bus，即开放式家庭自动化总线，该项目旨在为家庭自动化构建提供一个通用的集成平台。

② oneM2M作为全球性标准化机构，专门负责制定机器对机器（M2M）通信的技术规格，使所有设备都能够与M2M应用服务器实现通信。

谐。但因为网络开发者并不理解联盟标准，很难利用这些框架让互联设备作为自己应用程序的来源，最后也以失败告终。

从目前来看，让数据谷仓完全消失似乎不可能。像苹果、亚马逊和谷歌这样的科技巨头已经有了自己的专有框架，Facebook在其2019年4月的F4大会上提到了"未来是隐私的"。

最后，未来智能家居的出现还将会带动所有的相关方停止闭门造车，在客观利润的吸引下，开始大方地分享自己的数据。慢慢地，整个行业会向着这个方向发展，数十亿美元的商业机遇再加上广阔的未来智能家居生态系统基础强强联合，没有人能拒绝。

通用翻译平台的潜力

阻碍未来智能家居内全渠道数据流动的因素，除了我们讨论过的之外还有其他障碍。万维网联盟（W3C）是全球的网络标准组织，它们曾提出过将所有的互联物体称为"物"，并将所有设备的能力分为三大类：所有权、行动和事件。所有的家居设备都可以用这三大类来归类和描述。这一"原子模式"的优势在于，所有的通信标准或框架都能分解成基本要素，因此可以搭建一个"通用翻译"来对各种家居互联设备或服务产生的数据进行解锁、统一和过滤。除此之外，oneM2M还曾推出一项要求清单，帮助未来智能家居搭建起通用翻译。[4]

这一做法的价值主张是通过向本地软件引入数字卵生（Digital Twins）以及大量的物联网技术和标准帮助开发者避开物联网碎片化的消极影响，大大降低开发的成本和风险，其基础是提供一些统一资源定位符（URI）作为物品、大量的元数据和语义描述的唯一标识符，比如温度感应器就是用来检测某一特定房间的温度的。

以上两种思路结合起来就是解决各种不同的数据标准和通信协议的问题的答案。但令人遗憾的是，这两者目前刚刚起步，尚未成为像华为、西门子这些大公司，还有一些像connctd.com这类初创公司里的研究实验室中的主流选择。西门子是家居自动化的全球领先公司，也是W3C的积极催动者，但目前的项目与兑现未来智能家居的承诺仍然还有一些距离。[5]

进展依然缓慢。截至写稿日期，W3C只吸引到了261个成员加入，这离打破数据谷仓，解锁未来智能家居所需要的数据量还有一定的距离。为什么这一倡议的启动如此缓慢？主要的难点还是因为很多与设备能力相关的信息目前还没联网，但开发者需要拿到这些信息，充分了解之后才能利用数据去开发应用软件和算法。但这并不是一件容易事，需要成千上万个数据类型和符合同一标准的制造商贡献出大量的数据。[6]

另外一个难点是，目前大型家居数据所有者把信息贡献给一个公共框架的动力不足。理想状态中，未来智能家居开发者可以从公开渠道获取互联设备的数据并作为自己应用的输入资源，现在的网页应用就是这样开发出来的。

未来智能家居平台发展的统一蓝图

本章前面介绍过的"上班迟到"的案例中还有一个关键因素，其实也是未来智能家居中的关键因素：平台合作方。在前几章中我们列举了未来智能家居生态系统要取得成功所需的不同合作伙伴的类型：新互联设备的制造商；能够为安全、电器、健康等领域提供产品或服务的现有行业合作伙伴；需要开发新应用的开发者社区；推动系统运营并助其优化的服务供应商。

这些参与者所需的不仅是数据，还有架构。不过幸好他们所需要的架构已经存在，并且在未来还能帮助推动数据分享。图8.1展示的是搭建未来智能家居平台的蓝图中所需要的行业。

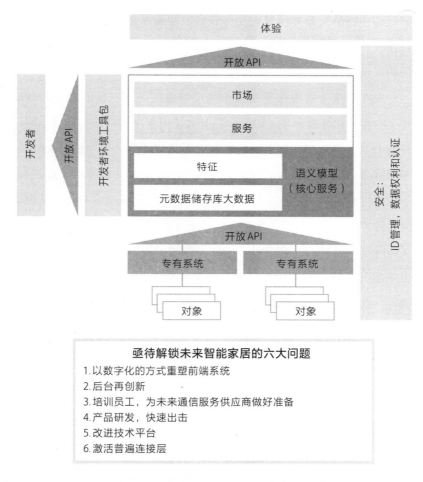

图8.1 未来智能家居 – 可互相操作的框架和六大问题

框架的核心是元数据和语义模型的储存库，这可以保证未来智能家居解决方案中设备和服务之间的互操作性。在此基础上还有一套核心的特色及服务项目，让现有的数据资源之间联系起来。其中就涉及了数据获取和数据标准化、数据的解读和清理，以及提供合适的工具和管理杠杆来与数据合作。

现在的未来智能家居生态系统能够直接与这些核心服务互联，还会有集成化开发环境（IDEs）和开放应用程序接口作为标准空间，开发者在开发应用和服务时向它们寻找必要协助，比如说帮助解读不同服务之间的交互和语境语义搜索。除此之外，框架的核心还在于信任，有了信任，开发者才会愿意在这里处理安全、身份、认证、身份管理、数据获取及使用的工作。

除了这个核心平台之外，不同行业的供应商还可以在其他地方提供服务，有开放应用程序接口的市场将作为和外界连接的渠道。而且，终端用户还可以享受到参与系统和体验层。

通信服务供应商要想在未来智能家居系统中扮演重要角色，就更要向高效的生态系统指挥者的方向过渡，同时执行我们在第6章以及图8.1中提到的六大方面。

平台需要向所有人开放

除了核心服务数据平台外，行业内公司都能提供我们刚刚在互操作性框架中提到的功能。这个平台是遵循环球同业银行金融电信协会（SWIFT）的规定设立，SWIFT国际或机构间进行金融支付交易的平台，由其用户集体组织和资助，提供合作伙伴间可供担保的通用接入，其主要用户是银行和其他金融机构。对于未来智能家居平台来说，这是一个很好的参考模型，所有权和管理权无论是由通信服务供应商还是其他的系统合作伙伴都无法做到完全的公正，但可以让平台加入行业协会、公开资源基金会或者像W3C这样的独立组织或全球行业协会TM论坛。

关键在于平台所需的不仅是完全的中立，还要有足够的发展动力，扩大参与规模，增加对开发者的吸引力。大部分的中立组织都专注于标准设定或以最佳实例为基础搭建协同框架，它们需要转化为核心平台的真正运行方，负责整个生态系统的软件。

这样的平台需要处理好所有硬件制造商和所有做出贡献的合作伙伴的利益，同时认识到打破数据谷仓的重要性。因此，未来智能家居需要推出数据使用规定，保障那些贡献出数据的合作伙伴的利益。这一使用规定的作用类似于章程指南，其中确定了数据所有权的定义、验证数据使用和数据有效性的标准、管理数据隐私和安全的标准，搭建了各个管理角色、数据的获取和使用权的框架，以及最重要的数据联合商业化、硬件和服务。

平台建好，一切会来

　　仅从技术角度来看，核心平台可以用现有的标准部件搭建而成。而消费者们使用的家居设备——屏幕、环境设备、语音赋能设备还有一些未来可能出现的设备等，都能完成体验层的任务。同样，开放的 API 管理工具，业务流程指挥的各个部门，流程指挥，验证流程，政策和安全管理都能够以标准技术为基础。

　　平台架构中的其他技术不会一成不变，但是从定义上来看，这些技术将会非常生动灵活。比如规定引擎，或者人工智能算法、感知算法、机器学习算法都在不断进化，还有生命周期管理、商业化和收费解决方案、分析模型支持工具等也都在进步。核心语义数据平台也在不断改进，而它的任务只是在"通用翻译者"的位置上更多地去理解输入。

　　要吸引开发者社区加入，让他们利用平台的信息开发新应用和新服务的话，还需要多方的努力。通信服务供应商应该积极地创造新激励点，鼓励更多的系统合作方，以及和未来智能家居相关的初创企业和风险投资公司开始合作。

通信服务供应商如何引领智能家居的发展

我们在前面也探讨过，未来智能家居将取得成功，是因为建立在信任、安全、道德和可信度之上。向消费者提供高质量的用户体验，用户反过来对未来智能家居的信任感会与日俱增。

如果通信服务供应商能够把自己的传统角色和现代平台业务进行有机结合，他们将毫无疑问引领行业的发展。各位供应商需要改变原有的技术组，通过解耦网络实现网络普及，引入新方法，培养全新的技能等，将之前传统消费者关系管理为主的信息技术转变为严格以用户为核心的IT框架。

最后一点，除了保留原有的客户，不同的通信服务供应商进入市场后还要在全球数据框架的基础上合作，这其中对框架的要求是：开发者在其中能够接入且增加未来智能家居的设备数量和服务的互操作性，否则运营商就无法在未来智能家居中吸引到用户、留住用户。

划 重 点

1.数据谷仓是指因为学习系统、适用性系统和预测系统都被排除在外而导致系统无法真正理解家居场景，好的用户体验也无法实现。

2.好的家居服务离不开可供生态系统伙伴随时可利用的联合数据库。

3.建立能够打破当前未来智能家居设备之间数据沉默的核心互操作性平台应该是行业性组织机构的责任，而不应该由商业公司去承担。

未来智能家居之路

本章概览

在这本书里，我们规划出了一幅具有颠覆意义的蓝图，未来智能家居要学习、适应、预测我们的需求。家不再由一砖一瓦定义，未来智能家居可以让我们处处为家。而这一概念同时也带来了巨大的机遇及丰富的用户体验。我们简单地介绍了未来智能家居的实际应用，以及以 5G 为中心的新技术如何能让这一概念成为现实。我们谈到新的商业模式需要适应新趋势才能抓住这一重大机遇，也提到通信服务供应商是未来智能家居平台的最佳选择。在最后一章，我们将再次归纳、总结整个过程，为有意加入未来智能家居市场的参与者提供简单、清晰的建议，与他们一起期待这一激动人心、利润可期的未来。

数字赋能的5G未来智能家居绝不仅仅是现在互联家居的下一发展阶段这么简单，它所在的复杂生态系统每天都为用户提供高质量的服务。从这个意义上来说，未来智能家居等于一个全新行业，也代表着未来大量硬件产品和服务行业的发展机遇。

新世界正在孕育。虽然现在的互联家居中只有少量的设备，大部分还无法实现彼此互联，但未来的智能家居会有成百上千的设备、应用和服务，能够实现数据互通和彼此协作，为用户提供良好的体验。即使在住户离开自己物理上的家之后，这一无缝的家居环境仍然能够随用户而动，随时预判用户的需求，协助他们的日常生活。

5G无线标准和一系列其他的新科技将会成为这一新兴、活跃、贴心家居环境中的强大赋能者。内置SIM可以实现数据交流，即使是最小的设备也没问题；边缘计算将带来超低延迟的数据处理；语义互操作性能够让互联物体和服务彼此互动，让网页开发者在处理消费者问题的时候更加轻松。机器学习、人工智能、高级数据分析将会为未来智能家居带来高级领先的"思维"和行动。

但最终的核心还是消费者的需求。未来智能家居的潜在消费者们必须在看到切实能提高自己生活质量的服务后，才有可能买单。

任何有意加入未来智能家居生态系统的参与者都必须把以用户为中心这一点牢记在心。只有质量长期稳定有保障，这一概念才能落地，消费者才愿意把信任交付于你。

生活与技术密不可分

在本书的开篇，我们曾带读者从一位单身男士的视角体验了在5G未来智能家居的日常生活，这一设想最早可以在2030年成为现实。从主人公起床开始，再到他用餐、通勤、工作、休闲，始终与各种各样再普通不过的寻常家用物品（比如窗户、窗帘、吸尘器、恒温器、咖啡机等）处于互联中，有时候是由机器人协助的，有时候是全自动化操作的。

我们了解到设备之间是如何协作的，整个家如何能够根据变化的环境改变自己。当常用的通勤方式行不通时，系统自动提供了其他选项，而且根据用户的通勤方式，悄悄地调整了他的饮食。我们了解到未来实际边界的概念如何一点点淡化，甚至让办公桌轮用这件事也变得非常私人，充满人情味，并且在虚拟现实的帮助下，主人公与自己远在外地的妈妈也能进行深入的情感交流。

影响超链接生活方式的社会人口大趋势

　　我们分析了影响未来智能家居的社会人口因素，一些主要趋势包括比如日常生活越来越个性化，随着科技的发展，互联性也越来越高。像千禧一代和Z世代这样的年轻消费者都是在科技的陪伴下长大的，也将会左右未来智能家居的发展。

　　年轻消费者的偏好决定了未来智能家居会更倾向于"替我做事"而不是"自己动手"。消费者希望看到的是简易上手的设置流程，新设备和应用能够在几秒钟之内即插即用。与此同时，另外一个趋势虽然发展方向相反，但也非常重要：逐渐增大的老龄化人群对数字医疗等服务有着巨大的需求。

　　因此我们列出了几大主要的消费者人格："弄潮儿、安居者、探索者、导航者"。又细分为"有孩子"和"没有孩子"两类。各"参与者"必须认真深入地研究学习这几种用户人格，更好地从消费者行为层面了解未来智能家居的消费者。他们需要做的不是用技术去引领消费者，而是为不同的生活方式提供技术支持，随时准备好不断地调整自己，适应用户新的需求和爱好。

多样性

在这些分类的基础上，通过具体的家庭案例，我们向读者展示了具有便捷、即插即用技术的未来智能家居是如何智能地在照顾孩子、回应每位家庭成员的需求，以及感情方面帮助用户的。

前文我们列举了"居家养老"的例子：身体欠佳的老人不必搬进养老院，能够自行居家养老。这一案例帮助我们了解到，普通的房子在引入了多种智能、互相操作、互相沟通的技术之后也可以转化为未来智能家居，为住户提供所需的关怀。未来家庭之间也需要彼此沟通，比如住得较远的其他家庭成员就可以远程监控需要照顾的老人。

碎片化

为了让整个行业向着先进未来智能家居的方向顺利发展，我们研究了目前阻碍发展的主要因素。简而言之，到目前为止，互联家居前进的障碍就是碎片化：各种各样繁复的硬件和软件标准，点对点架构、协议、无线电标准，还有严重的数据谷仓。

我们也分析了有望成为未来智能家居中指挥者的候选者——通信协议供应商、设备与硬件制造商、平台及应用程序供应方、传统的服务公司等，并分析了到目前为止他们还没能克服主要障碍的原因——大家仍然在孤军作战，没有在强大的生态系统平台上共同寻找解决方案。

不管是因为各方不愿意做出让步，还是缺乏变革与协作的意识，最终的结果是普遍的数据沉默。这也导致设备和服务到目前为止都不能自由地交流或分享数据，我们在开篇描述的无缝用户体验和超链接家居生活都因此成为泡影。

5G：颠覆互联行业的关键因素

5G，这一最新的蜂窝技术将会带来怎样的变革？和前代相比，它是量子级的跨越，速度更快，延迟率更低，更安全，最重要的是能同时连接10倍以上数量的设备，也就是说每平方千米可容纳100万台设备，对于设备众多的未来智能家居至为关键。这些优势本身就能给5G这一跨越性的技术带来众多商业机遇。

5G满足了消费者即插即用的要求。与Wi-Fi和其他的协议不同，5G技术下设备能自动接入网络，就像现在我们的手机能自动连接蜂窝网络一样，这将为我们带来互操作性，远远超出现在互联家居中有机增长的设备、数据和连接标准之间大乱炖，为将来无数的付费高质量家居服务打下了基础。

如何赢得消费者信任

对于有意加入未来智能家居市场的参与者来说，挑战才刚刚开始。未来智能家居中的悖论在于，数据必须能够在各方之间自由流动，但同时不能破坏其安全性和隐私性。同样地，未来智能家居中的人工智能必须学习人类的行为，但又不能以不当的方式使用数据来伤害人类。

未来智能家居的指挥者需要确保数据能够在被允许的范围内自动地流动，但同时也要保证安全，不要被其他人或机器滥用。而通信服务供应商长期以来在家居互联设置的安全性方面都做得很好，广受信任，因此我们认为通信服务供应商是未来智能家居的指挥者、平台管理者的有力人选。

通信服务供应商角色转换

除了长期的用户信任外，通信服务供应商作为未来智能家居平台指挥者的理想人选还有以下两个原因：有维系良好客户关系的经验，以及有搭建关键的基础设施的能力。整个行业架构和价值链的改变，需要各位参与者从商业结构到企业文化、从纵向到横向都进行彻底的变革。

从前端到后台，行业技术平台将会发生彻底改变，也将迅速地提高软件工具的水平，使其满足未来智能家居的需求。企业需要对员工进行彻底的培训，迅速掌握在新市场中所需的技能。产品研发也需要迅速启动才能赶上未来智能家居用户不断改变的需求。当然，所有的一切都要由新的连接层集合在一起，而赋能连接层的技术呢？正是5G。

商业模式的必要转型

转型需要从原有的商业模式转换为新商业模式，也就是现有核心业务仍然保持盈利，但在此基础上，从原有的业务模型逐渐过渡到新的业务线上。

第一，现有的核心业务必须在数字技术的帮助下重新定位，主要目标应该是降低成本，释放投资空间，这样能够让公司作为一个整体向新的业务线逐渐尝试，比如围绕着未来智能家居的一些新兴市场。

第二，在对新商业机遇的尝试中应该粗中有细，稳中有变。公司的核心业务不能倒，要一直保持稳定发展才能保持公司的平稳，甚至在新业务带来乐观经济收入之前，传统核心业务都必须扛大梁。

第三，在新的未来智能家居市场中的尝试将会面临从"一次成功"到"快速跌倒后迅速学习"的范式转变，其中难免要经历几次尝试和失败，更多的还是测试和重复。在未来智能家居这种长期结构中，想要找到自己合适的角色和利润点绝非一日之功。一旦发现某一种方式显示出了盈利的迹象，就应迅速实现规模化。未来智能家居服务就是终端用户服务，业务发展的趋势常常随着消费者的喜好而动，我们建议趁着产品或服务仍受到用户的欢迎时，将其利益最大化。总的原则就是找到未来智能家居市场的最佳切入点，然后迅速扩大化、规模化。

在这个过程中，通信服务供应商将会在一开始作为多边平台运营方，并在未来智能家居生态系统中扮演主要的核心指挥者的角色，而不再是传统的大型基础设施集成者。通信服务供应商将会把投资的重点从实体网络转移到软件，将创新的重点放在合作伙伴生态网络上，从IT和技术，甚至销售、服务和市场部门入手，全方位改变员工的技能。

从合作伙伴到消费者

有关未来智能家居平台指挥者我们已经谈了很多，其他将提供设备和服务的利益相关方和平台合作方呢？没有他们，吸引消费者也无从谈起。大家都知道，未来智能家居平台中的服务类型又多又广，从电量管理到健康、娱乐、电商、金融、医疗护理、健身、教育、通信等。边缘计算和人工智能这些领域的技术专家将会是关键中的关键。

从未来智能家居平台繁杂的要求来看，通信服务供应商无法再延续之前的旧模式，无法继续将服务作为自己通信连接业务的附加物而推向市场，这也是为什么通信服务供应商更适合作为平台方来管理数量不断增加的专业供应商。在这一领域杀出的黑马是像亚马逊的 Alexa 一样的数字语音助手供应商。

平台方如果想要掌控大局，需要从生态系统中的所有控制点上搜集数据，例如电话通信、云端、支付及信息服务等设备和服务。对于提供高度定制的智能用户体验来说，这些数据的搜集至关重要，但要让用户能够接受自己的信息被采集，平台所提供的服务必须保持稳定优秀。

打破数据谷仓

仅仅是吸引和管理系统合作方本身就非常具有挑战性，关键在于让各方愿意打破长久以来阻碍设备和服务之间数据交流的数据谷仓。如果信息没有流动起来，未来智能家居就不可能成为一个能够不断学习、适应、满足用户需求的生态系统。

还要注意的一点是，仅仅是一个未来智能家居系统内的信息自由流动还不够，还要和两个甚至多个系统进行交流。如果用户需要，特别是在"处处为家"的理念下，未来智能家居还要能够与多个系统之外的设备进行交流。

这一问题的答案肯定是数据库的结合，所有相关方都能获取其中的数据。为了鼓励用户分享数据，我们最后建议大家引入第三方行业机构搭建的中心互操作性平台。

处于十字路口的通信服务供应商

未来智能家居是不可多得的机会。转型任务艰巨，但有志成为平台指挥者的通信服务供应商应该牢记：如果不去领导别人，就要被别人领导。不管通信服务供应商是否参与，转型势不可当，目前的垂直集合模式似乎非常安全，却不是长久之计。

未来智能家居不仅是前方不可回避的一座山，更是千载难逢的时机。作为5G这一无缝技术的供应商，通信服务供应商能够清除互联操作性发展中的障碍，赢得消费者的信任，为所有未来智能家居生态系统成员带来无穷的发展创新机遇。

埃森哲公司曾对信任和财务表现之间的关系进行过调研，结果发现在通信行业中，信任的增长将会带来0.3%的收入增长和1.0%的税息折旧及摊销前利润（EBITDA，用以计算公司经营业绩）增长。[1]

以这份信任为基础，通信服务供应商可以在5G驱动下的数字转型之路上担任指引者、咨询师与合作伙伴。如果能成功打造出电信等级的关键解决方案和附加服务，就能够在消费者关系方面赢得更多信任。有勇气、有远见的通信服务供应商能够从传统的商业模式中走出来，转型成为未来智能家居平台的指挥者，也将会为自己带来不可估量的经济效益。在这一效应的影响下，通信服务供应商还可以不用亲自参与，就能坐享应用和服务所带来的收益，更是会成为海量数据这一最宝贵财富的管理者。

划重点一览

● 超链接时代的消费者需求

1. 超链接生活方式的出现、精通科技的年青一代用户、居家养老和"替我做事"态度等主要趋势，将是决定未来智能家居市场的主要因素。

2. 未来智能家居用户的不同心态可以归纳为"弄潮儿""安居者""探索者"和"导航者"。

3. 以未来智能家居为发展方向的公司，应该从社会心理学角度出发去思考技术解决方案，而不是反着来。

● 从日常生活场景到商业模型

1. 在繁忙的现代生活中，人们迫不及待地想要实现日常事务自动化：解决眼前的问题，预测未来的风险。为满足这种需求，家居

科技必须为顾客的需求提供量身定制的方案才能帮助他们提高
效率。

2. 便利和即插即用的免安装产品将带来最优用户体验。

3. 使用得当的技术能让人们在居家环境下联系更紧密，不必再"独
自在一起"。

● 让家成为5G未来智能家居

1. 如今的互联家居港湾中有很多互不相连的设备、协议和无线标
准，未来的5G技术能让它们实现统一。

2. 5G及其部分频谱能够顺利地平衡速度、数据容量和覆盖面积，
因此理想状态下，它能支持所有能想到的未来智能家居中的
设备。

3. 5G如要实现所有潜力，需要借助其他辅助型技术，例如eSIM、
边缘计算和人工智能。

● 隐私与安全：5G智能家居的两大挑战

1. 在当今的技术水平下，图谋不轨的人可以很容易地通过黑客或者
非法兜售的数据进入互联家庭。

2. 未来智能家居行业和用户必须明确对标准的要求：保护储存用户
的私人数据，并且用户对其有绝对的控制权。

3. 通信服务供应商的王牌是消费者的信任和多年来在数据隐私和数据安全方面的良好声誉，因此在这方面很有优势。

● 搭建互联家居生态系统

1. 在未来智能家居这一赛道中，通信服务供应商因其结合了较高的用户信任和密切的用户关系以及看门式的互联基础设施而享有先发优势。
2. 通信服务供应商需要变革其工作方式，前端和后台实现数字化，为新的服务市场培养新人才，更快地适应产品发展周期。
3. 通信服务供应商首先需要做到的是搭建灵活的平台业务，满足生态系统中广大合作伙伴的发展需求。

● 未来智能家居的新兴商业模型

1. 多边平台是亚马逊成功的核心，因此目前仍处于内部孤立分化状态的通信服务供应商需要利用这一模式的优势。
2. 开放、控制、数据管理才能让通信服务供应商创造更先进的未来智能家居数据管理服务，而不是传统的基础设施，并在通信服务供应商和值得信赖的合作伙伴中创造更多的价值和利润。
3. 任何仍然沉浸在"围墙花园"中的通信服务供应商都应该清醒了：改变刻不容缓，必须以贴合度、规模化、经验和信任为基础，成长为开放的生态系统指挥者。

● 激励未来智能家居生态系统发展

1. 数据谷仓是指因为学习系统、适用性系统和预测系统都被排除在外而导致系统无法真正理解家居场景，好的用户体验也无法实现。
2. 好的家居服务离不开可供生态系统伙伴随时可利用的联合数据库。
3. 建立能够打破当前未来智能家居设备之间数据沉默的核心互操作性平台应该是行业性组织机构的责任，而不应该由商业公司去承担。

术语词汇表

- **4G LTE 标准（4G LTE standard）**：继 2G、3G 后目前移动通信的无线电标准。缩略词直译是"第四代长程演进技术"（fourth generation long-term evolution），首先于 2009 年在斯堪的纳维亚半岛问世，与前一代相比，数据速度提高了 5 到 7 倍。然而，人们认为 4G 的下载速度仍然远低于未来智能家居用户所需要的能够获取高质量服务的要求。

- **5G 无线技术标准（5G wireless standard）**：全球公认的最新无线电标准的非正式说法。5G 代表"第五代"，指的是在 25 年前全球 GSM 移动标准提出之后的第五次升级。5G 已经在部分国家投入使用，并有望遍布全球主要工业化区域。与前代的旧标准相比，5G 具有明显的优势：它的速度是之前 4G LTE 的 10 倍，将延迟降低到了毫秒；数据容量大大提高；也是首个能实现网络与物体直接互联的无线标准。拥有以上特点的 5G 是未来智能家居场景下的理想选择。

- **高级数据分析技术（Advanced Analytics）**：一组复杂的数据分析工具，

能够从使用数据或其他数据集中找到隐藏的模式，预测行为及趋势。使用高级分析技术挖掘和清除使用数据是技术能否取得成功的关键。作为一整套技术，高级分析包括机器学习、语义分析、模式分析，以及其他各种数据方法和模仿方法。

- **居家养老（Aging in place）**：健康及家庭呵护应用将会是未来智能家居中日益重要的服务内容。"居家养老"这个概念预测，未来老年人将会更多地在自己的家中独立生活，且长达几十年的时间。智能电子技术能够让这一模式在全球推广，且不需高昂费用。利用配备了传感器和摄像头的设备就可以帮助家人远程监控老年人的生活起居，让高龄老人的生活质量得到保障。

- **"群体性孤独"（Alone together）**：数字时代的常见现象，影响着朋友及家人之间的相处方式。即使是与他人在一起的时候，人们也会沉溺于电子设备中，而不会互相交流或一起活动，所以仍然会感到寂寞。任何未来智能家居在设计时必须把这一问题考虑在内，当"独自在一起"的情形即将出现时，智能家居可以进行干预。

- **人工智能（AI）**：一项诞生于20世纪50年代，却刚刚得以实践的软件概念。这一数据集合与处理能力相结合的技术现已经发展得足够强大且价格亲民。人工智能中所包含的算法能够利用大数据进行学习、识别、记忆并做出决策。这一学习过程的主要输入是大量的合适数据，系统也会从利用数据中得出结论、采取行动。当人工智能与人类的行为日益接近，例如在未来智能家居的场景中，必须确保人能够随时控制机器的行动。

- **"四处为家"（At home anywhere）**：当第一代互联家居还只是局限在

房顶或墙壁上设置一些基础的家居技术时，未来智能家居的概念已经拓展至"四处为家"。在这一场景中，家就是支持超链接生活方式的港湾，由人工智能、发达的数据分析能力和其他技术赋能，将未来智能家居的服务范围大大拓宽，延伸至酒店、会议室、度假村、共享工作空间甚至老旧的社区。

- **后台（Back office）：** 在通信服务供应商的语境下，这一术语包含了网络运行的核心功能、为提供给终端客户的服务提供支持。在电信运营商的传统设定中，这一部分一直非常独立。而在当前常见的网络操作模式中，特别是这一领域的典型，通信服务供应商的后台需要灵活多变，需要对终端客户负责，时刻注意可能会影响消费者市场的趋势。

- **蓝牙（Bluetooth）：** 短距离下进行网络连接的短波无线电通信标准。其开发者的主要目的是取代消费类电子设备之间（如电脑和耳机）的有线传输。在互联家居或未来智能家居的环境中，由于数据通信的距离较短，蓝牙不适合作为连接家居技术设备的技术工具。

- **云计算（Cloud computing）：** 一项数据处理架构，将数据上传至"云端"进行集中，远程操控服务器农场和数据仓库进行下一步的处理、分析和储存，打破了过去在数据生成之后就地储存于本地服务器或电脑硬盘驱动的模式。作为一项专业的云端服务，云计算具备其自身优势，能够提供适合的数据备份、安全管理、数据清理和分析工具。但在应用于未来智能家居场景中时，这一技术本身也有缺陷：用户希望获得超低延迟且丰富的体验，但云端服务难以避免的延迟现场成了实现这一目标的障碍。

- **互联家居技术组（Connected home tech stacks）：** 当今的互联家居中的

家居技术组中的设备之间几乎没有数据交流，这主要是因为行业中的设备类型、数据格式及协议还远未达到标准化的水平。家居科技设备在设计时一般只考虑自身的功能，不会涉及其他设备。比如，现在的智能恒温器、智能门铃还有照明系统通常只是保守地考虑自身的功能性，不会干预家中其他设备。在未来智能家居场景中，为了更好、更智能地满足用户需求，设备需要彼此间分享数据、共同合作。

- **CSP：** 通信服务供应商（Communication Service Provider 的首字母缩写）。通信服务供应商是指活跃在固定电话和移动电话领域的传统电信运营商，还包括有线和卫星网络运营商与托管服务提供商。本书认为"通信服务供应商"将是新兴的未来智能家居生态系统中能够担当看门人和指挥者的理想选择。

- **DIFM：** 这四个字母指的是"替我做事"（Do It For Me），与自己动手（DIY）相对，指消费者要求定制化的家居科技解决方案，打开包装就可以使用，不需任何额外的参数设定或复杂的接线操作。DIFM 这个概念主要与成长在电子时代的年轻人紧密相关。这一群体用户已经习惯无须自己多费心力，即刻上手使用科技产品。未来智能家居市场需要预计到这类群体用户的特点，并以此设计相应的产品、服务和用户交互的技术。

- **数字化运维中台（DOCP）：** 由埃森哲设计的电子平台概念，为通信服务供应方（通信服务供应商）的终端用户提供全渠道交互的无缝体验。不管是线上、线下、呼叫中心还是通过移动 App，或者是社交媒体都可以实现。DOCP 利用先进的数据分析能力、认知计算、人工智能及自动化实现与通信服务供应商和用户的精准互动和交流，这也是为后续更好的用户体验和更低的运营成本打下基础。

- **DIY：**自己动手。在这本书中，DIY 是指当前未实现标准化的数字化家居。在这一场景中，用户必须进行烦琐的设置，才能让家中的科技设备运转起来。

- **生态系统（Ecosystem）：**生态系统在本书中是指覆盖各种公司的独立定制联盟，从通信服务供应商到设备制造商，再到 App 开发者，目的都是打造未来智能家居设备。在这一网络中，每一个参与者都能够从集体的贡献中有所收获。在这个过程中，不仅开发者们能获得可盈利的全新业务线，用户也能享受到前所未有的服务升级体验。

- **边缘计算（Edge Computing）：**一项全新的数据处理去中心化的方法，通过将处理器单元（例如一个服务器）放置于网络的"边缘"，避免在远距离的数据仓库中出现边缘数据向中心位置的云端服务器流动的现象。在未来智能家居的场景中，这一方法的主要优势为速度快。家居技术设备通常都有自己的边缘计算单元，能够以光速在短距离内交流，因此可以在服务过程中实现几乎零延迟。边缘计算是本身响应速度就很快的 5G 技术的理想辅助。

- **eSIM：**内置于移动设备，例如智能手机、家居设备（恒温器、灯光、窗帘等）中的 SIM 卡。SIMs（用户识别模块）对于设备连接像 5G 这样的无线网络来说非常必要。eSIMs 的核心优势在于可编程，能够在没有实体 SIM 卡的前提下让设备接入任何目标接入的网络。这样的话，家居设备制造商就不用考虑为了迎合某一网络而设计，eSIMs 已经重新编程了。从用户的角度来说，设备能够自动选择最为经济合适的网络。

- **前端（Front office）**：传统来说是未来智能家居中处理终端客户的部分。与后台类似，未来智能家居的前端需要更能适应用户即时的需求和市场趋势，依靠全面的网络覆盖和持续的数据交换，包括与后端的数据交流。

- **未来智能家居技术组（Future Home tech stacks）**：能够让居家环境下的用户体验最大化的先进技术组。在未来智能家居中，5G 与其他互补技术，例如 eSIM、边缘计算和人工智能可以集体协作，提供最优用户体验，提高生活质量。

- **Z 世代（Gen Z）**：出生于 1995 年至 2015 年的人。Z 世代是在科技的陪伴中成长起来的最年轻的一代人。他们的成长过程中不仅有网络，还有无处不在的互联互通，他们是理所应当地享受这一切的一代人。所有希望适应未来智能家居的人都要去满足这类用户的需求。Z 世代通常会有"替我做事"的心态，希望科技服务供应商能够提供简单易上手的设备，消费者在使用时无须繁复操作，拆箱即用。

- **超链接生活方式（Hyper-connected lifestyle）**：我们所处的时代具备"超链接"的特点，全世界每天都有拍字节的数据和信息在自由流动。然而在没多久之前人们还在互相发电报，使用固定有线电话，彼此间寄收纸质信件。在这个标准上，如今的世界可以说是有着突飞猛进的变化：随处可见的以网络为基础的沟通硬件和软件在无线和固定线路上运行。

- **超个性化（Hyper-personalization）**：为不同的消费者提供定制化的服务一直以来都是广受服务及产品供应商追捧的思路。但只有进行大规模的数字化转型，才有将这一定制服务或商品向大众推广的可能。当消费者同意与服务或商品设计师甚至第三方分享使用数据时，超个性化时代才算正式拉开序幕。如今，产品制造商能够实时监测到用户如何使用设备、后台如何提供定制化的服务，以及产品设计应做出怎样相应的调整，以满足不同用户的需求。

- **物联网（IoT）：** 又被称为万物互联网。该术语描述的是一个不断发展的互联网世界，在这个世界中，通过网络进行数据通信的对象数量呈指数级增长。人们预测，未来所有的硬件都将实现某种程度的互联，而物体之间大量的数据连接将会成为高级服务的基础，随后硬件将会提供给用户这些内容。

- **最后一英里（Last mile）：** 传统通信基础设施的一部分，铜线或者光导纤维电线，可以连接一个家庭内部和外部更宽的网络。这一部分的电线对于家庭能否享受高级服务体验至关重要。在宽带网络问世伊始，"最后一英里"就是速度提升和数据容量扩大的"瓶颈"问题。在 5G 技术的帮助下，通过快速无线网络，此类固线有望被彻底取代，为先进的未来智能家居带来无限可能。

- **千禧一代（Millennials）：** 也被称为 Y 世代，是 Z 世代的前一代，也是"数字原住民"的另一个子集，更是所有将目标放在未来智能家居市场的参与者都应该重点关注的消费者群体，精通技术。从数据角度来讲，千禧一代主要包括的是出生于 1980 年至 1995 年的人，他们见证了大众网络的诞生和腾飞，这也让 Y 世代更容易受到互联生活方式的影响，而超级互联才会让 Z 世代动心。

- **多边市场效应（Multi-sided platform effects）：** 如果在某一特定市场中精心设定一个电子平台，则将会为所有参与方带来经济收益。一方面，平台的组织方能够从平台所搜集的数据中获取信息；另一方面，终端用户可以享受到数据所带来的改善，以及平台提供的精准定制化的体验。与传统平台相比，多赢的结果将会让平台经济实现指数级增长。亚马逊线上购物或优步平台就是这一效应的案例。

- **导航者和探索者（Navigators and Explorers）：** 由埃森哲公司所描绘的两种不同的家居用户心态，体现了面对科技时两种极端的消费者态度。探索者属于早期的使用者，热衷于尝试最新的产品和服务；而导航者则会在确保物有所值或自己真正需要时才会入手。以上两类用户都是设计未来智能家居设备或服务时应考虑的对象。

- **新技术赋能者（New tech enablers）：** 未来智能家居之所以有望成为现实，是因为目前大量的突破性技术得以大规模部署。除了 5G 无线标准，还有三种主要的互补技术，帮助 5G 在未来智能家居中成为更有力的赋能者。它们分别是 eSIM、边缘计算和人工智能。它们能够让智能驱动型的设备在极低的延迟时间内做出回应。

- **泛在网络（Pervasive network）：** 由通信服务供应商运行的全新数据网络基础架构，在用户体验中，互联性虽不起眼但却无处不在。普适计算（Pervasive Computing）构成了泛在网络的基础。在 "泛在网络" 这一概念中，融合了现有的网络技术和无线计算、声音识别、网络容量和人工智能。5G、软件定义网络（SDN）、网络功能虚拟化（NFV）、人工智能（AI）、机器人流程自动化（RPA）及区块链等高级技术都在以泛在网络赋能模块的形式发展起来，并有望以前所未有的方式结合起来。对于理想的用户体验而言，泛在网络将会是满足未来智能家居市场的理想根基。

- **弄潮儿和安居者（Showstoppers and Nestles）：** 由埃森哲公司描绘的两种不同的家居用户心态，体现了面对未来智能家居市场时两种极端的不同人格。外向的弄潮儿会把家作为反映自己"品牌"的机会，而颇为谨慎内向的安居者会更重视家的隐私性和舒适度。

- **URI：** 统一资源识别符。一系列能够在网络中识别名称和资源的符号，可以识别例如哪台电脑搭载了哪种资源，以及如何获取这些资源。

- **用户体验（User experience）：** 在未来智能家居市场中，优秀的用户体验将会是决定成功的核心标准。家居技术必须能让用户感受到家是自己的优秀伙伴、得力助手，不管用户在哪儿，都能够预判他们的期待、及时对要求做出反馈。5G 技术将会是实现这一先进用户体验的关键要素。

- **垂直商业模式（Vertical business model）：** 目标涵盖硬件产品或服务的所有生产流程及分配环节的商业模式。在通信服务供应方（通信服务供应商）的应用中，垂直意味着所有的商业环节都将自己视为家居互联基础设施的主要供应方，其他服务以核心产品为中心进行补充。想要成为未来智能家居市场的领先参与者，通信服务供应商需要放弃垂直理念，建立没有明显分级的多边平台模型，而运营商在其中所扮演的角色是智慧者、数据监管员和家的看门人。

- **语音控制设备（Voice-controlled devices）：** 在先进的语音识别软件帮助下能够识别并理解语义，对人声问题做出回应的硬件。目前已有很多协作型话筒使用了先进的语音识别技术，这一技术作为用户界面在未来智能家居的使用场景中也很有前景。

- **Wi-Fi：** 在公共或私人场所中提供快速网络互联服务的无线网络技术。在传统的互联家居中，Wi-Fi 无线电标准一般是通过能提供固线连接网络的路由器与笔记本、智能手机或平板等实现互联。除此之外，其他的家居硬件，例如门铃、恒温器、智能仪表或家用电器等越来越多地通过 Wi-Fi 实现互联。但现有宽带的容量限制以及 20—30 米的辐射距离已经不再符合先进的家居互联设备的要求。

- **无线频谱（Wireless spectrum）：** 有关部门制定的一定范围内可作商用的电频谱。无线频谱分为不同的带宽，在不同的网络下进一步划分为不同的频率。

- **Z 波（Z-Wave）：** 用于连接家居网络的无线电通信标准，例如连接恒温器、门铃或窗户感应器。Z 波逐渐发展为紫蜂（ZigBee）更简单、价格更低的替代品，与 Wi-Fi 相比，Z 波更省电。

- **紫蜂（ZigBee）：** 开放无线标准，可作为设备之间的数据网络。与 Wi-Fi 相比，在互联家居中使用紫蜂的成本更低，当设备连接到紫蜂之后，只消耗非常少的电量。

致谢

　　本书围绕"未来智能家居"这个概念展开，虽然尚未市场化，但考虑到技术的进步，未来智能家居的大众化指日可待。在这一趋势的引导下，全球的专家们都开始思考：未来智能家居如何从技术角度展开？如何向市场和消费者推广？为了能够给这一市场的"参与者"提供最优建议，我们决定写这么一本书。

　　本书作者团队由四人组成。我们从不同的角度出发——有人从科技的角度研究未来智能家居，有人选择了商业战略角度。我们与行业内资深人士、年轻新锐从业者进行了大量且深入的交流，其中不乏埃森哲的客户，最终达成了一致意见。所有不同行业、地区的受访者的意见对我们的分析、观察和结论至关重要。我们想对他们所有人表达感谢，是他们的支持促成了这本书的出版。

　　在我们进行的这些有价值的交流中，与万维网联盟（W3C）物联网工作组负责人戴维·罗杰特（Dave Raggett）的讨论以及 TM Forum 的首席执行官尼克·韦利斯（Nik Willetts）的讨论让我们对如何促进电信行业的标准化和协作有了自己的看法。AT＆T的格林·库珀（Glenn Couper）、杰夫·霍华德（Jeff Howard）、凯文·皮特森（Kevin Petersen）和芭芭拉·罗登（Barbara Roden）提供了有关在消费市场中启用技术的宝贵见解。欧洲电信网络运营商协会（ETNO）首席执行官利斯·福尔（Lise Fuhr）和总监亚历山大·格洛普里（Alessandro Gropelli）在策略思维方式上给了我们很多启发。connctd的联合创始人阿克塞尔·舒斯勒（Axel Schüßler）和yetu的CTO杰克布·法库格（Jacob Fahrenkrug）让我们对隐私、安全和互操作性的理解更加深了一步。来自德国电信的克里丝蒂娜·克纳克福斯（Christine Knackfuß）和来自Telstra的Christian von Reventlow就欧洲物联网框架搭建方面的真知灼见，丰富了我们对通信服务供应商领域平台模型的信任、经验和可扩展性的分析。奥尔堡大学的海伦·温特泽（Helle Wentzer）教授加强了我们对未来之家医疗保健的看法。平井纯子、久保正夫、森山浩一、中田昭一、大泽洋次子、田中裕介（Luke Saito）、田中裕也（Reya）和敦佐田敦郎（Wasszono）就如何为未来之家开发新产品的轨迹提供了专业的指导。

作为埃森哲的作者团队，我们也非常感谢所有的同事及同行为这本书的概念和内容方面做出的贡献。格拉格·道格拉斯（Greg Douglass）、马克·尼克汉姆（Mark Knickrehm）、麦克·林曼（Michael Lyman）和安迪·沃克（Andy Walker）在全新的未来智能家居市场发展的技术和业务领域为我们提供了支持。拉杰夫·布塔尼（Rajeev Butani）、塞勒姆（Saleem Janmohamed）、斯威尼·玛尼（Silvio

Mani）、安迪·麦克高恩（Andy McGowan）、基尼·尼克（Gene Reznik）、尤瑟夫·图马（Youssef Tuma）、弗朗西斯·温特瑞（Francesco Venturini）和约翰·沃思（John Walsh）为我们带来了有关行业和未来智能家居趋势的宝贵见解和指导。此外，阿夫扎尔·阿赫塔尔（Afzaal Akhtar）、克里斯蒂安·霍夫曼（Christian Hoffmann）、伊姆兰·沙阿（Imran Shah）博士和罗伯特·威克尔（Robert Wickel）为团队提供了关于未来智能家居及经济发展潜力的指导。安德鲁·科斯特洛（Andrew Costello）、特哈斯·劳（Tejas Rao）、希尔洛尔·罗伊（Hillol Roy）和彼得·苏（Peters Suh）为5G商业模式的发展做出了贡献和提供了技术。布莱恩·亚当森（Bryan Adamson）、萨米尔·阿什鲁普（Samir Ahshrup）、玛雅卡·巴特纳加尔（Mayank Bhatnagar）、喀山·布哈拉（Kishan Bhula）、卡特琳娜·周（Katharine Chu）、乔治·戈麦兹（Jorge Gomez）、艾伦·黑利（Aaron Heil）、凯文·卡佩奇（Kevin Kapich）、凯文·卡加拉（Kevin Karjala）、穆扎夫·库拉姆（Muzaffar Khurram）、乔·摩根斯坦（Joel Morgenstern）、纳塔拉（Ram Natarajan）、亚历山大·西平（Alexandra Sippin Rau）、埃杜·苏拉兹（Eduardo Suarez）和凯文·王（Kevin Wang）的专业知识帮助我们加深了对5G的思考。还要感谢Accenture Dock和埃森哲研究团队以及Fjord，他们协助创建了"未来智能家居中以人为先"，这是保罗·巴巴加洛（Paul Barbagallo）、克莱尔·卡罗尔（Claire Carroll）、瑞秋·格雷（Rachel Earley）、戴维·莱特（David Light）、劳伦斯·麦金（Laurence

Mackin）和伊娜·瓦塞拉（Iana Vassileva）编写的一份非常具有启发性的研究报告。

感谢埃森哲研究和市场部的同事为这本书的英文版封面所贡献的灵感和智慧，感谢凯伦（Karen）、里安（Rhian）、桑娅（Sonya）、凯蒂（Katie）、劳兰（Lauran）和莎拉（Sara），感谢延斯（Jens）、提图斯（Titus）和约翰（John）在内容编辑、出版和撰写等领域所做出的努力。

能够让这本书收纳如此多专家的思想和灵感，同时又能方便普通商业读者阅读，这多亏了埃森哲的营销团队。我们感谢凯伦·沃尔夫（Karen Wolf）、瑞安·潘普希伦（Rhian Pamphilon）和索尼娅·多曼斯基（Sonya Domanski）。我们从詹斯·沙登多夫（Jens Schadendorf）、提图斯·克罗德（Titus Kroder）和约翰·莫斯利（John Moseley）的内容开发、出版、写作和编辑经验中受益匪浅。

同时感谢汤姆、温妮、伊森、朱莉娅和康纳·波伦，感谢他们让我们更好地定义了未来的家。感谢埃森哲战略产品开发团队的凯蒂·彼得森（Katie Peterson）、劳拉·雷克特（Laura Recht）和莎拉·里奇（Sara Reich），以及马克·弗林（Mark Flynn）和他的埃森哲研究团队。

最后，我们要感谢英国出版社 Kogan Page 的克里斯·库德莫尔（Chris Cudmore）、苏西·洛恩德斯（Susi Lowndes）、娜塔莎·图莱特（Natasha Tulett）、凡妮莎·鲁达（Vanessa Rueda）、南希·华莱士（Nancy Wallace）和海伦·科根（Helen Kogan），感谢他们一

直以来对我们项目的承诺和信任。

最重要的是，我们要感谢所有家人和朋友的支持和鼓励。

王一同：非常感谢我的母亲苏珊女士（王常素梅，音译）和我已故的父亲保罗先生（王明腾），他鼓励我大胆尝试一切，让我吸收不同的观点，找到自己的激情，逼着我学会了一件事——毅力。我也要感谢我的妻子贝丝和儿子杰斐逊·保罗无条件的支持，让我扫清困惑，每一天都更有意义。我也很感谢马特·索普（Matt Supple）博士，他总是督促我在领导力上找到创造性的解决方案，教育我一直保持谦卑，担起责任，鼓励我帮助未来的领导者。

乔治：感谢我的妻子贝卡，感谢我的孩子——丽莎、凯瑟琳和丹尼尔，感谢我的妈妈、去世的爸爸和我的兄弟姐妹。感谢你们一直支持我的事业，这本书能够出版，也有你们的一份心血。

鲍里斯：不管是这个项目还是其他职业要求，耐心和家人的支持都是关键因素，感谢我的妻子鲁塞德和我的女儿汉娜、凯瑟琳。

阿莫尔：我最想感谢我的妻子索娜和女儿爱雅能够一直支持我、帮助我。感谢我的父母乌代（Uday）和沙罗（Saroj）一直做我坚强的后盾。

参考文献

- **超链接时代的消费者需求**

1. IDC (2019) The growth in connected IoT devices is expected to generate 79.4ZB of data in 2025, According to a New IDC forecast [online]

2. Kosciulek, A, Varricchio, T and Stickles, N (2019) Millennials are willing to spend $5000 or more on vacation, making them the age group that spends the most on travel — but Gen Z isn't far behind, Business Insider [online]

3. Searing, L (2019) The big number: Millennials to overtake Boomers in 2019 as the largest US population group, Washington Post [online]

4. Tilford, C (2018) The millennial moment – in charts, Financial Times [online]

5. United Nations (2018) The world's cities in 2018 [online]

6. Ibid

7. Fry, R (2018) Millennials are the largest generation in the U.S. labor force, Pew Research Center [online]

8. Tilford, C (2018) The millennial moment: in charts, Financial Times [online]

9. Ibid

10. Fuscaldo, D (2018) Home buying goes high-tech as millennials become largest real estate buyers, Forbes [online]

11. Accenture (nd) The race to the smart home: Why Communications Service Providers must defend and grow this critical market [online]

12. Ibid

13. Accenture (nd) The race to the smart home [online]

14. Accenture (2019) Millennial and Gen Z consumers paving the way for non-traditional care models, Accenture study finds [online]

15. Ibid

16. The Council of Economic Advisers (2014) 15 economic facts about Millennials [online]

17. Donnelly, C and Scaff, R (nd) Who are the millennial shoppers? And what do they really want? Accenture [online]

18. United Nations (2019) World population prospects 2019 [online]

19. AARP (2018) Stats and facts from the 2018 AARP Home and Community Preferences Survey [online]

20. Accenture, based on United Nations World Population Prospects 2019 [online]

21. University of British Columbia (2017) Using money to buy time linked to increased happiness, Eureka Alert [online]

22. Accenture (nd) Putting the human first in the Future Home [online]

23. Ibid

24. Ibid

25. Ibid

- **让家成为 5G 未来智能家居**

1. Accenture (nd) The race to the smart home: Why communications service providers must defend and grow this critical market [online]

2. Oreskovic, A (2014) Google to acquire Nest for $3. 2 billion in cash, Reuters [online]

3. Schaeffer, E and Sovie, D (2019) Reinventing the Product: How to transform your business and create value in the digital age, Kogan Page, London

4. Accenture; all prices from Home Depot, correct at time of writing

5. Business Wire (2018) The smart home is creating frustrated consumers: more than 1 in 3 US adults experience issues setting up or operating a connected device [online]

6. Liu, J (2019) Many smart home users still find DIY products difficult to manage, asmag [online]

7. Accenture (nd) Putting the human first in the Future Home [online]

8. Line 1: Cisco WiFi

9. IEEE Spectrum (nd) 3GPP Release 15 Overview: 3rd Generation Partnership Project (3GPP) members meet regularly to collaborate and create cellular communications standards [online]

10. Accenture; based on Global System for Mobile Communications (GSM) and 3GPP standards:

   · 1G — Advanced Mobile Phone System, Nordic Mobile Telephone, Total Access Communications System, TZ–801, TZ–802, and TZ–803

   · 2G — 3GPP Phase 1

   · 3G — 3GPP Release 99

   · 4G — 3GPP Release 8

   · 5G — 3GPP Release 15

11. Vespa, H (2018) The graying of America: more older adults than kids by 2035, United States Census Bureau [online]

12. Arandjelovic, R (nd) 1 million IoT devices per square Km — are we ready for the 5G transformation? Medium [online]

13. GSMA (nd) What is eSIM? [online]

14. GSMA (nd) eSIM [online]

- **隐私与安全：5G 智能家居的两大挑战**

1. Accenture (2018) How the U.S. wireless industry can drive future economic value [online]

2. Accenture (nd) The race to the smart home, p. 10 [online]

3. Whittaker, J (2018) Judge orders Amazon to turn over Echo recordings in double murder case, Techcrunch [online]

4. Harvard Law Review (2018) Cooperation or resistance?: The role of tech companies in government surveillance [online]

5. Whittaker, Z (2018) Amazon turns over record amount of customer data to US law enforcement, ZDNet [online]

6. Accenture (2017) Cost of cyber crime study [online]

7. Pascu, L (2019) Millennials least likely to trust smart devices, Accenture finds, Bitdefender [online]

8. Accenture (nd) Securing the digital economy [online]

9. Accenture (2018) Building pervasive cyber resilience now [online]

10. Ibid

11. Accenture (nd) Digital trust in the IoT era [online]

12. Accenture (2018) Gaining ground on the cyber attacker: 2018 state of cyber resilience [online]

13. Wi-Fi Alliance (nd) Certification [online]

14. Perkins Coie (1029) Regulating the security of connected devices: Are you ready? [online]

15. Accenture (nd) Ready, set, smart: CSPs and the race to the smart home [online]

16. Accenture (nd) The race to the smart home: why communications service providers must defend and grow this critical market, p. 6 [online]

17. Accenture (nd) The race to the smart home: Why Communications Service Providers must defend and grow this critical market [online]

18. Accenture (nd) Securing the digital economy [online]

- **搭建互联家居生态系统**

1. Gleeson, D (2019) Smart home devices and services forecast: 2018 – 2023, Ovum [online]

2. Accenture (2019) Reshape to Relevance: 2019 Digital Consumer Survey, p. 2 [online]

3. Accenture (nd) The race to the smart home: why communications service providers must defend and grow this critical market, p. 9 [online]

4. Accenture (2018) Accenture to help Swisscom enhance its customer experience [online]

5. Wilson, C (2017) CenturyLink using AI to boost sales efficiency, Light Reading [online]

6. Cramshaw, J (nd) AI in telecom operations: opportunities & obstacles, Guavus [online]

7. Accenture (nd) Intelligent automation at scale: what's the hold up? p. 5 [online]

8. Accenture (nd) Future ready: intelligent technology meets human ingenuity to create the future telco workforce, p. 8 [online]

- **未来智能家居的新兴商业模型**

1. Weidenbrück, M (2017) Hello Magenta! With Smart Speaker, your home listens to your command, Telekom [online]

2. Japan Times (2019) NTT Docomo to discontinue decades-old i-mode, world's first mobile internet service, in 2026 [online]

3. Lee, J (2019) Celebrating 100,000 Alexa Skills – 100,000 thank yous to you, Amazon [online]

4. Accenture (2018) Accenture to help Swisscom enhance its customer experience [online]

5. Telia (nd) Smart Family [online]

6. Dayaratna, A (2018) IDC's Worldwide Developer Census, 2018: Part-time developers lead the expansion of the global developer population, IDC [online]

7. Herscovici, D (2017) Comcast closes Icontrol acquisition and plans to create

a center of excellence for Xfinity Home, Comcast [online]

- **激励未来智能家居生态系统发展**

1. Eclipse (2018) Smart Home Day @Eclipsecon Europe 2018 [online]

2. Schüßler, A (2020) LinkedIn post [online]

3. Das, S (2016) IoT standardization: problem of plenty? CIO&Leader [online]

4. Web of Things working group [online]

5. Ibid

6. Ibid

- **未来智能家居之路**

1. Long, J, Roark, C and Theofilou, B (2018) The Bottom Line on Trust, Accenture [online]